普通高等教育"十一五"国家级规划教材
全国水利水电高职教研会推荐教材

电工与电气

（第2版）

主　编　杜广朝
副主编　宋天武　杨泽江
主　审　袁英灿　徐明清

黄河水利出版社
·郑州·

内 容 提 要

本书是普通高等教育"十一五"国家级规划教材,是按照国家对高职高专人才培养的规格要求及高职高专教学特点编写完成的。本书共分13章,包括三大部分:第一部分为电工基本理论;第二部分以水电厂和变电站为主介绍了有关发电、变电和用电的一次设备;第三部分为电子技术基础。本书的编写执行了最新的国家标准、行业标准及技术规范等。

本书可供高职高专水利水电建筑工程、水利工程、水利工程施工技术、建筑工程技术、给排水工程技术等专业教学使用,也可供成人教育水利水电相关专业使用,同时可供有关工程技术人员阅读参考。

图书在版编目(CIP)数据

电工与电气/杜广朝主编. —2版. —郑州:黄河水利出版社,2008.7 (2013.7 重印)

普通高等教育"十一五"国家级规划教材

ISBN 978-7-80734-459-9

Ⅰ. 电… Ⅱ. 杜… Ⅲ. ①电工技术-高等学校:技术学校-教材②电气设备-高等学校:技术学校-教材 Ⅳ. TM

中国版本图书馆CIP数据核字(2008)第100198号

组稿编辑:王路平 电话:0371-66022212 E-mail:hhslwlp@163.com

出 版 社:黄河水利出版社

地址:河南省郑州市顺河路黄委会综合楼14层 邮政编码:450003

发行单位:黄河水利出版社

发行部电话:0371-66026940、66020550、66028024、66022620(传真)

E-mail:hhslcbs@126.com

承印单位:黄河水利委员会印刷厂

开本:787 mm×1 092 mm 1/16

印张:16.25

字数:380千字 印数:36 001—40 000

版次:2002年2月第1版 印次:2013年7月第10次印刷

2008年7月第2版

2009年11月修订

定价:29.00元

再版前言

本书是普通高等教育“十一五”国家级规划教材，是根据《国务院关于大力发展职业教育的决定》、教育部《关于全面提高高等职业教育教学质量的若干意见》等文件精神，以及教育部对普通高等教育“十一五”国家级规划教材建设的具体要求组织编写的。

本书是根据高职高专水利工程、水利工程施工技术、水利水电工程管理、水利工程监理、灌溉与排水技术、道路桥梁工程技术、建筑工程技术等专业的“电工与电气”课程教学大纲编写的。

本书共分十三章，包括三大部分：第一部分为电工基本理论，以电路为基础介绍电工学中的基本概念、基本定律和基本计算方法，其内容有直流电路、单相正弦交流电路、三相正弦交流电路，以及变压器、三相异步电动机、同步发电机等常用电气设备的基本工作原理；第二部分以水电厂和变电站为主介绍有关发电、变电和用电的一次设备，包括开关设备、测量和保护用的电压、电流互感器，高低压熔断器、避雷器等；第三部分为电子技术基础，其中模拟电路部分介绍了二极管整流和三极管放大电路的工作原理，数字电路部分重点介绍了数字电路的基本概念与常用数字电路的基本类型和工作原理。

随着改革开放的深入、对外经济交流的日益扩大、电工电子产品的不断更新，国家标准、行业标准、技术规范不断改进，本书力求反映这一状况，并适当考虑了发展方向。

本书在编写过程中力求概念清晰、深入浅出、联系实际。为了巩固所学知识，各章后均附有思考题与习题，以便组织教学与进行复习。

本书编写人员及编写分工如下：黄河水利职业技术学院杜广朝编写绪论及第一、二章；四川水利职业技术学院杨泽江编写第三、六章；河北工程技术高等专科学校张继芳编写第四章；黄河水利职业技术学院范文军编写第五、十三章；沈阳农业大学高等职业技术学院徐晓莹编写第七章；云南农业大学曾谊萍编写第八章；安徽水利水电职业技术学院宋天武编写第九、十章；山东水利职业学院时会美编写第十一、十二章。本书由杜广朝任主编并对全书统稿，宋天武和杨泽江任副主编，由黄河水利职业技术学院袁英灿和四川水利职业技术学院徐明清任主审。

对于本书存在的缺点和错误，恳切希望广大读者批评指正。

编 者

2008 年 5 月

前　言

本书是根据教育部《关于加强高职高专教育人才培养工作意见》和《面向21世纪教育振兴行动计划》等文件精神，由全国水利水电高职教研会拟定的教材编写规划，报水利部批准，用中央财政安排的"支持示范性职业技术学院建设"项目经费组织编写的水利水电类全国统编教材。

本教材是根据高职高专水利水电工程、水利工程、水利施工、工业与民用建筑、给水排水工程等专业的"电工与电气"课程教学大纲编写的。

本书共分十三章，包括三大部分：第一部分电工基本理论，以电路为基础介绍电工学中的基本概念、基本定律和基本的计算方法，其内容有直流电路、单相正弦交流电路、三相正弦交流电路，以及常用电气设备变压器、三相异步电动机、同步发电机的基本工作原理。第二部分是以水电厂和变电站为主介绍有关发电、变电和用电的一次设备，包括开关设备、测量和保护用的电压、电流互感器，高低压熔断器、避雷器等。第三部分是电子技术基础，其中模拟电路部分介绍了二极管整流和三极管放大电路的工作原理；数字电路部分重点介绍了数字电路的基本概念，常用数字电路的基本类型和工作原理。

随着改革开放的深入，对外经济交流的日益扩大，电工电子产品的不断更新，国家标准、行业标准、技术规范不断改进，本书力求反映这一状况，并适当考虑了发展方向。

本书在编写过程中力求概念清晰，深入浅出，联系实际。为了巩固所学知识，各章后附有思考题与习题，以便组织教学和复习。

本书的编写人员如下：黄河水利职业技术学院杜广朝（编写绪论及一、二章）、孔昭平（编写四、五章）、曾令琴（编写十一、十二章）、袁英灿（编写绪论、七、八、十三章），四川农业大学水利电力职业技术学院袁兴惠（编写三、六章），安徽水利水电职业技术学院汪永华（编写九、十章），全书由袁英灿主编，四川农业大学水利电力职业技术学院徐明清主审。

对本书的缺点和错误，恳切希望广大读者批评指正。

编　者

2001年3月

目　录

绪 论

一、电能的应用

电工学是研究电能和电子技术基本理论及其在生产领域中应用的技术基础课程。电气部分则重点介绍电能在生产、传输、使用和控制过程中的电气设备和元件。

电能与国民经济和现代科学技术的发展有着密切的联系。电气化是衡量国民经济高速发展的最先进的生产力,它标志着在社会的生产和生活中极其广泛地应用了电能。

实现电气化后,可以大大增加工农业产品的产量,提高产品质量,提高劳动生产率,降低生产成本,减轻生产人员的劳动强度,改善劳动条件,有利于实现生产过程的自动化和远动化。

随着改革开放的深入,人们的物质文化生活越来越离不开电,如电灯、电话、电影、电视、电信以及众多的家用电器等。

在水利水电工程、给水排水工程、工业与民用建筑工程中,作为动力、照明和控制的物质手段的电能应用十分广泛。例如,在工程开工前的准备工作必须做到的“三通”中,“通电”是极其重要的。在施工过程中,以电动机作为拖动力的生产机械被广泛应用,如水泵、鼓风机、混凝土搅拌机、传送皮带、塔吊机、电铲挖掘机等,大的水利施工工地上的拌和楼、塔带机,楼宇建筑中的电梯拖动系统、空调系统、防火防盗自动报警系统等,都离不开电能。电能是二次能源,之所以被广泛应用,是因为具有其他能源不可比拟的优越性。首先是它具有便于转换的优点:电能可以由水能、热能、光能、风能、原子能和化学能转换得来,同时它又可以方便地转换为热能、光能、机械能和声能。利用整流器和逆变器可以实现交流电与直流电之间的转换;利用传感器又可实现非电量与电量之间的转换。其次是电能具有便于传输的优点:电能通过变压器和导线可以被送到远方,通过电磁波的形式(无导线)可以将电信号传送到更远的地方,且输电设备简单、效率高、输送迅速,不像一次能源煤、石油和水那样,输送困难,损耗量大。再次是电能具有便于控制的优点:利用电能可以实现自动化和远动化的操作与控制。例如,由电动机拖动的各种生产机械,从起动、调速、正反转到制动停车各生产阶段,只需要按一下按钮即可实现。又如,利用电子计算机可以控制生产过程中的设备,实现程序控制、数字控制或最佳状态控制,可以实现巡回检测、程序显示、处理故障等功能;利用传感器、控制器和执行器可以实现对各种非电量的自动检测与控制。

二、电工与电子技术的发展前景

电工与电子技术的飞速发展,是以先进的电工理论为指导的。现在,人们已经掌握了大量的电工技术方面的知识,这些知识是人们长期劳动的结晶。

我国早就发现了电和磁现象,在古籍中有“磁石召铁”和“琥珀拾芥”的记载。由于航海事业发展的需要，我国在 11 世纪就发明了指南针，直到 12 世纪，指南针才由阿拉伯传入欧洲。

18 世纪末至 19 世纪初，由于生产发展的需要，电磁方面的研究工作发展很快。1820 年，奥斯特发现了电流对磁针有力的作用，揭开了电工理论的新一页。1826 年，欧姆发现了电荷在导体中流动的规律，创造了欧姆定律。1831 年，法拉第提出了电磁感应定律，其后，楞次确定了感应电流的方向，这些都是电工技术的重要理论基础。直到 1834 年，雅可比制造出世界上第一台电动机，从而证明了实际应用电能的可能性。1889 ~ 1891 年，俄国的天才工程师多里沃 · 多勃罗夫斯基发明了三相输电系统，并制造出三相异步电动机和三相变压器。从此，三相异步电动机取代了蒸汽机，给工业生产带来了一场革命性的变化。

1883 年，爱迪生发现了热电子效应，弗莱明利用这个效应制成了电子二极管。1906 年，德福雷斯发明了三极管。1948 年，贝尔实验室发明了体积更小、结构简单的晶体管。

集成电路是 1958 年出现的。它的出现和应用标志着电子技术的发展到了一个新阶段。集成电路实现了材料、元件、电路三者之间的统一，与传统的电子元件的设计、生产、电路形式有着本质的不同。

从 1946 年第一台电子管式电子计算机诞生以来，经历了电子管、晶体管、集成电路及大规模集成电路的发展阶段，目前正向超大规模、智能化的第五代计算机发展，其储存信号容量、计算速度、综合功能都是前所未有的。

工业上可控硅的广泛应用促进了变流技术的发展，使半导体进入了强电领域。利用它的整流、稳压、变频、调速、逆变技术，使强电的生产、传输、使用和控制等环节发生重大变革。随着新电工材料的出现，一大批新设计、新工艺、高效节能的电气设备（如节能变压器、三相异步电动机等）被制造出来，并广泛应用到工农业生产上，产生了巨大的经济效益。

随着电工与电子技术的飞快发展，新的高科技产品不断出现。电能和电子计算机给人们的生产、生活提供了高质量的物质基础，促使国民经济、国防科技高速发展。最典型的代表是水电厂和变电站的生产和管理，它们不但能连续不断地供应人们需要的电能，而且可以在电子计算机系统的监控和管理下，实现高度自动化、智能化的运行，使人们从繁重的操作、监控、测量抄表、故障处理与维护中解放出来。

三、课程性质、目的和学习方法

电工学包括电工基本理论与电子技术基础理论，是技术基础课程。电气设备包括其结构、工作原理以及应用与选择，属于专业课的范畴。按照教育部关于加强非电专业电工与电子技术教学的指示精神，学习《电工与电气》的目的是使学生获得电工与电子技术方面的基本理论、基本知识和基本技能，为学习后续课程和今后从事工程技术工作打下必要的基础。

《电工与电气》是一门实践性较强的专业技术基础课，学好本课程，要有明确的学习目的和端正的学习态度，并要刻苦钻研、踏实认真，方能取得优良成绩。

学习电工学部分，要注意基本概念、基本定律、定理和基本的计算方法。学习电气部分时，要注意电气设备的基本构造、工作原理、使用操作方法以及设计选型问题。本书各章节开始都有基本要求，要熟练掌握那些主要内容。

通过做习题可以加深、巩固所学理论知识，培养分析问题的能力和计算能力。

通过做实验可以验证和巩固所学理论，训练实际操作技能，培养严谨求实的科学作风。学会正确使用仪器、仪表和电机电器，能正确联接电路，准确读取数字，认真分析结果。

现场教学和实习是非常重要的实践性教学环节之一，一些大型电气设备的运行和检修很难在实验室进行，通过实习既可以学到实践知识和技能，又可以感受到工人阶级的优秀品质，为学生适应社会创造条件。

电化教学和多媒体教学是先进的教学手段，通过系统软件可以实现在电子计算机上的实习与操作，是知识和技能培养教育的理想手段，有条件的地方可以推广。

第一章　直流电路

本章主要介绍直流电路的基本知识和基本定律，以及应用基本定律分析电路的基本方法。这些定律和方法虽然在直流电路中提出，但原则上也适用于正弦交流电路和其他线性电路，它们是进一步认识其他电路的基础。

第一节　电路及其组成

一、电路及其组成

电路就是电流通过的路径。把一些电气设备或元件按照一定的方式联接起来构成电流的通路，叫做电路。

电路一般由电源、负载和中间环节三部分组成。电源能将非电能转换成电能，向电路提供电能，如蓄电池将化学能转换成电能，发电机将机械能转换成电能。负载能将电能转换成非电能，是用电设备，如电灯将电能转换成光能，电动机将电能转换成机械能。中间环节是指将电源与负载联接起来的部分，是用来传输和控制电能的，如导线、开关设备、保护设备及测量设备等。

二、电路图

实际电路由多种电路元件组成。由于实际电路元件所表征的电磁现象和能量转换特征一般都比较复杂，为便于分析研究，我们必须把实际电路元件抽象成理想电路元件，由理想电路元件或其组合而构成的模型，简称电路模型。今后分析的电路图都是电路模型，电路图中各种电路元件都用规定的图形符号来表示。

理想电路元件是从实际元件中抽象出来的、表征单一物理性质的元件，是建立电路模型的最小单元部件。

图 1-1(a)是按实物作出的手电筒电路的示意图。它由电源(干电池)、负载(小电珠)和中间环节(联接导线和开关)三部分组成。图 1-1(b)是它的电路模型，即电路图。电路图不反映实际电路的尺寸大小和设备的具体结构，它反映电气方面相互联系的实际情况。

在电路图中，电路元件均用国家标准规定的图形符号来表示。干电池的符号如图 1-2(a)所示，理想电压源(端电压不随通过的电流而变化的电源)的符号如图1-2(b)所示，理想电流源(输出的电流不随端电压的变化而变化的电源)的符号如图 1-2(c)所示。一般电压源是由一个理想电压源和其内阻串联表示的；一般电流源是由一个理想电流源和其内阻并联表示的。

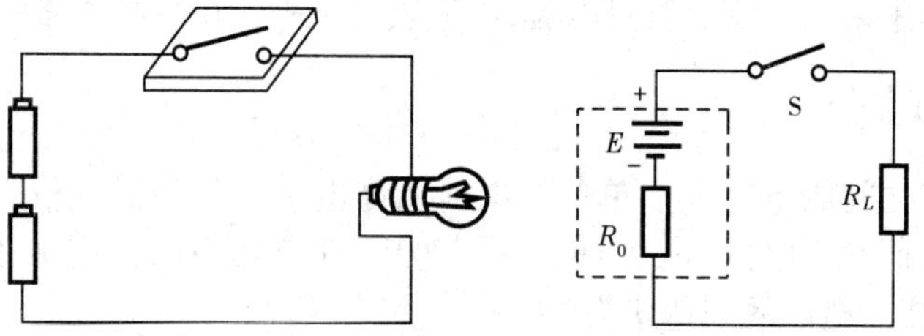

图1-1　手电筒电路

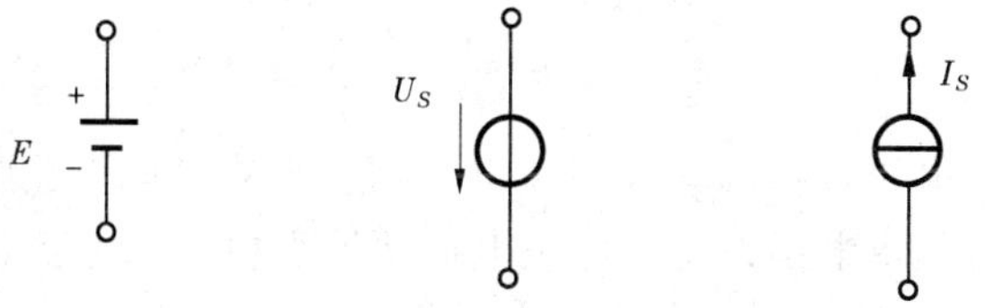

图1-2　电源符号

三、电路的作用

电路的作用可概括为两大功能：一是实现电能的传输、分配和转换，例如供电电路；二是在信息网络中，用来传递、储存、加工和处理各种电信号，例如电话线路。

第二节　电流、电压、电动势及其参考方向

一、电流

电荷的定向移动形成电流。历史上把正电荷移动的方向规定为电流的实际方向。

电流用符号 i 表示。电流是单位时间内通过导体横截面的电荷量，或者说电流是电荷对时间的变化率。其表达式为

$$i = \frac{\mathrm{d}q}{\mathrm{d}t} \tag{1-1}$$

式中　q——通过导体横截面随时间变化的电荷量；

　　i——t 时刻的瞬时电流。

大小和方向（或极性）都不随时间变化的电流用大写字母 I 表示，其定义为

$$I = \frac{Q}{t} \tag{1-2}$$

式中　Q——在 t 时间内通过导体横截面的电荷量。

在国际单位制中，电流的单位是安培，简称安（A）。实用中，电流的单位还有千安（kA）、毫安（mA）、微安（μA）和纳安（nA），它们的换算关系为

$$1\ \mathrm{A} = 10^{-3}\ \mathrm{kA} = 10^{3}\ \mathrm{mA} = 10^{6}\ \mu\mathrm{A} = 10^{9}\ \mathrm{nA}$$

实验和工程中采用电流表测量电流,电流表必须串联在被测电路中。

二、电压与电位

电路中两点之间的电压等于单位正电荷从高电位点移到低电位点时电场力所做的功。电路中的电荷具有电位(电势)能。电荷只有在电场力的作用下才能做有规则的定向移动,形成电流。电压的表达式为

$$u = \frac{\mathrm{d}w}{\mathrm{d}q} \tag{1-3}$$

大小和方向(极性)都不随时间变化的电压用大写字母 U 表示,其定义为

$$U = \frac{W}{Q} \tag{1-4}$$

实验和工程中采用电压表测量电压,电压表必须并联在被测电路中。

电路中某点的电位是指电场力将单位正电荷从该点移至参考点(零电位点)所做的功。电位用符号 V 表示,如点 a 的电位记作 V_a,即

$$V_a = \frac{W_{ao}}{Q} \tag{1-5}$$

式中　W_{ao}——电场力将正电荷 Q 由 a 点移至零电位点 o 点时所做的功。

电位的高低与参考点的选择有关,参考点可以任意选取。电路中某一点的电位随参考点的选择不同而不同,但在同一电路中只能选择一个参考点。在电路中常选大地或电气设备的外壳为参考点。

电压也常用电位差来表示,即

$$U_{ab} = V_a - V_b \tag{1-6}$$

我们规定电压的方向就是电位降低的方向。通常高电位端用“+”表示,低电位端用“-”表示;也可以用箭头表示电压的方向,即由高电位端指向低电位端。

在国际单位制中,电压的单位为伏特,简称伏(V)。电位和电压具有相同的单位。实用中,电压的常用单位还有千伏(kV)、毫伏(mV)、微伏(μV),其换算关系为

$$1\ \mathrm{V} = 10^{-3}\ \mathrm{kV} = 10^{3}\ \mathrm{mV} = 10^{6}\ \mu\mathrm{V}$$

三、电动势

电源力将单位正电荷从负极 b 经电源内部移至正极 a 所做的功,称为电源的电动势,用 E 表示,即

$$E_{ba} = \frac{W}{Q} \tag{1-7}$$

式中　W——电源力将正电荷 Q 由负极移至正极时所做的功。

电动势与电压具有相同的量纲。值得注意的是,电压和电动势虽然单位相同,却有不同的物理概念。

我们规定电动势的实际方向是由电源负极指向电源正极的,即由低电位指向高电位。

四、电流、电压的参考方向

在分析和计算电路时,常用数学式表示电流、电压等物理量之间的关系,因此需要知

道电流、电压等的方向。但分析之前无法知道它们的实际方向,就需任意设定一个方向作为参考,这个任意设定的方向称为参考方向(正方向),并用箭头在电路中标出,如图 1-3 所示。

根据参考方向列写方程,求出的电流或电压值若为正值,说明参考方向与实际方向一致;若为负值,则说明参考方向与实际方向相反。电路中没有标明电流和电压的参考方向时,讨论其正、负是没有意义的。

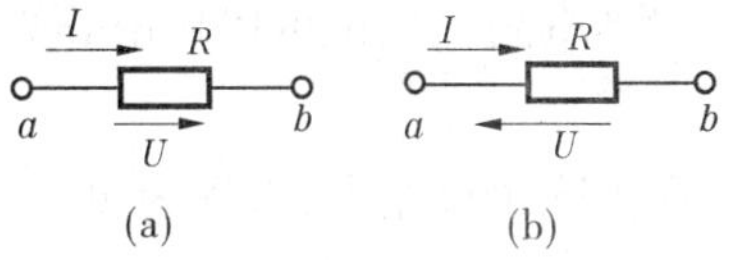

图1-3 参考方向的选择

参考方向的设定是任意的,但为了方便计算,对于同一个电路元件,常将电压的参考方向与电流的参考方向设定的一致,即所谓关联参考方向,如图 1-3(a)所示。若电压的参考方向与电流的参考方向设定的不一致,则称为非关联方向,如图 1-3(b)所示。

【例 1-1】 在图 1-3(b)中,元件的电压和电流方向已标出,已知:$I=-1$ A,$U=5$ V,试说明电流的实际方向和电压的实际极性。

解: 电流 I 是负值,这表明电流的实际方向与参考方向相反,即由 b 流向 a;电压 U 为正值,表明其实际方向与参考方向相同,即 b 端为正,a 端为负。

第三节 欧姆定律、电阻及电导

一、欧姆定律

欧姆定律是电路的基本定律之一,它说明流过电阻的电流与该电阻两端电压之间的关系。如图 1-4(a)所示,我们通过实验可以知道:一段含电阻的电路,流过其中的电流 I 与它两端所加的电压 U 成正比,与它的阻值 R 成反比。即

$$I=\frac{U}{R} \tag{1-8}$$

式(1-8)只适用于电阻两端的电压和电流设定为关联参考方向时的情况。若为非关联参考方向,则应改用

$$I=-\frac{U}{R} \tag{1-9}$$

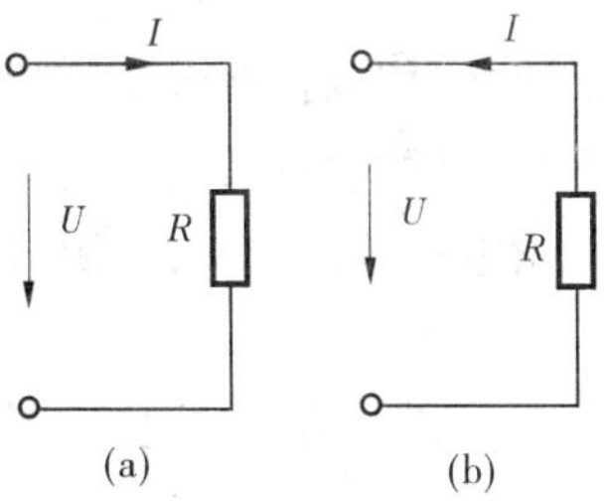

图1-4 欧姆定律

这里应注意,一个式子中有两套正、负号,上两式的正、负号是由电压和电流的参考方向得出的。此外,电压和电流本身还有正值和负值之分,在电路计算时要注意。

还要注意的是,欧姆定律仅适用于线性电阻或线性电阻电路。所谓线性电阻,是指阻值不随通过的电流或两端电压的变化而变化的电阻。严格地说,绝对的线性电阻是不存在的。但在一定条件下,当电流或电压在所应用的范围内,其电阻值相对地保持不变,则可将此电阻看做线性电阻元件。

在国际单位制中,电阻的单位为欧姆,简称欧(Ω)。在实用中,还有千欧(kΩ)、兆欧(MΩ)。其换算关系为

$$1\ \Omega = 10^{-3}\ \mathrm{k\Omega} = 10^{-6}\ \mathrm{M\Omega}$$

二、电导

线性电阻元件也可以用电导来表示其特征,电导用符号 G 表示,其定义为

$$G = 1/R \tag{1-10}$$

在国际单位制中,电导的单位是西门子(S)。用电导表征线性电阻元件时,欧姆定律为

$$\left.\begin{aligned} U &= \frac{I}{G} \\ I &= GU \end{aligned}\right\} \tag{1-11}$$

【例1-2】 电路如图1-4所示,给定了电流和电压的参考方向。试求:

(1)在图1-4(a)中,$U = -5$ V,$I = -0.1$ mA,电阻 R 的值;

(2)在图1-4(b)中,$U = -20$ V,$R = 10\ \Omega$,电流 I 的值。

解: (1)在图1-4(a)中,电压和电流的参考方向相同,根据欧姆定律表达式可得

$$R = \frac{U}{I} = \frac{-5}{-0.1\times 10^{-3}} = 50(\mathrm{k\Omega})$$

(2)在图1-4(b)中,电压和电流的参考方向相反,则

$$I = -\frac{U}{R} = -\frac{-20}{10} = 2(\mathrm{A})$$

第四节 电功率、电能和焦耳-楞次定律

接通电路后,在电源和负载之间存在有能量的交换。它们在单位时间内产生或接受的电能叫做电功率,简称功率,用 P 表示。

由电动势的定义,电源力在 t 时间内对电路提供的电能为

$$W_E = EQ = EIt \tag{1-12}$$

考虑到电功率的定义,则相应的电功率为

$$P_E = EI \tag{1-13}$$

在负载中,电场力做功将电能转换成非电能。由电压的定义可知,由电能转换成的非电能为

$$W = QU = UIt \tag{1-14}$$

相应的电功率为

$$P = UI \tag{1-15}$$

考虑到 $U = IR$,故电阻功率可以写成

$$P_R = I^2R = U^2/R \tag{1-16}$$

电阻 R 在 t 时间内将电能转换成的热能为

$$W_R = UIt = I^2Rt = U^2t/R \tag{1-17}$$

这就是焦耳-楞次定律的表达式。

在国际单位制中，电能和热能的单位为焦耳（J）。若用大卡（1 大卡 =1 kcal = 4.186 8 kJ）表示时，则在 t 时间内电阻 R 上产生的热量 Q_R 为

$$Q_R = 0.239 I^2 Rt \quad (\text{大卡}) \tag{1-18}$$

在国际单位制中，功率的单位为瓦特，简称瓦（W）。常用的单位还有千瓦（kW）和兆瓦（MW），其换算关系为 $1\ \text{W} = 10^{-3}\ \text{kW} = 10^{-6}\ \text{MW}$。工程上，常用千瓦时（kWh）表示 t 时间内产生（或消耗）电能的单位。1 kWh 又称为 1 度电，1 kW 的用电器工作 1 h 消耗的电能为 1 度电。

在完整的电路中，电源提供的能量（功率）应正好等于负载消耗的能量（功率），即所谓的功率平衡。经分析可知：当元件两端的电压与其中的电流实际方向相同时，该元件吸收电功率；当两者实际方向相反时，该元件产生电功率。但在电路中，事先不知道元件电压和电流的实际方向，应根据参考方向来计算该元件的功率，并由计算结果来判断该元件在电路中是作电源还是作负载（如电池在电路中可处于充电或放电状态）。具体方法简述如下：

（1）当元件两端的电压和其中电流的参考方向相关联时，用 $P = UI$ 公式计算该元件的功率；当元件两端的电压和其中电流的参考方向为非关联时，则用 $P = -UI$ 公式计算该元件的功率。

（2）按上述条件计算结果，若 $P > 0$，该元件在电路中消耗功率，为负载（电压和电流实际方向相同）；若 $P < 0$，该元件在电路中产生功率，为电源（电压和电流实际方向相反）。

【例 1-3】 某教室使用 40 W 的白炽灯 9 盏，每天平均点亮 4 h，一个月（按 30 d 计算）共用电多少度？

解： 总功率 $P = 40 \times 9 = 360(\text{W}) = 0.36\ \text{kW}$

总用电时间 $t = 4 \times 30 = 120(\text{h})$

每月使用电量 $W = Pt = 0.36 \times 120 = 43.2(\text{kWh})$

【例 1-4】 在图 1-5 所示电路中有 A、B、C 三个元件，电压和电流的参考方向如图所示，已知：$I_1 = 2$ A，$I_2 = -2$ A，$I_3 = -2$ A，$U_1 = 180$ V，$U_2 = 30$ V，$U_3 = -150$ V。

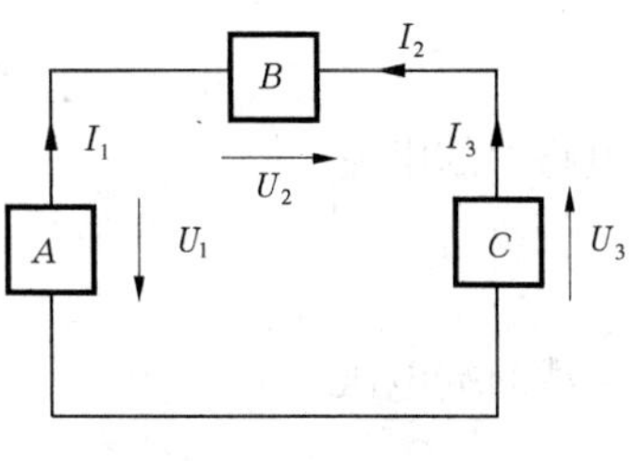

图 1-5 例 1-4 图

（1）计算各元件的功率，并从计算结果中判断哪个是电源，哪个是负载。

（2）试校验电路所得解答是否满足功率平衡。

解： （1）元件 A，电压与电流参考方向相反，则功率为

$$P_A = -U_1 I_1 = -180 \times 2 = -360(\text{W}) < 0，\text{是电源}$$

元件 B，电压与电流参考方向相反，则功率为

$$P_B = -U_2 I_2 = -30 \times (-2) = 60(\text{W}) > 0，\text{是负载}$$

元件 C，电压与电流参考方向相同，则功率为

$$P_C = U_3 I_3 = (-150) \times (-2) = 300(\text{W}) > 0，\text{是负载}$$

(2)由计算结果可知，此电路中元件 A 产生的功率，等于元件 B 和元件 C 消耗的功率之和，满足功率平衡关系。

第五节　电气设备的额定值及电路的三种状态

一、电气设备的额定值

电气设备的额定值是制造厂家根据设计、制造材料及制造工艺等因素，所给出的设备的各项性能指标和技术数据，如额定电压 U_N、额定电流 I_N、额定功率 P_N 等。额定值往往标在设备的铭牌上。按额定值使用电气设备最为安全可靠、经济合理。超过额定值运行会使电气设备使用寿命缩短，甚至损坏。用户应该按额定值来使用电气设备。

二、电路的三种状态

（一）通路（有载）状态

通路就是电源与负载接通成闭合回路，在图 1-6(a)中，FU 为熔断器，开关 S 闭合后，在电源电动势 E 的作用下，电路中将通过电流 I，其参考方向如图中所示。

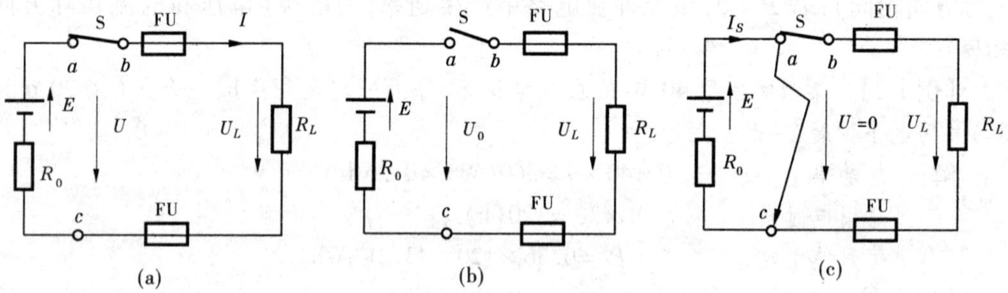

图 1-6　电路的三种状态

电路中的电流

$$I = \frac{E}{R_0 + R_L} \tag{1-19}$$

负载的端电压

$$U_L = IR_L \tag{1-20}$$

电源的端电压

$$U = E - IR_0 \tag{1-21}$$

电源的端电压与负载的端电压相等

$$E - IR_0 = IR_L$$

$$E = IR_0 + IR_L \tag{1-22}$$

式(1-22)两端同乘以电流 I，则得功率平衡方程

$$P_E = EI = I^2R_0 + I^2R_L = P_0 + P_L \tag{1-23}$$

在额定电压下，负载电流小于额定值称为欠载；负载电流等于额定值称为满载；负载电流大于额定值称为超载。电气设备长时间超载运行是不允许的。

（二）开路状态

开路就是电源和负载未接通成闭合通路，如图1-6(b)电路中的开关S断开时的工作状态。此时，电路中的电流等于零，即

$$I=0$$

电源不向负载提供电功率，即

$$P_E=0;\quad P_L=0$$

这种情况称为电源空载。电源空载时的端电压U_0称为开路电压，电源的开路电压等于其电动势，即

$$U_0=E$$

（三）短路状态

如图1-6(c)所示，当电源两端由电阻为零的导体接通成闭合回路时，电源处于短路状态，其端电压为

$$U_L = E - I_S R_0 = 0 \tag{1-24}$$

此时电源通过的电流为

$$I_S = E/R_0 \tag{1-25}$$

此电流称为短路电流。因为一般电源的内阻很小，所以这时的电流很大。

电源短路时，电源的电动势全部降落在内阻上，负载吸收的功率等于零，电源产生的功率完全消耗在内阻上。

电源短路是严重的事故状态，如果不迅速排除，将会引起短路电流通过的电气设备烧毁或遭受机械损坏。为了迅速排除短路事故，通常在电路中安装熔断器或其他保护装置，以保证电路工作安全。

有时由于某种需要，可将部分电路或某些元件两端予以短接，这种情况不是事故，应与电源短路事故严格区别。

【例1-5】 在图1-7所示电路中，电源设备的额定功率$P_N=11\ \text{kW}$，额定电压$U_N=220\ \text{V}$，内阻$R_0=0.1\ \Omega$，R_L为可调的负载电阻。试求：

(1)电源的额定电流I_N；

(2)电源的开路电压；

(3)电源满载时的负载电阻；

(4)负载短路时的电流。

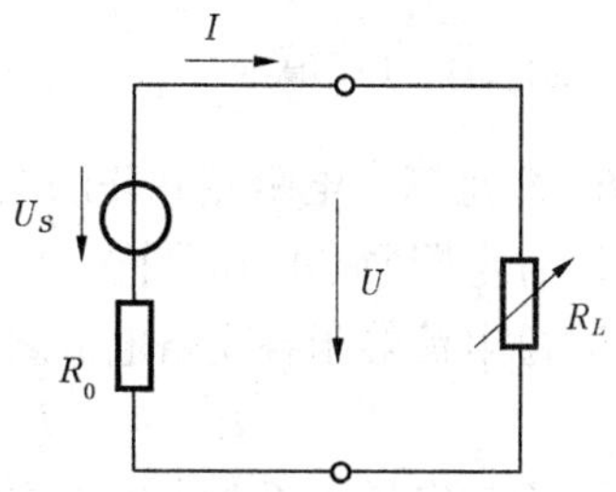

图1-7　例1-5图

解： (1)电源的额定电流为

$$I_N=\frac{P_N}{U_N}=\frac{11\times10^3}{220}=50(\text{A})$$

(2)电源的开路电压为

$$U_0=U_S=U_N+I_NR_0=220+50\times0.1=225(\text{V})$$

(3)电源满载时负载电阻为

$$R_L = \frac{U_N}{I_N} = \frac{220}{50} = 4.4(\Omega)$$

(4) 短路电流为

$$I_S = \frac{U_S}{R_0} = \frac{225}{0.1} = 2\ 250(\mathrm{A}) \gg I_N$$

如此大的短路电流,若不采用保护措施,将会造成电气设备的损坏。

第六节　简单直流电路的计算

无分支电路和能利用电阻串并联简化为无分支电路的有分支电路合称为简单电路。欧姆定律和电阻串并联规律是分析和计算各种电路的基础。

一、电阻的串联

图 1-8 是三个电阻串联的电路。其电路特点为:

(1)通过每个电阻中的电流为同一电流;

(2)总电压等于各个电阻上电压降之和,即

$$U = U_1 + U_2 + U_3 \tag{1-26}$$

(3)等效电阻 R 等于各个电阻之和,即

$$R = R_1 + R_2 + R_3 \tag{1-27}$$

(4)各个串联电阻上的分压与其阻值成正比,分压公式为

$$U_i = \frac{R_i}{R_1 + R_2 + R_3}U \tag{1-28}$$

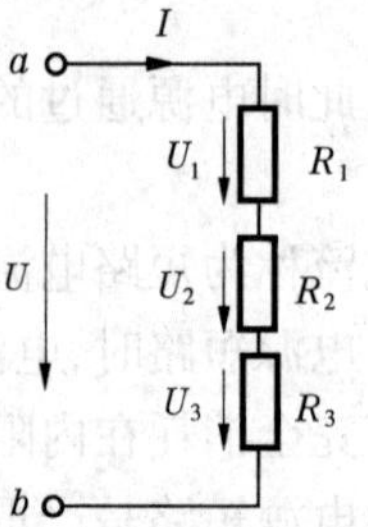

图1-8　电阻的串联

(5)各串联电阻消耗的功率与其阻值成正比,即

$$P_i = \frac{R_i}{R_1 + R_2 + R_3}P \tag{1-29}$$

二、电阻的并联

图 1-9 是三个电阻相并联的电路,其电路特点为:

(1)各电阻两端电压是同一电压;

(2)总电流等于各支路电流之和,即

$$I = I_1 + I_2 + I_3 \tag{1-30}$$

(3)等效电导等于各个电导之和。即

$$G = G_1 + G_2 + G_3 \tag{1-31}$$

或

$$R = \frac{1}{\frac{1}{R_1} + \frac{1}{R_2} + \frac{1}{R_3}} \tag{1-32}$$

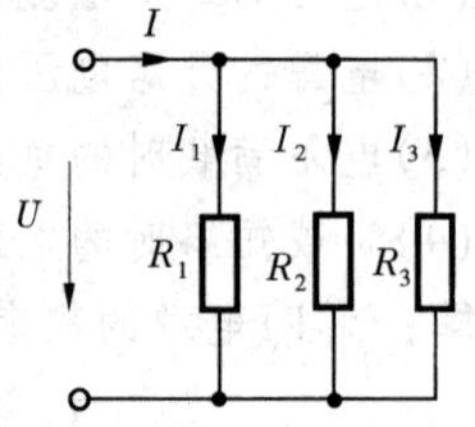

图1-9　电阻的并联

只有两个电阻相并联时,有

$$R = \frac{R_1 R_2}{R_1 + R_2} \tag{1-33}$$

(4)在两个电阻相并联的电路中，分流公式为

$$\left.\begin{aligned} I_1 &= \frac{R_2}{R_1 + R_2} I \\ I_2 &= \frac{R_1}{R_1 + R_2} I \end{aligned}\right\} \tag{1-34}$$

$$\left.\begin{aligned} I_1 &= \frac{G_1}{G_1 + G_2} I \\ I_2 &= \frac{G_2}{G_1 + G_2} I \end{aligned}\right\} \tag{1-35}$$

(5)各电阻元件消耗的功率与其阻值成反比，与其电导成正比，即

$$P_i = \frac{R}{R_i} P \quad 或 \quad P_i = \frac{G_i}{G} P \tag{1-36}$$

三、电阻的混联电路

若电路中的电阻既有串联又有并联，则称之为混联。计算混联电路时，要根据电路的实际情况以及串并联电路的特点，再结合欧姆定律加以灵活运用。一般计算步骤为：

(1)用串并联简化法，求出总的等效电阻；

(2)利用欧姆定律求出总电流；

(3)根据串联电路的分压关系和并联电路的分流关系，逐步推算出各元件的电流、电压或功率。

【例 1-6】 图 1-10 所示电路中，已知 $R_1 = 2\ \Omega$，$R_2 = 40\ \Omega$，$R_3 = 40\ \Omega$，电源电压 $U = 220$ V。求各电阻上的电流和电压以及 R_3 上的功率 P_3。

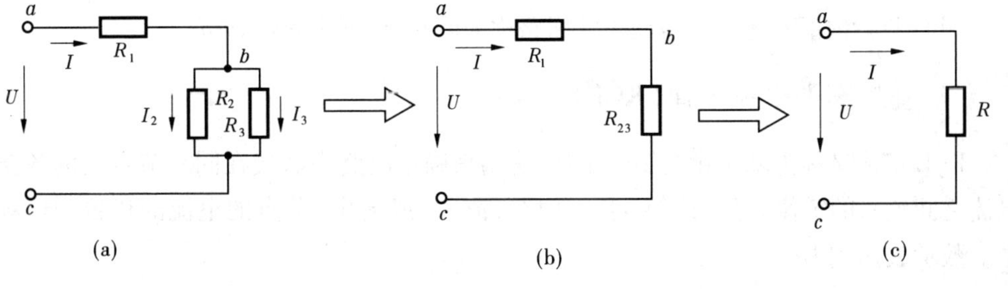

图1-10 例 1-6图

解： R_2 和 R_3 并联，其等效电阻为

$$R_{23} = \frac{R_2 R_3}{R_2 + R_3} = \frac{R_2}{2} = \frac{40}{2} = 20(\Omega)$$

图 1-10(a)转换成图 1-10(b)，R_1 和 R_{23} 串联，其等效电阻为

$$R = R_1 + R_{23} = 2 + 20 = 22(\Omega)$$

图 1-10(b)转换成图 1-10(c)，其总电流为

$$I=\frac{U}{R}=\frac{220}{22}=10(\mathrm{A})$$

由图 1-10(b)得

$$U_{ab}=IR_1=10\times2=20(\mathrm{V})$$
$$U_{bc}=IR_{23}=10\times20=200(\mathrm{V})$$

也可用电阻串联电路的分压公式求解,请读者自行分析。

由图 1-10(a)得

$$I_2=I_3=\frac{U_{bc}}{R_2}=\frac{200}{40}=5(\mathrm{A})$$

也可用电阻并联电路的分流公式求解,请读者自行分析 。

$$P_3=U_{bc}I_3=200\times5=1\ 000(\mathrm{W})=1\ \mathrm{kW}$$

R_3 上消耗的功率为 1 kW。

第七节　基尔霍夫定律

基尔霍夫定律又称克希霍夫定律,和欧姆定律一样,是分析电路的重要定律之一。它包括基尔霍夫电流定律(KCL)和基尔霍夫电压定律(KVL)。它既适用于研究线性直流电路和交流电路,也适用于研究非线性直流和交流电路。

一、几个名词术语

(1)支路:电路中一个或几个元件相串联,其通过的电流相同的一段电路,称为支路。如图 1-11 中的 *adc*、*abc*、*ac* 三条支路,其中 *ac* 称为无源支路,*abc*、*adc* 称为含源支路。

(2)节点:电路中三条或三条以上支路的联接点称为节点,如图中 *a* 和 *c* 两点。

(3)回路:电路中的任一闭合路径称为回路,如图中 *abca*、*acda* 和 *abcda*。

(4)网孔:内部不包含其他支路的回路称为网孔,如图中 *abca*、*acda*。

二、基尔霍夫电流定律(KCL)

KCL 定律又称为基尔霍夫第一定律,是用来确定电路中联接在同一节点上的各支路电流之间关系的定律。其内容为:任一时刻,流入(或流出)节点的电流的代数和恒等于零。数学表达式为

$$\sum I=0 \tag{1-37}$$

由此,图 1-11 中的节点 a 的电流,应用 KCL 定律可列出电流方程式为

$$I_1+I_2-I_3=0$$

应用 KCL 定律时,必须在电路图上标明参考方向后,才能列写出相应的方程式。KCL 定律不仅适用于电路中的任意节点,也可推广应用到电路中的任意的封闭曲面。如图 1-12 电路中虚线包围的部分,可称为广义节点。根据图示中各电流的参考方向可得

$$I_1+I_2+I_3=0$$

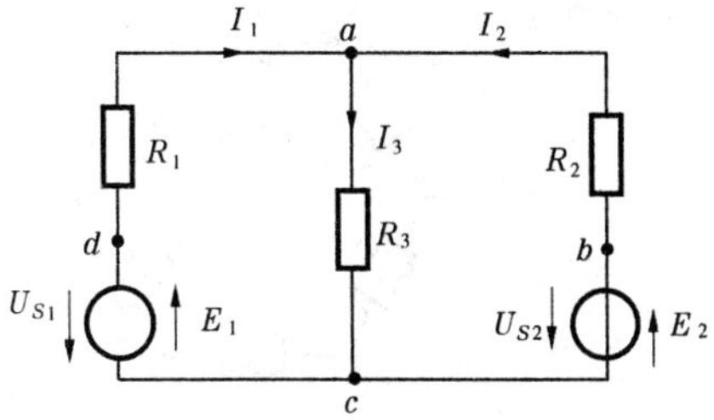

图1-11　电路结构举例

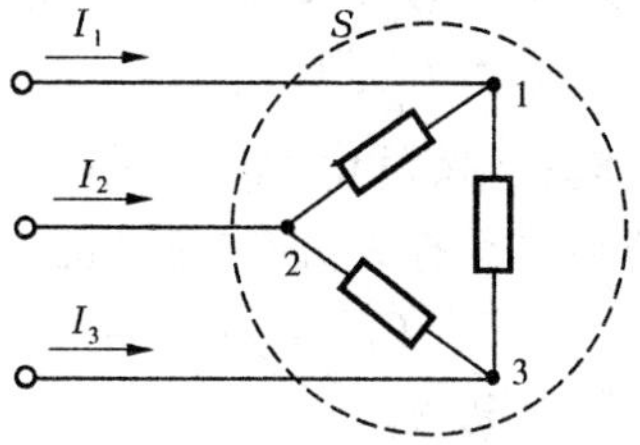

图1-12　KCL 定律的推广

【例 1-7】　图 1-13 所示为某电路的一部分，各支路电流的参考方向在图上已标出。已知：$I_1 = 10\ \text{A}$，$I_2 = 2\ \text{A}$，$I_3 = -6\ \text{A}$，求流过元件 A 的电流 I_4。

解：　对于节点 a，应用 KCL 定律列方程可得

$$I_1 - I_2 - I_3 + I_4 = 0$$

代入数值解得

$$I_4 = -10 + 2 + (-6) = -14(\text{A})$$

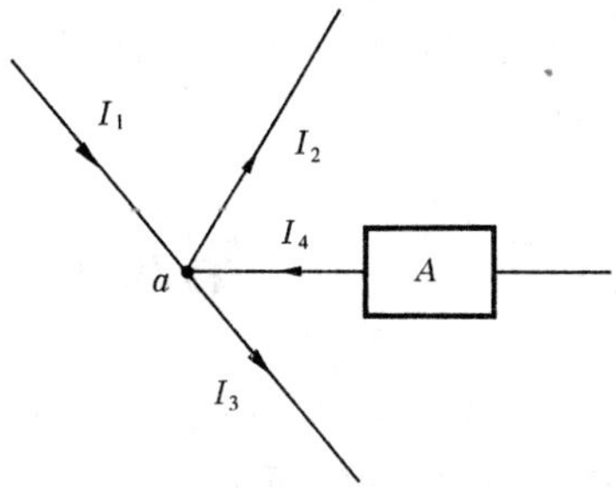

图1-13　例 1-7图

三、基尔霍夫电压定律（KVL）

KVL 定律又称为基尔霍夫第二定律，是用来确定回路中各部分电压关系的定律。其内容为：任一时刻，沿电路中的任意回路绕行一周，所有元件上的电压降的代数和恒等于零。数学表达式为

$$\sum U = 0 \tag{1-38}$$

例如图 1-14 所示回路中，各元件的电压、电流的参考方向以及回路绕行方向均已标示在图上，应用 KVL 定律可列出方程式为

$$-E_1 + U_1 + E_2 + U_2 - E_3 - U_3 = 0$$

KVL 定律还可推广应用于开口电路，如图 1-15 所示的电路不是闭合电路，但在电路 A、B 开口端存在电压 U_{AB}，可假想成一个闭合回路。如按顺时针绕行，则其 KVL 方程为

$$U_{AB} = U_1 + U_2 = IR + E$$

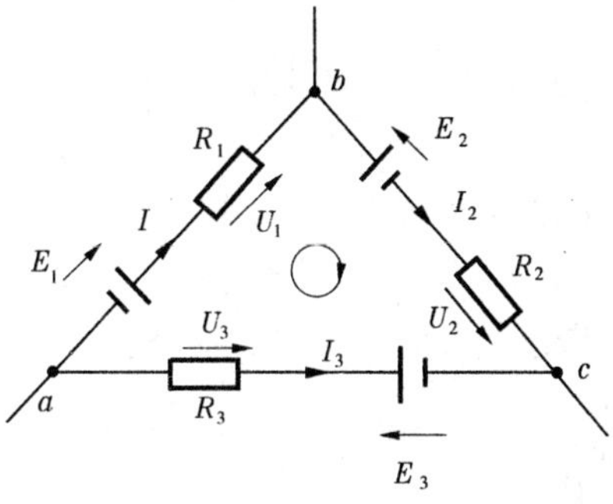

图1-14　基尔霍夫电压定律

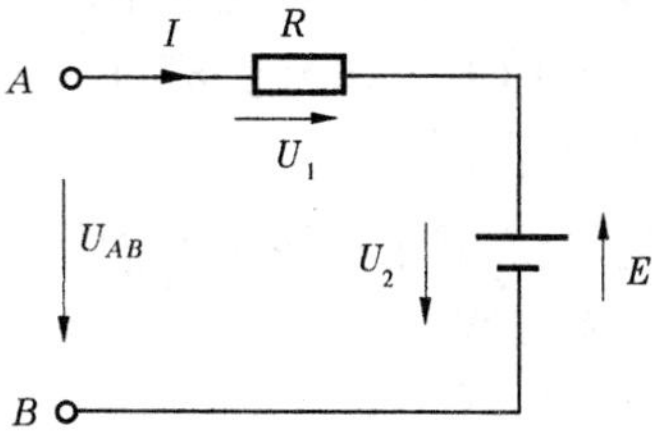

图1-15　开口电路

【例 1-8】　图 1-16 所示为复杂电路中的某一回路。已知各元件上的电压 $U_1 = -10$

V, $U_2=5$ V, $U_3=-3$ V, $U_4=4$ V, $U_5=-15$ V, 求元件 6 两端的电压 U_6。

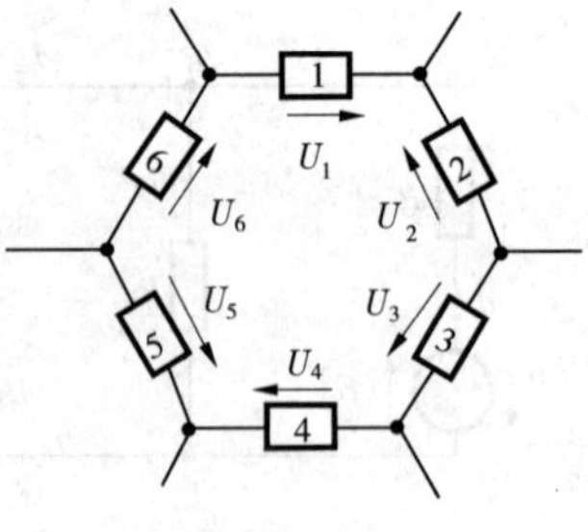

图1-16　例 1-8图

解： 以图中 U_6 的方向为参考方向，并取顺时针方向为回路绕行方向，应用 KVL 定律得

$$U_1-U_2+U_3+U_4-U_5+U_6=0$$

代入数值解得

$$U_6=-(-10)+5-(-3)-4+(-15)=-1(\text{V})$$

由上例可以看出，在运用 KVL 定律时一定要注意各元件电压的参考方向与所选绕行方向是否一致，并且在代入数值时，还要注意各电压本身的正负。

第八节　复杂直流电路的计算

有分支而又不能用电阻串并联的等效变换方法简化成无分支的电路，称为复杂电路。由于复杂电路的问题多样，根据电路的特点去寻找分析和计算电路的简便方法就显得很有必要。本节扼要地讨论了几种常用的分析和计算复杂电路的方法：支路电流法、叠加原理及戴维南定理。

一、支路电流法

支路电流法就是以支路电流为未知量，根据欧姆定律和 KCL 定律、KVL 定律对电路直接列方程组求解的方法。支路电流法求解电路（n 个节点、b 条支路）的步骤如下：

(1) 在电路图上标出各支路电流的参考方向及各独立回路的绕行方向；

(2) 对 $n-1$ 个独立节点列出 KCL 定律方程；

(3) 对 $b-n+1$ 个独立回路列出 KVL 定律方程；

(4) 将数值代入方程式中联立求解方程组，求出各支路电流；

(5) 应用功率平衡对所得结果进行校验。

【例 1-9】 在图 1-11 所示电路中，已知 $U_{S1}=140$ V, $U_{S2}=90$ V, $R_1=20\ \Omega$, $R_2=5\ \Omega$, $R_3=6\ \Omega$，试求各支路电流。

解： 设定各支路电流方向如图 1-11 所示。选 $acda$ 为左回路的绕行方向，选 $acba$ 为右回路的绕行方向，标在电路图上。

应用 KCL 定律列出 $n-1$ 个独立节点方程，选 a 点作为独立节点，有

$$I_1+I_2-I_3=0 \tag{1}$$

选左、右两个回路作为独立回路，应用 KVL 定律分别对它们列方程如下：

对左回路
$$I_1R_1+I_3R_3=U_{S1} \tag{2}$$

对右回路
$$I_2R_2+I_3R_3=U_{S2} \tag{3}$$

将已知量代入式(2)、式(3)，整理后可得

$$I_1=(140-6\ I_3)/20 \tag{4}$$

$$I_2=(90-6\ I_3)/5 \tag{5}$$

最后把式(4)、式(5)代入式(1),得

$$I_3 = 10\ \text{A}$$

再代入式(4)、式(5),得

$$I_1 = 4\ \text{A}, I_2 = 6\ \text{A}$$

应用功率平衡校验

$$P_{发} = U_{S1} \times I_1 + U_{S2} \times I_2 = 140 \times 4 + 90 \times 6 = 1\ 100(\text{W})$$

$$P_{吸} = I_1^2 R_1 + I_2^2 R_2 + I_3^2 R_3 = 16 \times 20 + 36 \times 5 + 100 \times 6 = 1\ 100(\text{W})$$

电路中发出的功率与吸收的功率相同,计算结果正确。

二、叠加原理

叠加原理是分析线性电路的重要原理。所谓线性电路是指只含有线性元件的电路。叠加原理的内容是:对于一个线性电路来说,由几个独立电源共同作用所产生的某一支路的电压或电流等于各个电源单独作用时分别在该支路所产生的电压或电流的代数和。当其中某一个电源单独作用时,其余的独立电源应置零(电压源以短路代替,电流源以开路代替),如图 1-17 所示。

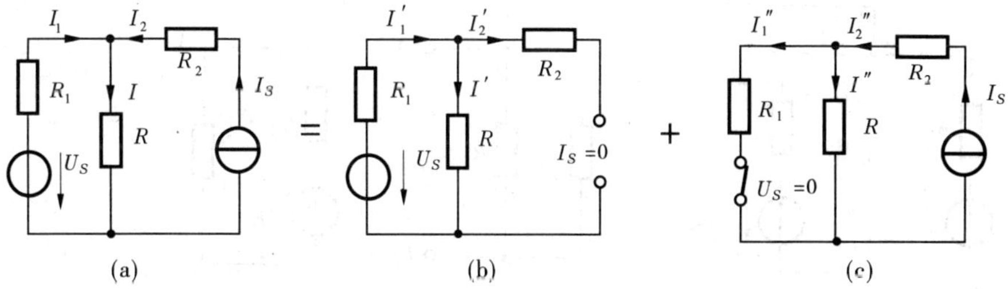

图1-17 叠加原理

$$I_1 = I'_1 - I''_1 \qquad I_2 = -I'_2 + I''_2 \qquad I = I' + I''$$

在应用叠加原理时,应该注意以下几点:

(1)当令某一电源单独作用时,其他电源应为零值,即独立电压源用短路代替,独立电流源用开路代替;

(2)电路中的受控源不能单独作用;

(3)叠加定理只适用于计算电流或电压,不适用于计算功率。

(4)各支路叠加电流的正负号以原电路中各支路电流的参考方向为准。各叠加电流分量的方向与其相同者取正,反之取负。

三、戴维南定理

具有两个出线端子(一个端口)的网络(电路)称为二端网络。内部不含电源的二端网络称为无源二端网络;内部含有电源的二端网络称为有源二端网络。戴维南定理是对有源二端网络而言的。

戴维南定理指出:对于任意一个有源二端网络,均可以用一个等效的电压源来代替。其等效的条件是:有源二端网络的开路电压 U_{0C} 等于等效电源的电动势 E,有源二端网络

除源(所有电压源短路,所有电流源开路)后的无源二端网络的入端电阻 R_{ab} 等于等效电源的内阻 R_0,如图 1-18 所示。

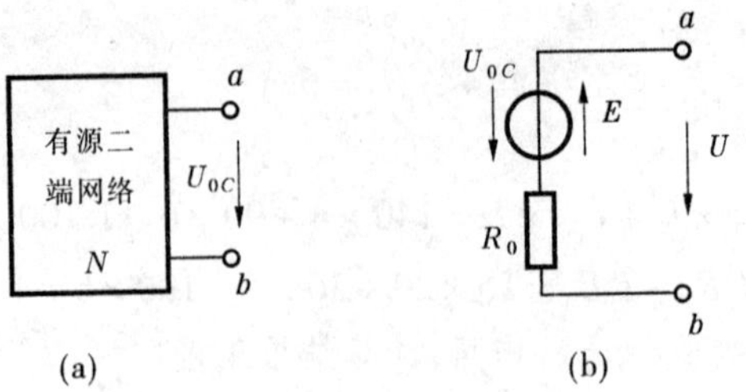

图1-18 戴维南定理

图中理想电压源和内阻串联组合称为戴维南等效电路。等效电路中的电阻 R_0 称为戴维南等效电阻。

【例 1-10】 仍以图 1-11 电路为例,用戴维南定理求解 R_3 支路的电流 I_3。

解: (1)首先,将待求支路断开,其余部分即为有源二端网络,如图 1-19(a)所示。

(2)然后,求有源二端网络的开路电压 U_{0C},使其等于戴维南电路的电动势 E,则有

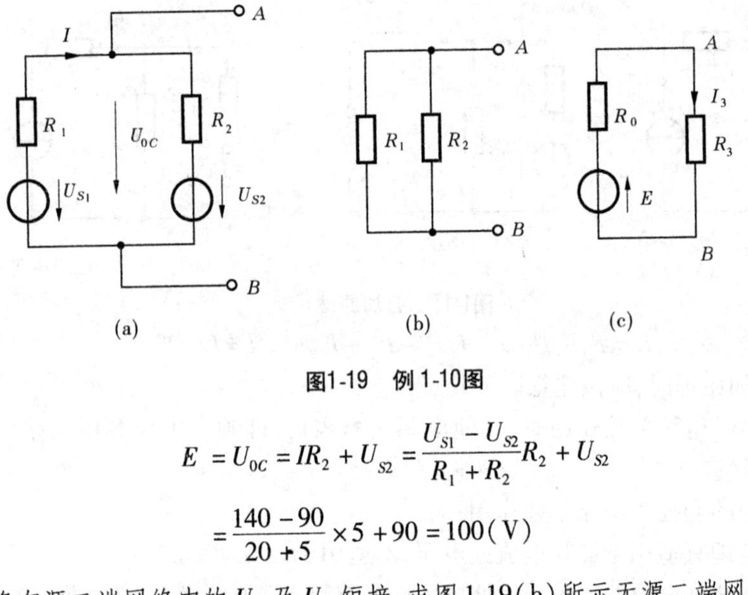

图1-19 例 1-10图

$$E = U_{0C} = IR_2 + U_{S2} = \frac{U_{S1} - U_{S2}}{R_1 + R_2}R_2 + U_{S2}$$

$$= \frac{140 - 90}{20 + 5} \times 5 + 90 = 100(\mathrm{V})$$

(3)将有源二端网络中的 U_{S1} 及 U_{S2} 短接,求图 1-19(b)所示无源二端网络的入端等效电阻 R_{AB},并使其等于等效电源的内阻 R_0,则有

$$R_0 = R_{AB} = \frac{R_1 R_2}{R_1 + R_2} = \frac{20 \times 5}{20 + 5} = 4(\Omega)$$

(4)在戴维南等效电路两端接上待求的 R_3 支路,应用欧姆定律求解 I_3,则有

$$I_3 = \frac{E_0}{R_0 + R_3} = \frac{100}{4 + 6} = 10(\mathrm{A})$$

注意:待求支路的参考方向必须与原电路设定的参考方向一致,计算结果与用支路电流法的答案一样,解题过程显然简化了。该定理常用于在复杂电路中求解某一支路电流。

第九节　电路中电位的计算

一、零电位点的选择

在计算电路中某点的电位时，必须选定电路中的参考点，它的电位称为参考电位，通常设参考电位为零。而电路中其他各点的电位都同它比较，比它高的电位点为正，比它低的电位点为负。在电工技术中，通常选择大地为零电位点，用符号“⏚”表示。在电子线路中，一般把与机壳相联的点作为零电位点，零电位点通常以符号“⊥”表示。

二、电位的计算

下面我们以图 1-20 的电路为例来讨论该电路中各点的电位。已知：$E_1=3\ \mathrm{V}$，$E_2=2\ \mathrm{V}$，$E_3=5\ \mathrm{V}$，$R_2=0.5\ \Omega$，$R_3=2\ \Omega$，$I_1=1\ \mathrm{A}$，$I_2=2\ \mathrm{A}$，$I_3=1\ \mathrm{A}$。

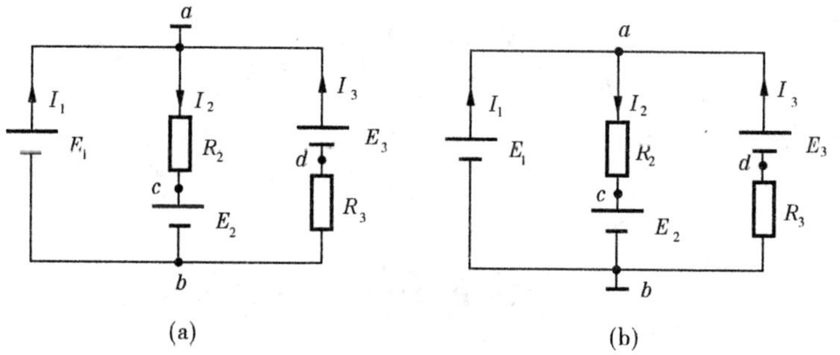

图1-20　电位的计算

设图中 a 点为参考电位，如图 1-20(a)所示，则 $V_a=0$，电路中其他各点的电位值为

$$V_b=U_{ba}=-U_{ab}=-E_1=-3\ \mathrm{V}$$
$$V_c=U_{ca}=-I_2R_2=-2\times0.5=-1(\mathrm{V})$$
$$V_d=U_{da}=-E_3=-5\ \mathrm{V}$$

若选定 b 点为参考电位时，如图 1-20(b)所示，则 $V_b=0$，电路中其他各点的电位值为

$$V_a=U_{ab}=E_1=3\ \mathrm{V}$$
$$V_c=U_{cb}=E_2=2\ \mathrm{V}$$
$$V_d=U_{db}=-I_3R_3=-1\times2=-2\ (\mathrm{V})$$

由以上计算结果可得出如下结论：

(1)电路中某一点的电位等于该点与参考点之间的电压。

(2)参考点选得不同，电路中各点的电位值随之改变，但是任意两点间的电压值是不变的。所以，各点电位的高低是相对的，而两点间的电压值是绝对的。

图 1-21(a)所示的电路，如选节点 b 为参考电位，可简化为图 1-21(b)所示的电路，不画电源，各端标以电位值。

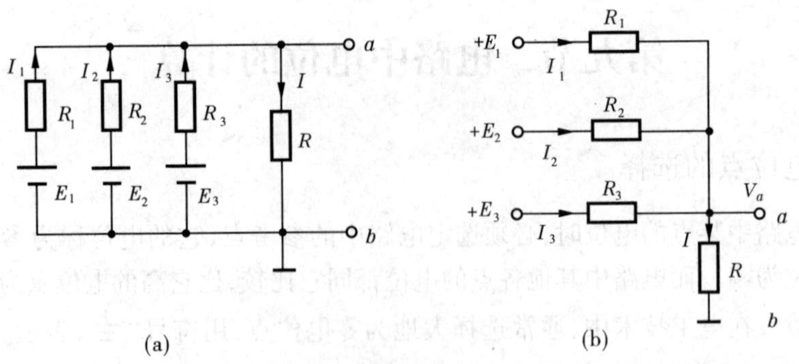

图1-21　电路的简化画法

【例1-11】　在图1-21(b)所示电路中，已知 $E_1 = 100\ \text{V}, E_2 = 50\ \text{V}, E_3 = 10\ \text{V}, R_1 = 80\ \Omega, R_2 = 40\ \Omega, R_3 = 20\ \Omega, R = 10\ \Omega$，求 a 点的电位。

解：　设各支路电流的参考方向如图所示。对节点 a，应用KCL定律可得

$$I_1 + I_2 + I_3 = I$$

即

$$\frac{E_1 - V_a}{R_1} + \frac{E_2 - V_a}{R_2} + \frac{E_3 - V_a}{R_3} = \frac{V_a}{R}$$

代入数值解得

$$V_a = 16\ \text{V}$$

本章小结

一、分析电路的主要目的是为了解决电流、电压的分布和功率的分配。为此，首先要掌握电流、电压、电动势和功率的基本概念；其次要确定它们的相互关系，这就要熟练掌握欧姆定律、基尔霍夫定律和功率的一般表达式；还要掌握电路的基本分析方法。

二、简单电路的计算用电阻的串并联公式及欧姆定律就可解决，对复杂电路则要求重点掌握支路电流法，支路电流法不但适用于线性电路的分析，也适用于非线性电路的分析。叠加原理只适用于线性电路的分析和计算。

三、各种电气设备的电压、电流和功率都有一定的额定值。电气设备处在额定值时的运行，称为额定工作状态。额定工作状态下运行效率高、安全可靠。开路和短路是电路的特殊状态。

四、复杂电路中，如果只需要求解某一条支路的电压或电流时，应用戴维南定理比较简便。将一个复杂的线性有源二端网络用等效电压源代替，实质上是将复杂问题化为简单问题来处理。在应用时要特别注意等效是对外电路的作用相同，而对内电路，等效者和被等效者本身并不一定相同。

五、要确定电路中某点的电位，必须首先选择参考电位（零电位）点。参考电位的选择原则上是任意的。参考电位选择的不同，电路中各点的电位也不同，但任意两点的电压

总是定值,与参考点的选择无关。

思考题与习题

1-1　电路由哪几部分组成？电路有何功能？

1-2　在分析计算电路时,为什么要设定电压和电流的参考方向？参考方向与实际方向有何区别和联系？何为关联参考方向？

1-3　在图 1-22 所示电路中,要求:

(1)计算各元件的功率,并从计算结果指出哪个是电源,哪个是负载？

(2)校核图示电路是否满足功率平衡。

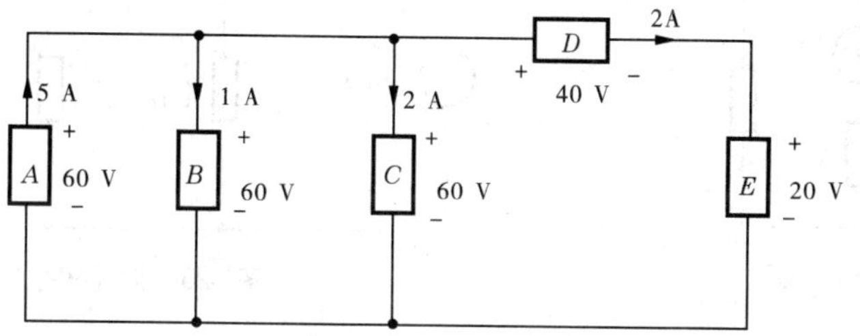

图1-22　题 1-3图

1-4　一个 2.7 kΩ、0.5 W 的电阻,使用时最多能加多大的电压？

1-5　今有额定电压为 110 V、功率为 40 W 和 15 W 的两只白炽灯并联。问:

(1)每只灯泡的电阻各是多大？

(2)通过灯泡的电流是多少？

(3)能否将它们串联后接到 220 V 的电源上使用？为什么？

1-6　求图 1-23 所示电路的等效电阻 R_{ab}。

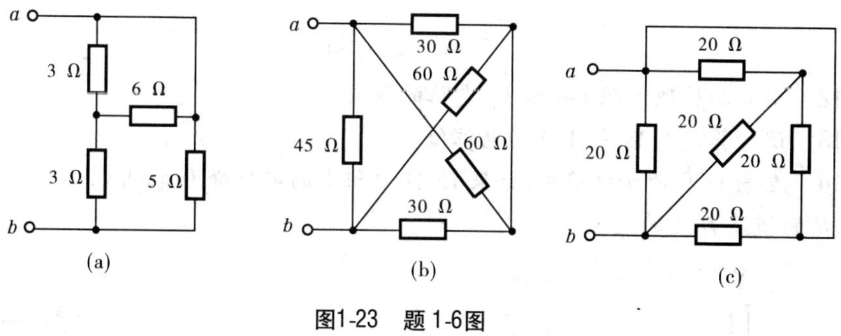

图1-23　题 1-6图

1-7　求图 1-24 所示电路中的 U_{ab}。

1-8　在图 1-25 所示电路中,已知 $E_1 = 160$ V,$E_2 = 80$ V,$R_1 = 1$ Ω,$R_2 = 0.5$ Ω,$R_L = 120$ Ω。试用支路电流法求各支路的电流。

1-9　试用叠加原理计算图 1-26 所示电路中的 U 和 I。

1-10　求图 1-27 所示电路的戴维南等效电路。

1-11　用戴维南定理求题 1-8 中 R_L 支路的电流。

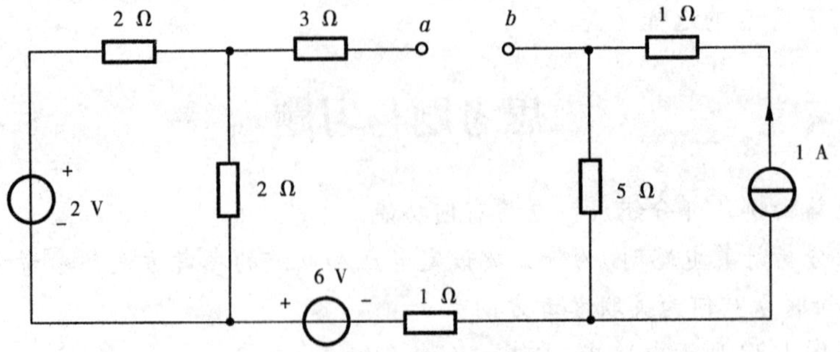

图1-24　题 1-7图

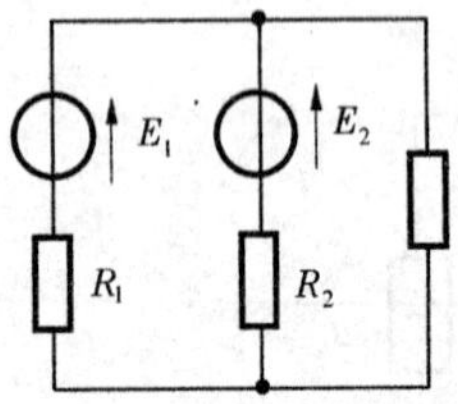

图1-25　题 1-8图

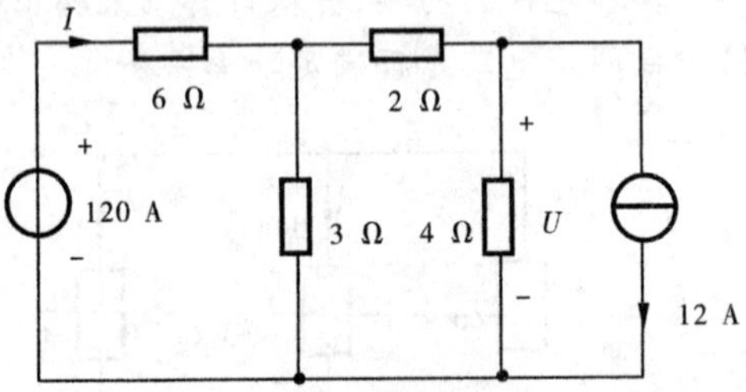

图1-26　题 1-9图

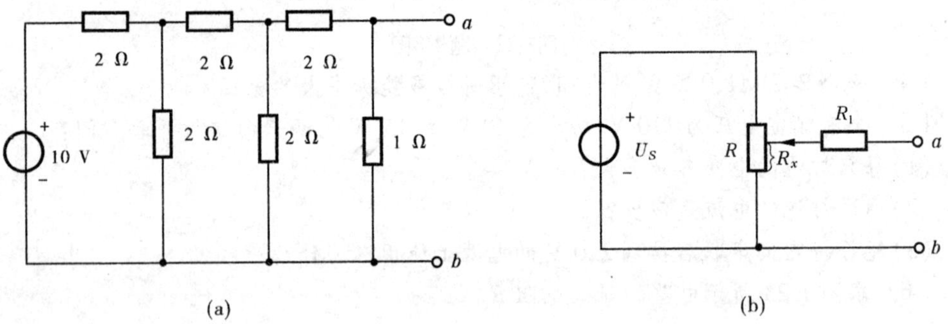

图1-27　题 1-10图

1-12　用叠加原理求题 1-8 中 R_L 支路的电流。

1-13　试计算图 1-28 中 A 点的电位值。

1-14　在图 1-29 所示电路中，如果 15 Ω 电阻上的电压降 $U=30$ V，其极性如图所示。求电阻 R 的值及 B 点的电位值。

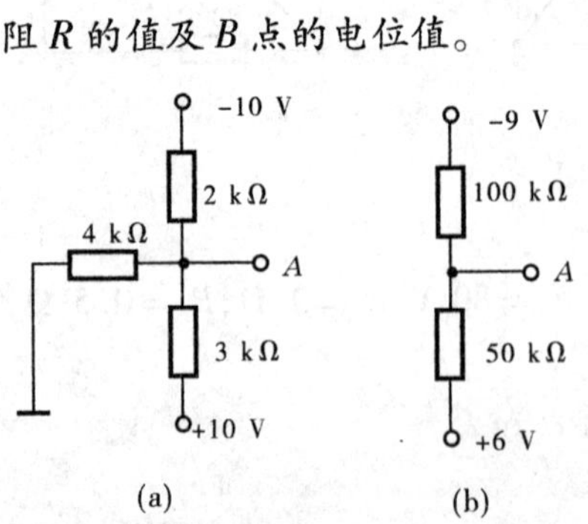

图1-28　题 1-13图

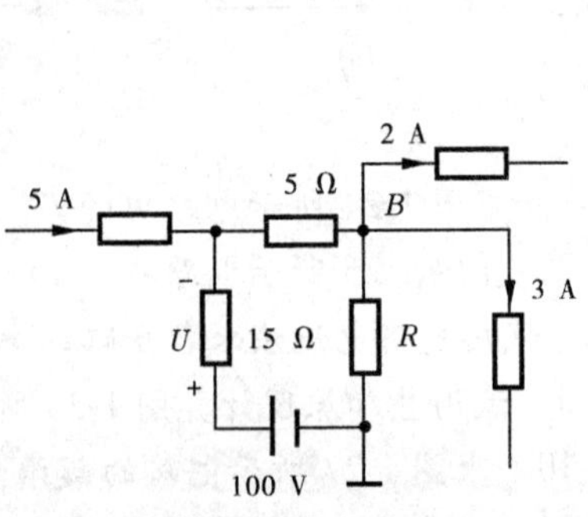

图1-29　题 1-14图

第二章　单相正弦交流电路

本章主要讨论正弦交流电的基本概念和正弦交流电路的分析与计算，以确定交流电路中电压和电流的关系、功率和能量转换等。正弦交流电的基本概念包括正弦量的三要素，同频率正弦量之间的相位差，正弦量的有效值，以及正弦交流量的相量表示方法。正弦交流电路的分析计算，主要内容是：R、L、C 单一参数正弦交流电路的分析与计算；R、L、C 串联和并联电路的分析与计算；电路中的谐振；功率因数的提高等。

第一节　正弦交流电

一、正弦交流电的产生

大小和方向随时间做周期性变化的电动势、电压和电流统称为交流电，在交流电作用下的电路称为交流电路。按正弦规律变化的交流电，则称为正弦交流电。

表达交流电随时间变化规律的数学表达式称为解析式，正弦交流电动势、电压、电流的一般表达式为

$$\left.\begin{aligned} e &= E_m\sin(\omega t+\psi_e) \\ u &= U_m\sin(\omega t+\psi_u) \\ i &= I_m\sin(\omega t+\psi_i) \end{aligned}\right\} \tag{2-1}$$

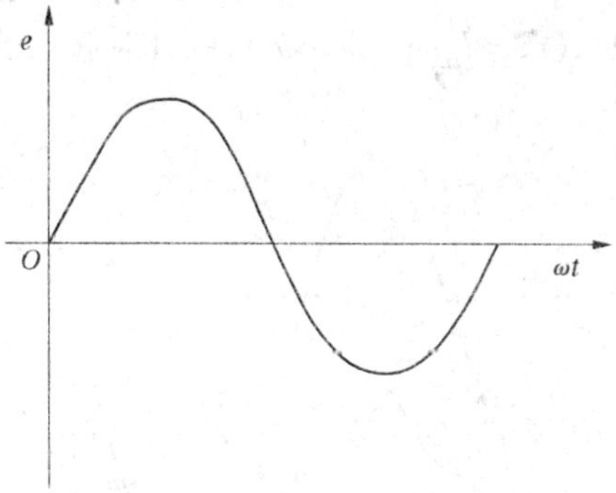

图2-1　正弦交流电动势的波形图

表达交流电随时间变化规律的图像称为波形图，图 2-1 就是交流电动势 $e=E_m\sin\omega t$ 的波形图。值得注意的是，在分析交流电路中某一瞬时的电动势、电压或电流时必须首先设定其参考方向。

正弦交流电可由交流发电机产生，也可由信号发生器产生。

二、正弦交流电的三要素

式(2-1)中 E_m、U_m、I_m 称为正弦量的最大值或幅值；ω 称为角频率；ψ_e、ψ_u、ψ_i 称为初相位。如果已知最大值、角频率和初相位，则正弦量就能唯一地确定下来，所以称这三个量为正弦量的三要素。

(一)最大值(幅值)

正弦量在任一时刻的值称为瞬时值，规定用小写字母表示，如式(2-1)中的 e、u、i 分别表示电动势、电压和电流在 t 时刻的瞬时值。交流电量在变化过程中出现的最大瞬时

值称为最大值，规定用大写字母并加下标 m 表示，如 E_m、U_m、I_m 等。

（二）周期、频率和角频率

（1）周期：正弦量变化一次所需的时间称为周期，用 T 表示，单位是秒（s）。

（2）频率：单位时间内正弦量重复变化的次数称为频率，用 f 表示，单位为周/秒（1/s）或赫兹（Hz）。显然

$$f = \frac{1}{T} \tag{2-2}$$

我国工业电网所供交流电的频率为 50 Hz（简称工频）。

（3）角频率：正弦交流电在单位时间内变化的电角度称为角频率，用 ω 表示，单位为弧度/秒（rad/s）。ω 与 T、f 的关系为

$$\omega = \frac{2\pi}{T} = 2\pi f \tag{2-3}$$

周期、频率和角频率都是反映正弦交流量随时间变化快慢的物理量。

（三）初相位和相位差

1. 初相位

正弦量解析式中随时间变化的角度（$\omega t+\psi$）叫做正弦量的相位角，简称相位。它反映正弦量每一瞬间的状态和变化的进程，相位每增加 2π 弧度，正弦量就经历一个周期。$t=0$时的相位称为初相位（又称初相角或初相）。初相反映了正弦量在计时起点的状态。例如 $i(t)=I_m\sin(\omega t+\psi_i)$，则计时起点的值 $i(0)=I_m\sin\psi_i$。

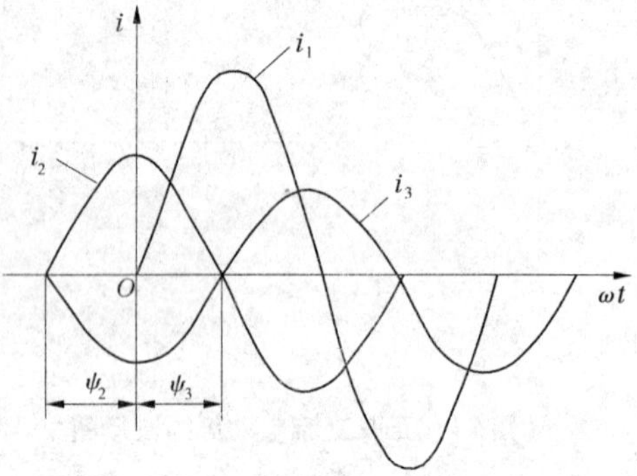

图2-2　三个同频率正弦量的初相位

在波形图中坐标原点与正弦波形的零值点（波形由负值变为正值所经过的零点）之间的角度，即为初相角。当零值位于坐标原点的左边时，初相位为正；当零值位于坐标原点的右边时，初相位为负。但注意，我们规定初相位的绝对值 $|\psi|$ 小于等于 π，即 $|\psi|\leqslant\pi$。例如在图 2-2 中，电流 i_1、i_2、i_3 的初相位分别是 ψ_1、ψ_2、ψ_3。其中 $\psi_1=0$、$\psi_2=\frac{\pi}{2}$、$\psi_3=-\frac{\pi}{2}$。

2. 相位差

两个正弦交流量在任一瞬间的相位之差称为相位差，相位差用 φ 表示。例如，两个正弦交流电流分别为：$i_1=I_{1m}\sin(\omega_1 t+\psi_1)$，$i_2=I_{2m}\sin(\omega_2 t+\psi_2)$，则其相位差 φ 为

$$\begin{aligned}\varphi &= (\omega_1 t+\psi_1)-(\omega_2 t+\psi_2)\\ &= (\omega_1-\omega_2)t+(\psi_1-\psi_2)\end{aligned} \tag{2-4}$$

不同频率的正弦交流量的相位差是随时间变化的，但同频率正弦交流量的相位差不变，等于它们的初相之差。一般说的相位差都是指同频率正弦量。如果两个同频率的正弦交流电的相位差等于零，就称它们同相位，简称同相。如果它们的相位差为 π 弧度，则称它们反相位，简称反相。在图 2-2 中，i_2 与 i_3 反相，$\varphi=\psi_2-\psi_1>0$，即 i_2 比 i_1 随时间变

化时先到达零值或最大值。这种关系称 i_2 超前 i_1 一个 φ 角或 i_1 滞后 i_2 一个 φ 角。同样,我们也规定相位差 φ 的绝对值 $|\varphi|\leqslant\pi$。

【例 2-1】 两个正弦交流电压 $u_1=U_{1m}\sin(\omega t+60°)$ V,$u_2=U_{2m}\sin(2\omega t+30°)$ V,比较哪个超前,哪个滞后?

解: 两个正弦交流电压的角频率不同,相位差随时间变化,没有固定的超前、滞后关系,不能比较。

【例 2-2】 已知两个交流电动势 $e_1=E_{1m}\sin(\omega t+45°)$ V,$e_2=E_{2m}\cos(\omega t+45°)$ V,求相位差。

解: 两个交流电动势是非同名函数,在比较相位关系时,应首先变成同名函数。现把余弦函数变成正弦函数,即

$$e_2=E_{2m}\sin(\omega t+45°+90°)=E_{2m}\sin(\omega t+135°)\,(\mathrm{V})$$

$$\varphi=\psi_1-\psi_2=45°-135°=-90°$$

表示 e_1 滞后于 e_2 90°或 e_2 超前于 e_1 90°。

【例 2-3】 试比较 i_1 和 i_2 的相位差,已知 $i_1=10\sin(314t-\frac{\pi}{6})$ A,$i_2=-5\sin(314t+\frac{\pi}{6})$ A。

解: 比较之前首先要把 i_2 的负号移到相位角内,负号表示反相,差 ±180°,为保证初相的绝对值小于 180°,这里减去 180°,于是有

$$i_2=5\sin(314t+\frac{\pi}{6}-\pi)=5\sin(314t-\frac{5}{6}\pi)\ (\mathrm{A})$$

$$\varphi=-\frac{\pi}{6}-(-\frac{5}{6}\pi)=\frac{2}{3}\pi=120°$$

表示 i_1 超前于 i_2 120°。

【例 2-4】 已知 $i_1=I_{1m}\sin(\omega t+\frac{3}{4}\pi)$ A,$i_2=I_{2m}\sin(\omega t-\frac{\pi}{2})$ A,问:哪一个电流滞后,滞后的角度是多少?

解: 相位差 $\varphi=\psi_1-\psi_2=\frac{3}{4}\pi-(-\frac{\pi}{2})=\frac{5}{4}\pi>\pi$。但我们规定相位差 $|\varphi|\leqslant\pi$,应作如下处理,即

$$\varphi=2\pi-\frac{5}{4}\pi=\frac{3}{4}\pi$$

就是说 i_1 滞后于 i_2,滞后的角度为 $\frac{3}{4}\pi$,而不说 i_2 滞后 i_1 $\frac{5}{4}\pi$。

由以上分析可知两个正弦量进行相位比较时,应为同频率、同符号、同名函数,并在相位差小于 π 的前提下,确定超前或滞后的关系。

三、正弦交流电量的有效值

当交流电流 i 通过电阻 R 在一个周期 T 内产生的热量与某一直流电流 I 通过同一电

阻在相同时间内所产生的热量相等时，则称直流电流 I 的数值是该交流电流 i 的有效值。

周期量的有效值等于它的瞬时值的平方在一个周期内积分的平均值再开平方，有效值用大写字母表示，如 I、U、E，则有

$$I = \sqrt{\frac{1}{T}\int_0^T i^2 \mathrm{d}t} \tag{2-5}$$

式(2-5)就是求周期电流有效值的公式。对于周期电压和电动势也有类似的结果，如周期电压 $u(t)$ 的有效值为

$$U = \sqrt{\frac{1}{T}\int_0^T u^2 \mathrm{d}t} \tag{2-6}$$

对于正弦交流量，设 $i(t) = I_m \sin \omega t$，它的有效值为

$$I = \sqrt{\frac{1}{T}\int_0^T (I_m^2 \sin^2 \omega t)\mathrm{d}t} = \sqrt{\frac{I_m^2}{2T}(T-0)} = \frac{I_m}{\sqrt{2}} \approx 0.707I_m$$

即

$$I = \frac{I_m}{\sqrt{2}} \tag{2-7}$$

式(2-7)说明正弦电流的有效值是其最大值的$\frac{1}{\sqrt{2}}$。同理，正弦电压和电动势的有效值为

$$U = \frac{U_m}{\sqrt{2}} \quad E = \frac{E_m}{\sqrt{2}} \tag{2-8}$$

交流电气设备铭牌上标出的额定电压和额定电流都是指有效值。常用交流电压表、交流电流表所测得的读数也是有效值。但在分析半导体器件的击穿电压、计算电气设备的绝缘耐压水平时，要按交流电压的最大值考虑。

【例 2-5】 有一电容器，耐压为 220 V，问能否用在有效值为 220 V 的正弦交流电源上？

解： 正弦交流电压的最大值为

$$U_m = \sqrt{2} \times 220 = 311(\mathrm{V})$$

因为 U_m 值超过电容器的耐压标准，可能使电容器击穿，所以不能直接接在 220 V 的交流电路中。

第二节　正弦交流电的表示方法

正弦交流电可用解析式（即瞬时值表达式）和波形图来表示，但这两种基本的表示方法不便于对电路中的正弦量进行分析计算，例如两个同频率的正弦电流瞬时值表达式为

$$i_1 = I_{1m}\sin(\omega t + \psi_1)$$
$$i_2 = I_{2m}\sin(\omega t + \psi_2)$$

这两个电流之和为

$$i = i_1 + i_2 = I_{1m}\sin(\omega t + \psi_1) + I_{2m}\sin(\omega t + \psi_2)$$

可利用三角运算公式计算得出合成电流 i 的最大值、初相位，但很麻烦；若用波形图

求和，就需在同一时刻对 i_1 和 i_2 在纵坐标上进行逐点相加，这种方法太麻烦，又不易准确。为了便于分析计算，在电工技术中，正弦量常用相量表示，而相量又有相量图和复数（即相量式）两种表示形式。

一、正弦量的相量图表示法

设一个正弦量 $i(t)=I_m\sin(\omega t+\psi)$，其波形如图 2-3(b) 所示，图 2-3(a) 是一个以 O 点为中心，在 $X—Y$ 平面内旋转的有向线段（向量）$\overrightarrow{OA}$，并规定：向量长度等于正弦交流电的幅值 I_m；它的初始位置（$t=0$ 时的位置）与横坐标正方向的夹角等于正弦交流电的初相位 ψ；并以正弦交流电的角频率 ω 作逆时针方向旋转。这样，正弦交流电的瞬时值就可以由这个旋转向量于该时刻在纵坐标上的投影来表示出来。例如，在 $t=0$ 时，$i(0)=I_m\sin\psi$；在 $t=t_1$ 时，$i(t_1)=I_m\sin(\omega t_1+\psi)$。

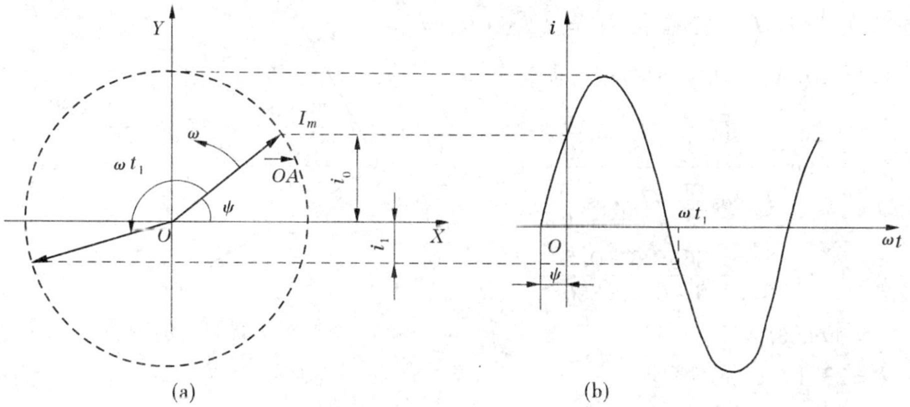

图2-3　用旋转向量表示正弦量

由于正弦量的三要素在旋转向量中均有一一对应关系，因此正弦交流电可用旋转向量来表示。

用旋转向量表示正弦量时，可以对图 2-3(a) 作简化，通常只用初始位置（$t=0$）的向量（省去 $X—Y$ 坐标轴），如图 2-4 所示。

为了与空间向量（力、电场强度等）区别，把随时间在平面上旋转的有向线段称为相量，用大写字母加黑点符表示，如图 2-4 中，$\dot{I}_m$ 表示电流的最大值相量，$\dot{I}$ 表示电流的有效值相量。同频率的几个正弦交流电的相量可以画在同一个图上，这样的图称为相量图。在相量图中能清晰地看出各正弦交流电的大小和相互之间的相位关系。逆时针方向为超前，顺时针方向为滞后，如图 2-5 所示，$\dot{U}_m$ 和 $\dot{I}_m$ 分别是电压 $u=U_m\sin(\omega t+45°)$ V 和电流 $i=I_m\sin(\omega t-20°)$ A 的相量，电压 u 超前于电流 i 65°角。

值得注意的是：只有正弦交流量才能用相量来表示。相量不能表示非正弦量；相量仅是正弦交流量的一种表示方法，相量不等于正弦交流量；只有同频率的正弦交流量的相量才能画在同一图上。

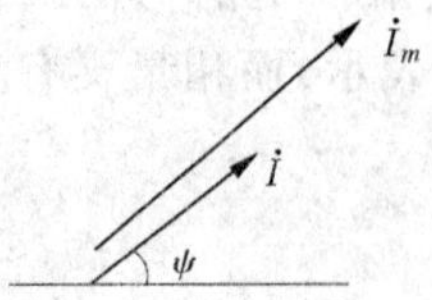

图2-4　正弦量的相量表示

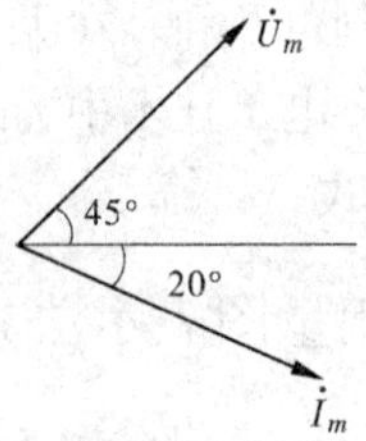

图2-5　相量图

【例 2-6】　已知 $i_1 = 8\sin(314t + \frac{\pi}{3})$ A，$i_2 = 6\sin(314t - \frac{\pi}{6})$ A，试求 $i = i_1 + i_2$。

解： 作 i_1 的相量 $\dot{I}_{1m}$ 和 i_2 的相量 $\dot{I}_{2m}$（如图 2-6 所示），以此两个相量为邻边作平行四边形，连接从原点出发的对角线，即为两相量之和，也就是总电流的相量 $\dot{I}_m$，其幅值 $I_m = \sqrt{I_{1m}^2 + I_{2m}^2} = \sqrt{8^2 + 6^2} = 10(\text{A})$，总电流的初相位 ψ 为

$$\psi = \arctan \frac{I_{1m}\sin\frac{\pi}{3} - I_{2m}\sin\frac{\pi}{6}}{I_{1m}\cos\frac{\pi}{3} + I_{2m}\cos\frac{\pi}{6}}$$

$$= \arctan \frac{8 \times 0.866 - 6 \times 0.5}{8 \times 0.5 + 6 \times 0.866}$$

$$= \arctan 0.427$$

$$= 23.1°$$

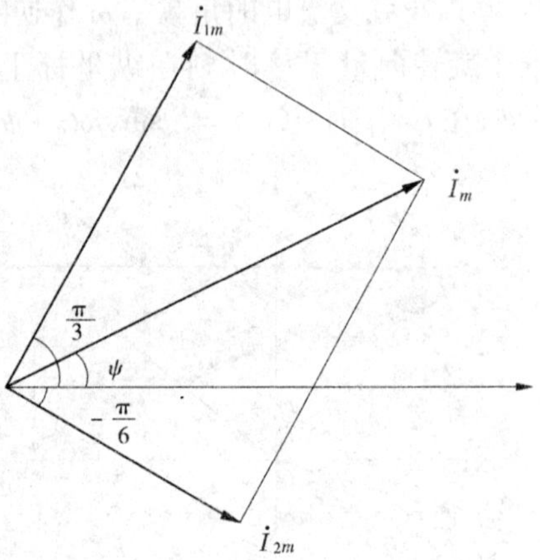

图2-6　例 2-6图

所以总电流的瞬时表达式为

$$i = 10\sin(18\ 000t + 23.1°)\ \text{A}$$

二、正弦量的复数表示形式

随着时间变化的正弦量可以用相量来表示，而相量可以用复数表示，因而正弦量可以用复数表示，用复数表示正弦量的方法称为正弦量的复数表示法。正弦量用复数表示后，对交流电路的分析和运算，就变为复数运算。

在复平面内有一相量 $\dot{A}$（有向线段），如图 2-7 所示，它在实轴上的投影即为实部 a，虚轴上的投影即为虚部 b，于是有

$$\dot{A} = a + jb \qquad (2\text{-}9)$$

该复数的模，即相量的大小为

$$r = \sqrt{a^2 + b^2}$$

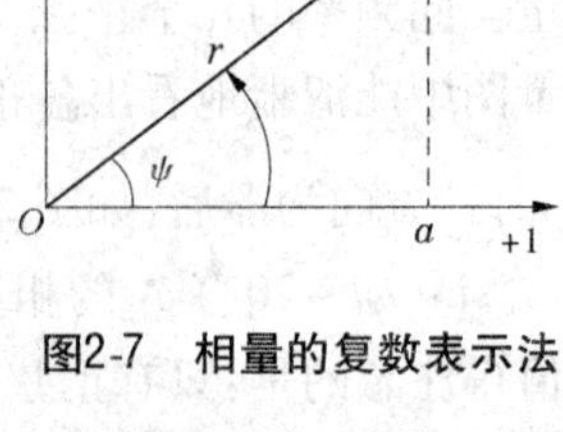

图2-7　相量的复数表示法

它代表正弦量的幅值或有效值。该相量与实轴的夹角 ψ，就是正弦量的初相位，$\psi = \arctan\frac{b}{a}$。考虑到 $a = r\cos\psi$，$b = r\sin\psi$，于是有

$$\dot{A} = r\cos\psi + jr\sin\psi = r(\cos\psi + j\sin\psi) \tag{2-10}$$

式(2-9)、式(2-10)分别为相量复数的代数形式和三角形式。

根据欧拉公式 $\cos\psi + j\sin\psi = e^{j\psi}$,则式(2-10)可写为

$$\dot{A} = re^{j\psi} \tag{2-11}$$

式(2-11)是复数的指数形式。复数还可以用极坐标形式表示为

$$\dot{A} = r\angle\psi \tag{2-12}$$

在交流电路中,相量的加、减用代数形式,相量的乘、除用指数形式或极坐标形式。

在交流电路图上,交流电压和电流可用瞬时值或相量值标注,而在相量图上,交流电压和电流只能用相量表示。

【例 2-7】 试用相量的复数形式求例 2-6 中的总电流 i,并写出 i 的瞬时值表达式。

解: 由 $i_1 = 8\sin(314t + \frac{\pi}{3})$ A 及 $i_2 = 6\sin(314t - \frac{\pi}{6})$ A 可得最大值相量的复数形式分别为

$$\dot{I}_{1m} = 8e^{j\frac{\pi}{3}} = 8(\cos\frac{\pi}{3} + j\sin\frac{\pi}{3}) = 4 + j6.928$$

$$\dot{I}_{2m} = 6e^{-j\frac{\pi}{6}} = 6(\cos\frac{\pi}{6} - j\sin\frac{\pi}{6}) = 5.196 - j3$$

总电流 i 的最大值相量为

$$\begin{aligned}\dot{I}_m &= \dot{I}_{1m} + \dot{I}_{2m} = 4 + j6.928 + 5.196 - j3 \\ &= 9.196 + j3.928 \\ &= 10\angle 23.1^\circ (\text{A})\end{aligned}$$

所以总电流的瞬时值表达式为

$$i = 10\sin(18\,000t + 23.1^\circ)\ \text{A}$$

该结果与例 2-6 相同。

第三节 单一参数的正弦交流电路

一、纯电阻电路

在实际应用中,如电阻炉、白炽灯、电烙铁等电器,其主要表现为电阻性质,其他参数的影响很小,忽略不计,这样的元件称纯电阻元件,由纯电阻元件构成的电路称为纯电阻电路,图 2-8(a)所示即为一纯电阻电路。

(一)电压与电流之间的关系

线性电阻两端的电压 u_R 与通过其中的电流 i 之间的伏安关系遵循欧姆定律,若设定 u_R 与 i 为关联参考方向,则有

$$u_R = iR \tag{2-13}$$

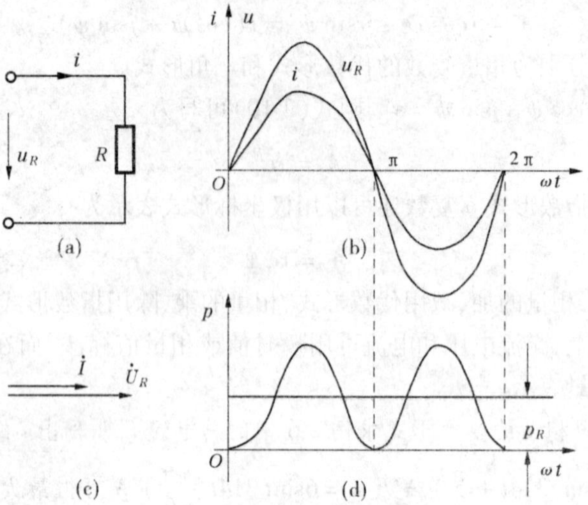

图2-8　纯电阻电路

若 $u_R=U_{Rm}\sin\omega t=\sqrt{2}U_R\sin\omega t$，根据欧姆定律可得

$$i=\frac{u_R}{R}=\frac{U_{Rm}}{R}\sin\omega t=I_m\sin\omega t=\sqrt{2}I\sin\omega t$$

按 u_R 和 i 的三角函数式，可画出它们的波形图，如图 2-8(b)所示。由 u_R 和 i 的表达式及波形图可得出：电阻中通过的电流和加在该电阻上的电压为同频率、同相位的正弦量；电压与电流的最大值或有效值之间符合欧姆定律。即

$$U_{Rm}=I_mR \quad 或 \quad U_R=IR \tag{2-14}$$

相量形式则为

$$\dot{U}_R=\dot{I}R \tag{2-15}$$

式(2-15)是电阻元件欧姆定律的相量形式，相量图如图 2-8(c)所示。

(二)功率计算

1. 瞬时功率

电路中元件在任一瞬间所吸收或放出的功率称为瞬时功率，用小写字母 p 表示。因取 u_R 和 i 为关联参考方向，则电阻元件的瞬时功率为

$$p_R=u_Ri=\sqrt{2}U_R\sin\omega t\sqrt{2}I\sin\omega t=U_RI(1-\cos 2\omega t)=U_RI-U_RI\cos 2\omega t \tag{2-16}$$

按式(2-16)，可作出瞬时功率 p_R 随时间变化的规律图，如图 2-8(d)所示。

p_R 由两部分组成，U_RI 为固定分量，$U_RI\cos 2\omega t$ 是幅值为 U_RI 以 2ω 角频率交变的余弦分量。由于 u_R 和 i 同相位，所以瞬时功率 $p_R=u_Ri$ 总是正值，即 $p_R\geqslant 0$，因而电阻元件总是消耗功率的元件，它将电能转换成热能，这种能量的转换过程是不可逆的。

2. 平均功率(有功功率)

瞬时功率在一个周期内的平均值，就是平均功率，用大写字母 P 表示。电阻元件上的平均功率为

$$P_R = \frac{1}{T}\int_0^T p_R \mathrm{d}t = \frac{1}{T}\int_0^T (U_R I - U_R I\cos 2\omega t)\mathrm{d}t = U_R I$$

即
$$P_R = U_R I = I^2 R = \frac{U_R^2}{R} \tag{2-17}$$

上式表明,电阻元件交流电路的平均功率等于电压、电流有效值的乘积,和直流电路中计算功率的公式具有相同的形式,单位也用 W 或 kW 表示。

在交流电气设备上所标的额定功率指的就是平均功率。平均功率也称有功功率。

【例2-8】 有一电阻炉,其额定电压 $U_N = 220$ V,额定功率 $P_N = 800$ W,试求电炉的额定电流 I_N 和在额定状态下的电阻 R 值。

解: 额定电流为

$$I_N = \frac{P_N}{U_N} = \frac{800}{220} = 3.64(\mathrm{A})$$

额定工作状态下的电阻为

$$R = \frac{U_N^2}{P_N} = \frac{220^2}{800} = 60.5(\Omega)$$

二、纯电感电路

将导线绕制成 N 匝螺管线圈,就构成电感线圈,若线圈中没有铁磁物质时,称为线性电感线圈;若线圈中有铁磁物质时,称为非线性电感线圈。当线圈中有电流 i 通过时,线圈内部产生磁通 Φ。对 N 匝线圈,乘积 $N\Phi$ 称为线圈的磁链 Ψ,规定电流的参考方向和磁链的参考方向之间符合右手螺旋定则。

线性电感线圈的磁链与线圈中的电流成正比,即

$$L = \frac{\Psi}{i} = \frac{N\Phi}{i} \tag{2-18}$$

式中 L——自感系数,简称电感,国际单位为亨利(H)。

线性电感线圈的自感系数 L 是一个与 i 和 Ψ 无关的常数。非线性电感线圈的自感系数与 i 和 Ψ 有关,不是常数。线圈的电感与线圈的形状、几何尺寸、匝数,以及周围介质的磁导率有关。

若线圈的电阻很小,可以忽略不计,则该线圈在电路中可用纯电感元件来表示,它的电路符号如图 2-9(a)所示。

在图 2-9(a)中,若电流 i 的参考方向和电动势 e_L 的参考方向,与磁链 Ψ 的参考方向符合右手螺旋关系,由法拉第电磁感应定律和楞次定律,则有

$$e_L = -\frac{\mathrm{d}\Psi}{\mathrm{d}t} = -N\frac{\mathrm{d}\Phi}{\mathrm{d}t} = -L\frac{\mathrm{d}i}{\mathrm{d}t} \tag{2-19}$$

式(2-19)说明,当流过电感线圈的电流发生变化时,在其中产生感应电动势;该电动势的大小与电流的变化率成正比,式中负号表示感应电动势的方向总是企图阻止磁通 Φ 的变化。这种由于流过线圈自身的电流的变化所引起的电磁感应现象,称为自感现象,所产生的电动势称为自感电动势。

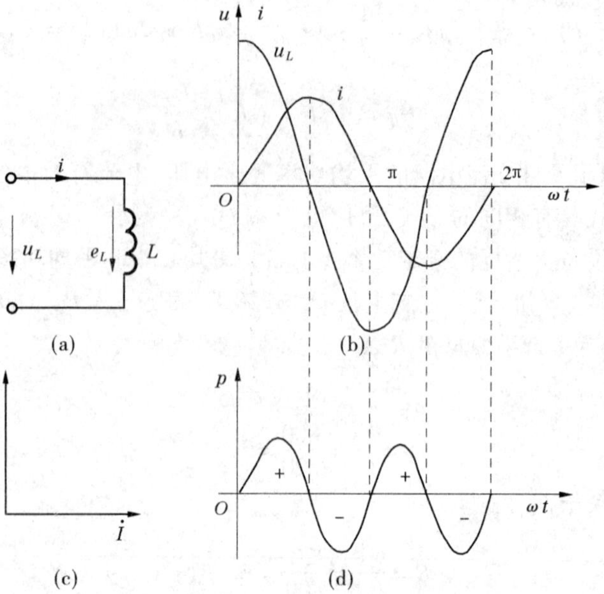

图2-9　纯电感电路

(一)电压与电流之间的关系

假定电压 u_L 与电流 i 为关联参考方向,如图 2-9(a)所示,根据基尔霍夫电压定律,得

$$u_L + e_L = 0$$

或

$$u_L = -e_L = L\frac{di}{dt} \tag{2-20}$$

式(2-20)即为电感元件电压与电流瞬时值之间的关系,不符合欧姆定律形式。

设电感元件通入正弦交流电流 $i = I_m \sin \omega t$,则得

$$u_L = L\frac{di}{dt} = I_m\omega L\cos \omega t = U_{Lm}\sin(\omega t + 90°) \tag{2-21}$$

由 i 及 u_L 的瞬时表达式可以作出它们的波形图和相量图,如图 2-9(b)、(c)所示。由分析可知,在纯电感元件交流电路中,电压 u_L 和电流 i 是同频率的正弦量;电压超前电流 90°;电压与电流幅值或有效值之间符合欧姆定律形式,即

$$U_{Lm} = I_m\omega L \quad 或 \quad U_L = I\omega L \tag{2-22}$$

令

$$X_L = \omega L = 2\pi fL \tag{2-23}$$

则

$$U_{Lm} = I_m X_L \quad 或 \quad U_L = IX_L \tag{2-24}$$

X_L 称为电感抗,简称感抗,单位为欧姆(Ω)。

感抗 X_L 是表示电感对交流电流阻碍能力大小的物理量,与电感 L 和频率 f 成正比,当电感 L 一定时,频率 f 越高,X_L 越大,说明电感线圈对高频电流的阻碍作用大。在直流电路中,频率 $f=0$,$X_L=0$,线圈两端电压为零,表明电感线圈对直流电流无阻碍作用,可视为短路(通直流,阻交流)。

纯电感交流电路中欧姆定律的相量形式为

$$\dot{U}_L = jX_L\dot{I} \tag{2-25}$$

(二)功率计算

1. 瞬时功率

设定 u_L 和 i 为关联参考方向,可得瞬时功率为

$$p_L = u_L i = U_{Lm} I_m \sin(\omega t + 90°) \sin \omega t = \frac{U_{Lm} I_m}{2} \sin 2\omega t = U_L I \sin 2\omega t \tag{2-26}$$

式(2-26)表明:瞬时功率 p_L 是正弦量,但它变化的频率是电流频率的 2 倍,它的最大值为电流、电压有效值的乘积 $U_L I$,瞬时功率的波形如图 2-9(d)所示。

2. 平均功率

平均功率即有功功率,它是瞬时功率在一个周期内的平均值,即

$$P_L = \frac{1}{T}\int_0^T p_L \mathrm{d}t = \frac{1}{T}\int_0^T U_L I \sin 2\omega t \mathrm{d}t = 0 \tag{2-27}$$

由此可见,纯电感元件在电路中不消耗能量,是一个储能元件,其储存能量的大小与其电流的平方成正比,即

$$W_L = \frac{1}{2} L i^2 \tag{2-28}$$

3. 无功功率

在纯电感电路中,没有能量消耗,只是在电源和电感元件之间进行能量的相互转换,通常用电感元件瞬时功率的最大值来表示这种能量转换的规模,称为感性无功功率,用 Q_L 表示。即

$$Q_L = U_L I = I^2 X_L = \frac{U_L^2}{X_L} \tag{2-29}$$

为了与有功功率有所区别,无功功率的单位用乏(var)表示。较大的单位是千乏(kvar)和兆乏(Mvar),1 Mvar = 10^3 kvar = 10^6 var。

值得注意的是:无功功率在电力系统运行中是非常重要的,不能看成是无用功率。

【例 2-9】 已知电感线圈 $L = 35$ mH,电阻忽略不计,外接电压 $u_L = 220\sqrt{2} \times \sin(314t + 45°)$ V,求:

(1)感抗 X_L,电流 i 的正弦函数式,并作出 $\dot{U}_L$ 及 $\dot{I}$ 相量图;

(2)线圈的无功功率(电压 u_L 和电流 i 设定为关联参考方向)。

解: 感抗 $X_L = \omega L = 314 \times 35 \times 10^{-3} = 11(\Omega)$

电流有效值 $I = \frac{U_L}{X_L} = \frac{220}{11} = 20(\mathrm{A})$

电压相量 $\dot{U}_L = 220 \angle 45°$

电流相量 $\dot{I} = \frac{\dot{U}_L}{jX_L} = \frac{220\angle 45°}{11\angle 90°} = 20\angle -45°$

根据 $\dot{U}_L$ 和 $\dot{I}$ 作出相量图,如图 2-10 所示。

$$i = 20\sqrt{2}\sin(314t - 45°) \text{ A}$$

无功功率 $Q_L = U_L I = 220 \times 20 = 4\,400(\mathrm{var})$

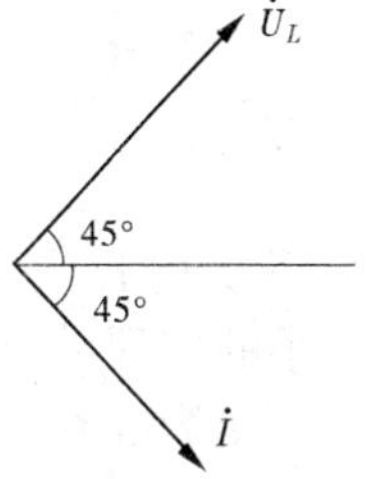

图2-10 例 2-9图

三、纯电容电路

由介质损耗很小、绝缘电阻很大的电容器组成的交流电路可看成纯电容电路，如图 2-11(a)所示。

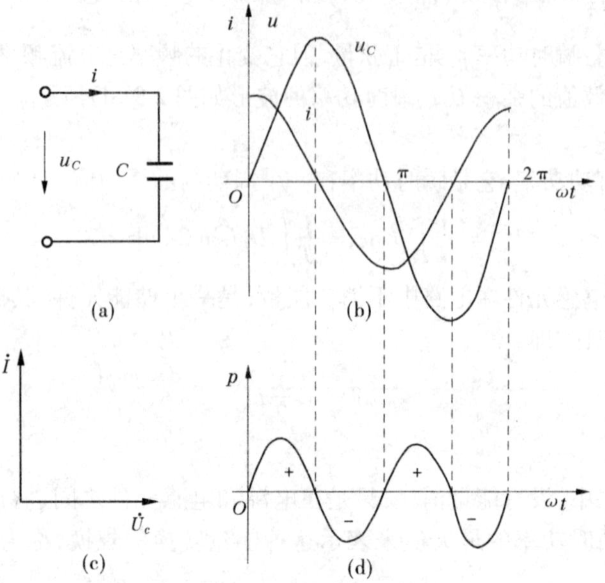

图2-11　纯电容电路

(一)电压与电流之间的关系

设定电压与电流为关联参考方向，如图 2-11(a)所示。设电容器两端的电压为

$$u_C = U_{Cm}\sin \omega t$$

则电容器极板上的电荷为

$$q = Cu_C = CU_{Cm}\sin \omega t$$

根据电流的定义，纯电容元件的电流瞬时值为

$$i = \frac{dq}{dt} = C\frac{du_C}{dt} = \omega CU_{Cm}\cos \omega t = I_m\sin(\omega t + 90°) \tag{2-30}$$

由 u_C 及 i 的解析表达式可以作出它们的波形图和相量图，如图 2-11(b)、(c)所示。由分析可知，在纯电容交流电路中，电流 i 和电压 u_C 是同频率的正弦量；电流超前电压 90°，电流和电压最大值或有效值之间符合欧姆定律形式，即

$$I_m = \omega CU_{Cm} \quad 或 \quad I = \omega CU_C \tag{2-31}$$

令

$$X_C = \frac{1}{\omega C} = \frac{1}{2\pi fC} \tag{2-32}$$

则

$$U_{Cm} = I_mX_C \quad 或 \quad U_C = IX_C \tag{2-33}$$

X_C 称为电容抗，简称容抗，单位也是欧姆(Ω)，容抗 X_C 是表示电容对交流电流阻碍作用大小的物理量，与频率 f 和电容 C 成反比。当电容 C 一定时，频率 f 越高，X_C 越小，说明电容对交流电流的阻碍作用越小。在直流电路中，频率 $f=0$，容抗 X_C 为无穷大，电容器处于断开状态(通交流，隔直流)。

纯电容交流电路欧姆定律的相量形式为

$$\dot{U}_C = -jX_C\dot{I} \tag{2-34}$$

(二)功率计算

1. 瞬时功率

设定 u_C 与 i 为关联参考方向,可得瞬时功率为

$$p_C = u_C i = U_{Cm}I_m\sin\omega t\sin(\omega t + 90°) = U_C I\sin 2\omega t \tag{2-35}$$

瞬时功率的波形图如图 2-11(d)所示。由波形图可见,在第一个和第三个 1/4 周期内,$p_C = u_C i$ 为正值,电容器被充电,从电源吸取电能,并转换成电场能储存在电容器的电场中。在第二个和第四个 1/4 周期内,$p_C = u_C i$ 为负值,电容器放电,把存储在电容器中的能量全部回送给电源。

2. 平均功率

瞬时功率在一个周期内的平均值为平均功率,即

$$P_C = \frac{1}{T}\int_0^T p_C \mathrm{d}t = \frac{1}{T}\int_0^T U_C I\sin 2\omega t\mathrm{d}t = 0 \tag{2-36}$$

由此说明,纯电容元件不消耗功率,是一个储能元件,其储存能量的大小与其两端电压的平方成正比,即

$$W_C = \frac{1}{2}Cu_C^2 \tag{2-37}$$

3. 无功功率

在纯电容电路中,没有能量消耗,只是在电源和电容元件之间进行能量的相互交换,通常用电容元件瞬时功率的最大值来表示这种能量转换的规模,称为容性无功功率,用 Q_C 表示。即

$$Q_C = U_C I = I^2 X_C = \frac{U_C^2}{X_C} \tag{2-38}$$

Q_C 的单位也是乏(var)、千乏(kvar)和兆乏(Mvar)。

【例 2-10】 电容元件电路中,已知 $C = 4.7\ \mu\text{F}$;$f = 50\ \text{Hz}$;$i = 0.2\sqrt{2}\sin(\omega t + 60°)\ \text{A}$,求 $\dot{U}_C$,并作相量图。

解:容抗 $X_C = \dfrac{1}{2\pi fC} = \dfrac{1}{2\times3.14\times50\times4.7\times10^{-6}}$

$= 677.6(\Omega)$

已知 $\dot{I} = 0.2\mathrm{e}^{j60°}$

$\dot{U}_C = -jX_C\dot{I} = \mathrm{e}^{-j90°}\times677.6\times0.2\mathrm{e}^{j60°}$

$= 135.5\mathrm{e}^{-j30°}(\text{V})$

相量图如图 2-12 所示。

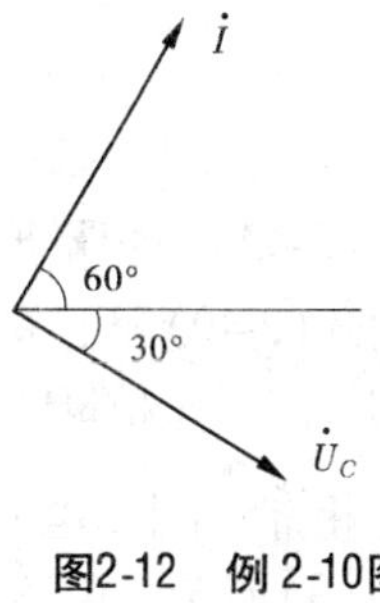

图2-12 例 2-10图

第四节 电阻、电感和电容元件串联的交流电路

上节我们讨论了单一参数的交流电路,那是一种理想电路,而实际电路不可能只有一

个参数，例如当一个线圈和电容元件串联时，由于线圈有电阻 R 和电感 L，因而就是一个 R、L、C 三种参数串联的电路，这种电路是很常见的，如图 2-13(a)所示。

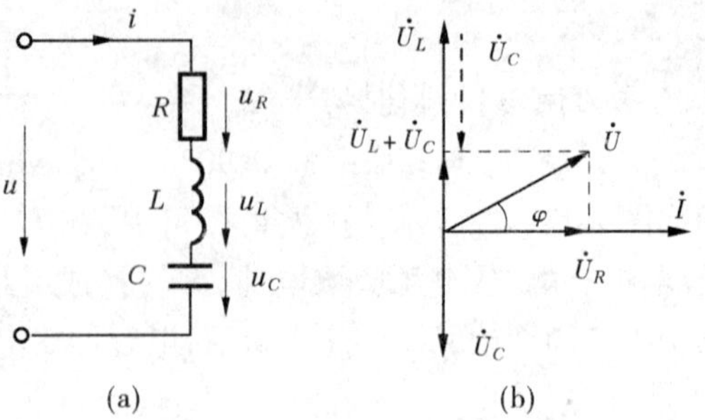

图2-13 *RLC* 串联电路

一、电压与电流的关系

设 $i=I_m\sin\omega t$，则各元件的电压分别为

$$u_R=U_{Rm}\sin\omega t=I_mR\sin\omega t$$
$$u_L=U_{Lm}\sin(\omega t+90^\circ)=I_m\omega L\sin(\omega t+90^\circ)$$
$$u_C=U_{Cm}\sin(\omega t-90^\circ)=I_m\frac{1}{\omega C}\sin(\omega t-90^\circ)$$

根据基尔霍夫定律，有

$$u=u_R+u_L+u_C \tag{2-39}$$

因为 u_R、u_L、u_C 和 u 均为同频率的正弦电压，所以可以写成相量形式

$$\dot{U}=\dot{U}_R+\dot{U}_L+\dot{U}_C \tag{2-40}$$

式(2-40)称为相量形式的基尔霍夫电压定律。$\dot{U}_R$、$\dot{U}_L$、$\dot{U}_C$ 和 $\dot{U}$ 分别是 u_R、u_L、u_C 和 u 的相量。

设电流相量为 $\dot{I}$，则有

$$\dot{U}=\dot{I}R+j\dot{I}X_L-j\dot{I}X_C=\dot{I}[R+j(X_L-X_C)]$$

令

$$Z=R+j(X_L-X_C) \tag{2-41}$$

则

$$\dot{U}=\dot{I}Z \tag{2-42}$$

式(2-42)为相量形式的欧姆定律，Z 称为复阻抗。

由式(2-40)和上节介绍的单一参数交流电路的电压与电流关系可画出如图 2-13(b)所示的相量图。作相量图时，除选公共相量作参考相量外，还可以选已知相量作参考相量。

在相量图中，电压 $\dot{U}_R$、$\dot{U}_L+\dot{U}_C$ 和 $\dot{U}$ 组成的直角三角形称为电压三角形，如图 2-14(a)所示。由该电压三角形可求得总电压有效值为

$$U=\sqrt{U_R^2+(U_L-U_C)^2}=\sqrt{(RI)^2+(IX_L-IX_C)^2}$$
$$=I\sqrt{R^2+(X_L-X_C)^2}=I|Z| \tag{2-43}$$

式中，$|Z|=\sqrt{R^2+(X_L-X_C)^2}$，$|Z|$ 称为复阻抗的模，简称阻抗，单位为欧姆(Ω)。

令 $X = X_L - X_C$，X 称为电抗，单位为欧姆（Ω）。$|Z|$、R、X 三者之间也是一个直角三角形，称阻抗三角形，如图 2-14（b）所示。

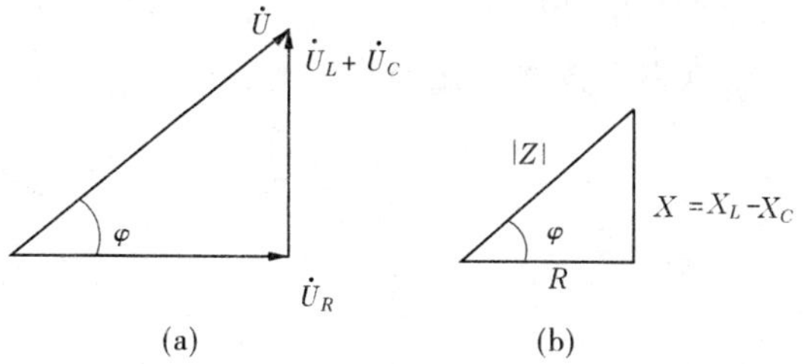

图2-14　电压三角形和阻抗三角形

它也可以由电压三角形的各边除以电流 I 而得，二者为相似三角形。阻抗角 φ 在数值上等于总电压与电流之间的相位差，即

$$\varphi = \arctan\frac{U_L - U_C}{U_R} = \arctan\frac{X_L - X_C}{R} \tag{2-44}$$

即 RLC 串联电路中总电压与电流之间的相位差 φ 取决于电路的参数和电源频率。

由式（2-44）可知，若 $X_L > X_C$，则 $\varphi > 0$，说明总电压 u 比电流 i 超前 φ 角，称这种电路呈电感性。如果 $X_L < X_C$，即 $\varphi < 0$，则总电压 u 比电流 i 滞后 $|\varphi|$ 角，称这种电路呈电容性。如果 $X_L = X_C$，即 $\varphi = 0$，则总电压 u 与电流 i 同相位，此电路呈电阻性。

【例 2-11】 在图 2-13 所示的 RLC 串联电路中，设在工频下，$I = 10$ A，$U_R = 80$ V，$U_L = 180$ V，$U_C = 120$ V，试求：

（1）总电压 U；

（2）电路参数 R、L、C；

（3）总电压与电流的相位差；

（4）画出相量图。

解：（1）总电压为

$$U = \sqrt{U_R^2 + (U_L - U_C)^2} = \sqrt{80^2 + (180 - 120)^2} = 100(\text{V})$$

（2）电路参数为

$$R = \frac{U_R}{I} = \frac{80}{10} = 8(\Omega)$$

$$X_L = \frac{U_L}{I} = \frac{180}{10} = 18(\Omega)$$

$$L = \frac{X_L}{\omega} = \frac{X_L}{2\pi f} = \frac{18}{2 \times 3.14 \times 50} \approx 57(\text{mH})$$

$$X_C = \frac{U_C}{I} = \frac{120}{10} = 12(\Omega)$$

$$C = \frac{1}{X_C\omega} = \frac{1}{2 \times 3.14 \times 50 \times 12} \approx 265(\mu\text{F})$$

（3）总电压与总电流的相位差（即阻抗角）为

$$\varphi = \arctan \frac{U_L - U_C}{U_R} = \arctan \frac{180 - 120}{80} \approx 36.9°$$

$\varphi > 0$，总电压超前于电流 36.9°，电路呈电感性。

(4) 以电流为参考相量，画出电压与电流的相量图，如图 2-15 所示。

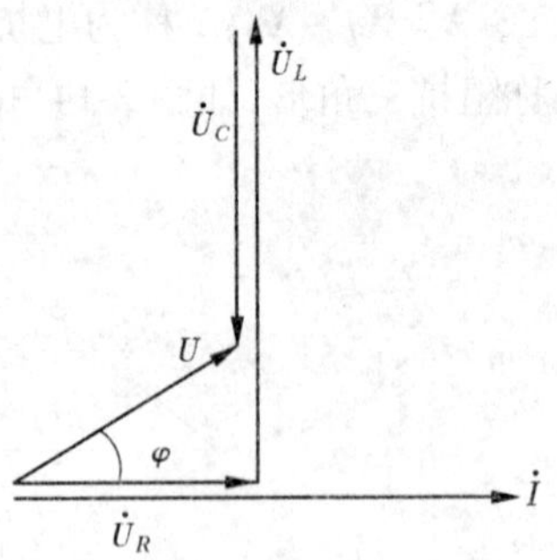

图2-15　例 2-11 图

二、功率计算

(一) 瞬时功率

由 RLC 串联电路的设定，瞬时功率为

$$\begin{aligned} p = ui &= U_m \sin(\omega t + \varphi) I_m \sin \omega t \\ &= UI\cos \varphi - UI\cos(2\omega t + \varphi) \end{aligned} \tag{2-45}$$

(二) 平均功率和功率因数

平均功率就是有功功率，为瞬时功率在一个周期内的平均值，即

$$\begin{aligned} P = \frac{1}{T}\int_0^T p\mathrm{d}t &= \frac{1}{T}\int_0^T [UI\cos \varphi - UI\cos(2\omega t + \varphi)]\mathrm{d}t \\ &= UI\cos \varphi \end{aligned} \tag{2-46}$$

从电压三角形可得：$U\cos \varphi = U_R = IR$，于是 $P = UI\cos \varphi = U_R I = I^2 R = \frac{U_R^2}{R}$，这说明在交流电路中只有电阻元件消耗功率，交流电有功功率的大小不仅与总电压和电流两者有效值的乘积有关，而且与电压和电流超前的相位差 φ 的余弦 $\cos \varphi$ 成正比。$\cos \varphi$ 称为电路的功率因数，φ 称为功率因数角。

(三) 无功功率、视在功率和功率三角形

RLC 串联电路中，感性无功 $Q_L = U_L I$，容性无功 $Q_C = U_C I$，由于 $\dot{U}_L$ 与 $\dot{U}_C$ 反相，因此总无功功率为

$$Q = Q_L - Q_C = (U_L - U_C)I = UI\sin \varphi \tag{2-47}$$

U 和 I 的乘积称为视在功率。用 S 表示，即

$$S = UI \tag{2-48}$$

视在功率 S 虽具有功率的形式，但并不表示交流电路实际消耗的功率，而只表示电源可能提供的最大有功功率或电路可能消耗的最大有功功率。其单位用伏安(VA)或千伏安(kVA)表示。

由于
$$P = UI\cos \varphi = S\cos \varphi$$
所以功率因数可写成
$$\cos \varphi = \frac{P}{S}$$

交流电源设备的额定电压 U_N 与额定电流 I_N 的乘积称为额定视在功率 S_N，即 $S_N = U_N I_N$。S_N 又称额定容量，它表明电源设备允许提供的最大有功功率。

由于
$$P^2 + Q^2 = (S\cos \varphi)^2 + (S\sin \varphi)^2 = S^2$$
即
$$S = \sqrt{P^2 + Q^2} \tag{2-49}$$

$$\varphi = \arctan\frac{Q}{P} \tag{2-50}$$

所以 P、Q、S 三个量也可以构成直角三角形，称为功率三角形，如图 2-16(a)所示，在同一个 RLC 串联电路中阻抗、电压、功率三个三角形是相似三角形，其关系如图 2-16(b)所示。

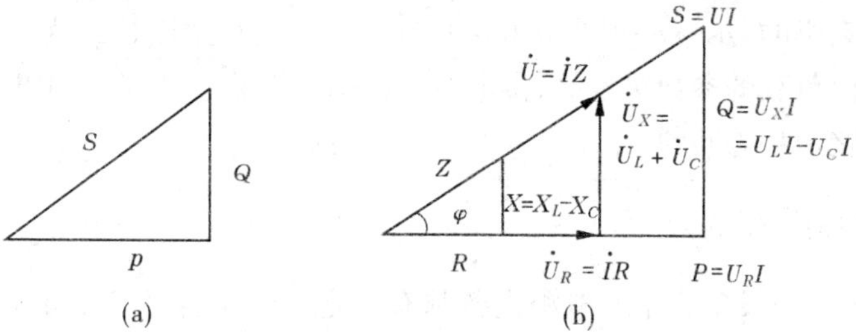

图2-16　功率、电压、阻抗三角形

【例 2-12】　已知 RLC 串联电路，$R=30\ \Omega$，$L=254\ \text{mH}$，$C=80\ \mu\text{F}$，$u=220\sqrt{2}\times\sin(314t+\frac{\pi}{6})\ \text{V}$，试计算：

(1)感抗、容抗和阻抗；

(2)电流有效值 I 及瞬时值 i；

(3)U_R、U_L、U_C、P 和 Q；

(4)作 $\dot{I}$、$\dot{U}_R$、$\dot{U}_L$、$\dot{U}_C$ 及 $\dot{U}$ 的相量图。

解： (1)感抗　$X_L=\omega L=314\times254\times10^{-3}=80(\Omega)$

容抗　$$X_C=\frac{1}{\omega C}=\frac{1}{314\times80\times10^{-6}}=40(\Omega)$$

阻抗　$$|Z|=\sqrt{R^2+(X_L-X_C)^2}=\sqrt{30^2+(80-40)^2}=50(\Omega)$$

(2)电流有效值　$$I=\frac{U}{|Z|}=\frac{220}{50}=4.4(\text{A})$$

阻抗角　$$\varphi=\arctan\frac{X_L-X_C}{R}=\arctan\frac{80-40}{30}=53°>0$$

因此，电路呈感性，电压 $\dot{U}$ 超前电流 $\dot{I}$ 53°。

已知 $\psi_u=30°$，$\varphi=\psi_u-\psi_i$，所以

$$\psi_i=\psi_u-\varphi=30°-53°=-23°$$

于是　$i=4.4\sqrt{2}\sin(18\,000t-23°)\ \text{A}$

(3)　$U_R=IR=4.4\times30=132(\text{V})$

$U_L=IX_L=4.4\times80=352(\text{V})$

$U_C=IX_C=4.4\times40=176(\text{V})$

$P=UI\cos\varphi=220\times4.4\times\cos53°=583(\text{W})$

$Q=Q_L-Q_C=I(U_L-U_C)$

$=4.4\times(352-176)=774.4(\text{var})$

(4)相量图如图 2-17 所示。

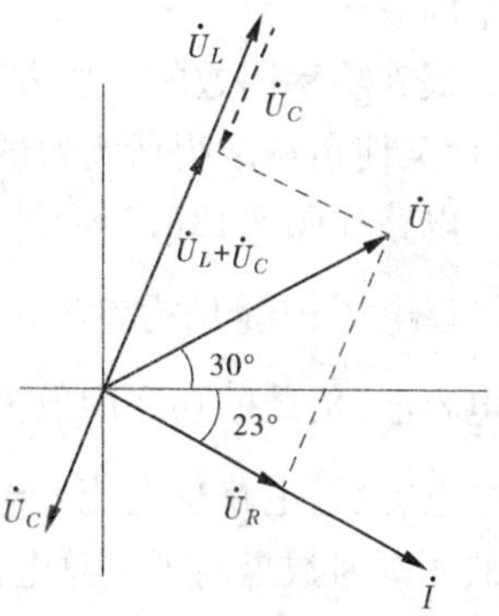

图2-17　例 2-12图

第五节　功率因数的提高

工农业生产和日常家用电气设备绝大多数为电感性负载，而且阻抗角较大，功率因数较低。如异步电动机的 $\cos\varphi$ 一般为0.6～0.9；日光灯的功率因数约为0.5等。供电系统的功率因数是由负载的参数决定的，供电系统的功率因数过低，会产生电源设备不能充分利用和增加电路损耗等问题。

一、提高功率因数的意义

（1）充分利用电源设备容量。电源设备都有一定的额定容量 S_N，向外输出功率的多少取决于 $\cos\varphi$，$\cos\varphi$ 越高，输出的有功功率 P 值越大，设备容量利用率越高。例如，额定容量为1 000 kVA的发电机，如果 $\cos\varphi=1$，表明能发出的有功功率为1 000 kW。而当 $\cos\varphi=0.5$ 时，则只能发出500 kW的有功功率，只是额定容量的1/2。显然，提高负载的功率因数有利于充分利用电源的容量。

（2）减小供电线路的功率损耗。当供电系统的电压和输送的功率一定时，供电线路上的电流的大小与负载的功率因数 $\cos\varphi$ 成反比，即

$$I=\frac{P}{U\cos\varphi}$$

$\cos\varphi$ 越低，输电线上的电流越大，线路的有功损耗就越大，线路的电压损耗 ΔU 也越大，不利于电能的节约，又影响供电质量。

二、功率因数的提高

提高负载功率因数的方法有提高用电设备的自然功率因数和采用无功补偿两种。

在电力系统中，异步电动机是电网中占用无功功率最多的用电设备。异步电动机的功率因数不是一个固定不变的数值，而是随电动机实际所带的负荷在一个很大的范围内变化，如电动机满载时的功率因数为0.7～0.9，则空载时仅为0.2～0.3，因此要合理选择电动机，使电动机尽量满载运行、减少轻载运行、限制空载运行，从而提高异步电动机自然功率因数。

提高功率因数的主要方法是采用无功补偿。为了减少电源与负载进行能量交换的规模，而又使负载取得所需要的无功功率，就要在负载两端并联电容器，使无功功率就地补偿。电路如图2-18（a）所示，感性负载由电阻 R 和电感 L 串联的等效电路来代替。

以电压相量 $\dot{U}$ 为参考相量作相量图，如图2-18（b）所示，由相量图可以看出，在未并联电容前，负载的功率因数为 $\cos\varphi_1$，负载消耗的有功功率 $P=UI_1\cos\varphi_1$，总电流 $\dot{I}=\dot{I}_1$。并联电容后，电路总电流 $\dot{I}=\dot{I}_1+\dot{I}_C$，$\dot{I}$ 与 $\dot{U}$ 的相位差角 $\varphi<\varphi_1$，所以 $\cos\varphi>\cos\varphi_1$，即电路的功率因数提高了。总电流 I 比 I_1（并联电容前的总电流）也减小了。由于电容器不消耗有功功率，即 $P_C=0$，因而 $P=UI\cos\varphi=UI_1\cos\varphi_1$ 并未受到影响。由于电容器与负载并联，对负载的工作状态也无影响。

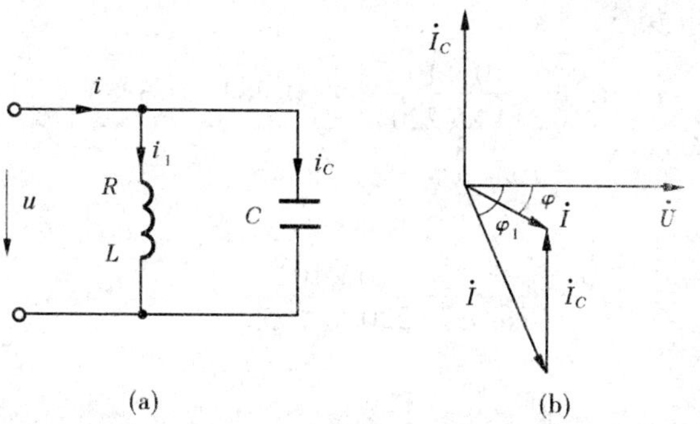

图2-18　并联电容提高功率因数

并联电容器的电容量 C 应选择适当。如果 C 过大,增大了投资,且 $\cos\varphi$ 大于0.9以后,再增大 C 值意义不是很大。下面通过例子来说明并联电容量的计算方法。

【例2-13】 在图2-18中,电感性负载接在220 V、50 Hz的交流电源上,功率为10 kW,功率因数为0.6。试问:

(1)如果要将电路的功率因数提高到0.9,需要并联多大的电容量?并联前后的总电流有效值各是多少?

(2)若由0.9再提高到0.95,则还应增大多少并联电容的电容量,此时电路总电流的有效值为多大?

解: (1)由图2-18(b)的相量图可知

$$I_C = I_1 \sin\varphi_1 - I\sin\varphi = \left(\frac{P}{U\cos\varphi_1}\right)\sin\varphi_1 - \left(\frac{P}{U\cos\varphi}\right)\sin\varphi = \frac{P}{U}(\tan\varphi_1 - \tan\varphi)$$

又因

$$I_C = \omega UC$$

所以

$$C = \frac{I_C}{\omega U} = \frac{P}{\omega U^2}(\tan\varphi_1 - \tan\varphi)$$

已知　$\cos\varphi_1 = 0.6$　$\varphi_1 = 53.1°$　$\tan\varphi_1 = 1.33$

　　　$\cos\varphi = 0.9$　$\varphi = 25.8°$　$\tan\varphi = 0.484$

则

$$C = \frac{10\times10^3}{314\times(220)^2}\times(1.33-0.484) = 557(\mu F)$$

未并联 C 之前电路的总电流为

$$I = I_1 = \frac{P}{U\cos\varphi_1} = \frac{10\times10^3}{220\times0.6} = 75.8(A)$$

并联电容后,则

$$I = \frac{P}{U\cos\varphi} = \frac{10\times10^3}{220\times0.9} = 50.5(A)$$

可见,并联电容后,电路总电流减小了。也就是说,电源还可以扩大对其他用户提供电能。

(2)已知　$\cos\varphi = 0.9$　$\tan\varphi = 0.484$

　　　　$\cos\varphi' = 0.95$　$\tan\varphi' = 0.328$

所以需增加的电容值为

$$C' = \frac{10 \times 10^3}{314 \times (220)^2} \times (0.484 - 0.328)$$
$$= 103(\mu F)$$

此时的总电流为

$$I' = \frac{P}{U\cos\varphi'} = \frac{10 \times 10^3}{220 \times 0.95}$$
$$= 47.8\ (A)$$

可见,继续提高功率因数所需并联电容值是很大的,电路总电流的减小却并不明显。

第六节　正弦交流电路中的谐振

在具有 R、L、C 元件的正弦交流电路中,电路两端的电压和电流一般是不同相的。如果改变电路的参数值或调节电源频率,促使电压和电流同相,则电路呈纯电阻性质,称这时电路产生了谐振。根据电路的不同联接形式,可分为串联谐振和并联谐振。

一、串联谐振

在如图 2-19(a)所示的 RLC 串联电路中,若

$$X_L = X_C \quad 或 \quad \frac{1}{2\pi fC} = 2\pi fL$$

则阻抗角 $\varphi = 0$,即电源电压 $\dot{U}$ 和电路中的电流 $\dot{I}$ 同相,这时电路产生串联谐振。

串联谐振时,电源频率 f 与电路参数的关系为

$$f = f_0 = \frac{1}{2\pi\sqrt{LC}} \qquad (2\text{-}51)$$

式中,f_0 称为谐振电路的固有频率,它由电路中的参数决定。

当改变电源频率 f、电路参数 L 和 C 三个量中任意一个,电路都能产生谐振,这个调节过程称为调谐。

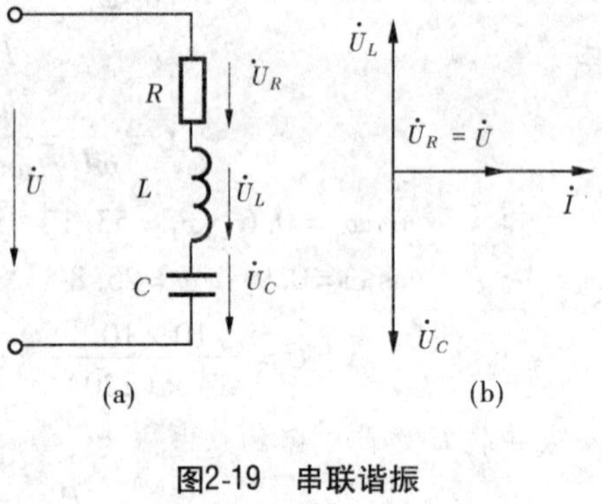

图2-19　串联谐振

串联谐振电路的特点为:

(1)阻抗 $|Z| = \sqrt{R^2 + (X_L - X_C)^2} = R = Z_0$ 最小,且具有纯电阻性质。

(2)在电压 U 不变时,电路中的电流 I 达到最大值,$I = I_0 = \dfrac{U}{R}$,称为谐振电流。

(3)串联谐振时,$\dot{U}_L = -\dot{U}_C$,如图 2-19(b)所示,相加时互相抵消,所以电阻上的电压等于电源电压,即 $U_R = U$;电感和电容上的电压分别是 $U_L = I_0 X_L = \dfrac{X_L}{R}U$ 和 $U_C = I_0 X_C =$

$\frac{X_C}{R}U$,若$X_L = X_C \gg R$,则有 $U_L = U_C \gg U$,因而可能出现电感和电容上的电压远大于电源电压的现象,所以串联谐振又称电压谐振。

电力工程中应尽量避免发生串联谐振现象,因为串联谐振时,电感或电容元件上的电压增高,可能导致电感线圈和电容器绝缘被击穿的危险。在无线电工程中,串联谐振现象得到了广泛的应用。

二、并联谐振

如图 2-20(a)所示,为一电感线圈(电阻为 R,电感为 L)与电容的并联电路。当电路两端的电压 $\dot{U}$ 和总电流 $\dot{I}$ 同相时,称电路发生了并联谐振。

各支路电流为

$$I_1 = \frac{U}{|Z_1|} = \frac{U}{\sqrt{R^2 + X_L{}^2}},\ \varphi_1 = \arctan\frac{X_L}{R} > 0$$

即电流 $\dot{I}_1$ 滞后 $\dot{U}$ 一个 φ_1 角。

$$I_C = \frac{U}{|Z_2|} = \frac{U}{X_C} \quad \varphi_C = -90°$$

表示电流 $\dot{I}_C$ 超前 $\dot{U}$ 90°角。

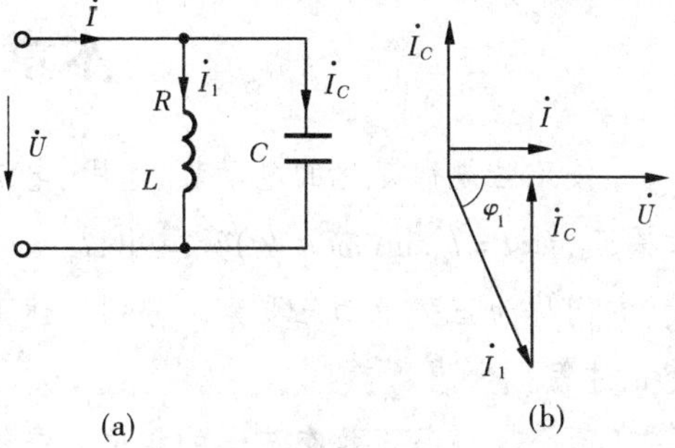

图2-20 并联谐振电路

电路发生并联谐振时,$\dot{I}$ 与 $\dot{U}$ 同相,相量图如图 2-20(b)所示。

$$I_1 \sin\varphi_1 = I_C$$

即
$$\frac{U}{|Z_1|} \cdot \frac{X_L}{|Z_1|} = \frac{U}{X_C}$$

所以
$$X_L \cdot X_C = |Z_1|^2$$

于是
$$\frac{L}{C} = R^2 + (\omega L)^2$$

由此可得出并联谐振时的固有频率 f_0 和固有角频率 ω_0,即

$$\left.\begin{aligned} f = f_0 &= \frac{\omega_0}{2\pi} = \frac{1}{2\pi}\sqrt{\frac{1}{LC} - \left(\frac{R}{L}\right)^2} \\ \omega_0 &= 2\pi f_0 = \sqrt{\frac{1}{LC} - \left(\frac{R}{L}\right)^2} \end{aligned}\right\} \tag{2-52}$$

由于线圈电阻值 R 很小,$R \ll \omega L$,于是有$f_0 = \frac{1}{2\pi\sqrt{LC}}$。

并联谐振电路的特点为:

(1)并联谐振时,总阻抗$|Z_0|$最大,即

$$|Z| = |Z_0| = \frac{U}{I} = \frac{U}{I_1\cos\varphi_1} = \frac{|Z_1|^2}{R} = \frac{L}{RC}$$

(2)当电压 U 一定时,总电流 I_0 最小,即

$$I = I_0 = \frac{U}{|Z_0|}$$

(3)由于 $R \ll \omega L$,谐振时有

$$I_1 = I_C = \frac{U}{\omega_0 L} = \omega_0 UC$$

$$\frac{I_1}{I_0} = \frac{I_C}{I_0} = \frac{U/(\omega_0 L)}{URC/L} = \frac{1}{\omega_0 RC} = \frac{\omega_0 L}{R}$$

因 $R \ll \omega_0 L$,所以 $I_1 = I_C \gg I_0$,因此并联谐振又称电流谐振。

在电子工程中,常用并联谐振阻抗高的特点,在 L 和 C 并联电路两端获得所需 $f = f_0$ 时的较高电压来实现选频作用。

本章小结

一、按正弦规律变化的电动势、电压、电流称为正弦交流电。它的瞬时值可用三角函数式表示,如 $i = I_m \sin(\omega t + \psi_i)$。其中,$I_m$、$\omega$、$\psi_i$ 分别表示正弦量的最大值、角频率和初相位,把它们称为正弦量的三要素。分别描述正弦量的大小、变化快慢以及初始时刻的大小和变化进程。

二、两个同频率正弦交流电的相位之差等于其初相之差,反映了这两个正弦交流电在相位上的超前、滞后关系。

三、实际工程中用有效值来表示正弦交流电的大小。交流电的有效值是从交流电流与直流电流具有相同的热效应引出的。正弦交流电的有效值和最大值之间有 $I = \frac{I_m}{\sqrt{2}}$, $U = \frac{U_m}{\sqrt{2}}$, $E = \frac{E_m}{\sqrt{2}}$ 的关系。

四、正弦交流电可用三角函数式、波形图和相量图(即复数形式)三种方法来表示。同频率的正弦交流量的相量才能画在同一个相量图中进行分析。利用相量图对简单正弦交流电路的分析非常方便。理解和明确相量复数式,可以利用直流电路中所介绍的方法来解决复杂的交流电路问题。

五、掌握单一参数交流电路中电压与电流之间的关系、功率及能量转换关系,才能使由这些元件组合的各种交流电路的分析和计算得以顺利解决。在 R、L、C 串联电路的分析中,用到电压三角形、阻抗三角形和功率三角形,它们是相似三角形。

六、电路的功率因数过低,电源设备得不到充分利用,在供电线路上会引起较大的电能损耗和电压降落。一般采用在感性负载两端并联电容的方法,提高功率因数。

七、串联谐振和并联谐振是电路的特殊工作状态。电路谐振时具有某些特点。了解谐振现象从而可以利用这些特点(无线电工程中广泛利用谐振现象),同时又要防止某些特点带来的危害(电力工程中应避免串联谐振现象)。

思考题与习题

2-1　已知一交流电压 $u=220\sqrt{2}\sin(314t+\frac{\pi}{4})$ V，试求其幅值、频率、周期、初相位及 $t=0.002$ s 时的瞬时值。

2-2　计算下列各正弦波的相位差，并说明超前、滞后关系。

(1) $u_1=8\sin(\omega t+30°)$ V 和 $u_2=10\sin(\omega t-60°)$ V；

(2) $i_1=10\sin(18\,000t-120°)$ A 和 $i_2=20\cos(18\,000t+80°)$ A；

(3) $u_1=100\sin(\omega t+65°)$ V 和 $i=-5\sin(\omega t+65°)$ A；

(4) $e_1=220\sqrt{2}\sin(18\,000t-80°)$ V 和 $e_2=220\sqrt{2}\sin(36\,000t-90°)$ V。

2-3　将下列复数化为指数形式和极坐标形式。

(1) $3+j4$；　(2) $3-j4$；　(3) $-3+j4$；　(4) $-3-j4$。

2-4　已知 $i_1=100\sqrt{2}\sin(\omega t+45°)$，$i_2=10\sqrt{2}\sin(\omega t-30°)$。试求：

(1)各电量的幅值相量式和有效值相量式。

(2) $i=i_1+i_2$ 的瞬时值表达式。

(3)作相量图。

2-5　指出下列式子中的错误，并改正。

(1) $u=\sin(\omega t-45°)=e^{-j45°}$ V；

(2) $U=10\angle 60°$ A；

(3) $\dot{I}=8e^{j60°}=8\sin(\omega t+60°)$ A；

(4) $\dot{I}=-6-j8=10\angle 53.1°$ A。

2-6　已知 $u_A=220\sqrt{2}\sin\omega t$ V，$u_B=220\sqrt{2}\sin(\omega t-120°)$ V，$u_C-220\sqrt{2}\sin(\omega t+120°)$ V。试求：u_A-u_B，u_B-u_C，u_C-u_A 以及 $u_A+u_B+u_C$。

2-7　如图 2-21 所示为一交流电路中的元件，已知 $u=220\sqrt{2}\sin314t$ V，试问：

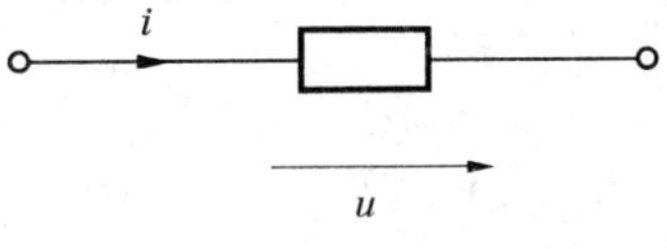

图2-21　题 2-7图

(1)元件为纯电阻，$R=20\ \Omega$ 时，求电流 i、$\dot{I}$，有功功率 P，并作出电压和电流的相量图。

(2)元件为纯电感，$L=0.5$ H 时，求电流 i、$\dot{I}$，无功功率 Q_L，并作出电压和电流的相量图。

(3)元件为纯电容，$C=470\ \mu$F 时，求电流 i、$\dot{I}$，无功功率 Q_C，并作出电压和电流的相量图。

2-8　求图 2-22 所示电路中安培表Ⓐ和伏特表Ⓥ的数。

2-9　在 RLC 串联电路中，$R=50\ \Omega$，$L=150$ mH，$C=50\ \mu$F，电源电压 $u=220\sqrt{2}\sin(18\,000t+20°)$ V。要求：

(1)求出 X_L、X_C、Z 的值；

(2)求出电流 I 并写出电流 i 的瞬时值表达式；

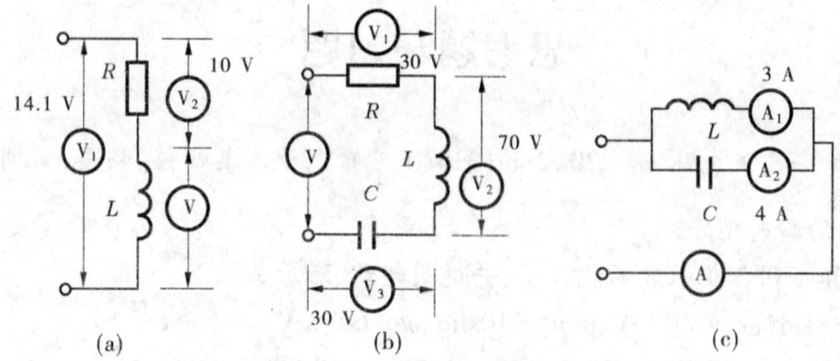

图2-22　题 2-8图

(3)求出各部分电压有效值,并写出瞬时值表达式;

(4)作出相量图;

(5)求出有功功率 P、无功功率 Q 和视在功率 S。

2-10　有一交流接触器线圈的参数为:电压 380 V,线圈电流 20 mA,频率 50 Hz,电阻 $R=1\ \text{k}\Omega$,求该线圈的电感。

2-11　如图 2-23 所示为一日光灯电路,灯管和镇流器串联,灯管的等效电阻 $R_1=300\ \Omega$,镇流器的电阻 $R_2=20\ \Omega$,电感 $L=1.5\ \text{H}$,电源电压 $U=220\ \text{V}$,频率 $f=50\ \text{Hz}$。试求:

(1)电路中的电流 I;

(2)灯管两端的电压 U_{R1} 和镇流器两端的电压 U_{R2},为什么 $U\neq U_{R1}+U_{R2}$?

(3)电路的有功功率 P,无功功率 Q_L,视在功率 S 及功率因数 $\cos\varphi$;

(4)作相量图(以 $\dot{I}$ 为参考相量)。

2-12　如图 2-24 所示为 RC 移相电路,$C=0.01\ \mu\text{F}$,输入电压 $u_i=\sqrt{2}\sin 314t$,要求输出电压 $\dot{U}_0$ 的相位超前 $U_i 60°$,问应选多大的电阻 R? 输出电压的有效值 U_0 为多大?

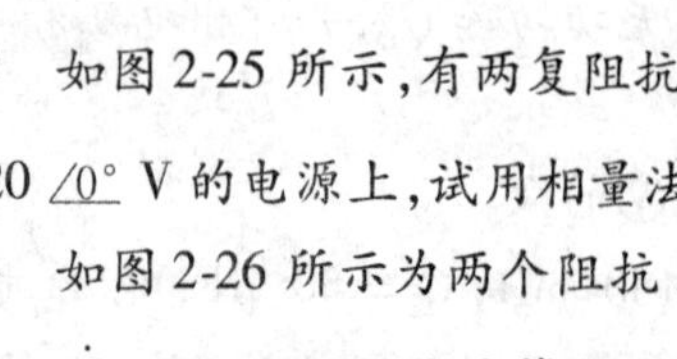

图2-23　题 2-11图

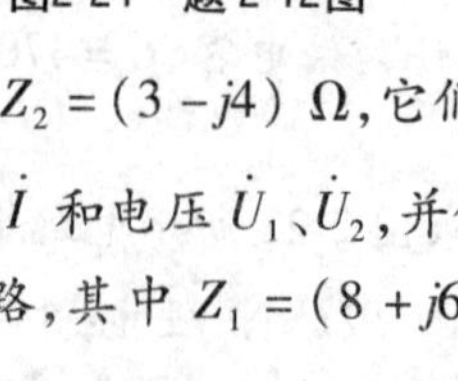

图2-24　题 2-12图

2-13　如图 2-25 所示,有两复阻抗 $Z_1=(6+j8)\ \Omega$ 和 $Z_2=(3-j4)\ \Omega$,它们串联后接在 $\dot{U}=220\ \underline{/0°}\ \text{V}$ 的电源上,试用相量法计算电路中的电流 $\dot{I}$ 和电压 $\dot{U}_1$、$\dot{U}_2$,并作相量图。

2-14　如图 2-26 所示为两个阻抗 Z_1 和 Z_2 的并联电路,其中 $Z_1=(8+j6)\ \Omega$,$Z_2=(4-j3)\ \Omega$,$\dot{U}=220\ \underline{/0°}\ \text{V}$,试计算电路中的电流 $\dot{I}$、$\dot{I}_1$、$\dot{I}_2$,并作相量图。

2-15　现有 40 W 的日光灯,使用时灯管与镇流器(近似为纯电感)串联,接在 220 V、50 Hz 的正弦交流电源上,已知灯管是纯阻性,灯管两端电压为 110 V,试求镇流器的感抗

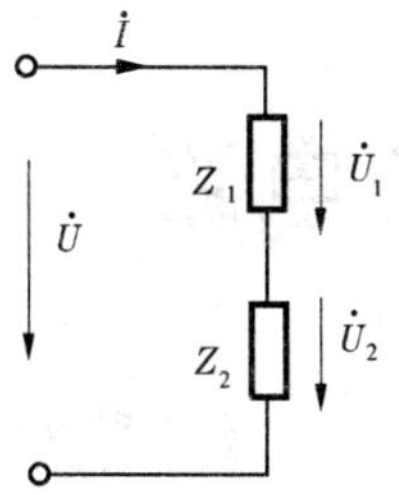

图2-25 题 2-13图

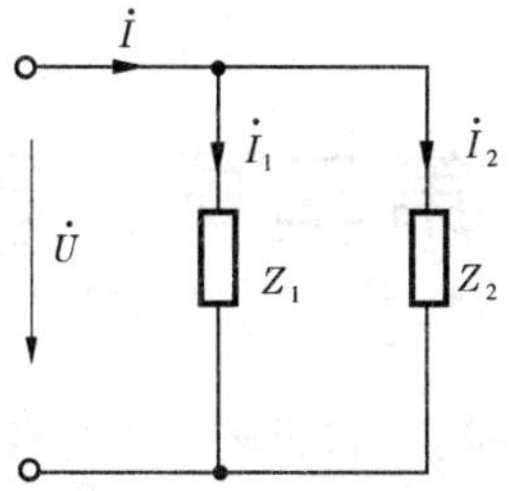

图2-26 题 2-14图

和电感。这时电路的功率因数是多少？若将功率因数提高到0.8，问应并联多大电容？

2-16 并联电容器可以提高电路的功率因数，并联电容器的容量越大，功率因数是否被提得越高？为什么？会不会使电路的功率因数为负值？是否可以用串联电容器的方法提高负载的功率因数？

2-17 将 R、L、C 串联后，接在 $f=1\ 000$ Hz、$U=10$ V 的交流电源上，若已知 $R=5\ \Omega$，$L=25$ mH，问 C 为何值时电路产生谐振现象？求谐振时各元件上的电压。

第三章　三相正弦交流电路

本章主要介绍三相正弦交流电路的基本概念和分析计算方法。要求理解三相交流电的基本概念,重点掌握对称三相交流电路两种联接方式的特点及其分析计算,充分理解中线的作用,了解不对称三相电路的基本分析方法。

第一节　三相正弦交流电动势

目前,电能的产生、输送和分配普遍采用三相制。所谓三相交流电路,是指由三个频率相同、幅值相等、相位互差 120°的正弦电动势按照一定方式联接而成的电源,接上三相负载后形成的三相电路的统称。

由于三相交流电在发电、输电、配电、用电等方面具有明显的优点,故三相制在电力工程中得到广泛应用。

一、三相交流电动势的产生

(一)三相对称电动势的产生

三相交流电动势是由三相交流发电机产生的。图 3-1 为三相交流发电机的原理图,它主要由电枢和磁极组成。

电枢是固定的,亦称为定子。在定子槽中放置了三个同样的线圈 AX、BY 和 CZ,称为三相绕组,三个线圈的首端分别为 A、B、C,彼此在空间互差 120°,它们的末端分别为 X、Y、Z,彼此也相差 120°。

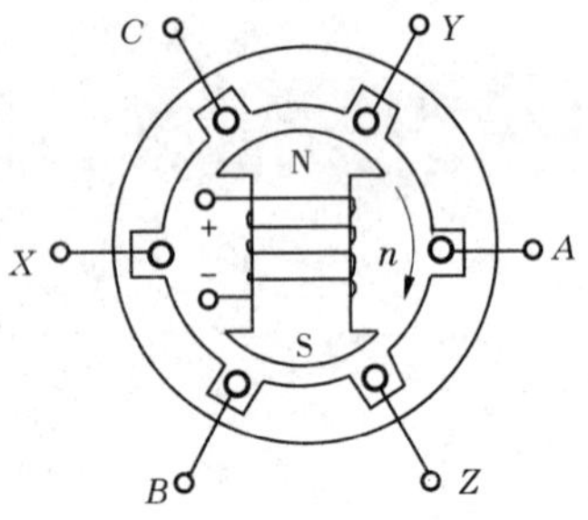

图3-1　三相交流发电机原理示意图

磁极是转动的,亦称为转子,转子铁芯上绕有励磁绕组,当励磁绕组通入直流电流后,转子就会产生磁场,这一磁场称为主磁场。适当选择转子的极面形状,使定子与转子之间空隙中的磁感应强度按正弦规律分布。

当转子按图示方向(顺时针)匀速转动时,使主磁场与定子绕组之间做相对运动,定子线圈切割磁力线,在每个线圈上均产生正弦电动势。由于主磁场以同一速度、同一大小顺次切割各相绕组,故这三个线圈产生的感应电动势的幅值、频率是相同的。但由于三个线圈在空间安放的位置相差 120°,所以它们的电动势达到最大值(或零值)的时间不一样,这三个线圈产生的电动势相互间存在 120°的相位差。

(二)三相电动势的表示方法

对于图 3-1 所示的发电机,当转子在空间旋转一周,各相电动势将变化一个周期,即 360°,则对称的三相正弦电动势的瞬时值表达式(以 e_A 为参考正弦量)为

$$\left.\begin{aligned} e_A &= E_m \sin \omega t \\ e_B &= E_m \sin(\omega t - 120°) \\ e_C &= E_m \sin(\omega t + 120°) \end{aligned}\right\} \quad (3\text{-}1)$$

用相量表示则为

$$\left.\begin{aligned} \dot{E}_A &= E\angle 0° = E \\ \dot{E}_B &= E\angle -120° = E(-\frac{1}{2} - j\frac{\sqrt{3}}{2}) \\ \dot{E}_C &= E\angle 120° = E(-\frac{1}{2} + j\frac{\sqrt{3}}{2}) \end{aligned}\right\} \quad (3\text{-}2)$$

其波形图和相量图如图 3-2(a)、(b)所示。这样三个大小相等、频率相同、相位互差 120°的交流电动势叫三相对称交流电动势。

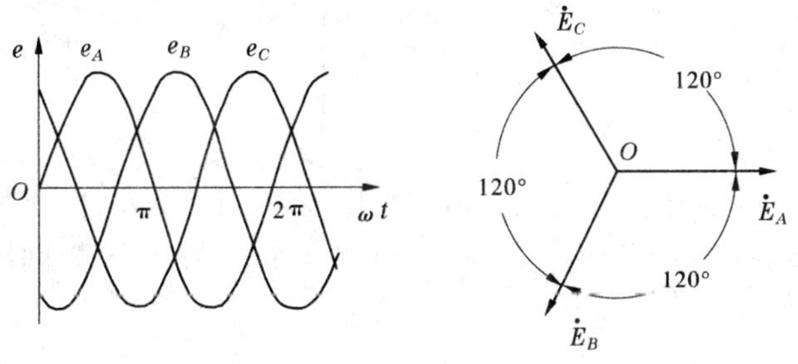

(a)波形图　　(b)相量图

图3-2　三相交流电动势的波形图和相量图

由于三相对称,所以无论从表达式或波形图、相量图都可以得出三相电动势的瞬时值之和或相量和均等于零,即

$$\left.\begin{aligned} e_A + e_B + e_C &= 0 \\ \dot{E}_A + \dot{E}_B + \dot{E}_C &= 0 \end{aligned}\right\} \quad (3\text{-}3)$$

(三)相序的意义

三相交流电达到正的最大值(或零值)的顺序称为相序。习惯上,以 A 相电动势作为参考电动势,则 B 相电动势相位比 A 相电动势相位滞后 120°,而 C 相电动势相位又比 B 相电动势相位滞后 120°,把 A—B—C 的相序称为正相序,简称正序。若上述发电机转子反转,则相序为 A—C—B,称为逆序(反序)。正常运行的三相交流发电机发出的都是正序交流电。

二、三相电源绕组的联接

三相电源的基本联接方式有星形(Y)和三角形(△)两种,下面分别予以介绍。

(一)电源绕组的星形联接

三相电源绕组的星形接法如图 3-3 所示。它是将三相电源绕组的末端(X、Y、Z)联接

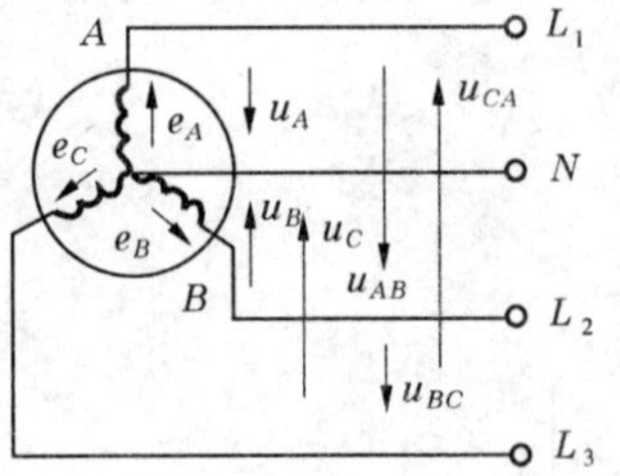

图3-3　电源的星形联接

在一起，这个联接点称为中性点或零点，用 N 表示，从 N 点引出的导线称为中线或零线。从三个电源绕组的首端（A、B、C）向外引出的导线称为相线或端线，俗称火线。

相线与中线之间的电压称为相电压，其有效值分别用 U_A、U_B、U_C 表示，由于各相电压是对称的，所以用同一字母 U_p 表示。任意两根相线之间的电压称为线电压，其有效值分别用 U_{AB}、U_{BC}、U_{CA}表示，同理，一般用 U_l 表示。

各相电压和线电压的参考方向如图 3-3 所示。根据基尔霍夫定律，线电压和相电压之间的关系为

$$\left.\begin{aligned}\dot{U}_{AB} &= \dot{U}_A - \dot{U}_B\\ \dot{U}_{BC} &= \dot{U}_B - \dot{U}_C\\ \dot{U}_{CA} &= \dot{U}_C - \dot{U}_A\end{aligned}\right\} \tag{3-4}$$

由于发电机绕组上的内阻抗压降与相电压相比很小，可略去不计，于是可认为相电压与对应的电动势基本相等，也就是说三相电压也是对称的。故式（3-2）同样适用于三相电压的相量关系，即

$$\left.\begin{aligned}\dot{U}_A &= U_A \angle 0^\circ = U_A\\ \dot{U}_B &= U_A \angle -120^\circ = U_A\left(-\frac{1}{2}-j\frac{\sqrt{3}}{2}\right)\\ \dot{U}_C &= U_A \angle 120^\circ = U_A\left(-\frac{1}{2}+j\frac{\sqrt{3}}{2}\right)\end{aligned}\right\} \tag{3-5}$$

将式（3-5）代入式（3-4）中可得

$$\left.\begin{aligned}\dot{U}_{AB} &= \sqrt{3}\,U_A \angle 30^\circ = \sqrt{3}\,\dot{U}_A e^{j30^\circ}\\ \dot{U}_{BC} &= \sqrt{3}\,U_A \angle -90^\circ = \sqrt{3}\,\dot{U}_B e^{j30^\circ}\\ \dot{U}_{CA} &= \sqrt{3}\,U_A \angle 150^\circ = \sqrt{3}\,\dot{U}_C e^{j30^\circ}\end{aligned}\right\} \tag{3-6}$$

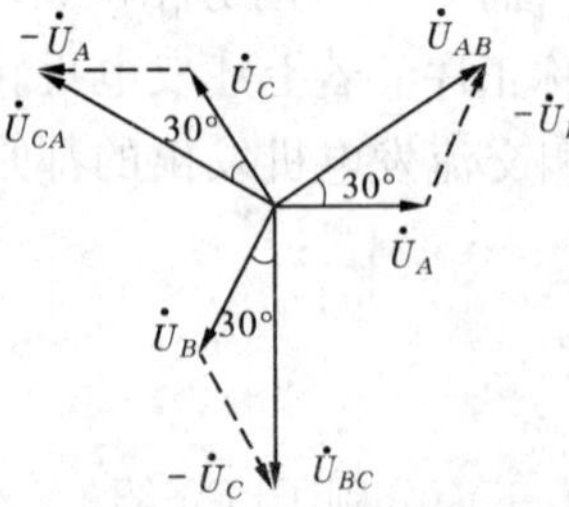

图3-4　星形联接时相电压和线电压的相量图

由上式可知，三相电源星形联接时，其线电压也是对称的，在数值上线电压为相电压的$\sqrt{3}$倍，即

$$U_l = \sqrt{3}\,U_p \tag{3-7}$$

在相位上线电压较对应的相电压超前 30°。

根据式（3-5）和式（3-4）可作出三相电源星形联接时相电压和线电压的相量图，如图 3-4 所示。

根据需要，星形联接的电源，可以引出中线，也可以不用中线。对于有中线的电源，称为三相四线制，它能够为用户提供两种不同的电压，即线电压和相电

压。通常的三相四线制低压配(供)电系统中的相电压为 220 V,线电压为$\sqrt{3}\times 220=380$(V)。

(二)电源的三角形联接

三相电源的三角形接法如图 3-5 所示,它是将对称的三相电源各相绕组的首尾端依次和另一相的首尾端相联接,构成一个闭合的三角形,再从三个联接点(即三角形的顶点)分别引出三根端线。

由图 3-5 可知,电源三相绕组接成三角形时,电路的线电压就是相电压,即

$$\left.\begin{aligned}\dot{U}_{AB}&=\dot{U}_A\\ \dot{U}_{BC}&=\dot{U}_B\\ \dot{U}_{CA}&=\dot{U}_C\end{aligned}\right\}\tag{3-8}$$

因为三相电压是对称的,所以其有效值关系写成一般形式为

$$U_l=U_p\tag{3-9}$$

在实际应用中,三相发电机绕组通常接成星形,而三相变压器绕组两种接法都有。

根据式(3-8)和三相绕组的联接方式可作出三相电源三角形联接时线电压和相电压的相量图,如图 3-6 所示。

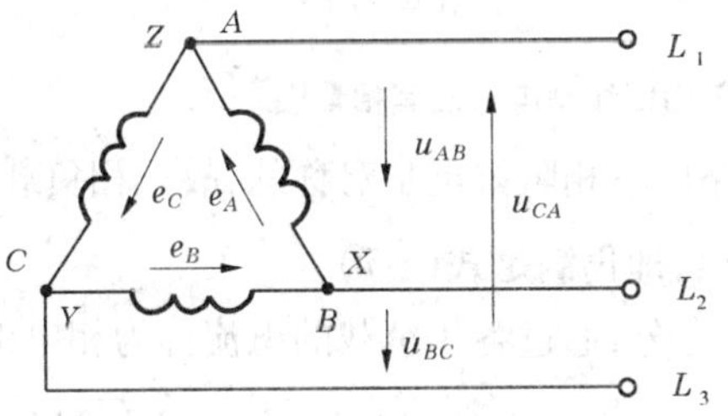

图3-5　电源的三角形联接

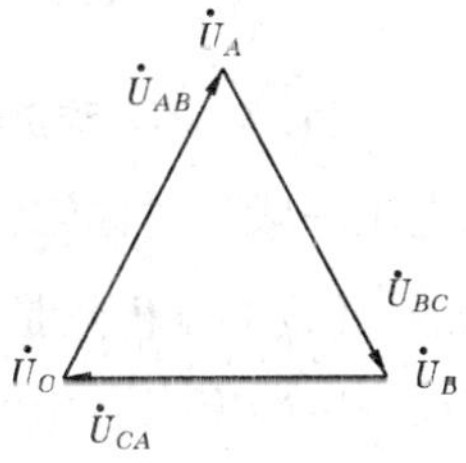

图3-6　三角形联接时相电压和线电压相量图

第二节　三相负载的联接

一、三相电路的负载

接在三相交流电路中的用电电器种类很多,通常可将它们分为两大类。一类是单相用电电器,例如白炽灯、日光灯、电炉以及家用电器等,此类负载的联接视其额定电压而定;若负载的额定电压为 220 V,则该负载应接在相线与中线之间,若该单相负载的额定电压为 380 V,则该负载应接在两相线之间。另一类是三相用电电器,它必须接在三相电压上才能正常工作,例如三相电动机,其三个接线端点是与电源的三根相线相联的。

(一)对称三相负载

所谓对称三相负载是指三相负载的复阻抗大小相等,阻抗角相同,即

$$Z_U=Z_V=Z_W=Z\quad \varphi_U=\varphi_V=\varphi_W=\varphi$$

(二)不对称三相负载

若三相负载的阻抗大小不相等或其阻抗角不相同,则这样的三相负载称为不对称三相负载。

二、三相负载的星形联接

(一)不对称三相负载的星形联接

三相负载的星形接法如图 3-7(a)所示,其中 Z_U、Z_V、Z_W 分别为 U、V、W 三相负载的复阻抗。

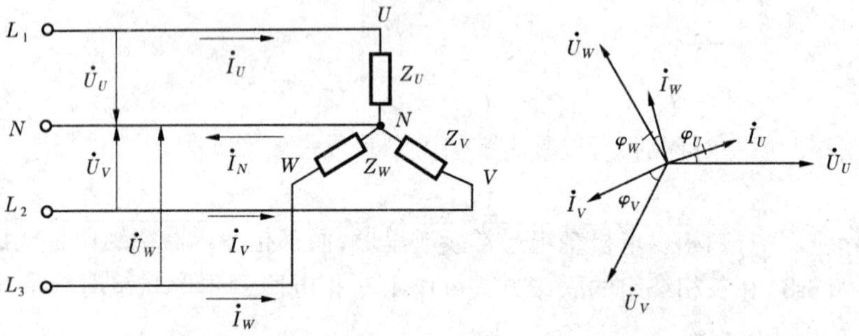

(a)电路图　　(b)相量图

图3-7　不对称负载星形联接的三相四线制电路及其相量图

三相电源电压一般是对称的,由于输电线路的三相阻抗也是对称的,故三相负载的线电压也是对称的,其线电压仍然是相电压的$\sqrt{3}$倍,即仍满足式(3-7)。

在三相四线制电路中也有相电流和线电流之分,通过各相负载的电流称为相电流,通过各相线的电流称为线电流,如图 3-7 中的 $\dot{I}_U$、$\dot{I}_V$、$\dot{I}_W$。在负载为星形联接时,显然相电流即为线电流。一般可表示为

$$I_p = I_l \tag{3-10}$$

式中　I_p——相电流;

　　　I_l——线电流。

但是,由于三相负载不对称,即使电源电压对称,各相负载电流也是不对称的。因此,各相负载电流必须分别计算。根据欧姆定律的相量关系,可求出各相电流的相量为

$$\left.\begin{aligned} \dot{I}_U &= \frac{\dot{U}_U}{Z_U} \\ \dot{I}_V &= \frac{\dot{U}_V}{Z_V} \\ \dot{I}_W &= \frac{\dot{U}_W}{Z_W} \end{aligned}\right\} \tag{3-11}$$

各相电流的有效值分别为

$$\left.\begin{aligned}I_U &= \frac{U_U}{|Z_U|}\\I_V &= \frac{U_V}{|Z_V|}\\I_W &= \frac{U_W}{|Z_W|}\end{aligned}\right\}\tag{3-12}$$

而各相负载的相电流与相电压之间的相位差分别为

$$\left.\begin{aligned}\varphi_U &= \arctan\frac{X_U}{R_U}\\\varphi_V &= \arctan\frac{X_V}{R_V}\\\varphi_W &= \arctan\frac{X_W}{R_W}\end{aligned}\right\}\tag{3-13}$$

至于中线电流 $\dot{I}_N$，其正方向如图 3-7 中所示，根据基尔霍夫电流定律可求出

$$\dot{I}_N = \dot{I}_U + \dot{I}_V + \dot{I}_W \tag{3-14}$$

根据式(3-11)可作出电压和电流的相量图，如图 3-7(b)所示。

【例 3-1】 在图 3-7(a)所示电路中，已知电源电压是对称的，其相电压 U_p 为 220 V，负载不对称，三相均为纯电阻负载，负载额定电压为 220 V，其中 $R_U = 5\ \Omega$，$R_V = 10\ \Omega$，$R_W = 20\ \Omega$。求负载相电压、各负载电流及中线电流。

解： 在负载不对称而有中线的情况下，负载相电压和电源相电压是相等的，也是对称的，其有效值为 220 V。根据电压、电流的相量关系，可得各相电流为

$$I_U = \frac{U_U}{R_U} = \frac{220\angle 0^\circ}{5} = 44\angle 0^\circ(\mathrm{A})$$

$$I_V = \frac{U_V}{R_V} = \frac{220\angle -120^\circ}{10} = 22\angle -120^\circ(\mathrm{A})$$

$$I_W = \frac{U_W}{R_W} = \frac{220\angle 120^\circ}{20} = 11\angle 120^\circ(\mathrm{A})$$

根据图 3-7(a)中电流的正方向可得中线电流为

$$\begin{aligned}\dot{I}_N &= \dot{I}_U + \dot{I}_V + \dot{I}_W = 44\angle 0^\circ + 22\angle -120^\circ + 11\angle 120^\circ\\&= 44 + 22\left(-\frac{1}{2} - j\frac{\sqrt{3}}{2}\right) + 11\left(-\frac{1}{2} + j\frac{\sqrt{3}}{2}\right)\\&= 27.5 - j9.53 = 29.1\angle 19.1^\circ\end{aligned}$$

【例 3-2】 在例 3-1 中，试求：

(1) 当 U 相短路时各相负载上的电压；

(2) 当 U 相短路而中线又断开时各相负载上的电压。

解： (1) 当 U 相短路时，短路电流很大，U 相中的熔断器熔断，而 V 相和 W 相未受影

响，其相电压仍为 220 V。

(2) U 相短路而中线又断开时，负载中点 N 与 U 相相联，因此负载各相电压为

$$U'_U = 0 \qquad U_U = 0$$

$$U'_V = U'_{UW} \qquad U'_V = 380\ \text{V}$$

$$U'_W = U'_{WU} \qquad U'_W = 380\ \text{V}$$

此时，V 相和 W 相负载上所加的电压都超过其额定电压 220 V，这是不允许的。

【例 3-3】 在例 3-1 中，试求：

(1) 当 U 相断开时负载各相电压；

(2) 当 U 相断开而中线也断开时，负载各相电压。

解： (1) V 相和 W 相未受影响，其相电压仍为 220 V。

(2) U 相断开、中线也断开时，原来的三相电路就变成单相电路，即 V 相和 W 相负载串联后接在线电压为 $U_{VW} = 380$ V 的电源上，因此 V 相和 W 相负载的电流相同，其有效值为

$$I_V = I_W = \frac{U_{VW}}{R_V + R_W} = \frac{380}{10 + 20} = 12.7(\text{A})$$

而

$$I_U = 0$$

则 V 相和 W 相负载的电压有效值分别为

$$U_V = I_V R_V = 12.7 \times 10 = 127(\text{V})$$

$$U_W = I_W R_W = 12.7 \times 20 = 254(\text{V})$$

可见，V 相负载的电压低于它的额定电压，而 W 相负载的电压高于它的额定电压，这同样是不允许的。

从上面所举的两个例题可以看出：

(1) 在电源电压对称，负载不对称而具有中线的电路中，负载电流是不对称的，中线中也有电流，但是如果略去不大的相线阻抗压降和中线阻抗压降，负载的相电压还是对称的，因而能保证负载的正常运行。

(2) 负载不对称而又没有中线时，负载的相电压就不对称。当负载相电压不对称时，势必引起有的相电压过高，高于其额定电压；有的相电压过低，低于其额定电压。这样，使负载不能正常运行，甚至损坏。因此，要保证三相负载的相电压对称，对于不对称的星形负载，必须接中线。

(3) 中线的作用就在于保证星形联接的不对称负载的相电压对称。要求中线不能断开，因此中线（指干线）上不允许装熔断器和开关，以避免中线断开。

（二）对称三相负载的星形联接

由于三相负载对称，各相负载阻抗相等，阻抗角也相等，即 $Z_U = Z_V = Z_W = Z$，$\varphi_U = \varphi_V = \varphi_W = \varphi$，因而在电源对称时各相负载电流也是对称的。这样，只要求出一相电流，则其他两相的电流就可以根据对称三相电流的对称关系直接写出。如以 U 相电流为参考相电流，则

$$
\left.\begin{aligned}
\dot{I}_U &= \frac{\dot{U}_U}{Z_U} = \frac{\dot{U}_U}{Z} = I_U \angle\varphi_U \\
\dot{I}_V &= I_V \angle -120^\circ = I_V \angle \varphi_U - 120^\circ \\
\dot{I}_W &= I_W \angle 120^\circ = I_W \angle \varphi_U + 120^\circ
\end{aligned}\right\} \tag{3-15}
$$

其有效值为

$$I_U = I_V = I_W = \frac{U_p}{z} \quad (z = |Z| = \sqrt{R^2 + (X_L - X_C)^2})$$

各相负载的电压和电流的相位差为

$$\varphi_U = \varphi_V = \varphi_W = \varphi$$

在对称三相电路中，各相电流的有效值相等，各线电流的有效值也相等。在星形联接中，相电流就是线电流，即

$$I_p = I_l \tag{3-16}$$

此外，从本章第一节中可知，对称星形联接电源的线电压是相电压的$\sqrt{3}$倍，这一结论同样适用于对称的星形联接负载。综上所述，对于三相对称负载的星形联接电路，存在下列关系式，即

$$
\left.\begin{aligned}
U_l &= \sqrt{3} U_p \\
I_p &= I_l
\end{aligned}\right\} \tag{3-17}
$$

由于三相电流对称，其相量和等于零，如图 3-8 所示，因此中线电流也等于零，即

$$\dot{I}_N = \dot{I}_U + \dot{I}_V + \dot{I}_W = 0 \tag{3-18}$$

在对称的三相四线制电路中，中线上既然没有电流，就可以省去，成为常见的对称的三相三线制电路，如图 3-9 所示。生产中常用的三相异步电动机的三相负载都是对称的，所以采用三相三线制的接线。

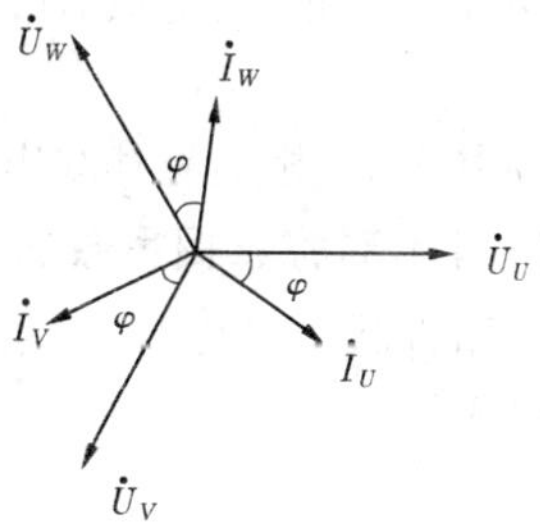

图3-8　对称负载星形联接时的相量图

【例 3-4】 有一星形联接的对称三相负载，每相的电阻 $R = 6\ \Omega$，感抗 $X_L = 8\ \Omega$。电源电压对称，其线电压的瞬时值表达式为 $u_{AB} = \sqrt{2} \times 380\sin(\omega t + 30^\circ)$ V，试求各相电流瞬时值表达式。

解： 因为负载对称，只须计算一相（如 U 相）即可。又因为电源电压对称，电源相电压的有效值为 $U_A = \dfrac{U_{AB}}{\sqrt{3}} = \dfrac{380}{\sqrt{3}} = 220$（V），且 u_A 比 u_{AB} 滞后 30°，即

$$u_A = 220\sqrt{2}\sin\omega t\ \text{V}$$

而负载 U 相电压与 A 相电源电压相等，即

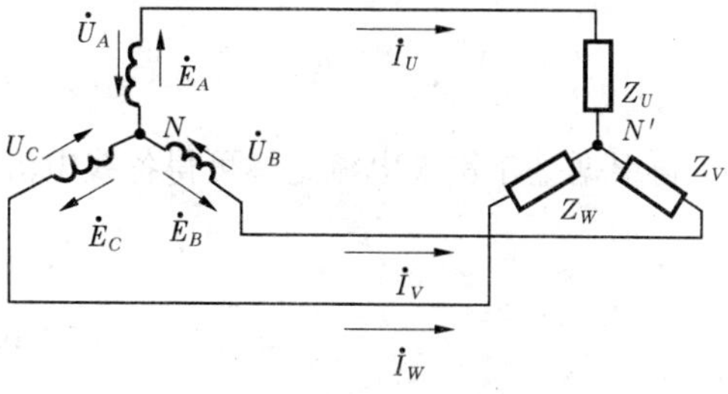

图3-9　三相三线制电路

$$U_U = U_A = 220\ \text{V}$$

则 U 相电流为

$$I_U = \frac{U_U}{|Z|} = \frac{220}{\sqrt{6^2+8^2}} = 22(\text{A})$$

i_U 比 u_U 滞后 φ 角，即

$$\varphi = \arctan\frac{X_L}{R} = \arctan\frac{8}{6} = 53°$$

所以 $$i_U = \sqrt{2}\times 22\sin(\omega t - 53°)\ \text{A}$$

因为电流对称，其他两相的电流则为

$$i_V = \sqrt{2}\times 22\sin(\omega t - 53° - 120°) = \sqrt{2}\times 22\sin(\omega t - 173°)(\text{A})$$
$$i_W = \sqrt{2}\times 22\sin(\omega t - 53° + 120°) = \sqrt{2}\times 22\sin(\omega t + 67°)(\text{A})$$

三、三相负载的三角形联接

三相负载三角形联接的电路如图 3-10 所示。图中 Z_{UV}、Z_{VW}、Z_{WU} 分别为 UV、VW、WU 各相负载的复阻抗。电压和电流的正方向也在图中标出，按惯例，各相负载电流的正方向与该相的相电压的正方向一致，例如 i_{UV} 的正方向与 u_{UV} 的正方向一致，即自 U 端指向 V 端；各线电流的正方向都从电源流向负载。

在三相负载三角形联接的电路中，如果略去相线阻抗，那么负载的相电压与电源的线电压相等。因此，不论负载是否对称，负载相电压总是对称的，即

$$U_{UV} = U_{VW} = U_{WU} = U_l = U_p \tag{3-19}$$

但这种电路中，相电流和线电流就不一样了。

（一）不对称三相负载的三角形联接

三相负载不对称时，三角形联接的各相电流要分别计算。根据欧姆定律可求得各相负载电流为

$$\left.\begin{aligned} \dot{I}_{UV} &= \frac{\dot{U}_{UV}}{Z_{UV}} \\ \dot{I}_{VW} &= \frac{\dot{U}_{VW}}{Z_{VW}} \\ \dot{I}_{WU} &= \frac{\dot{U}_{WU}}{Z_{WU}} \end{aligned}\right\} \tag{3-20}$$

再根据基尔霍夫电流定律可得各线电流为

$$\left.\begin{aligned} \dot{I}_U &= \dot{I}_{UV} - \dot{I}_{WU} \\ \dot{I}_V &= \dot{I}_{VW} - \dot{I}_{UV} \\ \dot{I}_W &= \dot{I}_{WU} - \dot{I}_{VW} \end{aligned}\right\} \tag{3-21}$$

（二）对称三相负载的三角形联接

负载对称时 $Z_{UV} = Z_{VW} = Z_{WU} = Z$，由式(3-19)可知，由于各相负载阻抗相等，因而在电

源电压对称时，各相负载电流也是对称的。这样只要求出一相的电流，如 U_U 相的电流，则可根据对称三相电流的对称关系，得到其他两相的电流，即

$$\left.\begin{aligned}\dot I_{UV} &= \frac{\dot U_{UV}}{Z_{UV}} = \frac{\dot U_{UV}}{Z}\\ \dot I_{VW} &= I_{VW}\angle -120^\circ\\ \dot I_{WU} &= I_{WU}\angle 120^\circ\end{aligned}\right\}\tag{3-22}$$

图 3-11 为三相对称负载三角形联接的相量图，从相量图上可以看出，线电流也是对称的，在相位上比相应的相电流滞后 30°，其大小关系为

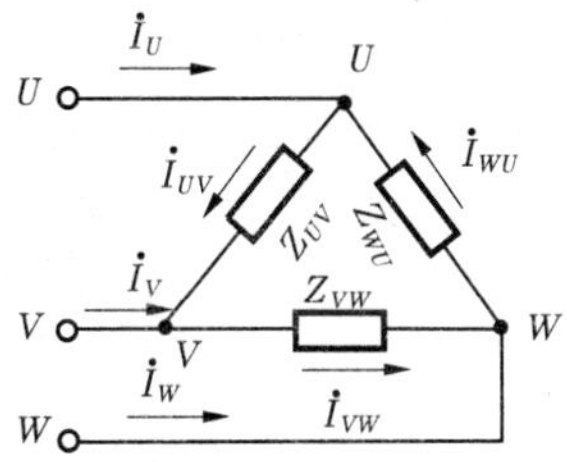

图3 10　负载三角形联接的三相电路

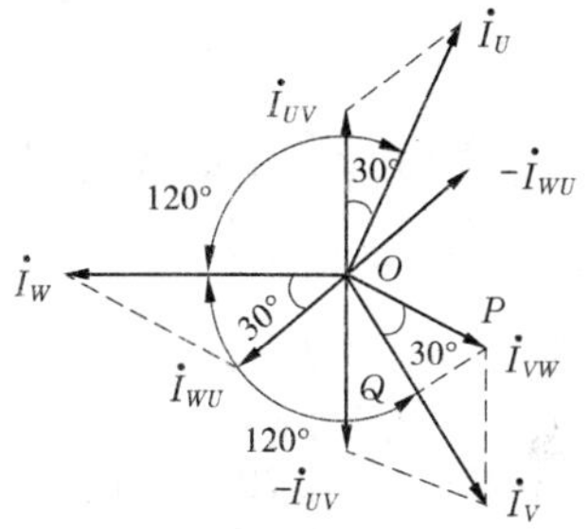

图 3-11　对称负载三角形联接时的相量图

$$I_U = 2I_{UV}\cos 30^\circ = \sqrt{3}I_{UV}$$

同理

$$I_V = \sqrt{3}I_{VW}$$

$$I_W = \sqrt{3}I_{WU}$$

上三式表明，在对称三相电路中，对称负载作三角形联接时，线电流是相电流的$\sqrt{3}$倍，即

$$I_l = \sqrt{3}I_p \tag{3-23}$$

由此可见，对称负载作三角形联接时，不但相电流对称，而且线电流也是对称的。

三相电动机绕组根据其额定电压的大小决定接成三角形或星形；而照明负载应尽可能均衡地接成星形且应有中线。

第三节　三相功率

在三相电路中，无论负载采用何种联接方式，也无论三相负载对称与否，三相负载的有功功率和无功功率分别等于各相有功功率和无功功率之和，即

$$\left.\begin{aligned}P &= P_U + P_V + P_W = U_UI_U\cos\varphi_U + U_VI_V\cos\varphi_V + U_WI_W\cos\varphi_W\\ Q &= Q_U + Q_V + Q_W = U_UI_U\sin\varphi_U + U_VI_V\sin\varphi_V + U_WI_W\sin\varphi_W\end{aligned}\right\}\tag{3-24}$$

式中　U_U、U_V、U_W、I_U、I_V、I_W——相电压和相电流有效值；

φ_U、φ_V、φ_W——各相负载的功率因数角，亦即每相负载相电压与相电流的相位差。

三相负载的视在功率为

$$S = \sqrt{P^2 + Q^2} \tag{3-25}$$

当三相负载对称时，每相负载的电压、电流的有效值与功率因数角均相等，亦即$U_U = U_V = U_W = U_p$、$I_U = I_V = I_W = I_p$、$\varphi_U = \varphi_V = \varphi_W = \varphi_p$，故有

$$\left.\begin{aligned} P &= 3U_pI_p\cos\varphi_p \\ Q &= 3U_pI_p\sin\varphi_p \\ S &= \sqrt{P^2 + Q^2} = 3U_pI_p \end{aligned}\right\} \tag{3-26}$$

若已知负载的线电压、线电流，当三相对称负载作星形联接时，有

$$\left.\begin{aligned} U_p &= \frac{U_l}{\sqrt{3}} \\ I_p &= I_l \end{aligned}\right\} \tag{3-27}$$

当对称负载作三角形联接时，有

$$\left.\begin{aligned} U_p &= U_l \\ I_p &= \frac{I_l}{\sqrt{3}} \end{aligned}\right\} \tag{3-28}$$

将式(3-27)、式(3-28)分别代入式(3-26)可得到

$$\left.\begin{aligned} P &= \sqrt{3}U_lI_l\cos\varphi_p \\ Q &= \sqrt{3}U_lI_l\sin\varphi_p \\ S &= \sqrt{3}U_lI_l \end{aligned}\right\} \tag{3-29}$$

式(3-26)是用相电压和相电流表示三相对称负载功率的计算式，式(3-29)是用线电压、线电流表示三相对称负载功率的计算式，无论三相对称负载是星形联接还是三角形联接均适用。但应注意：上述两式中的φ_p都是指相电压与相电流之间的相位差，切勿误认为是线电压与线电流之间的相位差。

【例3-5】 有一对称三相负载，每相负载阻抗为$z = (8 + j6)\ \Omega$，每相负载的额定电压为220 V。当电源线电压分别为380 V和220 V时，三相负载应采用何种接法？并求出在两种不同电源电压下负载的相电流、线电流及从电源输入的功率。

解： 每相负载的阻抗值为

$$|Z| = \sqrt{R^2 + X^2} = \sqrt{8^2 + 6^2} = 10(\Omega)$$

每相负载的功率因数为

$$\cos\varphi = \frac{R}{|Z|} = \frac{8}{10} = 0.8$$

(1)当电源线电压为380 V时，三相负载应作星形联接，这时每相负载所承受的电压为220 V。

$$I_l = I_p = \frac{U_p}{|Z|} = \frac{220}{10} = 22(\text{A})$$

$$P = \sqrt{3}U_lI_l\cos\varphi = \sqrt{3} \times 380 \times 22 \times 0.8 = 11\ 584(\text{W})$$

(2)当电源线电压为220 V时，三相负载应作三角形联接，这时每相负载所承受的电

压也等于 220 V。

$$I_p = \frac{U_p}{|Z|} = \frac{220}{10} = 22(\text{A})$$

$$I_l = \sqrt{3} I_p = \sqrt{3} \times 22 = 38(\text{A})$$

$$P = \sqrt{3} U_l I_l \cos \varphi = \sqrt{3} \times 220 \times 38 \times 0.8 = 11\ 584(\text{W})$$

由上述可见,两种接法电源输入的功率一样。

本章小结

一、三相交流电路是一种复杂的交流电路,要解决的主要问题是找出电压和电流的关系以及功率的计算,三相交流电路中的电压与电流遵循电路的基本定律——欧姆定律和基尔霍夫定律。因此,根据电路图和电路的基本定律就不难求出电压与电流的关系。

二、三相交流发电机发出的三相电压是对称的。当电源作星形联接时,线电压和相电压的大小关系是 $U_l = \sqrt{3} U_p$,在相位上线电压超前相应的相电压 30°。当电源作三角形联接时,线电压等于相电压。

三、三相负载亦有星形和三角形两种接法,用哪种方式联接必须根据负载的额定电压而定。当负载作星形联接时,对于不对称负载要接成三相四线制,中线必不可少,负载各相电流可根据欧姆定律一相一相计算。对于三相对称负载,可省去中线,接成三相三线制,且各相负载电流是对称的。负载星形联接时线电流等于相电流,负载的线电压是相电压的$\sqrt{3}$倍;当负载作三角形联接时,负载的线电压等于相电压,当负载对称时,线电流是相电流的$\sqrt{3}$倍。

四、三相负载的有功功率和无功功率分别等于每相负载的有功功率和无功功率之代数和。若负载对称时,不论负载是星形接法还是三角形接法均可用下列公式计算

$$\left.\begin{aligned} P &= 3U_p I_p \cos \varphi_p = \sqrt{3} U_l I_l \cos \varphi_p \\ Q &= 3U_p I_p \sin \varphi_p = \sqrt{3} U_l I_l \sin \varphi_p \\ S &= \sqrt{P^2 + Q^2} = \sqrt{3} U_l I_l \end{aligned}\right\}$$

但应注意,φ_p 是相电压与相电流的相位差。

思考题与习题

3-1　某三相对称负载,$R = 24\ \Omega$,$X_L = 18\ \Omega$,接在电压为 380 V 的电源上。试求:

(1)当负载额定电压为 220 V 时,采用何种联接方式,并求线电流、相电流和有功功率;

(2)当负载额定电压为 380 V 时,又采用何种联接方式,并重求上述问题。

3-2　在三相四线制电路中,电源线电压 $U_1 = 380$ V。三个电阻性负载联接成星形,其电阻为 $R_U = 11\ \Omega$,$R_V = R_W = 220\ \Omega$。要求:

(1) 求出负载相电压、相电流及中线电流，并作出它们的相量图；

(2) 若无中线，求出负载相电压；

(3) 若无中线，当 U 相短路时求出各相电压和电流，并作出它们的相量图；

(4) 若无中线，当 W 相断路时求出另两相的电压和电流；

(5) 分析在(3)、(4)中有中线的情况。

3-3 有一台三相发电机，其绕组接成星形，每相额定电压为 220 V。在一次试验中，用电压表测得相电压 $U_A = U_B = U_C = 220$ V，而线电压则为 $U_{AB} = U_{CA} = 220$ V，$U_{BC} = 380$ V，试问这种现象是如何造成的？

3-4 某建筑物有三层楼，每一层的照明分别由三相电源的一相供电。电源电压为 220/380 V，每层装有 220 V、100 W 白炽灯各 10 只。要求：

(1) 画出电灯接入电源的电路图；

(2) 求出在该建筑物电灯全部开亮时的线电流和中线电流；

(3) 若第一层电灯全部关闭，第二层电灯全部开亮，第三层开了一只灯，而电源中线因故断掉，试求此时第二、三层楼的灯两端电压。

3-5 在图 3-12 所示电路中，三相对称负载作三角形联接时，电路中的各电流表在正常情况下的读数为 26 A，电源线电压为 380 V，分别求下列情况下的负载电流和线电压：

(1) UV 间负载断路；

(2) 相线 U 相断路。

3-6 在线电压为 380 V 的三相电源上，接两组电阻性对称负载，如图 3-13 所示，试求线路电流 I。

3-7 三相对称负载作星形联接，每相阻抗为 20 Ω，功率因数 $\cos\varphi = 0.8$，电源线电压 $U_1 = 380$ V。试求负载电流及三相总功率。

3-8 有一三相异步电动机，其绕组联接成三角形接于线电压 $U_1 = 380$ V 的电源上，从电源所取用的功率 $P = 11.43$ kW，功率因数 $\cos\varphi = 0.87$，试求电动机的相电流和线电流。

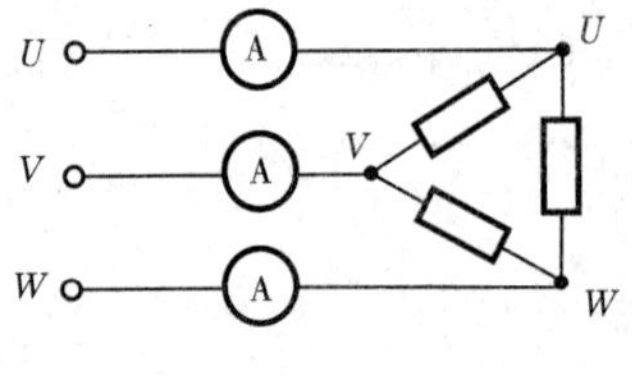

图3-12 题 3-5图

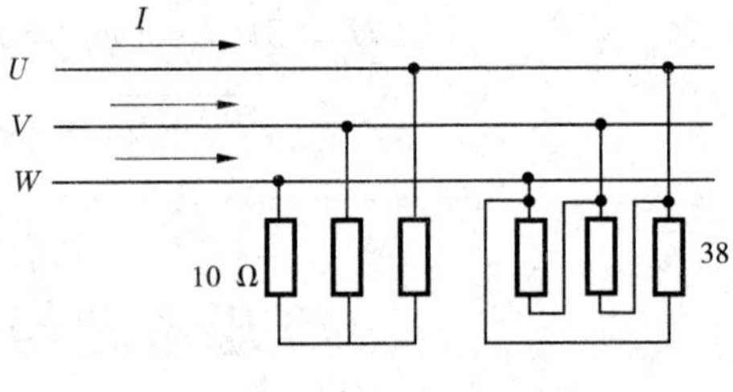

图3-13 题 3-6图

第四章　变压器

本章主要介绍变压器的基本知识及选用方法。要求了解铁磁性材料及磁路的基本概念，了解变压器的结构，掌握变压器的原理、变压器的联接、变压器的并联运行及变压器的选用方法，熟悉常用特种变压器的用途及使用注意事项。

第一节　铁磁性材料

一、铁磁性材料的磁性能

铁磁性材料是指铁、钴、镍及其合金。它们具有下述磁性能。

(一)高导磁性

铁磁性材料的磁导率很高，$\mu_r \gg 1$，可达数百、数千乃至数万之值。它们在外磁场作用下会被磁化而呈现出很强的磁性。

物质内部存在分子电流，分子电流也要产生磁场，每个分子相当于一个小磁铁。与其他物质的不同之处在于铁磁性材料内部存在许多局部分子磁场，排列整齐，方向一致，显示磁性的小区域，这些小区域称为磁畴。在没有外磁场作用时，各个磁畴排列混乱，磁场相互抵消，对外不显示磁性，如图 4-1(a)所示。但是，在外磁场作用下，各个磁畴将顺外磁场转向，如图 4-1(b)所示，形成一个与外磁场方向一致的磁化磁场，使铁磁性材料内的磁感应强度大大增加，能呈现出很强的磁性。这种现象称做磁化。

非磁性材料由于没有磁畴结构，所以不具有磁化的特性。

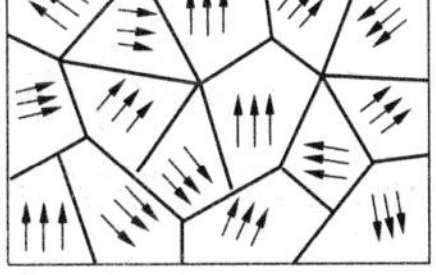

(a)无外磁场

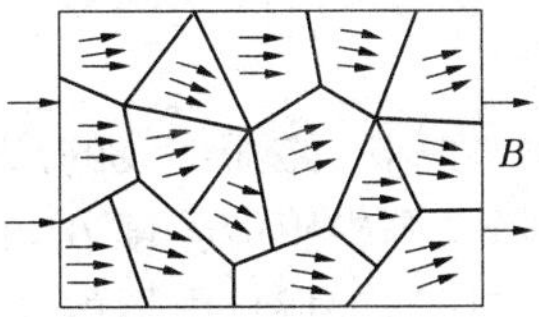

(b)有外磁场

图4-1　铁磁性材料的磁畴与磁化

(二)磁饱和性

通过实验可测出铁磁性材料磁感应强度 B 随外加磁场的磁场强度 H 变化的曲线($B \sim H$ 磁化曲线)，如图 4-2 所示。

磁化曲线 Oa 段，由于磁畴在外磁场作用下的取向作用，使 B 随 H 差不多成正比地增加；在 ab 段，由于大多数磁畴已与外磁场取向一致了，所以随着 H 的增加，B 的增加变缓慢；在 bc 段，由于所有的磁畴都已与外磁场取向一致了，磁化磁场不再增加，使 B 随 H 增加得很少，达到了磁饱和。铁磁性材料的磁导率 μ 不是常数，随 H 而变，如图 4-3 所示。

从磁化曲线也可以看出，铁磁性材料中的 B 与外加磁场的 H 不是线性关系。由于磁通 Φ 与 B 成正比，H 与励磁电流 I 成正比，因此在铁磁性材料中，磁通 Φ 与励磁电流 I 是不成正比的。

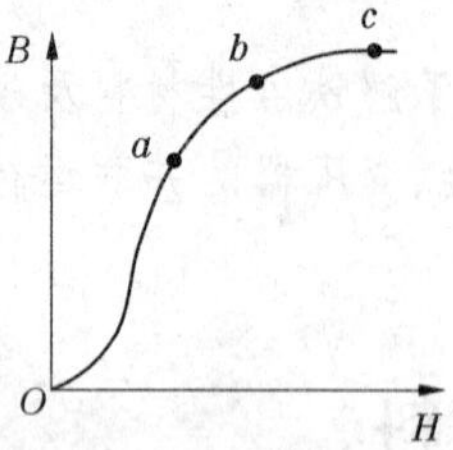

图4-2　磁化曲线

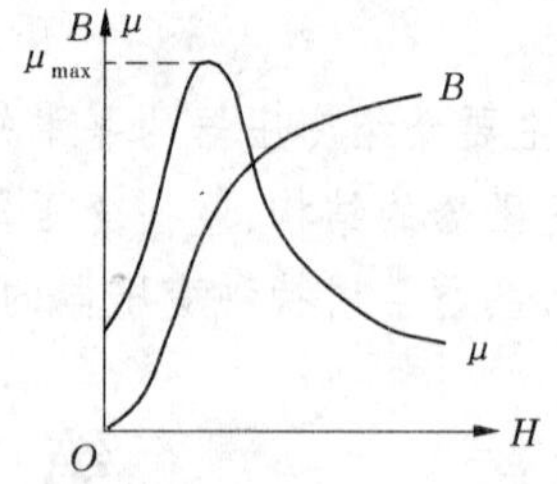

图4-3　B 与 H 及 μ 与 H 的关系

（三）磁滞性

上面介绍的磁化曲线，只是反映了铁磁性材料在外磁场由零逐渐增强的磁化过程。电机、变压器等实用电工设备中，通常是将线圈绕在铁磁性材料做成的铁芯上，当线圈通入交变电流（大小和方向都变化）时，铁芯的磁感应强度 B 随磁场强度 H 而变化的关系如图 4-4 所示。当磁场强度 H 由 0 增加到 $+H_m$ 后，如减小 H，此时 B 并不沿着原来的曲线返回而是沿另一曲线 bc 下降。当 H 减小到 0 时，B 并未降到 0，存在剩磁。永久磁铁的磁性就是利用剩磁而获得的。只有当 H 反方向变化到 $-H_C$ 时，B 才下降到 0。H_C 称为矫顽磁力。在此过程中，磁感应强度 B 的变化滞后于磁场强度 H 的变化，这种现象称为磁滞现象。

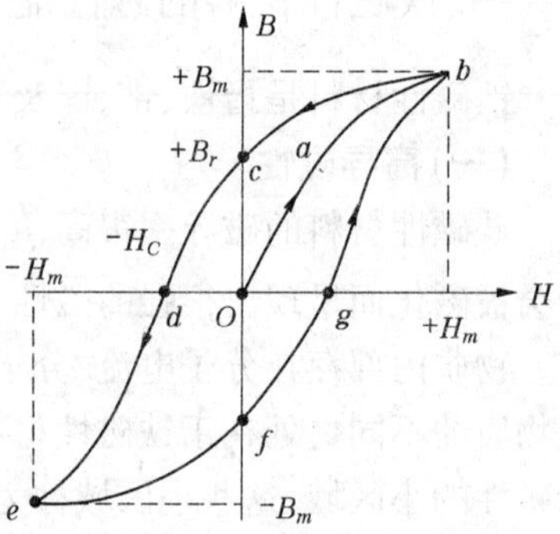

图4-4　磁滞回线

铁磁性材料在周期性交变磁化过程中，B 与 H 变化关系的闭合曲线（见图 4-4 中 $bcdefgb$）称为磁滞回线。

不同种类的铁磁性材料，磁滞回线的形状不同。纯铁、硅钢、坡莫合金和软磁铁氧体等材料的磁滞回线较狭，剩磁感应强度 B_r 小，矫顽磁力 H_C 也小。这一类铁磁性材料称为软磁材料，通常用做变压器、电机、电器的铁芯。

而另一类铁磁性材料，如钨钢、铝镍钴合金、稀土钴和硬磁铁氧体等，它们的磁滞回线较宽，具有较高的剩磁感应强度 B_r 和较大的矫顽磁力 H_C，这类材料称为硬磁材料，常用于制造永久磁铁。

二、交变磁化时的铁芯损耗

（一）磁滞损耗

磁滞现象使铁磁性材料在交变磁化过程中产生磁滞损耗，它是由于铁磁性材料内部小磁畴在交变磁化过程中来回转向，相互牵连摩擦引起发热所损耗的能量。研究证明，交变磁化一周，在单位体积铁芯内所产生的磁滞损耗与磁滞回线所包围的面积成正比。软磁材料的磁滞损耗小，适于作交流电气设备的铁芯。

(二)涡流损耗

铁磁性材料在交变磁化的过程中还有另一种损耗——涡流损耗。铁磁性材料不仅是导磁材料,同时又是导电材料。当铁芯中的磁通发生变化时,在铁芯中会产生感应电动势和感应电流。这种感应电流在垂直于磁力线的平面内,呈涡旋状分布,因而称为涡流,如图 4-5(a)所示。涡流在铁芯的电阻上引起功率损耗称为涡流损耗。

涡流损耗也要引起铁芯发热。为减小涡流损耗,在顺磁力线的方向上,用彼此绝缘的硅钢片叠成铁芯,如图 4-5(b)所示。采用这种办法可将涡流限制在较小的截面内流通,加上硅钢的电阻率较大,使得涡流及涡流损耗大大减小。

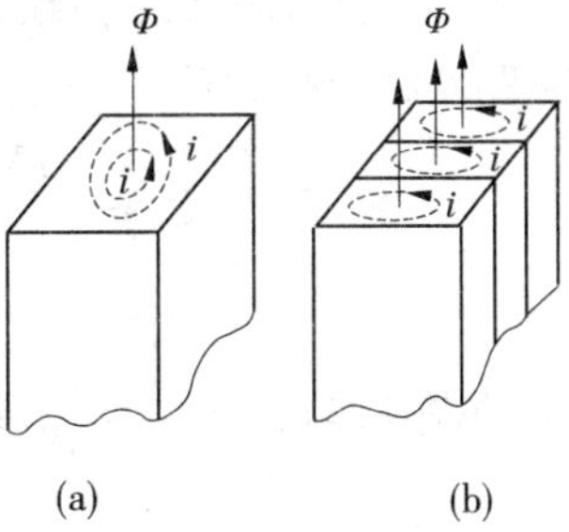

图4-5 铁芯中的涡流

磁滞损耗和涡流损耗合称为铁芯损耗。它使铁芯发热,造成交流电机、变压器及其他交流电气设备的功率损耗增大,效率降低。

不过在其他某些场合,涡流现象也有可利用的一面,例如利用涡流的热效应来加热或冶炼金属。

第二节 磁路及磁路欧姆定律

为了使较小的励磁电流能产生足够强的磁场,在电机、变压器和电磁铁等设备中,通常将线圈绕在铁芯上。例如在图 4-6 中,当线圈通入电流后,由于铁芯的磁导率比周围空气或其他非磁性材料的磁导率要高得多,因此磁通的绝大部分集中在铁芯内,磁力线沿铁芯形成闭合通路。这部分磁通 Φ 称为主磁通。这种人为造成的主磁通路径称为磁路。除此之外,另有很少一部分磁通通过铁芯以外的非磁性材料而闭合,称为漏磁通 Φ_σ。

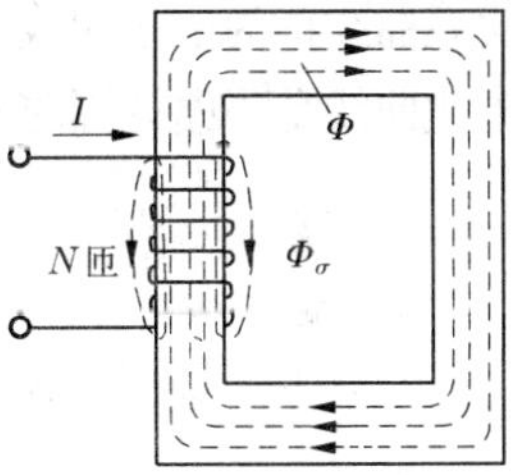

图4-6 磁路

磁路的分析和计算与电路的分析和计算一样,也要用到一些基本定律,其中最基本的是磁路欧姆定律。它可由磁通连续性原理和全电流定律导出。

以图 4-6 所示无分支磁路为例,设磁路是由同一种铁磁性材料构成的,其截面积为 S,平均长度为 l。由于磁通的连续性,通过铁芯各处的磁通相同。根据全电流定律,有

$$\oint H\mathrm{d}l = \sum I = IN$$

得出
$$Hl = IN \tag{4-1}$$

将 $H=\dfrac{B}{\mu}$ 及 $B=\dfrac{\Phi}{S}$ 代入式(4-1),可得

$$IN = \frac{B}{\mu}l = \frac{\Phi}{\mu S}l$$

则
$$\Phi = \frac{IN}{\dfrac{l}{\mu S}} = \frac{F}{R_m} \tag{4-2}$$

式中　F——磁动势，由此而产生磁通，$F = IN$；

R_m——磁阻，是表示物质对磁通具有阻碍作用的物理量，$R_m = \dfrac{l}{\mu S}$。

式(4-2)与电路的欧姆定律在形式上相似，所以称为磁路欧姆定律。

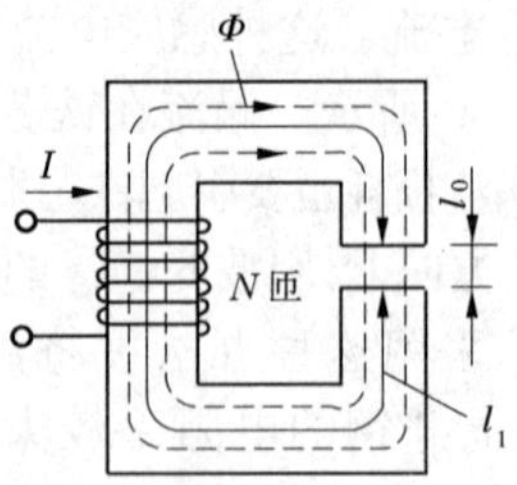

图4-7　有空气隙的磁路

图4-7所示的铁芯存在着一个很小的空气隙 l_0，根据磁路欧姆定律，有

$$\Phi = \frac{F}{R_m} = \frac{IN}{R_{mFe} + R_{M\sigma}} = \frac{IN}{\dfrac{l_1}{\mu S} + \dfrac{l_0}{\mu_0 S}} \tag{4-3}$$

式中，铁芯磁阻为 $R_{mFe} = \dfrac{l_1}{\mu S}$，由于铁芯的 μ 不是常数，其磁阻与其饱和程度有关，不是常数。空气隙的磁阻为 $R_{M\sigma} = \dfrac{l_0}{\mu_0 S}$，尽管空气隙长度很小，但由于 $\mu_0 \ll \mu$，空气隙的磁阻 $R_{M\sigma}$ 却远远大于铁芯磁阻 R_{mFe}。因此，当磁路中有空气隙存在时，磁路的总磁阻将显著增加。若磁动势 IN 一定，则磁路中的磁通 Φ 将减小；若要保持磁路中的磁通一定，就要增大磁动势 IN。可见，空气隙虽小，磁阻却很大，对磁路的影响很大。因此，磁路中应尽量减少非必要的空气隙。

由于铁磁性材料的磁导率不是常数，磁路的磁阻也不是常数，所以磁路欧姆定律只适用于对磁路进行定性分析。在磁路计算中要用磁场强度 H 这个物理量。铁磁性材料的 B 与 H 的关系曲线称为磁化曲线，为非线性关系，很难用准确的数学式子表达，因此用实验方法得到的磁化曲线是磁路计算时不可缺少的资料。图4-8是几种常用铁磁性材料的磁化曲线。

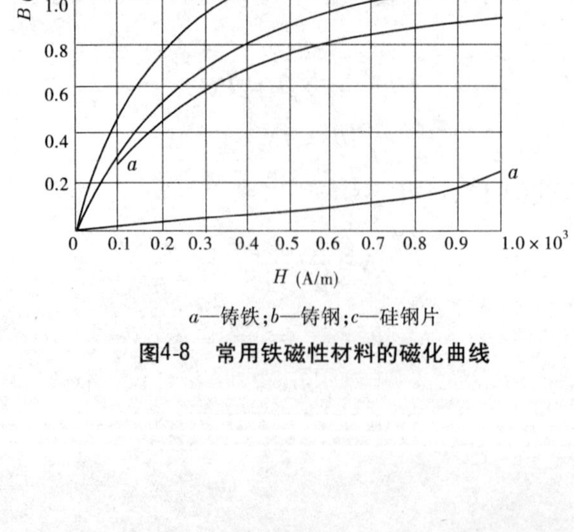

a—铸铁；b—铸钢；c—硅钢片

图4-8　常用铁磁性材料的磁化曲线

第三节　变压器的基本概念

一、变压器的用途和种类

变压器是一种常见的电气设备,其功能是通过升压、降压实现高压输电、低压配电,即将一种等级的电压和电流分别变为同频率的另一种等级的电压和电流。另外,变压器还能起到阻抗变换作用(如电子设备中的输出变压器)、相位变换作用(如晶闸管整流装置中的同步变压器)。

为了适应不同的使用目的和工作条件,变压器的类型很多,分类方法也很多。按绕组数目分为双绕组变压器、三绕组变压器和多绕组变压器;按相数分为单相变压器和三相变压器;按调压方式分为无载(无激磁)调压变压器和有载调压变压器;按冷却方式不同分为油浸自冷变压器、油浸风冷变压器、强迫油循环变压器、强迫油循环导向冷却变压器和干式变压器。

二、油浸式变压器的结构

变压器是通过电磁耦合关系传递电能的设备,组成磁路的铁芯和套在铁芯柱上的绕组是变压器的主要组成部分,二者组装在一起称为变压器的器身。器身如果是放置在充满变压器油的油箱内,则称为油浸式变压器,如图 4-9 所示。这是最常见的电力变压器。我们以此为例来介绍变压器的结构。

(一)铁芯

铁芯是变压器的磁路部分,为了提高导磁性能及减小磁滞、涡流损耗,铁芯通常采用厚0.35 mm或0.5 mm且表面涂有绝缘漆的硅钢片叠制而成。

(二)绕组和分接头开关

绕组是变压器的电路部分,大多用包有绝缘的铜导线绕制而成。通常将高、低压绕组同心地套装在铁芯柱上,为便于绝缘,一般低压绕组在里面,高压绕组套在外面。

为了能在一定范围内调节变压器输出电压,变压器高压绕组一般设有抽头(分接头),通过改变分接头开关的位置,可改变高压绕组的有效匝数,从而改变变压器的变比,以调节输出电压。分接开关的操作柄设在油箱顶上,分为无载调压(无激磁调压)和有载调压,前者必须在变压器停电的情况下切换。中小型变压器有三个分接头,其调压范围为±5%、±2.5%、0。

(三)油箱和散热器

油箱内放置铁芯、绕组和分接头开关,并盛满作为绝缘和传热介质的变压器油。变压器油是一种从石油中提炼出来的绝缘油,要求十分纯净,不能含杂质和水分。

变压器运行时,电流通过绕组产生铜损以及铁芯中的磁滞和涡流损耗产生的铁损都要产生热量。为避免温升过高,油箱四周焊有散热片,以增加散热面积。容量较大的变压器在油箱外装设空气自冷的散热器。容量更大的变压器可加风冷(散热器上加风扇)或强迫油循环(用油泵使油循环)风冷。巨型变压器采用强迫油循环水冷(用油泵使油经水

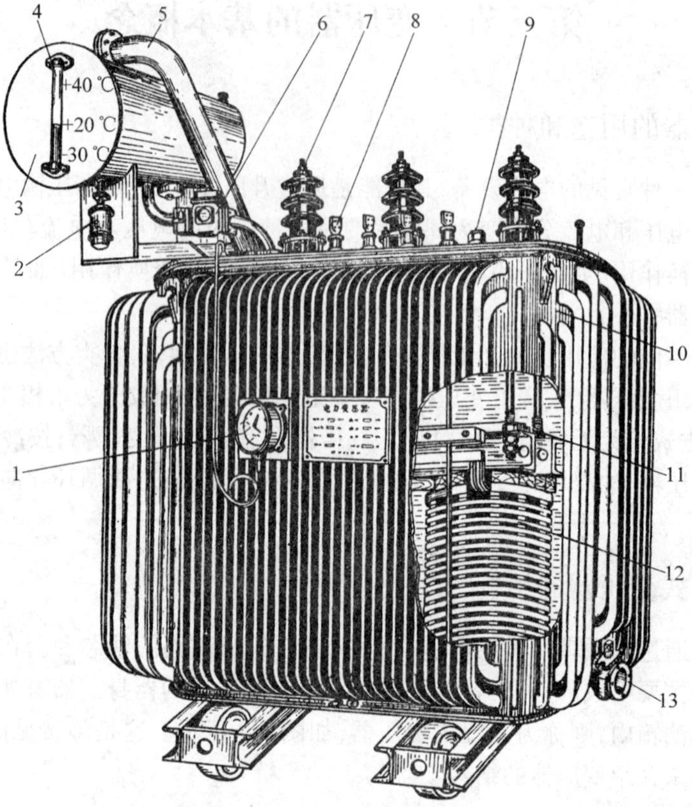

1—信号式温度计;2—吸湿器;3—储油柜;4—油表;5—安全气道;
6—气体继电器;7—高压套管;8—低压套管;9—分接开关;
10—油箱;11—铁芯;12—线圈;13—放油阀门

图4-9　油浸自冷式电力变压器

冷却器冷却并循环)和水内冷(绕组采用空心导线绕制,内通冷却水),其油箱外壁不需要再装散热器,可使体积大为减小。

(四)油枕、吸湿器、防爆管和瓦斯继电器

油枕又名储油柜,装在油箱盖上方,油枕下部用油管与油箱相联,箱内的油充满至油枕高度的1/2左右,与空气的接触面积也就局限于油枕内的较小油面,以减轻油的受潮和氧化。在变压器温度变化时,油枕提供变压器油热胀冷缩的余地,使油箱内始终充满油。油枕内油面高度可从油表上看出。

吸湿器是一个玻璃圆筒,内装硅胶或氯化钙等吸潮物质,有小管与油枕上部空间相通,空气从吸湿器下部进入,经吸湿器吸除水分后才进入油枕。

防爆管又称安全气道,装在油箱盖上与油箱连通,顶部出口用玻璃盖板(或酚醛纸板)封住。当变压器内部发生严重故障时,箱内压力很大,可以冲破防爆管上端的盖板向外喷出,以免油箱爆炸。

瓦斯继电器(气体继电器)安装在油箱与油枕之间的连接管中间。在变压器发生故障时,高温使油分解成气体,气体上升经瓦斯继电器进入油枕,会使瓦斯继电器触点动作,发出报警信号或使断路器跳闸,将变压器从电源上切除。

(五)套管

变压器绕组的引出线从油箱内部穿过油箱盖引出时,必须经过绝缘套管,以使带电导线与接地的油箱绝缘。

三、环氧树脂浇注干式变压器的结构

干式变压器的电磁感应原理与油变压器相似,区别在于它们的绝缘设置不同。干式变压器是在铁芯柱上套上两个彼此绝缘的绕组,不充绝缘油。若再用环氧树脂浇注即成为环氧树脂浇注干式变压器。环氧树脂浇注干式变压器具有低损耗、防爆、难燃、环保、免维护、抗短路能力强等优点。

第四节　单相变压器的工作原理

图4-10是一台单相变压器的原理图。闭合铁芯是变压器的磁路部分,套在铁芯上的绕组是变压器的电路部分。接交流电源的绕组 AX 为原绕组(或称初级绕组、一次绕组、原边),接负载的绕组 ax 为副绕组(或称次级绕组、二次绕组、副边)。原、副绕组的匝数分别为 N_1 和 N_2。

一、变压器的空载运行

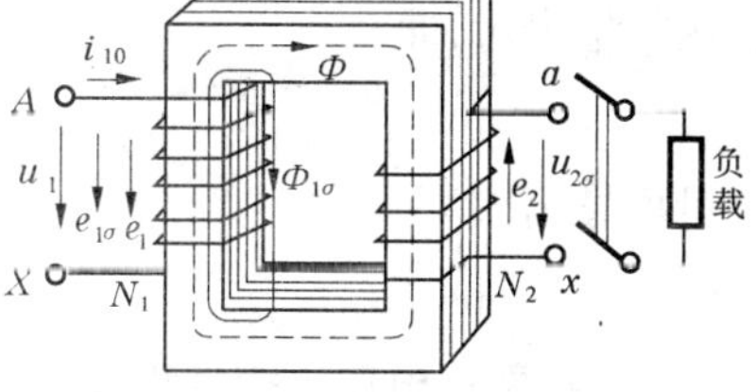

图4-10　变压器的空载运行

变压器的原绕组接到交流电源上,副绕组开路无电流,这种运行状态称为空载运行。

当原绕组接上电源电压 u_1,副绕组开路时,原绕组中流过电流 i_{10},称为空载电流,产生空载磁势 $i_{10}N_1$。空载磁势产生磁通,所以空载磁势又称为励磁磁势。空载电流又称为励磁电流。磁通又分为两部分,一部分为经铁芯闭合同时穿过原、副绕组的主磁通 Φ,主磁通 Φ 是交变的,它分别在原、副绕组中产生感应电动势 e_1 和 e_2。此外还有只穿过原绕组,主要经空气或变压器油而闭合的漏磁通 $\Phi_{1\sigma}$,它只在原绕组中产生漏感电动势。

(一)绕组感应电动势

由于 Φ 和 $\Phi_{1\sigma}$ 的路径性质截然不同,它们在绕组中产生的感应电动势的计算方法也不同。

1. 漏感电动势

由于漏磁通经过的路径主要是非磁性材料,其磁导率为常数,$\Phi_{1\sigma}$ 与 i_{10} 成正比,在图4-10所示参考方向下,犹如空心线圈中的情况(参看第二章),存在下列关系

$$e_{1\sigma} = -N_1 \frac{\mathrm{d}\Phi_{1\sigma}}{\mathrm{d}t} = -L_{1\sigma} \frac{\mathrm{d}i_{10}}{\mathrm{d}t} \tag{4-4}$$

式中，$L_{1\sigma}=\dfrac{N\Phi_{1\sigma}}{i_{10}}$为原绕组与漏磁通对应的电感，是一常数，称为原绕组的漏电感。式(4-4)写成相量形式为

$$\dot{E}_{1\sigma}=-j\dot{I}_{10}X_{1\sigma} \tag{4-5}$$

式中，$X_{1\sigma}=2\pi fL_{1\sigma}$为原绕组的漏电抗。

2. 主磁通感应电动势

由于主磁通磁路是铁磁性材料，磁导率不是常数，B 与 H 不成正比，Φ 与 H 之间不是线性关系，即与主磁通对应的电感不是常数，因而不能用上述方法表示出 e 与 i 的关系。在 e 与 Φ 参考方向成右手螺旋关系的前提下，根据电磁感应定律有

$$e_1=-N_1\frac{\mathrm{d}\Phi}{\mathrm{d}t} \tag{4-6}$$

$$e_2=-N_2\frac{\mathrm{d}\Phi}{\mathrm{d}t} \tag{4-7}$$

设铁芯中主磁通为

$$\Phi=\Phi_m\sin\omega t$$

则
$$e_1=-N_1\frac{\mathrm{d}\Phi}{\mathrm{d}t}=\omega N_1\Phi_m\sin(\omega t-90°)=E_{1m}\sin(\omega t-90°) \tag{4-8}$$

式(4-8)表明，e_1 在相位上滞后于主磁通 90°。

由最大值与有效值的关系可得

$$E_1=4.44fN_1\Phi_m \tag{4-9}$$

用相量表示，即

$$\dot{E}_1=-j4.44fN_1\dot{\Phi}_m \tag{4-10}$$

同样可推导出

$$\dot{E}_2=-j4.44fN_2\dot{\Phi}_m \tag{4-11}$$

(二)原、副边电压平衡方程式

考虑绕组的电阻，根据图 4-10 所示各量参考方向，运用基尔霍夫回路电压定律(KVL)，可列出变压器空载运行时原边的电压平衡方程式

$$u_1=-e_1-e_{1\sigma}+i_{10}r_1 \tag{4-12}$$

式中　r_1——原绕组的等效电阻。

式(4-12)的相量形式为

$$\begin{aligned}\dot{U}_1&=-\dot{E}_1-\dot{E}_{1\sigma}+\dot{I}_{10}r_1\\&=-\dot{E}_1+\dot{I}_{10}r_1+j\dot{I}_{10}X_{1\sigma}\\&=-\dot{E}_1+\dot{I}_{10}Z_{1\sigma}\end{aligned} \tag{4-13}$$

式中　$Z_{1\sigma}$——原绕组的复漏阻抗，$Z_{1\sigma}=r_1+jX_{1\sigma}$

由于一般变压器的漏磁通不到总磁通的1%，漏抗 $X_{1\sigma}$很小，r_1 也很小，而且空载电流也很小，因而可忽略空载电流的漏阻抗压降。空载运行时，原边电压平衡方程式可近似简化为

$$\dot{U}_1 \approx -\dot{E}_1 = j4.44fN_1\dot{\Phi}_m \tag{4-14}$$

数值关系为

$$U_1 \approx E_1 = 4.44fN_1\Phi_m \tag{4-15}$$

上式表明：当电源频率 f 和原绕组匝数 N_1 一定时，变压器铁芯主磁通 Φ_m 基本上由电源电压有效值 U_1 所决定。只要 U_1 不变，Φ_m 也就基本不变，这是分析变压器工作情况的一个重要依据。

变压器空载时，副绕组开路无电流，其端电压 $u_2 = u_{20}$ 就等于副绕组中主磁通感应的电动势 e_2，即

$$u_{20} = e_2 \tag{4-16}$$

$$\dot{U}_{20} = \dot{E}_2 = -j4.44fN_2\dot{\Phi}_m \tag{4-17}$$

（三）变压器的变换电压作用

从上面的关系式可得出变压器原、副绕组电压比为

$$\frac{U_1}{U_{20}} \approx \frac{E_1}{E_2} = \frac{N_1}{N_2} = K \tag{4-18}$$

上式表明：变压器可以通过原、副绕组不同的匝数来实现变换电压，比值 K 称为变压器的变压比，简称变比，它也等于原、副绕组的匝数比。

我们将原绕组加额定电压（$U_1 = U_{1N}$）时的副绕组空载电压规定为副绕组的额定电压 U_{2N}。变压器铭牌上标有 U_{1N}/U_{2N}，既标明了额定电压，也标明了变比。

变压器必须按照额定电压来使用，不能只看变比。如果所加原边电压高于额定值，根据式(4-15)，主磁通最大值 Φ_m 将随之增大，会导致铁芯过度饱和，励磁电流（即空载电流 I_{10}）和铁芯损耗将大大增加，因而是不允许的。

由于变压器磁路空气隙很小，在额定工作状态下，磁路接近或刚刚进入饱和，因此当 $U_1 = U_{1N}$ 时，空载电流 I_{10} 很小，为额定电流 I_{1N} 的 3% ~8%。

空载时，I_{10} 很小，流过原绕组电阻所产生的功率损耗（称为铜损）$I_{10}^2 r_1$ 很小，故空载时输入的有功功率主要消耗于铁损 p_{Fe} 上，即

$$p_{10} = U_1 I_{10} \cos\varphi_{10} \approx p_{Fe} \tag{4-19}$$

【例 4-1】 一单相变压器，高压绕组接到 35 kV 的工频交流电源时，低压绕组的开路电压是 6.6 kV，铁芯的截面积为 1 120 cm²，若选取铁芯中的磁感应强度 $B_m = 1.5$ T 时，试求该变压器的变比及高、低压绕组的匝数。

解： 变压器的变比为

$$K = \frac{U_1}{U_{20}} = \frac{35}{6.6} = 5.3$$

铁芯中的磁通最大值为

$$\Phi_m = B_m S = 1.5 \times 1\,120 \times 10^{-4} = 0.168\ (\text{Wb})$$

高压绕组的匝数为

$$N_1 = \frac{U_1}{4.44f\Phi_m} = \frac{35\,000}{4.44 \times 50 \times 0.168} = 938$$

低压绕组的匝数为

$$N_2 = \frac{N_1}{K} = \frac{938}{5.3} = 177$$

二、变压器的负载运行

变压器的原绕组 AX 接交流电源，副绕组 ax 接负载 Z_{fz} 的运行状态称为变压器的负载运行，其原理图如图 4-11 所示。

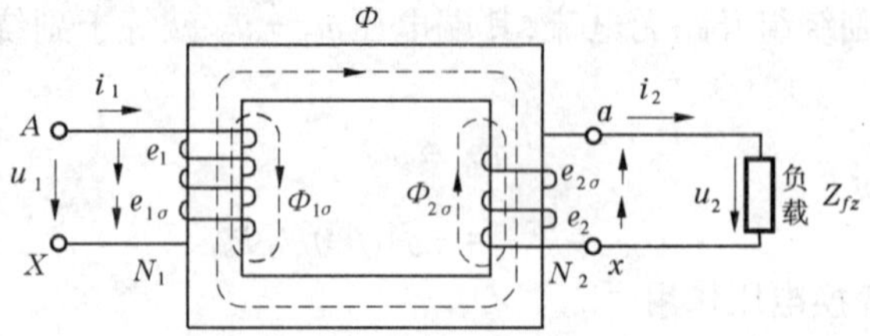

图4-11　变压器的负载运行

当副绕组接上负载后，在副绕组感应电动势的作用下产生电流 $\dot I_2$，$\dot I_2$ 的大小和相位主要取决于负载的大小和性质，因此 $\dot I_2$ 又称为负载电流。与此同时，原绕组电流也从 $\dot I_{10}$ 增大为 $\dot I_1$。

（一）磁动势平衡方程式

负载电流 $\dot I_2$ 流过副绕组建立的磁动势 $\dot I_2 N_2$ 也将作用于变压器的磁路并力图改变铁芯中主磁通 Φ_m。此时，铁芯中主磁通是由原、副绕组磁动势共同产生的。按图 4-11 中所规定的参考方向，变压器负载运行时产生主磁通的合成磁动势为 $\dot I_1 N_1 + \dot I_2 N_2$。

根据 KVL 定律，负载运行时变压器原边电路电压方程式为

$$\dot U_1 = -\dot E_1 + \dot I_1 r_1 + \dot I X_{1\sigma} \tag{4-20}$$

加负载后，由于原边电路中电阻压降 $I_1 r_1$、漏抗压降 $IX_{1\sigma}$ 与主磁通感应电动势 E_1 相比，数值较小，仍可忽略不计，因此式(4-15)中的关系仍然成立。由此可知，由于电源电压 U_1 未变，加负载后，变压器主磁通的最大值 Φ_m 基本不变。这样一来，加负载后原、副绕组合成的磁动势应和空载时原绕组的磁动势基本相等，即

$$\dot I_1 N_1 + \dot I_2 N_2 \approx \dot I_{10} N_1 \tag{4-21}$$

式(4-21)称为变压器负载运行时的磁动势平衡方程式，式(4-21)也可写为

$$\dot I_1 N_1 \approx \dot I_{10} N_1 + (-\dot I_2 N_2) \tag{4-22}$$

上式表明：加负载后，原绕组电流要增大。原绕组磁动势 $\dot I_1 N_1$ 比空载时($\dot I_{10} N_1$)增加一个和副绕组磁动势 $\dot I_2 N_2$ 大小相等、相位相反的分量($-\dot I_2 N_2$)来抵消其作用，以保持主磁通 Φ_m 的大小基本不变。

（二）变压器的变换电流作用

如前所述，$I_{10} = (3\% \sim 8\%) I_{1N}$，数值很小。在变压器满载或接近满载时，$I_{10} \ll I_1$，可忽略式(4-22)中的 $\dot I_{10} N_1$，有

$$\dot{I}_1 N_1 \approx -\dot{I}_2 N_2 \tag{4-23}$$

由此可得出原、副绕组电流的数值关系

$$\frac{I_1}{I_2} \approx \frac{N_2}{N_1} = \frac{1}{K} \tag{4-24}$$

由上两式可见，变压器在变换电压的同时也变换了电流。除了空载和轻载情况，变压器原、副绕组的电流在数值上近似地与它们的匝数成反比。在额定工作状态下，变压器原、副绕组电流同时达到它们的额定值 I_{1N}、I_{2N}，并有

$$\frac{I_{1N}}{I_{2N}} \approx \frac{N_2}{N_1} \tag{4-25}$$

变压器铭牌上常用分数形式标出额定电流值，数值大的为低压绕组额定电流值，数值小的为高压绕组额定电流值。

（三）变压器的变换阻抗作用

在图 4-12（a）中，负载接在变压器副边，图中虚线框部分可以用一个阻抗 Z'_{fz} 来等效代换，两者从电源取用的电压、电流和功率相同。

由图 4-12（b）可知

$$Z'_{fz} = \frac{\dot{U}_1}{\dot{I}_1} \approx \frac{-K\dot{U}_2}{-\frac{1}{K}\dot{I}_2} = K^2 \frac{\dot{U}_2}{\dot{I}_2} = K^2 Z_{fz} \tag{4-26}$$

我们可以选用不同匝数比的变压器，将负载阻抗变换为所需要的阻抗值。在电子线路中常利用变压器的这种阻抗变换作用实现阻抗匹配。

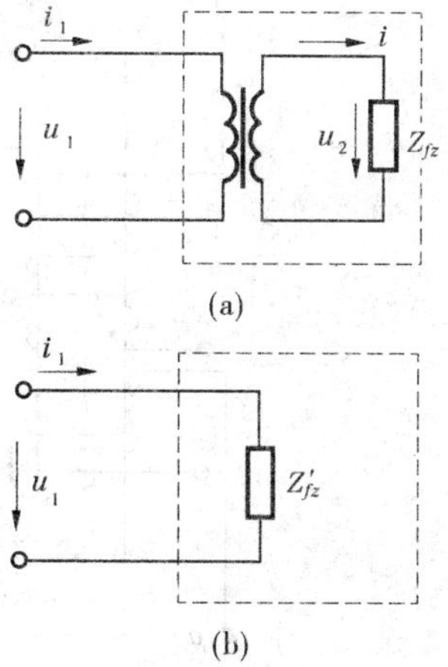

图4-12　负载阻抗的等效变换

【例 4-2】　一只 8 Ω 的扬声器，经原绕组有 600 匝、副绕组有 80 匝的输出变压器接入晶体管功率放大电路时，其等效负载的电阻 R'_L 为多大？

解：　$R'_L = K^2 R_L = (\frac{600}{80})^2 \times 8 = 450(\Omega)$

第五节　三相变压器

将三相交流电压同时升高或降低有两种办法：一种办法是采用三台完全相同的单相变压器连接成三相变压器组，如图 4-13 所示；另一种方法是采用三相芯式变压器。

三相芯式变压器用得最多，它的原理结构如图 4-14 所示。它的铁芯有三个铁芯柱，每个铁芯柱上各装有一个高压绕组和一个低压绕组。各相高压绕组的首、尾端分别用 A、B、C 和 X、Y、Z 表示，低压绕组的首、尾端分别用 a、b、c 和 x、y、z 表示。

一、绕组的同极性端

三相变压器的原、副绕组均可按需要接成星形（Y）或三角形（△）。但是在联接时，

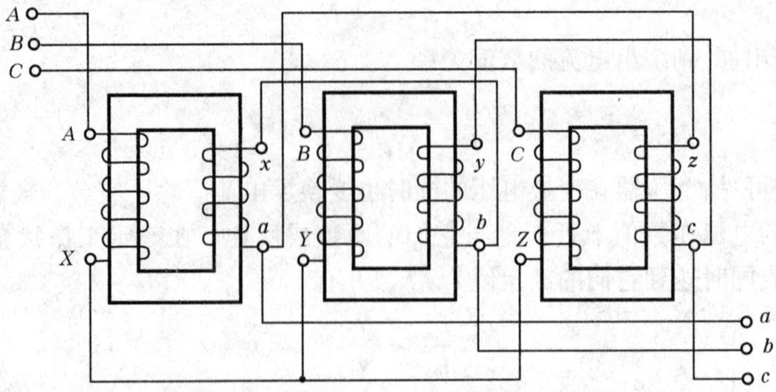

图4-13　三相变压器组

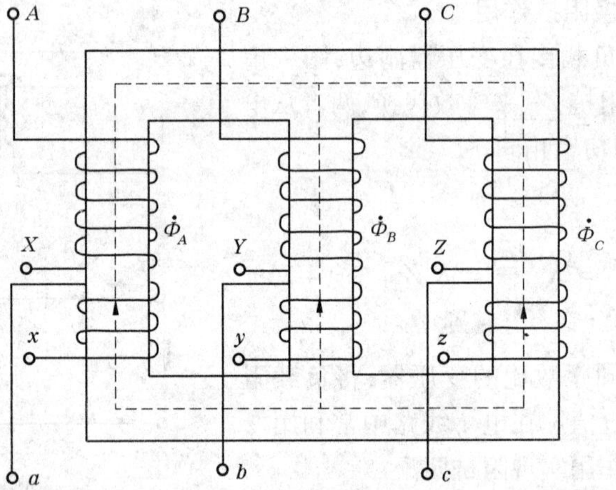

图4-14　三相芯式变压器

必须注意绕组的同极性端问题。

如图 4-15 所示，同一铁芯柱上绕有高、低压绕组，在同一个交变主磁通 Φ 作用下，

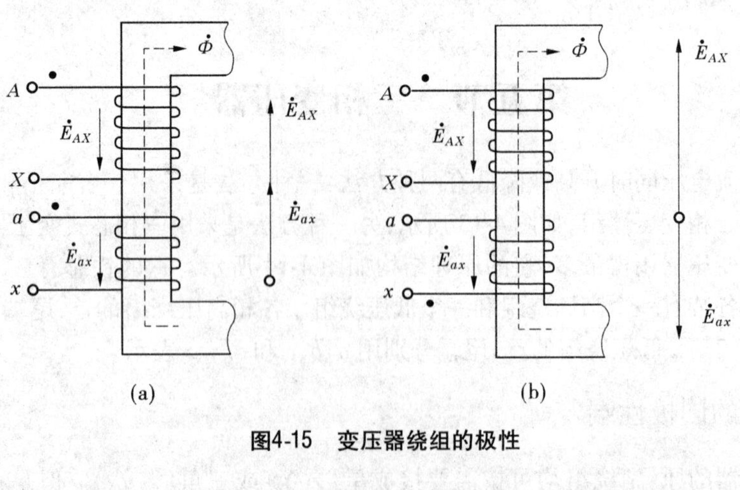

图4-15　变压器绕组的极性

高、低压绕组上产生的感应电动势 $\dot{E}_{AX}$ 与 $\dot{E}_{ax}$ 之间存在有一定的相位关系。对于感应电动势来说，高、低压绕组的端头有着固定的相对极性关系。如图4-15(a)中，由于 $\dot{E}_{AX}$、$\dot{E}_{ax}$ 的参考方向与 $\dot{\Phi}$ 的参考方向之间都符合右手螺旋关系，因此可利用 $e=-N\dfrac{d\Phi}{dt}$ 导出 $\dot{E}_{AX}$ 与 $\dot{E}_{ax}$ 是同相位关系。对于感应电动势来说，图4-15(a)中高、低压绕组的 A 端和 a 端的极性正、负在任意瞬间总是相一致的，因此这两个端头称为同极性端，并习惯用"·"加以标志。当然，图4-15(a)中的 X 端和 x 端也为同极性端。可以看出，当从同极性端流入电流时，两绕组的磁势是相互增强的关系。同极性端与绕组的绕向有关。图4-15(b)与图4-15(a)的不同之处在于低压绕组的绕向不同。图4-15(b)中，$\dot{E}_{ax}$ 与 $\dot{\Phi}$ 在参考方向上不符合右手螺旋关系，则 $e_{ax}=N_2\dfrac{d\Phi}{dt}$，而 $e_{AX}=-N_1\dfrac{d\Phi}{dt}$，所以 $\dot{E}_{AX}$ 与 $\dot{E}_{ax}$ 反相位。由此可知，A 与 x 是同极性端，并标以"·"。

单相变压器绕组的极性可用图4-16所示的实验方法来测定。将高、低压绕组的一端(如2与4)相联接，在高压侧加上一个较低的便于测量的电压，用电压表分别测量 U_{12}、U_{34} 和 U_{13}。若 $U_{13}=U_{12}-U_{34}$，则端子1与3、2与4为同极性端。

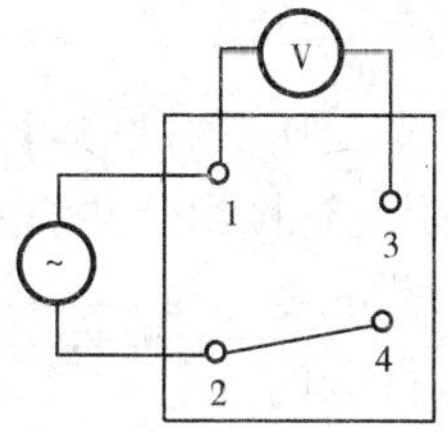

图4-16　用实验方法测绕组同极性端

二、三相变压器的联接组别

三相变压器的高、低压绕组，不仅有星形和三角形两种接法之分，高、低压绕组首端之间还有同极性端和异极性端之分。这样一来，三相变压器高、低压绕组联接方式不同时，高压绕组线电压和低压绕组线电压之间有着不同的相位关系。这种相位关系常采用"时钟表示法"，就是将高压绕组的线电压相量看做时钟上的长针，并且固定指在12上，而把低压绕组的线电压相量看做短针，所指向的钟点数就作为联接组别的标号。

三相变压器的联接组较多，为了制造和使用的方便，国家标准规定，三相双绕组电力变压器的标准联接组有五种：Y，yn0(Y/Y0-12)；YN，y0(Y0/Y-12)；Y，y0(Y/Y-12)；Y，d11(Y/△-11)；YN，d11(Y0/△-11)。大写字母表示高压侧接法，小写字母表示低压侧接法，Y为星形接法，d为三角形接法，n表示有中性线引出。

图4-17(a)为Y，yn0联接组的接线图，用于副边电压为400～230 V的配电变压器，可供给动力和照明混合负载。图4-18(a)为Y，d11联接组的接线图。

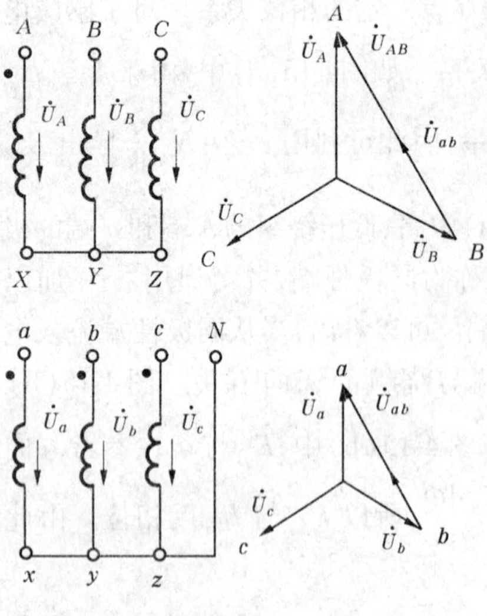

(a) (b)

图4-17 Y,yn0 联接组

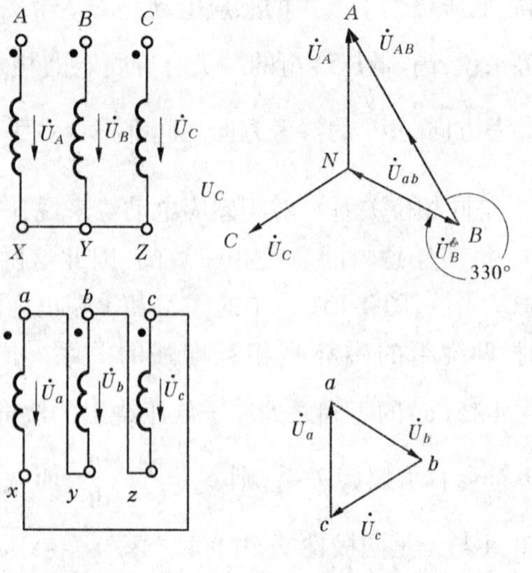

(a) (b)

图4-18 Y,d11 联接组

三、变压器的并联运行

在电力系统中广泛采用两台及以上变压器并联运行的方式。在并联运行时,各台变压器的原绕组接到公共的原边电网,副绕组接到公共的副边电网,如图 4-19 所示。

变压器并联运行时,可以根据负载的变化投入相应的容量和台数,尽量使运行着的变压器接近满载,可提高效率和功率因数。如果某台变压器发生故障需检修时,可将其退出,由其他变压器继续运行,保证电网正常供电。并联运行可减少备用容量。但是并联台数不宜过多,否则会增加设备投资和安装面积。

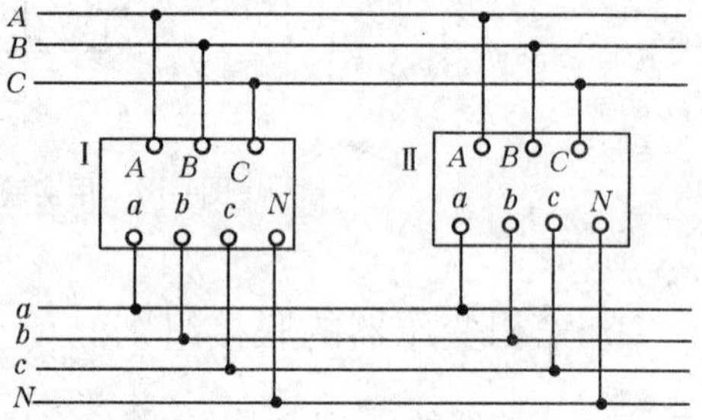

图4-19 两台变压器的并联运行

并联运行的变压器必须满足下列三个条件:

(1)变比相同。即原、副边的额定电压相同。

(2)联接组别相同。

(3)短路电压百分值(短路阻抗标么值)相等。变压器在短路试验中,把变压器副边短接,原边加很低的电压使原、副边电流达到额定值,这时原边加上的电压值称为短路电压;将短路电压与原边额定电压之比用百分数表示,称为变压器的短路电压百分值。一般中小型电力变压器的短路电压百分值为 4% ~10.5%。

当满足上述三条件且并联运行时,各台变压器之间的环流很小或为零;负载运行时各台变压器绕组中的负载电流能与它们的容量成正比地合理分配。

第六节　变压器的运行性能

一、副边电压变化率

由于变压器原、副绕组有电阻和漏电抗，当变压器负载工作时，负载电流流经漏阻抗，在变压器内部产生电压降，因此变压器副边输出电压 U_2 将随着负载电流 I_2 的变化而变化。

当原绕组上外加电压和副绕组的负载功率因数 $\cos\varphi_2$ 不变时，副边端电压 U_2 随负载电流 I_2 变化的规律，称为变压器的外特性，即 $U_2=f(I_2)$，如图 4-20 所示。

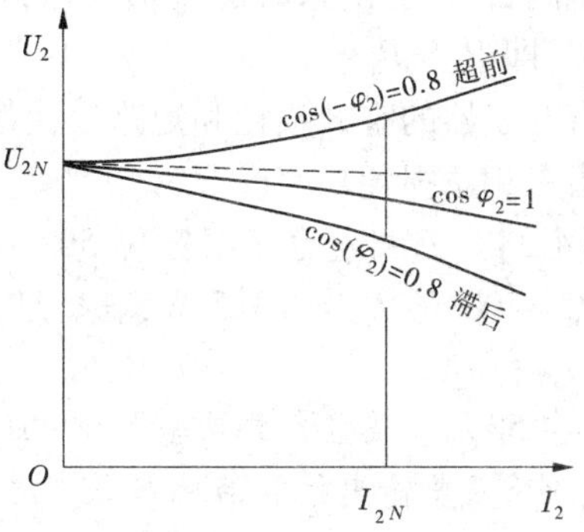

图4-20　变压器的外特性

从图 4-20 中可以看出，负载性质和功率因数不同时，从空载（$I_2=0$）到满载（$I_2=I_{2N}$），变压器副边电压 U_2 变化的趋势和程度是不同的，我们用副边电压变化率（或称电压调整率）来表示。副边电压变化率 ΔU（%）规定为：当原边接在额定电压和额定频率的交流电源上，副边开路电压 U_{2N} 和在指定的功率因数下副边输出额定电流时的副边电压 U_2 的算术差与副边额定电压 U_{2N} 的百分比值，即

$$\Delta U=\frac{U_{2N}-U_2}{U_{2N}}\times 100\% \tag{4-27}$$

电压变化率 ΔU（%）是表征变压器运行性能的重要数据之一，它反映了变压器供电电压的稳定性。电压变化率 ΔU（%）的大小与变压器的参数和负载性质有关。

二、变压器的效率

变压器负载运行时，原边从电源输入有功功率 P_1，其中很小部分消耗于原绕组的电阻（称为原边铜损）和铁芯（称为铁损，包括磁滞损耗和涡流损耗）中，其余部分以主磁通为媒介通过电磁感应传递给副绕组，称为电磁功率。副边获得的电磁功率，除去副绕组的铜损，其余的传输给负载，这就是变压器的输出功率 P_2。

所以，原绕组输入功率为

$$P_1=P_2+P_{Fe}+P_{Cu} \tag{4-28}$$

铁损 P_{Fe} 只与 U_1 有关（近似与 U_1^2 成正比），不随负载变化，铜损为

$$P_{Cu}=I_1^2r_1+I_2^2r_2 \tag{4-29}$$

随负载而变化，一般变压器满载时铜损耗值比铁损大。

变压器的效率为

$$\eta=\frac{P_2}{P_1}\times 100\%=\frac{P_2}{P_2+P_{Fe}+P_{Cu}}\times 100\% \tag{4-30}$$

一般电力变压器的效率很高，为95% ~99%。

变压器的铁损和铜损可以通过空载试验和短路试验测得。在空载试验中，当变压器原边加额定电压、副边开路时，测出变压器输入功率 P_0(空载损耗功率)。由于此时原边的空载电流 I_{10} 远远小于原边额定电流，数值很小，它在原绕组电阻上的铜损很小，可以忽略，而副边无电流因而没有铜损，因此可认为输入功率全部损耗在铁芯上，即 $P_0=P_{Fe}$。

在短路试验中，变压器副边短接(无输出功率)，原边加上很低的短路电压 u_K，使原、副边的电流达到额定值，测出变压器的输入功率 P_K(短路损耗功率)。由于短路电压仅为额定电压的百分之几，这时的铁损甚微，可略去不计，从而认为短路损耗功率 P_K 全部耗于铜损上，即 $P_K=P_{Cu}$。

电力变压器的空载损耗和短路损耗都可以从变压器的产品目录中查出，对于三相变压器是指三相总损耗功率。

【例4-3】 三相电力变压器 S_7-50/10 的技术数据为：$S_N=50$ kVA，$U_{1N}=10$ kV，$U_{2N}=400$ V，$P_0=400$ W，$P_K=1\ 325$ W，联接组别为 Y，yn0。试求：

(1) I_{1N} 和 I_{2N}；

(2) 在50%负载且负载功率因数 $\cos\varphi_2=0.8$ 时的效率。

解： 变压器输出的有功功率与负载功率因数有关，因此变压器的额定容量用视在功率表示。对于三相变压器 $S_N=\sqrt{3}U_{1N}I_{1N}=\sqrt{3}U_{2N}I_{2N}$。

(1) 原、副绕组的额定电流为

$$I_{1N}=\frac{S_N}{\sqrt{3}U_{1N}}=\frac{50\times10^3}{\sqrt{3}\times10\times10^3}=2.89(\text{A})$$

$$I_{2N}=\frac{S_N}{\sqrt{3}U_{2N}}=\frac{50\times10^3}{\sqrt{3}\times400}=72.2(\text{A})$$

(2) 铁损为

$$P_{Fe}=P_0=400\ \text{W}$$

额定负载时的铜损为

$$P_{Cu}=P_K=1\ 325\ \text{W}$$

50%负载时的铜损为

$$P'_{Cu}=(50\%)^2P_{Cu}=(0.5)^2\times1\ 325=331(\text{W})$$

输出功率为

$$P_2=50\%S_N\cos\varphi_2=0.5\times50\times10^3\times0.8=20\times10^3(\text{W})$$

所以在50%负载时的效率为

$$\eta=\frac{P_2}{P_2+P_{Fe}+P'_{Cu}}\times100\%=\frac{20\times10^3}{20\times10^3+400+331}\times100\%=96.5\%$$

第七节 特殊变压器

一、自耦变压器

前面介绍的双绕组变压器，其原、副绕组是相互绝缘而绕在同一铁芯上的，两绕组之间仅有磁的耦合而无电的联系。而自耦变压器是将原绕组的一部分兼作副绕组用,其结构如图 4-21 所示。自耦变压器原、副绕组之间既有磁的耦合,又有电的联系。

自耦变压器工作原理和普通的双绕组变压器相同。由于同一主磁通穿过绕组,所以原、副边电压仍然近似与匝数成正比

$$\frac{U_1}{U_2} \approx \frac{E_1}{E_2} = \frac{N_1}{N_2} = K \qquad (4\text{-}31)$$

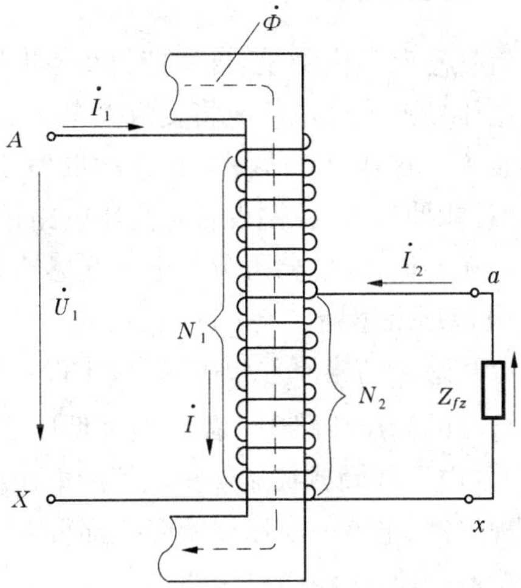

图4-21 自耦变压器

在电源电压 U_1 一定时,主磁通最大值 Φ_m 基本不变,同样存在着磁动势平衡关系。略去空载电流,则原、副边电流之比为

$$\frac{\dot{I}_1}{\dot{I}_2} \approx -\frac{1}{K} \qquad (4\text{-}32)$$

由于 $\dot{I}_1$ 与 $\dot{I}_2$ 近似反相位,因此自耦变压器线圈中原、副绕组公共部分的电流大小为

$$I = I_2 - I_1 \qquad (4\text{-}33)$$

若变比 K 接近于 1 时,I_1 与 I_2 的数值相差不大,公共部分的电流 I 很小。这部分线圈可用截面较小的导线以节省铜材,若不减小导线截面,这部分的铜损减小,能提高变压器的效率。此优点在变比较大时不显著。自耦变压器的变比一般为 1.5 ~2。

自耦变压器的低压绕组与高压绕组直接有电的联系,要采用同样的绝缘,并有使用不够安全的缺点。因此,一般变比要求很大的电力变压器和输出电压为 12 V、36 V 的安全灯变压器都不采用自耦变压器。

有的自耦变压器利用滑动触头均匀改变副绕组的匝数,从而能改变输出电压。这种可以平滑地调节输出电压的自耦变压器称为调压器。它常用于实验室中(见图 4-22)。

自耦变压器也可做成三相的,为三相调压器。电力网中也常用三相自耦变压器。如图 4-23 所示。

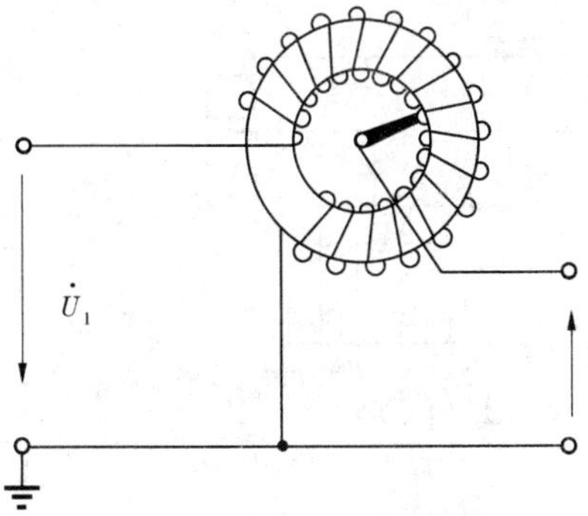

图4-22 单相调压器接线原理

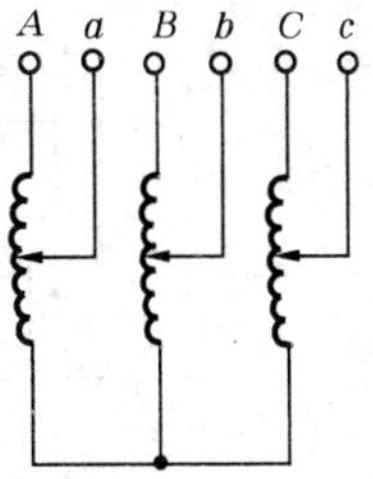

图4-23 三相调压器接线原理

二、交流互感器

交流互感器是供测量、自动控制及保护用的一种特殊用途变压器。使用互感器,可将交流高电压变换成低电压或将交流大电流变换为小电流,然后送给测量仪表或控制、保护和自动装置。这样可扩大测量仪表的量程,满足自动控制和保护装置对电压、电流信号的要求,并且能使仪表、控制设备与高压电路相隔离,以保证仪表、控制设备及工作人员的安全。按用途不同,互感器可分为电压互感器和电流互感器两类。

(一)电压互感器

电压互感器结构原理和接线图如图4-24所示。原绕组为高压绕组,其匝数 N_1 很多,并联在待测的高压线路中。副绕组为低压绕组,其匝数 N_2 较少,各种仪表(如电压表、功率表等)的电压线圈或控制保护电器的电压线圈并联在副绕组的两端。

各种仪器、电器的电压线圈阻抗都很大,故电压互感器的运行与电力变压器的空载运行情况相似。原、副绕组电压比为

$$\frac{U_1}{U_2} \approx \frac{N_1}{N_2} = K_u \quad 或 \quad U_1 \approx K_u U_2 \tag{4-34}$$

式中 K_u——电压互感器的变比。

这样,通过测量 U_2,再乘上变比 K_u,可得出 U_1。如果电压互感器与电压表是配套的,就可以从表盘上直接读出 U_1 的数值。电压互感器的型号、规格很多,其原边额定电压 U_{1N} 按被测高压线路的电压等级选取,副边额定电压通常为标准值100 V。

在运行中,电压互感器副边不允许短路,以防烧毁线圈。为了工作安全,电压互感器的铁芯、金属外壳及低压绕组的一端都必须接地,避免高、低压绕组间的绝缘损坏,低压侧将出现高电压,这对工作人员是非常危险的。

(二)电流互感器

电流互感器的构造原理和接线图如图4-25所示。其原绕组匝数很少(有的只有1匝),导线粗,串联于待测电流的线路中,使待测电流流过原绕组。副绕组匝数多,导线细,电流表、功率表和控制、保护装置的电流线圈与它串联接成闭合回路。因为变压器有电流变换作用,即有

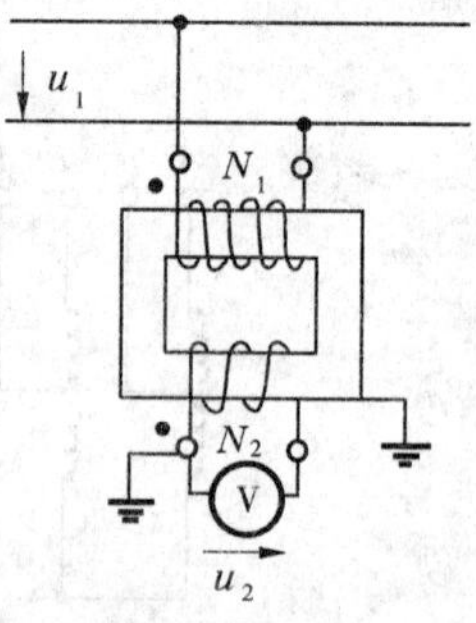

图4-24 电压互感器

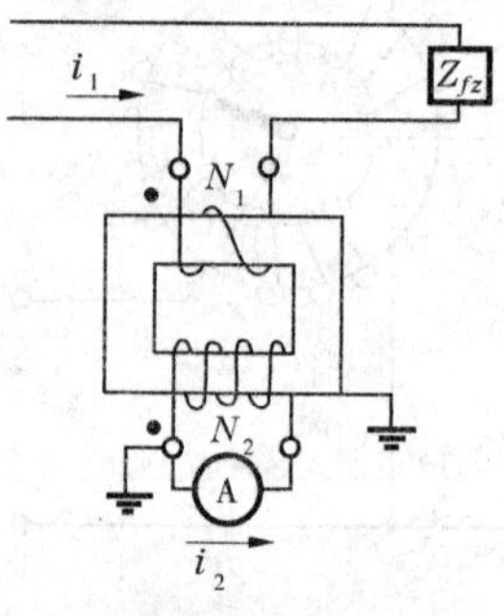

图4-25 电流互感器

$$\frac{I_1}{I_2} \approx \frac{N_2}{N_1} = \frac{1}{K}$$

故

$$I_1 \approx \frac{1}{K} I_2 = K_i I_2 \tag{4-35}$$

式中　K_i——电流互感器的变流比。

因此，测量时只要将电流表的读数乘上变流比 K_i 就等于被测电流 I_1。若电流互感器与电流表是配套的，就可直接从表盘上读出 I_1。电流互感器副边额定电流通常为标准值 5 A。

与电力变压器不同，电流互感器的原绕组是串联在待测电流的电路之中的，其原边电流的大小并不随副边电流的变化而变。由于各种仪表电流线圈的阻抗都很小，电流互感器在运行时，其副绕组工作在接近短路状态。正常工作时原、副绕组的磁动势相互抵消，铁芯中磁通较小。如果副边开路，则副边电流为零，副边不能产生与原边相抵消的磁动势，在原边磁动势的作用下铁芯中的磁通将大增，匝数多的副绕组上要感应出上千伏的高电压，这样将会击穿绕组绝缘、损坏设备和危及工作人员的安全；同时铁损大增、铁芯急剧发热会使电流互感器烧毁。因此，在运行中，电流互感器的副边严禁开路。在副边电路中拆装仪表时，必须先将副绕组短接。电流互感器副边电路中不允许接熔断器（俗称保险丝）。

为了人身安全，电流互感器副绕组的一端和铁芯都必须接地。

当测量高电压、大电流负载的功率时，可同时使用电压互感器和电流互感器来扩大功率表的量程。功率表的电流线圈串联在电流互感器副边电路上，电压线圈并联在电压互感器副边电路上。如功率表的读数为 P_2，则被测功率为

$$P_i = K_u K_i P_2 \tag{4-36}$$

用电流互感器和电流表还可以制成使用方便的钳形电流表，如图 4-26 所示。测量时先按下把手，使可动铁芯张开，将待测电流的导线套进钳形铁芯内，放开把手使铁芯闭合。这样，被套入的载流导线成为电流互感器的原绕组，而绕在铁芯上的副绕组与电流表构成闭合回路，从电流表上就可直接读出被测电流的大小了。

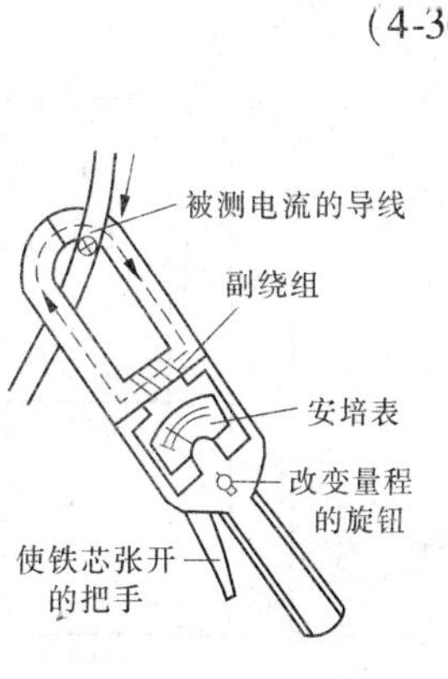

图4-26　钳形电流表

三、电焊变压器

交流电焊机（弧焊机）在工厂和施工工地应用很广，其中一种是由一个变压器和一个可变电抗器组成的，如图 4-27 所示。

对电焊变压器的要求是：空载时有足够的电弧点火电压（60～70 V）；电弧点着后，副边电压应随输出电流下降较快，即变压器应具有陡降的外特性（见图 4-28）；在输出短路时，短路电流不过大。

焊接时,焊条和焊件之间的电弧性质相当于一个电阻,电弧上的电压降为 30 V 左右。

当焊接不同的焊件和使用不同规格的焊条时,要求调节焊接电流的大小,这可通过调节可变电抗器的空气隙或改变电抗器线圈的匝数来实现。

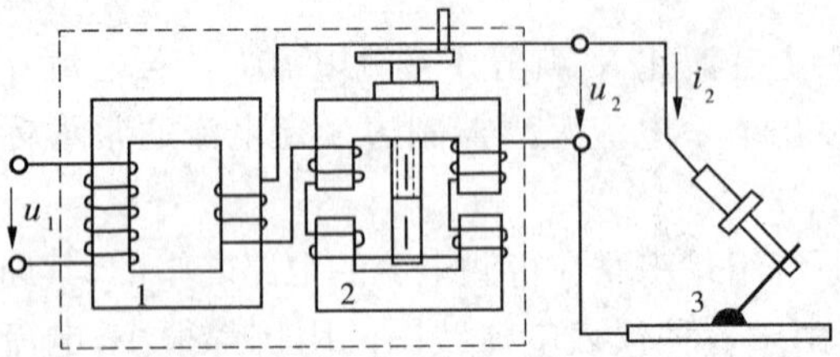

1—电焊变压器;2—可变电抗器;3—焊头及焊件

图4-27 交流电焊机的示意图

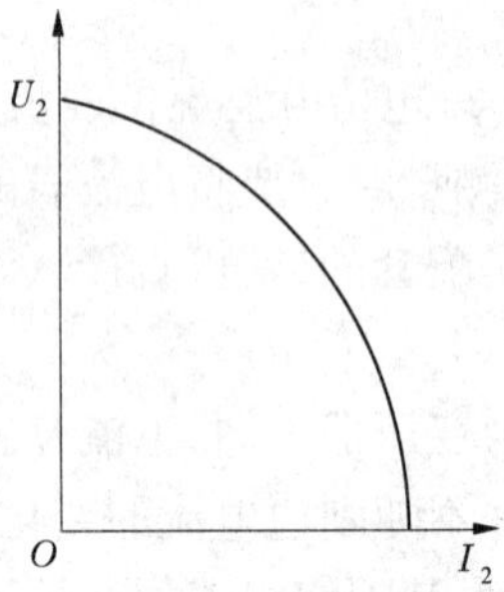

图4-28 电焊变压器的外特性

第八节 电力变压器的选用

电力变压器是电力系统中输配电能的重要设备,广泛应用在发电站、变电所、工程施工工地和大多数企事业单位中。

一、电力变压器的型号和主要技术数据

(一)变压器的型号

变压器的型号表示如下:

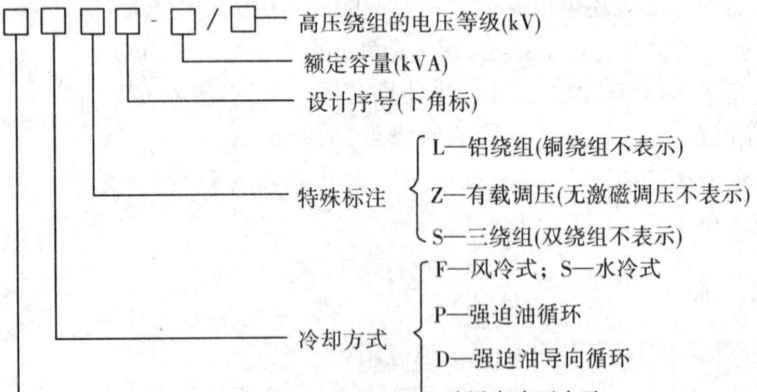

例如，S_7-1000/10——三相、油浸自冷、双绕组、无激磁调压、铜导线，额定容量 1 000 kVA，高压绕组电压等级为 10 kV。

（二）变压器的额定数据

变压器的额定数据标注在变压器的铭牌上。

1. 额定电压 U_{1N}、U_{2N}

U_{1N}、U_{2N}是变压器空载时，在中间分接头下各绕组端电压的保证值，单位为 V 或 kV。原边额定电压 U_{1N}规定了变压器原边应加的电源电压。当原边加额定电压、副边开路时的空载电压为副边的额定电压 U_{2N}。对于三相变压器，额定电压是指线电压。

2. 额定电流 I_{1N}、I_{2N}

I_{1N}、I_{2N}是指变压器在额定容量情况下，各绕组允许长期通过的线电流，单位为 A。

3. 额定容量 S_N

S_N 是指变压器在额定工作条件下输出能力的保证值，是变压器的额定视在功率，为变压器副边绕组的额定电压和额定电流的乘积。由于双绕组变压器效率高，通常将原、副边的额定容量设计得相等。

单相变压器 $$S_N = U_{2N}I_{2N} \tag{4-37}$$

三相变压器 $$S_N = \sqrt{3}U_{2N}I_{2N} \tag{4-38}$$

4. 额定频率 f_N

我国规定额定频率 f_N 为 50 Hz。

5. 短路电压 U_K（%）

U_K（%）是指一边绕组短路，另一边绕组中流过额定电流时所加的电压，一般以额定电压的百分数表示。因为它也反映了变压器在通过额定电流时的漏阻抗压降的情况，所以也称为阻抗电压。

6. 允许温升

变压器的允许温升以周围环境温度为 40 ℃作参考，根据绝缘材料允许的温度，规定在运行中变压器的温度允许超过周围环境温度的数值。油浸变压器的温升一般是指变压器上层油面的温升。

二、变压器的选择

（一）小型水电站升压变压器选用原则

小型水电站的升压变压器的电压及容量应满足下列要求：

（1）升压变压器低压侧的额定电压必须与发电机的额定电压相等，高压侧的额定电压应高于输电线路额定电压 5% ~10% 。

降压变压器高压侧的额定电压应与电网的额定电压相同，低压侧的额定电压应高于电网或用电设备额定电压 5% 。

（2）如果水电站发出的全部电能都经一台变压器升压后输出，则变压器的容量应等于发电机的容量。若水电站附近有机端电压用户，则升压变压器的容量应等于发电机的容量减去附近低压用户的容量。

在确定了变压器的计算容量后,可查相关手册或产品样本,选择标准系列容量接近并略大于计算容量的变压器产品。

(二)电力排灌站降压变压器的选择原则

降压变压器总容量 S 可根据下式计算

$$S = K_1 \sum \frac{P_N}{\eta_N \cos \varphi} + K_2 P_2$$

式中 S——变压器总容量,kVA;

P_N——电动机的额定功率,kW;

η_N——电动机的效率;

$\cos \varphi$——电动机的功率因数;

K_1——同时系数,即同时工作的电动机的实际容量与电动机总装机容量的比值;

P_2——变压器所带照明负载总功率,kW;

K_2——照明负载的同时系数,一般可取0.8。

对于电力排灌站专用变压器,由于排灌季节性强,在非排灌季节,变压器的负荷率很低。因此,容量不宜选得过大。

本章小结

一、在变压器、电动机、发电机和许多电器中都有磁路。磁路主要由铁磁性材料构成,往往还有很小的空气隙存在。铁磁性材料具有高导磁性、磁饱和性和磁滞性。由于铁磁性材料的磁导率不是常数,故磁路是非线性的。由于空气的磁导率很低,故空气隙虽小,但对磁路的工作状况影响很大。磁路中的磁通与磁动势成正比,与磁路的磁阻成反比。

二、变压器是利用电磁感应原理,将原边电路的交流电能或信号变换传递至副边电路。其主要构成部分是铁芯和原、副绕组。

三、变压器的基本作用是变换交流电压。变换电压的原理是由于主磁通同时交链着匝数不同的原绕组和副绕组,使原、副绕组上感应电动势(电压)不同。原、副绕组的电压比等于匝数比(即变比 K)。对于三相变压器,原、副边线电压之比还与绕组接法有关。

四、变压器原边电压与铁芯中主磁通的关系为

$$U_1 \approx E_1 = 4.44 f N_1 \Phi_m$$

当外加电压 U_1 不变时,其主磁通 Φ_m 也基本不变。为了维持磁动势的平衡关系,当副边电流变化时,原边电流会随之改变。除了空载和轻载情况外,原、副绕组的电流大小近似与匝数成反比。变压器具有变换电流的作用。

五、变压器还具有变换阻抗的作用。接在副边电路的负载阻抗 Z_{fz},对于原边电路来说,其等效阻抗为 $K^2 Z_{fz}$。

六、为了正确使用变压器,必须掌握其铭牌数据,同时还应了解其外特性、电压变动率、效率以及变压器的联接组别。

七、在变比不大的情况下,采用自耦变压器可节省材料、提高效率。由于绕组的一部分是原、副边共用的,原、副边有直接的电联系,使用时要注意安全。输出电压可平滑调节

的自耦变压器称为调压器。

八、电压互感器用于测高压，其原绕组并联于待测电路。电流互感器用于测大电流，其原绕组串联于待测电路。使用时，应将铁芯和副绕组一端接地。在运行中，电压互感器不允许副边短路；电流互感器不允许副边开路。

思考题与习题

4-1 变压器的铁芯为什么不用普通的薄钢板而用硅钢片？可否用整块铁芯或不用铁芯？

4-2 变压器的铁芯为什么要做成闭合的？如果铁芯回路中有间隙，对变压器有什么影响？

4-3 图 4-7 具有铁芯的电感线圈的电阻为 r，加直流电压 U 时，线圈电流 I 为何值？若铁芯空气隙增大，是 I 不变，磁路中 Φ 减小？还是 Φ 不变，I 增大？

4-4 图 4-7 铁芯线圈上若加交流电压，所加电压有效值不变，若铁芯空气隙增大，是电流有效值 I 基本不变，磁通最大值 Φ_m 减小？还是 Φ_m 基本不变，电流 I 增大？

4-5 变压器能否变换直流电压？为什么？若不慎将一台额定电压为 110/36 V 的小容量变压器的原边接到 110 V 直流电源上，副边会产生什么情况？原边会出现什么后果？

4-6 一台 $U_{1N}/U_{2N}=220/110$ V 的变压器，假如原绕组是 2 匝，副绕组是 1 匝，满足变比要求，这样是否可行？为什么？

4-7 已知单相变压器空载运行时的原边电压为 220 V，电流为 0.5 A，输入功率为 22 W，原绕组电阻 $r_1=1\ \Omega$，试求空载时的功率因数和铁损。试问原绕组的漏阻抗 $Z_{1\sigma}$是否等于 U_1/I_0？

4-8 某单相变压器的数据如下：容量为 1 000 kVA，原边额定电压为 3 300 V，副边额定电压为 220 V，电源频率为 50 Hz。试求：

(1) 原、副边额定电流；

(2) 若已知铁芯截面积为 67.4 cm^2，最大磁感应强度为 1 Wb/m^2，设磁通均匀分布，原、副绕组的匝数(忽略内阻抗电压)；

(3) 在负载为额定值、其功率因数 $\cos\varphi_2=0.7$ 的情况下，该变压器的输出功率是多少？

(4) 在(3)的情况下，若负载所需功率为 800 kW，变压器是否过载？

4-9 设图 4-29 中的变压器为理想变压器，其变比 $K=10$，负载电阻 $R_L=8\ \Omega$，信号源 $U_S=10$ V，内阻 $R_S=200\ \Omega$，求负载所获得的功率。

4-10 图 4-30 所示的变压器具有两个相同的原绕组，原绕组额定电压为 110 V。试问：

(1) 在电源电压为 220 V 和 110 V 的两种情况下，两原绕组应如何联接？

(2) 若负载一定，在上述两种情况下，副绕组的电压和电流是否一样？每个原绕组的电压和电流是否一样？

(3) 若绕组的 6 个端子标记不清，试说明如何用实验方法判断哪两个端头属同一绕组？哪个是低压绕组？哪两个是高压绕组？

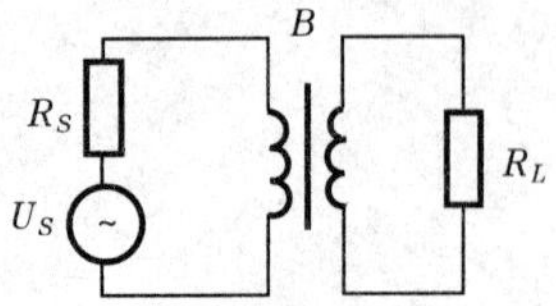

图4-29　习题 4-9图

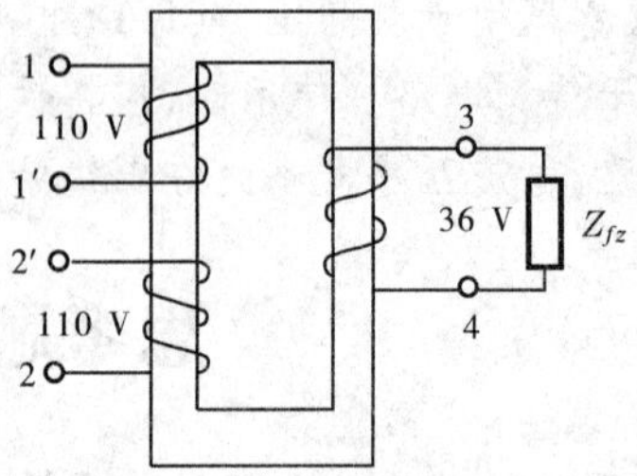

图4-30　习题 4-10图

4-11　三相变压器 $S_N=50$ kVA；$U_{1N}/U_{2N}=6/0.4$ kV，Y，yn0 联接。试求：

(1) 变比；

(2) I_{1N}、I_{2N} 各为何值？

(3) 若改为 Y，d11（Y/△-11）联接，I_{1N}、I_{2N} 又各为何值？额定容量 S_N 有无改变？

4-12　三相变压器 S-100/10 的主要数据：$S_N=100$ kVA，$U_{1N}=10$ kV，$U_{2N}=400$ V，空载损耗 $P_0=600$ W，额定负载时的短路损耗 $P_K=2\ 400$ W，Y，yn0 接法。试求：

(1) 额定电流 I_{1N}、I_{2N}。

(2) 负载为 75 kVA、$\cos\varphi_2=0.8$ 时的效率。

4-13　什么情况下需要应用电压互感器和电流互感器？为什么在运行中电压互感器副边严禁短路、电流互感器副边严禁开路？

4-14　用钳形电流表测单相线路的电流时，若将两根导线同时放入钳内，会出现什么情况？测量三相三线制电路中的电流时，如果也把两根导线放入钳内，又会出现什么情况？为什么？

第五章　三相异步电动机

电动机的作用是将电能转换成机械能。电动机可分为直流电动机和交流电动机两大类。交流电动机又分为异步电动机和同步电动机。特别是三相异步电动机得到了最广泛的应用，这是因为三相异步电动机具有结构简单、价格便宜、运行可靠、使用和维护方便等优点。它被广泛用来驱动各种机床、起重机、传送带、通风机、闸门启闭机、施工用的打夯机和混凝土搅拌机械等。

第一节　三相异步电动机的基本知识

一、三相异步电动机的基本结构

三相异步电动机主要由定子（固定部分）和转子（旋转部分）两个基本部分组成。图5-1所示为一三相鼠笼式异步电动机的构造。

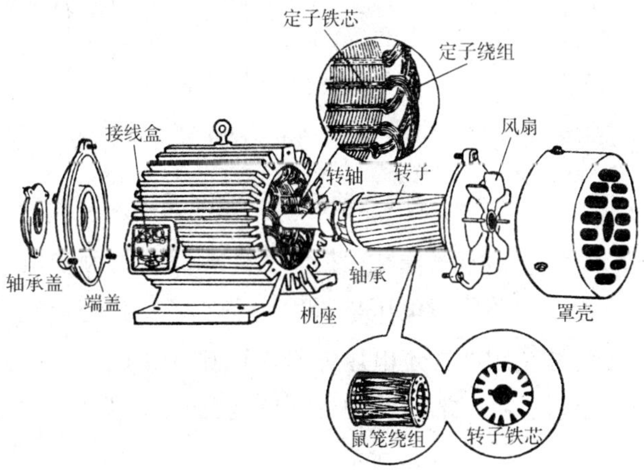

图5-1　三相异步电动机的构造（鼠笼式）

（一）定子

三相异步电动机的定子部分包括机座、定子铁芯和定子绕组。机座一般用铸钢或铸铁制成。定子铁芯由相互绝缘的硅钢片叠成，并装在机座之中。在定子铁芯的内圆周面上冲有用于嵌放绕组用的槽，如图5-2所示。

定子绕组是用带绝缘的导线绕成线圈嵌入定子铁芯槽内的，线圈按一定规律绕制、联接成三组在空间对称分布的绕组——定子三相对称绕组。定子三相对称绕组的六个端头分别接至机座外侧接线盒上。接线盒内接线端子的布置和标记如图5-3（a）所示。使用电动机时，可根据要求将三相绕组接成星形或三角形（见图5-3（b）、（c））。

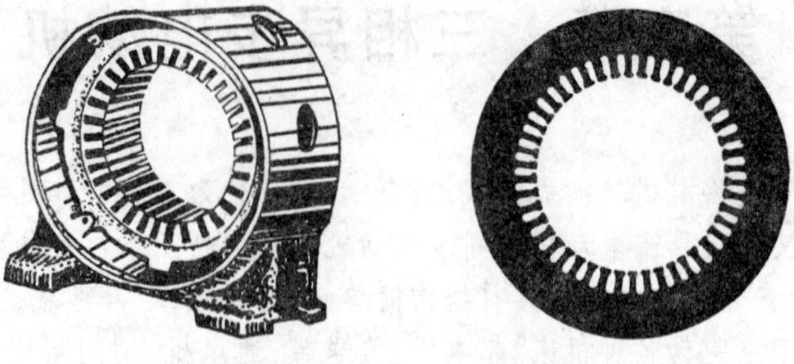

(a)装有铁芯的机座　　(b)定子铁芯冲片

图 5-2　异步电动机的机座和定子铁芯

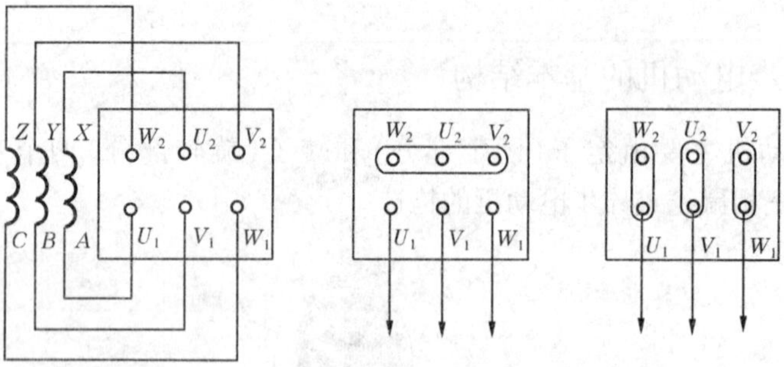

(a)　　(b)　　(c)

图 5-3　异步电动机定子绕组的接法

定子绕组接成星形还是三角形,通常根据定子每相绕组的额定电压和电源的线电压而定。例如,一般低压配电线路的线电压是 380 V,若定子每相绕组的额定电压为 220 V,则应接成星形;若定子每相绕组的额定电压为 380 V,则应接成三角形。

定子部分还包括机座两端的端盖,其中央部位装有轴承,供支撑转子用。

(二)转子

转子由转子铁芯、转子绕组和转轴等组成。转子是电动机的旋转部分,它通过转轴拖动其他机械。

转子铁芯是由外圆冲有槽口的硅钢片叠成,压装固定在转轴上。转子铁芯外圆上均匀分布的线槽供嵌放或浇注转子绕组用。

三相异步电动机的转子绕组按结构型式不同,分为鼠笼式和绕线式两种。

鼠笼式转子绕组在转子铁芯槽内嵌入铜条作为导条,铜条两端焊上铜环(叫做端环),自成闭合回路。由于导条和端环构成的绕组,其形状如同鼠笼,所以称为鼠笼式绕组,如图 5-4(a)所示。目前,中小型鼠笼式异步电动机的鼠笼绕组和散热用的内风扇常用铝浇铸而成,如图 5-4(b)所示。

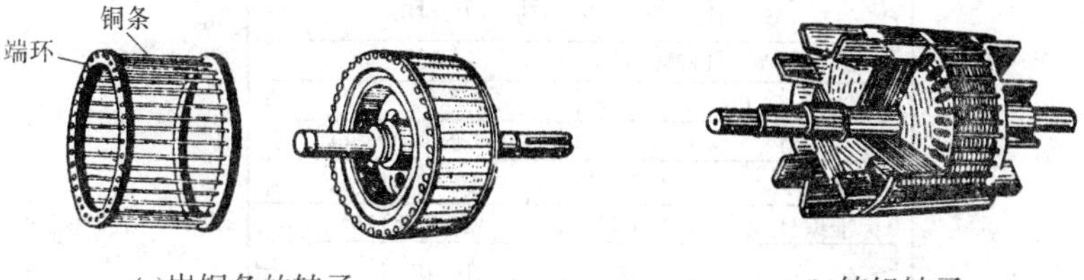

(a)嵌铜条的转子　　(b)铸铝转子

图 5-4　鼠笼式异步电动机的转子

绕线式转子绕组与定子绕组相类似,采用带绝缘的导线绕制成三相对称绕组,并且接成星形,它的三个出线头接到固定在转轴一端的三个相互绝缘的铜环上,如图 5-5 所示。

这些铜环叫做滑环,它们与轴之间互相绝缘。三个滑环上分别用弹簧压着碳质电刷,这些电刷又装在固定于端盖上的刷架上。转子转动时,滑环与电刷之间保持良好的滑动接触,便于旋转的转子绕组与电动机外部静止的设备(如三相变阻器)相联接,如图 5-6 所示。由于能采用转子绕组串电阻启动和调速,绕线式异步电动机可获得比鼠笼式异步电动机良好的启动和调速性能。

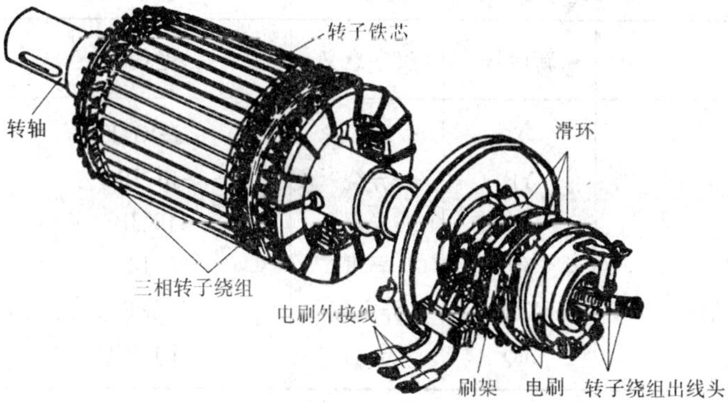

图 5-5　绕线式异步电动机转子结构图

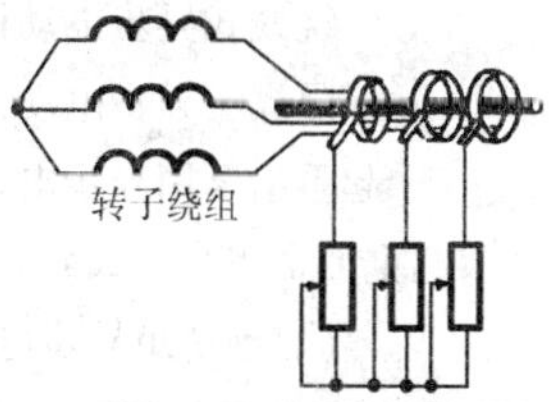

图 5-6　绕线式异步电动机转子接线图

电动机转子的转轴由定子端盖上的轴承支撑着。异步电动机定子与转子之间的空气隙很小,在中小型异步电动机中,空气隙一般为 0.2 ~ 1.5 mm。

二、三相异步电动机的铭牌数据

电动机外壳上都有一块铭牌,如图 5-7 所示。铭牌上标有电动机的基本性能数据,以便正确选择和使用。铭牌上各项内容的含义如下:

(1)型号。国产电动机的型号由汉语拼音字母及阿拉伯数字组成,表示电机的类型、结构特征和适用环境。

Y 系列三相异步电动机的型号表示方法为:

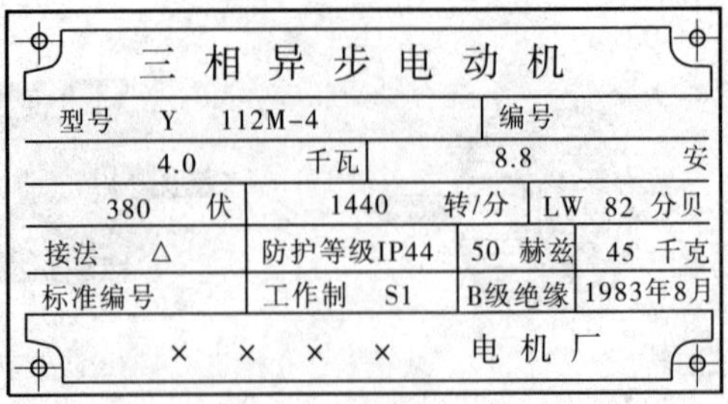

图 5-7 电动机铭牌实例

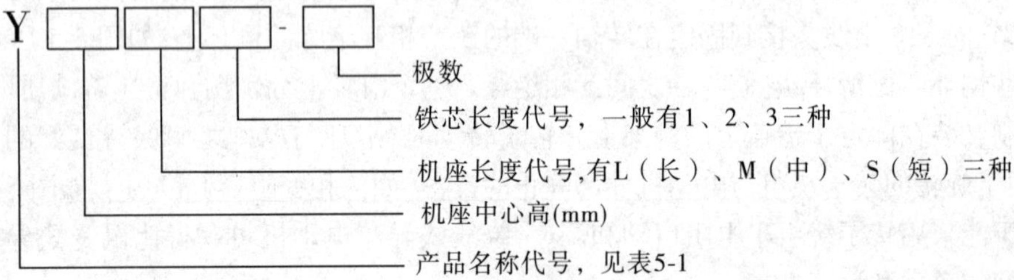

表 5-1 异步电动机产品名称代号

产品名称	新代号	汉字意义	老代号
异步电动机	Y	异	J、JO、JS
绕线式异步电动机	YR	异绕	JR、JRO
隔爆型异步电动机	YB	异爆	JB、JBS
起重冶金用异步电动机	YZ	异重	JZ
起重冶金用绕线式异步电动机	YZR	异重绕	JZR
高启动转矩异步电机	YQ	异启	JQ、JGQ

例如：Y112M-4 表示机座中心高为 112 mm，中等长度机座，4 极同步转速为 1 500 r/min。

大型异步电动机表示方法为：

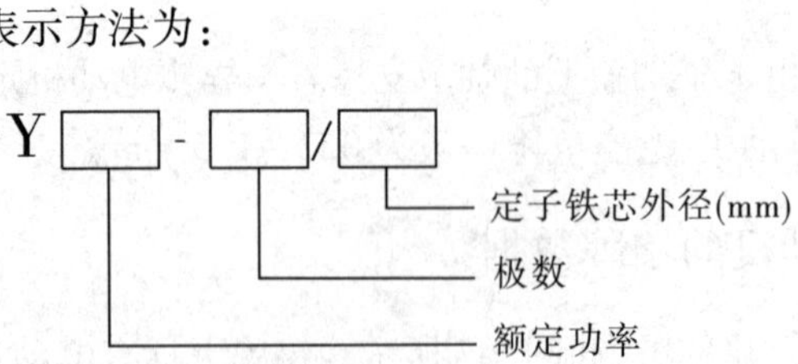

例如：YL630-10/1180 表示功率为 630 kW，10 极，定子铁芯外径为 1 180 mm 的大型立式鼠笼型异步电动机。但也有用定子铁芯外径（cm）、定子铁芯长度（cm）、极数表示的。如上述电动机的型号也有写成 YL118/41-10 的。

（2）额定功率 P_N。电动机额定运行时轴上输出的机械功率（kW）。

(3)额定电压 U_{1N}。额定运行时加在定子绕组上的线电压(V)。

(4)额定电流 I_{1N}。对应额定电压,轴上输出额定功率时,电源供给定子绕组的线电流(A)。

(5)额定频率 f_{1N}。电动机定子电源频率(Hz)。

(6)额定转速 n_N。电动机在额定电压、额定频率、额定功率下,转子的转速(r/min)。

(7)额定功率因数 $\cos\varphi_N$。电动机在额定电压、额定功率时,定子每相绕组的功率因数。

(8)额定效率 η_N。额定工作时输出功率与输入功率之比。

由上述可知,三相异步电动机额定状态工作时,定子输入功率 P_{1N} 和输出额定功率 P_N 分别为

$$P_{1N}=\sqrt{3}U_{1N}I_{1N}\cos\varphi_N \tag{5-1}$$

$$P_N=\eta P_{1N}=\sqrt{3}U_{1N}I_{1N}\eta_N\cos\varphi_N \tag{5-2}$$

(9)绝缘等级。按绕组绝缘材料在使用时所允许的极限温度来分级,各级绝缘材料的极限温度见表 5-2。

表 5-2 绝缘材料的耐热分级和极限温度

耐热分级	Y	A	E	B	F	H	C
极限温度(℃)	90	105	120	130	155	180	>180

(10)工作制。铭牌上的“工作制”又称“定额”,按规定分为“连续”(代号为 S1)、“短时”(代号为 S2)和“断续”(代号为 S3)等。连续工作制的含义为该电动机可以按铭牌上标定的功率长时间连续运转,而温升不会超过允许值。

(11)防护等级。是指电机外壳防护型式的分级,详见《电机、低压电器外壳防护等级》(GB1498—79)。

(12)LW。铭牌所标“LW 82 分贝”为电动机的总噪声等级。

对于绕线转子异步电动机,还要标明转子额定电压(指定子加额定电压、转子开路时,滑环间的电压)和转子额定电流等。

第二节 三相异步电动机的工作原理

异步电动机是利用电与磁的相互转化和相互作用的原理制成的。将定子三相绕组接入三相电源,电流流过定子绕组将产生旋转磁场。

一、三相异步电动机的旋转磁场

(一)旋转磁场的产生

为了便于说明问题,我们用三个在空间位置上互差 120°的单匝线圈代表定子三相对称绕组(见图 5-8(a))。图 5-8(b)是三相绕组的剖面图。三相绕组接成星形,三个尾端 X、Y、Z 连于一点,而三个首端 A、B、C 分别接对称三相电源的 A、B、C 相,绕组中将流过三

相对称电流。电流的参考方向规定为从电源指向负载(见图 5-8(c))。即为从首端 A、B、C 流入(在剖面图中用"×"表示),从尾端 X、Y、Z 流出(在剖面图中用"·"表示)。

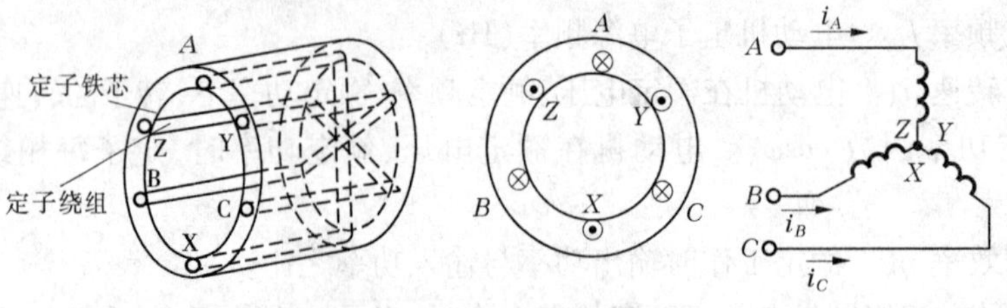

(a)结构图　　(b)剖面图　　(c)接线图

图 5-8　简化了的三相对称绕组

定子三相对称电流的波形如图 5-9 所示。

我们选择几个瞬时来分析定子三相对称绕组通入三相对称交流电流的合成磁场。

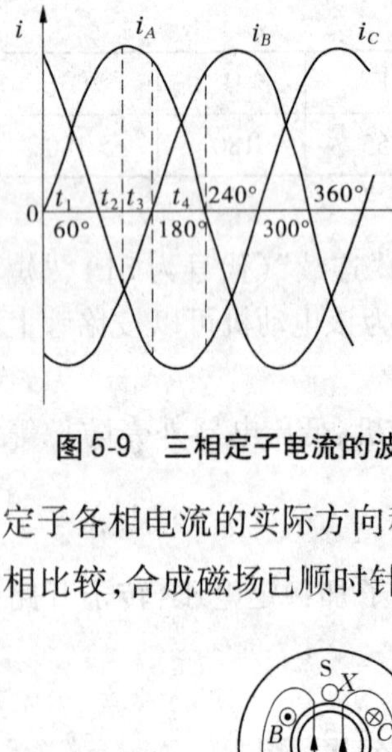

图 5-9　三相定子电流的波形

由图 5-9 可知,当 $t = t_1 = 0$ 瞬间,$i_A = 0$,$i_B = -\frac{\sqrt{3}}{2}I_m$,$i_C = \frac{\sqrt{3}}{2}I_m$,各相定子电流的实际方向如图 5-10(a)所示。运用右手螺旋法则,就可以确定这一瞬间的合成磁场,如图 5-10(a)所示。磁力线穿出铁芯内圆面处为 N 极,穿入铁芯处为 S 极。此时 N 极在下、S 极在上,只有一对磁极。

当 $t = t_2 = T/4$(即 $\omega t = 90°$)时,$i_A = I_m$,$i_B = i_C = -I_m/2$,定子各相电流的实际方向和这一瞬间合成磁场的方向如图 5-10(b)所示。与 $t = t_1 = 0$ 时相比较,合成磁场已顺时针方向转过 90°。

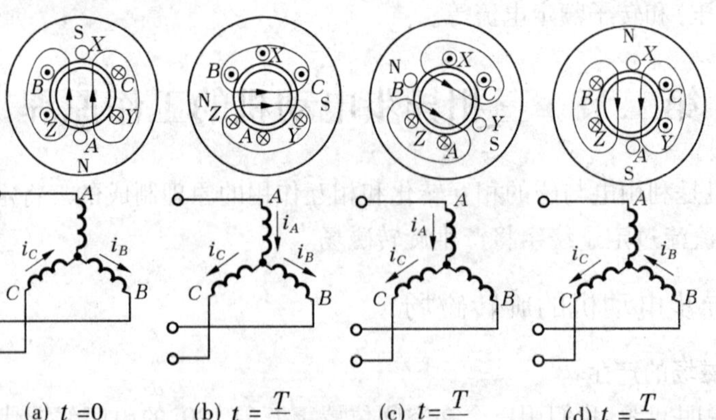

(a) $t = 0$　(b) $t = \frac{T}{4}$　(c) $t = \frac{T}{3}$　(d) $t = \frac{T}{2}$

图 5-10　定子两极旋转磁场

采用同样的方法，可确定 $t = T/3$（或 $\omega t = 120°$）和 $t = T/2$（或 $\omega t = 180°$）时合成磁场的情况，分别如图 5-10（c）、（d）所示。与 $t = 0$ 瞬间相比较，合成磁场分别顺时针方向转过了 120°和 180°。对于两极旋转磁场，合成磁场在空间所转过的角度恰好与定子电流所经历的电角度（ωt）数值相等。由此可推出，时间每经过一个周期 T（$\omega t = 360°$），磁场将顺时针转过 360°，即一圈。三相交流电周而复始变化，合成磁场将旋转下去。

由上面的分析可知，三相对称电流通入定子三相对称绕组将产生一个在空间旋转的磁场。由图 5-10(b)可知，该旋转磁场的轴线总是与电流瞬时值最大的那一相绕组的轴线重合。

（二）旋转磁场的转向

在图 5-10 中，三相交流电的相序是 $A—B—C$，而绕组在铁芯上布置的顺序按 $A—B—C$ 是顺时针方向，所产生的旋转磁场的转向也是顺时针。如果绕组的排列不变，但把其中电流的相序改为 $A—C—B$（例如将原定子绕组 B、C 两端所接的电源线对调一下，绕组首端 B 改接电源 C 相，绕组首端 C 改接电源 B 相），再用上面的方法加以分析，就可以发现，旋转磁场的转向将变为逆时针方向。旋转磁场的转向取决于定子三相绕组中电流的相序。图 5-11 所示是异步电动机改变旋转磁场方向的接线图。

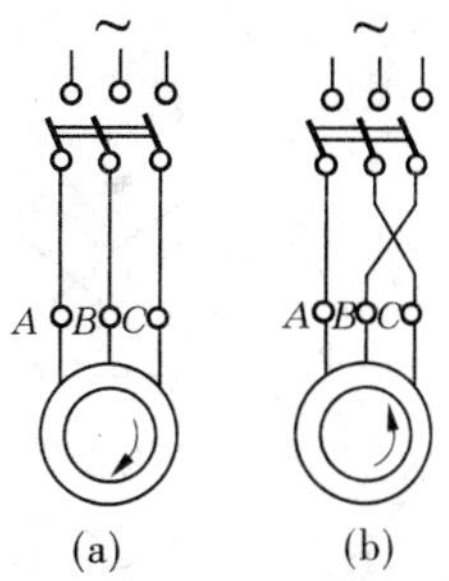

图 5-11　异步电动机改变旋转磁场方向的接线图

（三）旋转磁场的转速

如果将每相绕组的线圈数目增加一倍（仍然用六个单匝线圈表示），并按图 5-12 布置。这时每相绕组都是由两个在空间相隔 180°的线圈串联，三相绕组的三个首端（或三个尾端）彼此相隔 60°（空间角度）。将此绕组接成星形并通入三相交流电，所产生的合成磁场将是一个 4 极的旋转磁场。

采用与前面一样的分析方法，可以画出不同时刻合成磁场的位置情况，如图 5-12 所示。由图可见，合成磁场有四个磁极（磁极对数 $p = 2$）。所以，只要适当改变定子每相绕组的分布和联接规律，就可以得到不同磁极对数的旋转磁场。

比较图 5-10 和图 5-12 可以看出，当交流电变化一个周期时，两极（磁极对数 $p = 1$）旋转磁场在空间转过一圈，而 4 极（$p = 2$）旋转磁场在空间只转过 1/2 圈。依此类推，当旋转磁场有 p 对磁极时，交流电变化一个周期，磁场将在空间转过 $1/p$ 转。因此，旋转磁场的转速 n_1 与定子绕组电流的频率 f_1（即电源的频率）及磁极对数 p 之间的关系为

$$n_1 = \frac{60f_1}{p} \tag{5-3}$$

式中　n_1——旋转磁场的转速，又称为同步转速，r/min；

f_1——定子电源的频率，Hz；

p——旋转磁场的磁极对数。

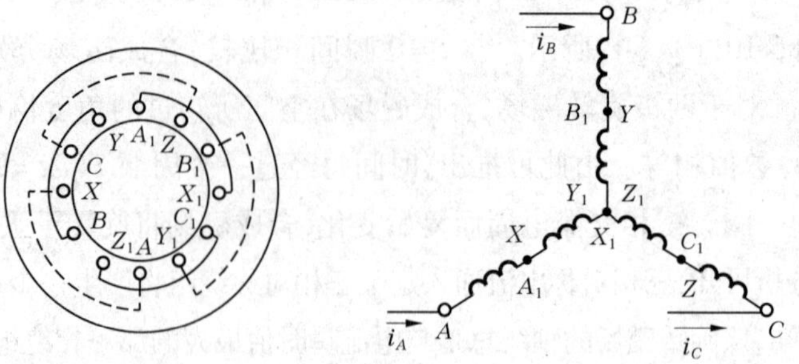

(a)4极绕组的排列

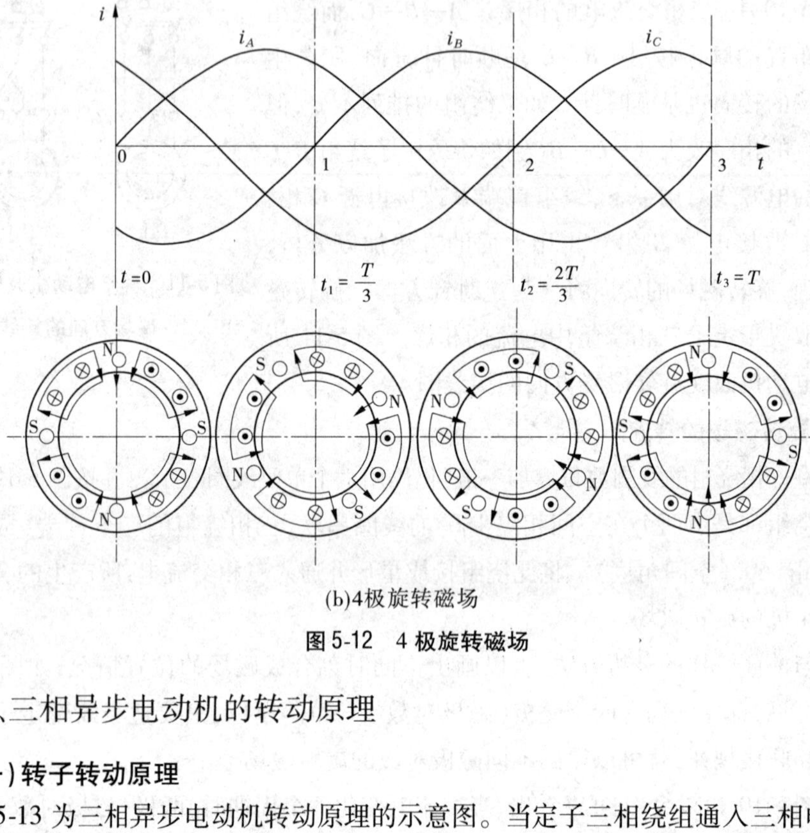

(b)4极旋转磁场

图 5-12　4 极旋转磁场

二、三相异步电动机的转动原理

(一)转子转动原理

图 5-13 为三相异步电动机转动原理的示意图。当定子三相绕组通入三相电流,将产生旋转磁场。当 $p=1$ 时,图中用一对以 n_1 为转速、逆时针方向旋转的磁极来模拟表示。

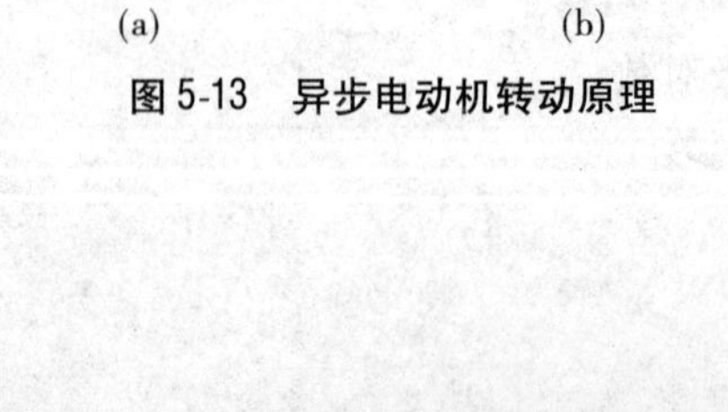

(a)　　　(b)

图 5-13　异步电动机转动原理

在旋转磁场的作用下，转子导体切割磁力线而产生感应电动势，如图5-13(a)所示。转子导体顺时针方向切割磁力线，根据右手定则可判定，在N极下面的转子导体中，感应的电动势方向是向内的，而在S极下面的转子导体中感应的电动势方向是向外的。只要转子电路是闭合的(鼠笼转子导体自成闭合回路，绕线式转子在使用时也必须接成闭合回路)，在转子感应电动势 e_2 的作用下，转子导体中就会有电流 i_2 产生。转子导体成了载流导体，又处在旋转磁场之中，必然会受到电磁力 F 的作用，电磁力的作用方向可用左手定则确定，如图5-13(b)所示为逆时针方向。这些电磁力相对于转轴形成一个转矩，称为电磁转矩，用 T 表示。这个电磁转矩力图使转子跟着旋转磁场的方向旋转，转子就可以转动起来，其转速 n 的方向与 n_1 的方向一致。显然，要使转子反转，只要改变定子绕组所接电源的相序，使旋转磁场反转即可。

(二)转子的转速和转差率

电磁转矩要推动转子转动，转子的转速 n 要低于旋转磁场的转速(同步转速)n_1。这是因为如果转子转速达到同步转速，则转子与磁场之间就没有相对运动了，转子导体就不会切割磁力线，于是转子导体中不产生感应电动势，转子电流和电磁转矩都将不复存在。所以说，转子转速异于旋转磁场的同步转速，是转子产生电磁转矩的前提条件，故这种电动机称为异步电动机。又由于这种电动机的转子电流是电磁感应产生的，所以又把它称为感应电动机。

为了反映异步电动机转子转速与同步转速之间相差的程度，我们将同步转速 n_1 与转子转速 n 之差，和同步转速 n_1 之比值称为异步电动机的转差率，用 s 表示，即

$$s=\frac{n_1-n}{n_1} \tag{5-4}$$

当转子不动时，$n=0$，则转差率 $s=1$；当理想空载，转子转速与同步转速相等 $n=n_1$，转差率 $s=0$；额定转速时，转差率为0.01～0.06(即1%～6%)；一般空载时的转差率小于0.5%。转差率 s 是分析异步电动机运行情况的一个重要参数。

第三节　三相异步电动机的运行特性

一、异步电动机的电磁转矩

三相异步电动机是靠电磁转矩带动负载旋转的。此电磁转矩是由转子导体中的感应电流在旋转磁场中受电磁力的作用而产生的。根据电磁力公式 $f=Bli$ 可推知，电磁转矩的大小与旋转磁场的磁通量及转子电流有关。由于异步电动机转子绕组既有电阻又有感抗，转子电流 $\dot{I}_2$ 滞后转子感应电动势 $\dot{E}_2$ 一个 φ_2 角，只有转子电流的有功分量 $I_2\cos\varphi_2$ 与旋转磁场作用才产生电磁转矩 T，其值为

$$T=C_M\Phi I_2\cos\varphi_2 \tag{5-5}$$

式中　C_M——与异步电动机结构有关的转矩常数；

Φ——旋转磁场每一个极的磁通量；

I_2——转子电流有效值；

$\cos\varphi_2$——转子电路的功率因数。

为了研究电磁转矩与电动机外部各物理量的关系，下面先简要分析式(5-5)中的 Φ、I_2、$\cos\varphi_2$ 分别与哪些因素有关。

(一)旋转磁场每一个极的磁通量 Φ

异步电动机定子绕组通电产生的旋转磁场，其中绝大部分是穿过空气隙既与定子绕组交链，又与转子绕组交链的主磁通；还有一小部分是只与定子绕组交链的漏磁通。主磁通是正弦交变的，在定子绕组、转子绕组上分别产生感应电动势 $\dot{E}_1$、$\dot{E}_2$，与变压器相类似，异步电动机旋转磁场的每极磁通量 Φ 与定子绕组相电压 U_1 的关系为

$$U_1 \approx E_1 = 4.44 k_1 f_1 N_1 \Phi \tag{5-6}$$

式中 k_1——考虑到定子绕组的分布不同于变压器绕组而引入的定子绕组系数；

f_1——定子电源频率；

N_1——定子绕组每相的匝数。

由式(5-6)可见，异步电动机的定子相电压 U_1 和频率 f_1 一定时，其旋转磁场每一个极的磁通量 Φ 的大小基本不变。运行中 Φ 正比于外加电压 U_1。

(二)转子电流有效值 I_2 和转子电路的功率因数 $\cos\varphi_2$

根据交流电路的理论，转子每相绕组中的电流

$$I_2 = \frac{E_2}{\sqrt{R_2^2 + X_2^2}} \tag{5-7}$$

式中 R_2——转子电路每相电阻；

X_2——转子每相绕组的漏磁感抗；

E_2——转子每相感应的电动势。

转子感应电动势 E_2 是旋转磁场与转子之间有相对运动才产生的，二者相对速度(转差率 $s = \dfrac{n_1 - n}{n_1}$)越大，转子电动势 E_2 也越大，如果转子静止($s = 1$)时最大，用 E_{20} 表示，则在转子以转速 n 旋转时，旋转磁场与转子绕组的相对转速为 $n_1 - n = sn_1$，转子感应电动势的大小为

$$E_2 = sE_{20} = s(4.44 k_2 f_1 N_2 \Phi) \tag{5-8}$$

式中 k_2——转子绕组系数。

转子电流的频率 f_2 也与转差率 s 有关，其关系为

$$f_2 = \frac{p(n_1 - n)}{60} = \frac{pn_1}{60} \cdot \frac{n_1 - n}{n_1} = f_1 \cdot s \tag{5-9}$$

式中 f_1——定子电源频率。

转子每相绕组的漏磁感抗为

$$X_2 = 2\pi f_2 L_{20} = s \cdot 2\pi f_1 L_{20} = s \cdot X_{20} \tag{5-10}$$

式中 L_{20}——转子每相绕组的漏磁电感；

X_{20}——转子静止时的漏抗，$X_{20} = 2\pi f_1 L_{20}$。

转子绕组的功率因数为

$$\cos\varphi_2=\frac{R_2}{\sqrt{R_2^2+X_2^2}}=\frac{R_2}{\sqrt{R_2^2+(sX_{20})^2}} \tag{5-11}$$

将式(5-7)~式(5-11)整理后代入式(5-5),可得

$$T\approx K\cdot\frac{U_1^2}{f_1}\cdot\frac{sR_2}{R_2^2+(sX_{20})^2} \tag{5-12}$$

式中　K——与电动机结构有关的比例系数;

R_2、X_{20}——异步电动机的转子参数。

在定子电源的电压 U_1 和频率 f_1 不变时,异步电动机的电磁转矩会随着转差率 s 的变化而变化。

二、异步电动机的转矩特性

根据式(5-12),在电源电压、频率和转子参数一定时,转矩 T 随转差率 s 变化的情况可用 $T=f(s)$ 曲线来表示,称为异步电动机的转矩特性曲线,如图 5-14 所示。

在 $0<s<s_m$ 区段,转矩 T 随 s 的增大而增大。在 $s_m<s<1$ 区段,转矩 T 随 s 的增大而减小。当 $s=s_m$ 时,T 出现最大值 T_m,称为最大转矩。出现最大转矩时的转差率 s_m,称为临界转差率。

当异步电动机在额定状态下运行时,在其轴上便可得到额定转矩,即

$$T_N=9\,550\frac{P_N}{n_N}\quad(\text{N}\cdot\text{m}) \tag{5-13}$$

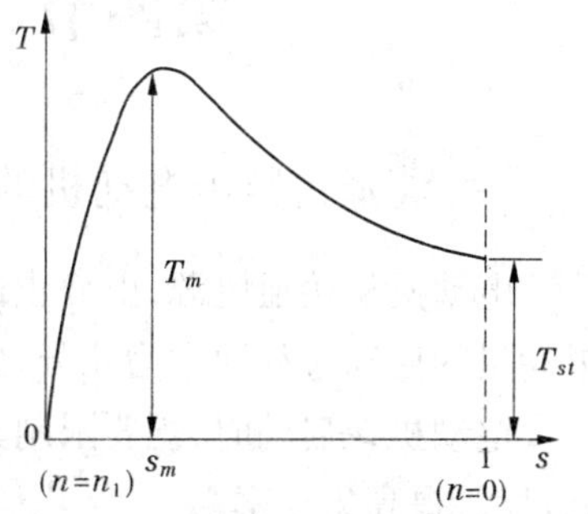

图 5-14　异步电动机的转矩特性曲线

从上式可以看出,输出功率相同的电动机,转速低的转矩大,转速高的转矩小。

三、异步电动机的机械特性

为了更直接地表示电磁转矩 T 和转速 n 之间的关系,可根据转速 n 与转差率 s 的关系,将 $T=f(s)$ 曲线变换为 $n=f(T)$ 曲线,这种曲线称为异步电动机的机械特性曲线,如图 5-15 所示。

图中,转子静止时,$n=0(s=1)$,对应的启动转矩为 T_{st}。只要 T_{st} 大于负载转矩,转子就可开始旋转,并逐渐加速。从机械特性可以看出,$0<n<n_m$ 区间(n_m 临界转速),转速升高,电磁转矩加大,电磁转矩大于负载转矩,所以电动机一直处于加速状态。过 n_m 点后,转速再升高,T 将随之减小,直到电磁转矩等于负载转矩,电动机便进入稳速运行。若负载转矩为额定值,则稳定转速为额定转速 n_N(在 u_1、f_1 为额定值,转子回路未串电阻、电抗的条件下)。机械特性上,$T=0$,$s=0$,$n=n_1$ 为同步运转点。

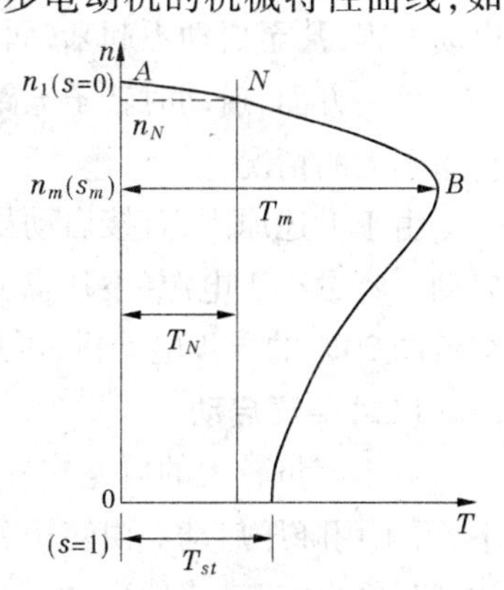

图 5-15　异步电动机的机械特性

电动机在 AB 区段稳定运行时,如果负载增大,转速下

降，则电磁转矩自动增大，当电磁转矩与负载转矩达到新的平衡时，转速又恢复稳定。机械特性的 AB 区段称为稳定运行区段。当负载转矩的增加超过了最大转矩 T_m，则电动机的电磁转矩总小于负载转矩，转子减速，直至停转。

我们将最大转矩与额定转矩的比值用 λ_m 表示，称为异步电动机的过载能力，其值一般为1.6～2.5。

$$\lambda_m = \frac{T_m}{T_N} \tag{5-14}$$

从式(5-12)中还可以看出，异步电动机电磁转矩 T 与电源电压 U_1 的平方成正比，电源电压 U_1 的变动对电动机的运行有很大影响。根据式(5-12)，在负载一定的情况下，采用改变电源电压 U_1，或改变电源频率 f_1、或给绕线式转子绕组串入电阻等方法可以调节电动机的转速。

第四节　三相异步电动机的启动

一、鼠笼式异步电动机的启动

电动机从接通电源，由静止逐渐转起来，直到进入等速运转的过程叫启动过程。异步电动机的启动过程通常为几分之一秒到几十秒。

电动机在启动时，既要限制其启动电流又必须有足够大的启动转矩 T_{st}，以便缩短启动过程、提高生产率。

鼠笼式异步电动机的启动方法有直接启动和降压启动两种。

（一）直接启动（全压启动）

直接启动是在定子绕组上直接加额定电压来启动的。接通电源，转子还未开始转动的一瞬间，转差率 $s=1$，转子与旋转磁场之间相对速度很大，转子绕组中感应电动势和转子电流都很大，引起的定子电流也很大。通常定子启动电流为定子额定电流的4～7倍。

过大的启动电流会使供电网电压下降。这不但会使该电动机启动转矩 T_{st} 减小，延长启动过程，甚至启动不起来，而且影响接在同一供电网上的其他电气设备的正常工作。

另一方面，启动时转子电路的功率因数 $\cos\varphi_2$ 很低，造成转子电流虽然很大，但启动转矩不大的情况。

由于上述原因，直接启动虽说方法简便，但它受到供电电源容量的限制。对于不经常启动且容量小于电源（变压器）容量的30%的异步电动机以及启动频繁且容量小于电源容量的20%的异步电动机，可采用直接启动。

（二）降压启动

对于容量较大的鼠笼式异步电动机，为了限制启动电流，在不允许直接启动的情况下，可采用降压启动。由转矩公式(5-12)可知，异步电动机的转矩与外加电压的平方成正比，降低电压启动将使启动转矩大大降低，因此降压启动仅适用于空载或轻载情况下启动。常见的降压启动方法有以下几种。

1. *定子串联电阻(电抗)启动*

图 5-16 是定子电路串联电阻器降压启动的电路图，为减小电能损耗也可采用电抗器代替电阻器降压。

启动时，先合电源开关 QS_1，此时启动电流在电阻 R 上产生电压降，使加在定子绕组上的电压降低，以达到减小启动电流的目的。当电动机转速达到稳定时再合上 QS_2，将电阻 R 短接，电动机进入全压运行。定子串联电阻降压启动的主要缺点是电能损耗较大。

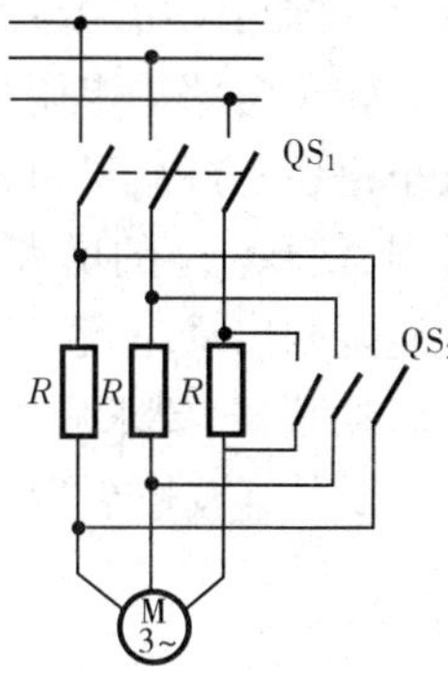

图 5-16　定子串联电阻器降压启动电路

2. *星形—三角形(Y—△)启动*

这种降压启动方法只适用于正常运转时为三角形联接的电动机。启动时先将其改接成星形，使加在定子每相绕组上的电压降低到额定值的 $1/\sqrt{3}$，从而使启动电流减小，待电动机启动起来后，再通过开关设备将其改接成三角形，使定子每相绕组上的电压等于电源线电压，进入全压运行。Y—△启动线路图如图 5-17 所示。可以证明，星形降压启动时的启动电流(线电流)和启动转矩分别为三角形全压启动时的 1/3。

Y—△启动的优点是启动设备简单便宜，启动过程中没有额外电能损耗。

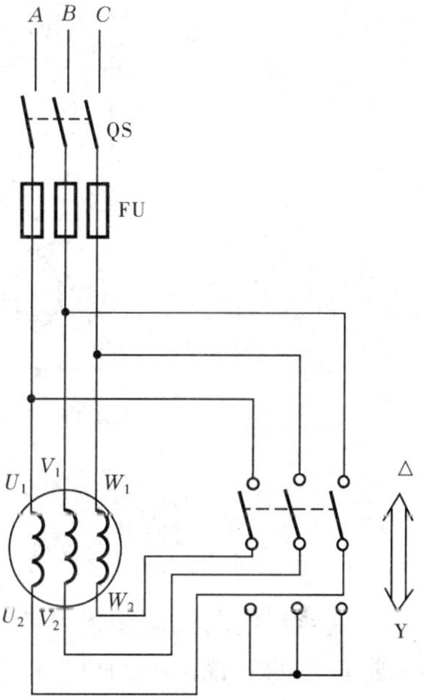

图 5-17　图 Y—△启动原理图

3. *自耦减压启动*

图 5-18 是利用三相自耦变压器降压的启动电路。用于降压启动的自耦变压器通常称为启动补偿器。

启动时，先合上电源开关 QS_1，再将 QS_2 合在“启动”位置上，电源电压经自耦变压器降压，由其副边加在定子绕组上，电动机减压启动，以限制启动电流。当电动机启动起来后，再将 QS_2 合向“运行”位置，电源电压直接加在定子绕组上，电动机进入全压运行。

启动阶段，由于变压器副边电压为原边电源电压的 $1/K$，K 为变压器的变压比，而变压器原边电流是副边电流的 $1/K$，由此可推导出，自耦减压启动时，启动电流(原边线电流)为直接启动时的 $1/K^2$，启动转矩也为直接启动时的 $1/K^2$。

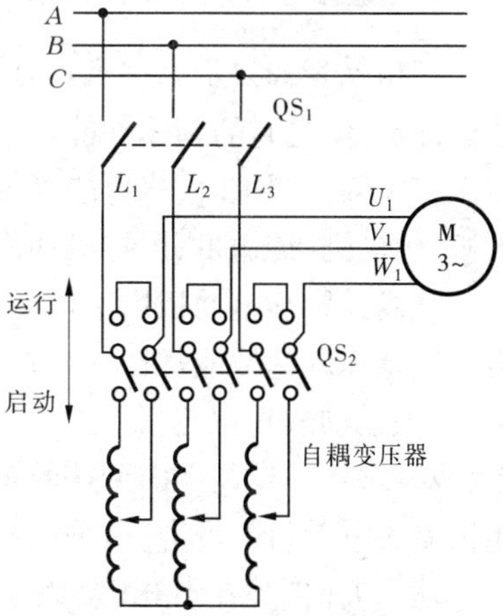

图 5-18　自耦变压器降压启动原理图

二、绕线转子异步电动机启动

绕线转子异步电动机可采用在转子电路中串联电阻启动，如图 5-19 所示。

启动时先将启动变阻器的电阻值调到最大，然后合上电源开关 QS 进行启动，随电动机转速升高，逐步将串入的启动电阻减小，直到串入电阻减小为零，使转子绕组直接短接，启动过程完成。

转子电路串电阻启动，一方面可使转子电流减小（见式(5-7)），从而使定子启动电流减小；另一方面，又可使转子电路的功率因数 $\cos\varphi_2$ 提高（见式(5-11)）。只要串联电阻值适当，使 $\cos\varphi_2$ 的增大大于 I_2 的减小，那么就可以增大启动转矩（见式(5-5)）。这样，不仅能限制启动电流，还能增大启动转矩，因而能大大改善异步电动机的启动性能。所以，在启动频繁、要求启动转矩大的生产机械（如起重机等）上常采用绕线转子异步电动机。

此外，绕线转子异步电动机还可以采用转子串频敏变阻器启动。

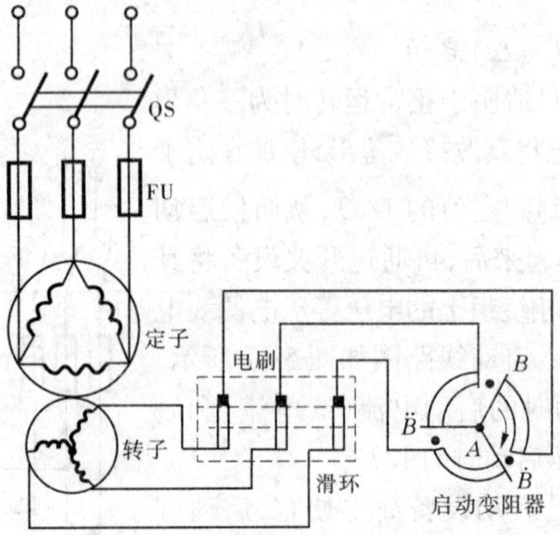

图 5-19　绕线转子异步电动机转子串联电阻启动

第五节　三相异步电动机的选择

三相异步电动机应用十分广泛，正确选择电动机的种类、容量、额定电压和额定转速是非常重要的。选用电动机应以安全、可靠、适用、经济为原则。

一、电动机种类和型式的选择

三相鼠笼式异步电动机具有结构简单、坚固耐用、工作可靠、价格低廉、使用及维护方便等优点，但是它的调速性能差、功率因数低、启动转矩小、启动电流大。因其优点突出，在无特殊调速要求时，尽可能采用鼠笼式电动机。在功率不太大的泵类、通风机、空气压缩机、运输机、传送带、搅拌机和许多金属切削机床上广泛采用着鼠笼式异步电动机。

绕线式异步电动机由于可在转子电路中串联电阻，能人为地改变机械特性，所以它的启动性能和调速性能都比鼠笼式好，但调速范围还不够大，结构比鼠笼式复杂，价格也较贵（一般比同容量鼠笼机约贵 20%），操作、维护也比鼠笼式复杂。对于要求频繁、重载启动，或要求在一定范围内调速的生产机械，例如起重机、大中型卷扬机和破碎机等不能采用鼠笼式电动机的场合，可采用绕线式异步电动机。

功率大（例如在 100 kW 以上），不调速，又不经常启动的生产机械，例如大中型空气压缩机和水泵，可考虑采用同步电动机。虽然它的价格贵、启动麻烦，但由于能改善电网的功率因数、减少运行费用,仍是经济可行的。

只有在启动、调速要求很高时,才考虑采用直流电动机。

电动机按其安装位置不同,分为卧式和立式两种,可根据生产机械的要求来选择。

为适应不同的工作环境,电动机外型结构做成各种不同防护型式,常见的有下列几种:

(1)防护式。外壳有向下开口的通风孔,能防止水滴、铁屑、砂粒等从电动机上方进入机壳内,但不防尘、不防潮,适用于干燥、灰尘不多、没有腐蚀性或爆炸性气体的场所。

(2)封闭式。外壳全封闭、表面带有散热片、轴上装有通风用的外风扇。能防水滴、灰尘从任何方向侵入,也能在一定程度上防止潮气侵入,适合在潮湿、灰尘多、水滴飞溅以及露天工作的生产机械上采用。

(3)密闭式。整个机体严格密封,可浸入水中工作,用于电动潜水泵。

(4)防爆式。防止电动机冒火引起的爆炸和火灾,如煤矿用电动机。

二、电动机容量选择

正确选择电动机的容量(额定功率)有很重要的意义。如果选得过小,就不能满足生产机械正常运行需要,电动机处在过载状态,引起过分发热,造成电动机过早损坏。如果选得过大,不但增加了设备投资,而且电动机欠载运行时效率低,功率因数也低,使运行费用增加。

确定电动机的容量时,主要考虑三个方面的情况,电动机的发热、允许过载能力及启动能力,要做到:

(1)电动机的启动转矩应大于生产机械的负载转矩;

(2)电动机运行时的温升不超过其允许的温升;

(3)电动机应具有一定的过载能力,即电动机的最大转矩必须大于生产机械的最大负载转矩,以保证在短时过载时仍能继续运行。

通常是先按发热条件来选择电动机容量,再进行启动能力、过载能力校验。对于连续运行且负载大小长期恒定不变的电动机,其容量选择较为简单,一般选取电动机的额定功率等于或稍大于生产机械负载功率即可。

例如,水泵用电动机功率为

$$P=\frac{\rho QH}{102\eta_b\eta_c}\quad(\mathrm{kW})\tag{5-15}$$

式中 Q——水泵的流量,m^3/s;

H——水泵的扬程,m;

ρ——水的密度,kg/m^3;

η_b——水泵的效率;

η_c——传动效率。

根据计算结果,再查产品目录,选用额定功率最接近而且稍大于计算值的电动机。

三、电动机额定电压和额定转速的选择

电动机额定电压的选择,要根据电动机容量的大小及使用地点的供电电压来决定。

我国低压配电网的线电压为 380 V，常用的 Y 系列三相鼠笼式异步电动机额定电压也只有 380 V 一个等级。只有大功率异步电动机才采用 6 kV 和 10 kV。

电动机的额定转速应根据生产机械要求的转速和传动装置的变速比来选定。同类型、同容量、同电压等级的电动机，额定转速越高，则电动机的体积越小、重量越轻、价格越低。需要全面比较，才能合理选择。

本章小结

一、异步电动机主要由定子和转子两部分组成，定子三相绕组可根据电源电压接成星形或三角形。根据转子绕组结构不同，可分为鼠笼式和绕线式两种。

二、当定子三相对称绕组中通入三相对称交流电流时，便能产生旋转磁场。旋转磁场的转速与电源频率 f_1 成正比，与磁极对数 p 成反比，即同步转速 $n_1=\frac{60f_1}{p}$。旋转磁场的转向取决于三相绕组中电流的相序，任意对调两根电源接线，可改变电流相序，旋转磁场的转向随之改变。

三、转子与旋转磁场有相对运动时，闭合的转子绕组内将产生感应电动势和感应电流，转子电流在磁场中受电磁力而形成电磁转矩，电磁转矩促使转子顺旋转磁场的方向旋转。

四、异步电动机的转差率 s 是研究运转性能的重要参数，$s=\frac{n_1-n}{n_1}$，它对转子电路中的电流频率 f_2、电动势 E_2、电流 I_2、漏磁感抗 X_2 和功率因数 $\cos\varphi_2$ 有很大影响，而电磁转矩 T 也与之有关。

五、电磁转矩 T 的大小与旋转磁场每一个极的磁通量 Φ、转子电流有效值 I_2 及转子电流与转子感应电动势 $\dot{E}$ 的相位差 φ_2 有关，即 $T=C_M\Phi I_2\cos\varphi_2$。$T$ 与 s 的关系为：$T\approx K\cdot\frac{U_1^2}{f_1}\cdot\frac{sR_2}{R_2^2+(sX_{20})^2}$。$T$ 与 s 的关系曲线 $T=f(s)$ 称为异步电动机的转矩特性曲线，也可转变为 T 与转速 n 之间关系曲线 $n=f(T)$，称为异步电动机的机械特性曲线。

六、鼠笼式异步电动机在额定电压下直接启动时，启动电流很大，可达额定电流的 4～7 倍，而启动转矩不大，为额定转矩的 1～2 倍。当电源容量较小而电动机容量较大时，由于启动电流太大会造成供电网电压下降超过允许，因此应采用降压启动方式以限制启动电流，但同时会使启动转矩按平方倍的比例下降，所以只能适用于轻载和空载启动的场合。最常用的降压启动方式有定子串联电阻或电抗启动、Y—△降压启动、自耦减压启动等。

七、绕线式异步电动机可在转子电路中串联电阻或串联频敏变阻器启动。这样不仅能限制启动电流，还能增大启动转矩。在经常重载启动而鼠笼机不能胜任时，可采用绕线式异步电动机。

八、应根据生产机械的工作要求，合理地选择电动机的种类、结构型式、容量、额定电压及额定转速。

思考题与习题

5-1　怎样从结构上区别鼠笼式异步电动机和绕线式异步电动机？

5-2　一台三相鼠笼式异步电动机的铭牌数据如下：型号 Y180L-6，50 Hz，15 kW，380 V，接法为△接法，31.4 A，970 r/min，又知其满载功率因数为 0.88。当电源线电压为 380 V 时，试问：

(1)电动机定子绕组应采取何种接法？

(2)电动机满载运行时的输入电功率、效率和转差率是多少？

(3)电动机的额定转矩是多少？

(4)若电源线电压为 220 V，此电动机能否正常运行？

5-3　测得两台鼠笼式三相异步电动机的转速分别为 2 940 r/min 和 970 r/min，电源频率为 50 Hz。试问两台电动机的磁极数、同步转速及转差率各为多少？

5-4　绕线式异步电动机的转子三相滑环与电刷全都分开时，将定子接三相交流电源，转子能否转动起来？为什么？

5-5　异步电动机的额定电压是 220/380 V，当三相电源的线电压分别为 220 V 和 380 V 时，问电动机的定子绕组各应作何种接法？当轴上负载相同时，在这两种接法下，试问：

(1)加在电动机每相绕组上的电压是否相同？

(2)流过电动机每相绕组的电流是否相同？

(3)电动机的线电流是否相同？

5-6　异步电动机的转子因有故障已取出修理，如果误在定子绕组上加以额定电压，将会产生什么后果？为什么？

5-7　三相异步电动机在运行中，如果转子突然被卡住而不能转动，试问这时电动机的电流有何改变？对电动机有何危害？首先应采取什么措施？

5-8　异步电动机在一定负载转矩下运行，如果电源电压下降，电动机的电磁转矩、转速、转子电流、定子电流将如何变化？为什么？

5-9　异步电动机轴上机械负载增加时，电动机转速、转子电流、定子电流将如何变化？为什么？

5-10　一台鼠笼式三相异步电动机的技术数据如表 5-3 所示，则：

表 5-3　鼠笼式三相异步电动机的技术数据

型　号	额定功率(kW)	额定电压(V)	满载时				$\frac{\text{堵转电流}}{\text{额定电流}}$	$\frac{\text{堵转转矩}}{\text{额定转矩}}$	$\frac{\text{最大转矩}}{\text{额定转矩}}$	质量(kg)
			转速(r/min)	电流(A)	效率(%)	功率因数 $\cos\varphi_2$				
Y225-8	18.5	380	730	41.3	89.5	0.76	6.0	1.7	2.0	300

(1)求这台电动机直接启动时的启动电流、启动转矩和最大转矩？

(2)如果电源电压降为额定电压的 80%,这台电动机的启动电流、启动转矩和最大转矩各变为多大?

(3)如果负载转矩 $T_c = 150\ \text{N}\cdot\text{m}$,这台电动机能否用星形—三角形换接启动?

5-11　某车间三相供电变压器的容量为 180 kVA,输出电压为 380 V,该车间装设的电动机中有一台为 Y280M-6 型,查得其技术数据为:$P_N = 55\ \text{kW}$, $V_{1N} = 380\ \text{V}$, $n_N = 980\ \text{r/min}$, $I_{1N} = 104.9\ \text{A}$, $\eta_N = 91.6\%$, $\cos\varphi_N = 0.87$, $\frac{T_{st}}{T_N} = 1.8$, $\frac{T_m}{T_N} = 2.0$, $\frac{I_{st}}{I_{1N}} = 6.5$,试问:

(1)这台电动机可采用哪几种启动方法?说明理由。

(2)若要求启动转矩不小于额定转矩的 0.6 倍,应该采用哪种方法启动?启动电流最小是多少?

(3)这台电动机在额定电压下运行时所能输出的最大转矩是多少?

第六章　同步发电机

交流旋转电机主要分为同步电机和异步电机两类。同步电机主要用做发电机，也可用做电动机、调相机。本章将介绍的是同步发电机。目前，发电厂的发电机几乎都是三相同步发电机，它在运行时由原动机驱动，将机械能转换为电能。

第一节　同步发电机的基本结构和工作原理

一、同步发电机的类型

同步发电机按其原动机的不同，可分为汽轮发电机和水轮发电机两种，在火电厂中，用汽轮机作为发电机的原动机，转速高(通常为 1 500～3 000 r/min)；在水力发电站中，用水轮机作为发电机的原动机，转速低(通常在 1 000 r/min 以下)。按发电机转子结构的不同，同步发电机可分隐极式和凸极式两种，如图 6-1 所示。隐极式转子呈圆形，转速高，转子直径小，但长度长，汽轮发电机通常为隐极式。凸极式转子具有突出的磁极，发电机的励磁绕组绕在磁极上，转速低，常用于水轮发电机。按发电机与原动机的联接方式不同，同步发电机又有立式和卧式之分，汽轮发电机均为卧式的，水轮发电机两种型式都有；按冷却介质及冷却方式可分为空气冷却、氢气冷却、水冷却和混合冷却等方式；按照发电机励磁方式来分，同步发电机可分为他励方式和自励方式；按发电机旋转部分划分，有旋转磁场式和旋转电枢式，以旋转磁场式发电机居多，其电枢绕组是定子的一部分，又叫定子绕组。

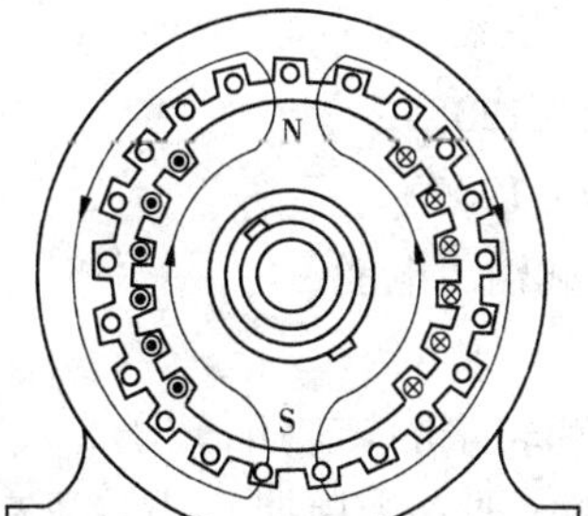

(a)隐极式

(b)凸极式

图 6-1　隐极式与凸极式发电机

二、同步发电机的基本结构

同步发电机由定子(固定部分)和转子(转动部分)两部分组成。

（一）定子

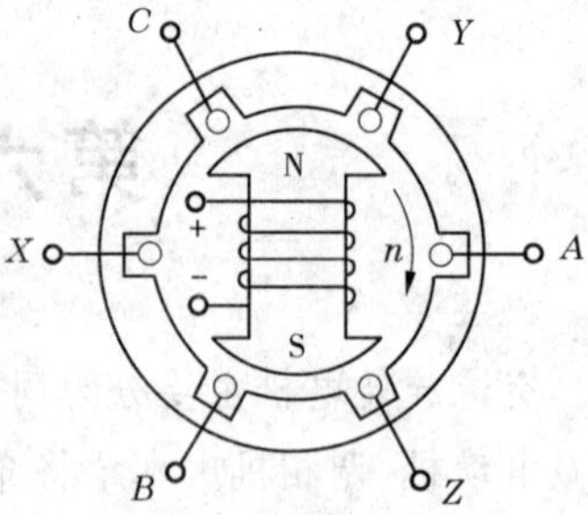

图 6-2　同步发电机结构原理图

定子是同步发电机的电枢部分，用以产生三相交流电能，定子由定子铁芯、定子绕组、机座等组成。定子铁芯由内圆冲有嵌线槽的硅钢片叠装而成，定子绕组用绝缘扁铜线或漆包线绕制而成，并三相对称地嵌放在定子铁芯槽内，如图 6-1、图 6-2 所示。定子三相绕组通常接成星形，机座是用来固定铁芯和承受荷重的。

（二）转子

同步发电机的转子有两种结构型式，即凸极式和隐极式。

水轮发电机的转子是凸极式，凸极式转子由磁极铁芯、磁轭、励磁绕组、转子支架、转轴等主要部分组成。磁极是用 1～1.5 mm 厚的钢板冲成磁极冲片后铆装成一个整体。在磁极铁芯上套有励磁绕组。励磁绕组是由扁铜线绕成，匝间垫有绝缘材料，励磁绕组与磁极本身之间隔有绝缘材料。各励磁绕组串联后接到滑环上。磁轭通常由整块钢板或用铸钢做成，用来固定磁极，是磁路的一部分。

三、同步发电机的工作原理

（一）电磁感应定律的应用

图 6-2 所示为一台有一对磁极的同步发电机原理图，同步发电机定子槽中对称放置着三相绕组（互差 120°电角度），将 X、Y、Z 连在一起，组成星形连接。转子和定子之间留有很小的空气隙，当励磁绕组中通入直流电流后建立了磁场，由于转子磁极采用了特殊的结构，使磁场的磁感应强度沿空气隙近似于按正弦规律分布。当转子由原动机拖动旋转时，这个按正弦规律的旋转磁场就依次切割定子三相对称绕组，而在定子绕组中感应出对称的三相正弦交变电动势，即

$$e_A = E_m \sin\omega t$$

$$e_B = E_m \sin(\omega t - 120°)$$

$$e_C = E_m \sin(\omega t + 120°)$$

当合上发电机出口开关，带上负载后，发电机即向负载输出电能。

（二）转子转速

感应电动势的频率 f 取决于发电机的极对数 p 和转子的转速 n，转子为一对磁极时，转子旋转一周，定子绕组的感应电动势正好交变一次（即一个周期），当转子有 p 对磁极时，转子旋转一周，感应电动势就交变 p 个周期，因此为保持一定的频率，发电机的转速必须符合下列关系

$$n = \frac{60f}{p} \tag{6-1}$$

在第五章中已知，当定子三相对称绕组中有三相对称交流电流通过时，则在空间产生了一个旋转磁场，这个磁场的转速也由式(6-1)决定。由于同步发电机定子三相绕组是按转子磁极的对数来布置的，因此三相绕组所产生的旋转磁场的极对数和转子磁极极对数一样。

即定子旋转磁场的转速和转子转速相等，称为同步转速。同步发电机就是因此而得名的。

四、同步发电机的铭牌数据

(一) 同步发电机的型号

同步发电机的型号表示该台机的类型和特点。如 TSW85/31-8 表示的意义为：T—同步；S—水轮发电机；W—卧式（不带 W 为立式）；N—农用；85—定子铁芯外径（cm）；31—定子铁芯长度（cm）；8—磁极数。

(二) 同步发电机的铭牌数据

同步发电机的铭牌上所标的数据均为发电机的额定参数。同步发电机的铭牌上的主要数据有：

(1) 额定容量 P_N，指同步发电机长期安全运行时三相最大允许的输出功率，单位为 kW。

(2) 额定电压 U_N，指发电机定子绕组长期安全工作的最高线电压，单位为 V 或 kV。

(3) 额定电流 I_N，指发电机定子绕组正常连续运行的最大线电流，单位为 A 或 kA。

(4) 额定频率 f_N，我国规定额定频率为 50 Hz。

(5) 额定转速 n_N，即同步转速，是发电机为了维持交流电的频率为 50 Hz 时所需转速，单位为 r/min（转/分）。

(6) 额定功率因数 $\cos\varphi_N$，同步发电机的额定功率因数一般为 0.8，且为感性。

此外还有相数、额定励磁电压、额定励磁电流、接法、允许温升（℃）、绝缘等级、重量等。

第二节　同步发电机的励磁方式

同步发电机转子磁场的建立是在发电机转子绕组中通过直流电流来实现的，建立转子磁场的电流叫励磁电流。向同步发电机的转子绕组供给励磁电流的整套装置，叫励磁系统。励磁系统是同步发电机的重要组成部分，每台发电机都有它自己的一套励磁系统。

一、同步发电机的励磁方式

同步发电机的励磁方式种类很多，按励磁电源的供给方式，可分为自励方式和他励方式两大类。所谓自励方式，就是利用半导体二极管或可控硅整流器将发电机本身发出的交流电（或发电机电枢中的谐波绕组、附加绕组产生的交流电）经过整流送入励磁绕组。自励方式又可分为自并励和自复励两种方式。他励方式就是发电机所需励磁电流取自其他电源，例如直流励磁机或交流励磁机，他励方式励磁电源不受发电机运行状态的影响、可靠性较高。下面主要介绍中小型同步发电机常用的励磁方式。

二、直流励磁机励磁

直流励磁机励磁系统如图 6-3 所示。发电机的励磁电流由直流发电机供给。当同步发电机带上负荷后，发电机端电压将发生变化，为维持端电压的稳定可手动或自动调节励磁电流，从而维持发电机端电压的恒定。

直流励磁机励磁方式技术上比较成熟,调节方便,价格低廉,励磁电源为独立电源,可靠性较高,但碳刷和换向器易磨损,甚至产生环火,维护麻烦,调节速度较慢,换向器容量有一定限制。若用同轴直流励磁机则影响整个机组长度,增加厂房的投资。

三、硅整流励磁

(一)自并励可控硅静止励磁系统

自并励可控硅静止励磁系统如图 6-4 所示。发电机的励磁电源由接于发电机出口的励磁变压器供给励磁电流,靠自动电压调节器进行调节。

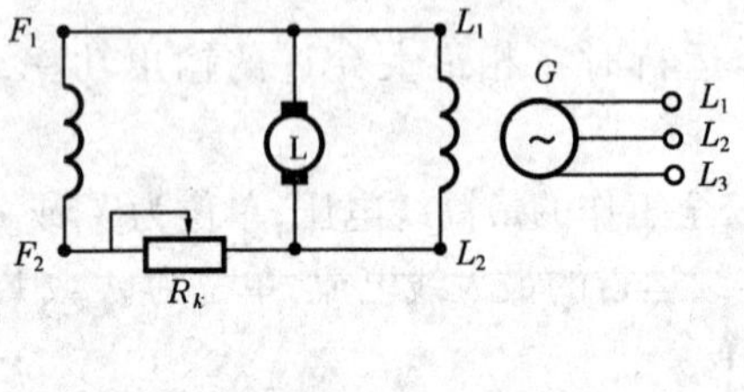

L_1、L_2—同步发电机励磁绕组;F_1、F_2 —励磁机励磁绕组; R_k —调节电阻

图 6-3 直流励磁机励磁系统

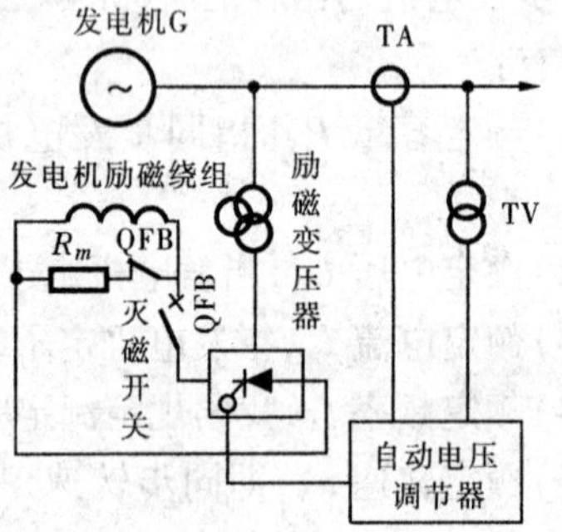

图 6-4 自并励可控硅静止励磁系统

这种励磁方式的主要优点是设备和接线比较简单,由于无转动部分,具有较高的可靠性,造价低,励磁变压器放置自由,缩短了机组长度,励磁调节速度快。

(二)直流侧并联的自复励可控硅静止励磁系统

目前,中小型同步发电机中广泛应用的直流侧并联的自复励可控硅静止励磁系统如图 6-5 所示。

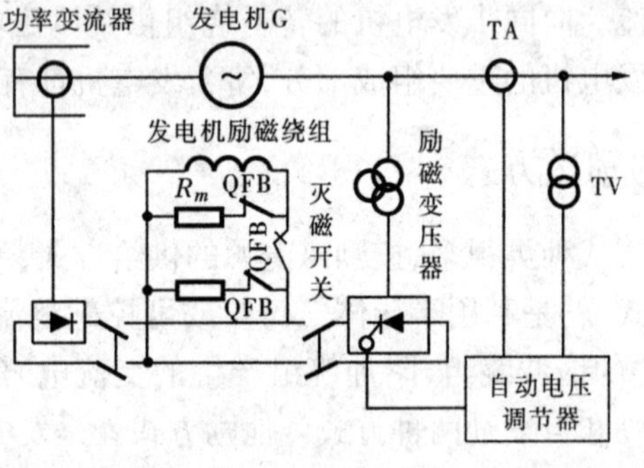

图 6-5 直流侧并联的自复励可控硅静止励磁系统

该励磁方式的励磁电源有:①电压源,由并联接于机端的励磁变压器供给;②电流源,由串联接于中性点或机端的功率变流器供给,均取自发电机本身,故称自复励。

这种直流侧并联复合的励磁方式反应速度快,在发电机近端短路时能迅速强励,不易失磁。但这种励磁方式励磁变流器副边过电压问题比较严重,有些机组并网的稳定性较差。

第三节　同步发电机的电枢反应

一、定子空气隙及电枢反应

同步发电机的定子和转子之间有一空气隙，同步发电机在空载时，空气隙里仅存在转子磁场（主磁场），同步发电机带上负载后，当定子绕组流过对称的三相电流时，其所建立的电枢磁势将产生电枢磁场，故负载时，空气隙里的磁场是由转子的励磁磁势和电枢磁势共同作用产生的，换句话说，电枢磁场必然对主磁场有影响。这种对称负载时电枢磁场对主磁场的影响，称为电枢反应。

电枢反应的性质（去磁、增磁或交磁）与负载的性质（感性、容性或阻性）和大小有关。下面分析不同性质负载的电枢反应。

二、不同性质负载的电枢反应

（一）纯电阻负载的电枢反应

当负载为纯电阻时，定子电流 $\dot{I}$ 与定子感应电动势 $\dot{E}$ 同相位即 $\psi=0°$，在图 6-6 所示的瞬间，根据右手定则和电势达到最大值这个条件可知，转子磁极正好与 A 相绕组轴线正交。此时，转子磁场切割 A 相绕组，A 相电势瞬时值达到最大，A 相电流也达到最大，即 $i_A=I_m$。与此同时 $i_B=i_C=-\frac{1}{2}I_m$，如图 6-6（a）所示。在第五章第二节已得出，由三相对称电流通过三相绕组产生的旋转磁场的轴线，总是与电流瞬时值最大的那一相绕组的轴线重合。根据这一结论，可知在图中所示瞬间，电枢磁场轴线与主磁场轴线垂直，即电枢磁势 $\dot{F}_a$ 比转子磁势 $\dot{F}_f$ 落后 90°。由于它们都以同步转速同向旋转，因此它们的相对位置维持不变。在电机中，主磁极的轴线称为纵轴或 d 轴；而把相邻两极之间的中心线，称之为横轴或 q 轴，且 q 轴与 d 轴相差 90°电角度。由于纯电阻负载时电枢磁场的轴线总是与横轴重合，因此这种电枢反应称为横轴电枢反应或交轴电枢反应。交轴电枢反应使发电机将机械能转换成电能，发出有功功率。

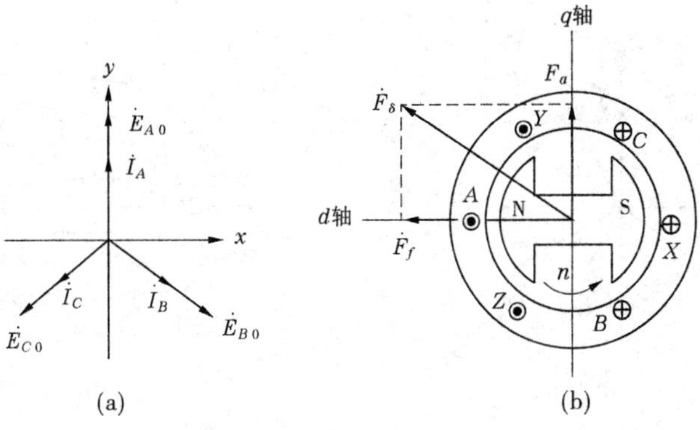

图 6-6　纯电阻负载时的电枢反应

用相量相加,可得到空气隙合成磁势 $\dot{F}_{\delta}=\dot{F}_{a}+\dot{F}_{f}$。

交轴电枢反应的特点是,空气隙合成磁场轴线从主磁场(空载时的空气隙磁场)的轴线处位移了一个角度,使磁极下的磁通密度分布不对称,转子磁场半边被削弱,半边被增强,使合成磁场扭斜。

(二)纯电感负载的电枢反应

当负载为纯电感时,定子电流 $\dot{I}$ 滞后定子感应电势 $\dot{E}_0$ 90°,如图6-7(a)所示。即 $\psi=90°$。所以,定子电流 $\dot{I}$ 将比定子感应电势 $\dot{E}_0$ 迟90°才达到最大值,即要等转子磁极(主磁场)从图6-6的位置向前(逆时针)转90°电角度时,A相绕组的电流才达到最大值。即将图6-6中的主磁极向前旋转90°,就可得到纯电感负载($\psi=90°$)时的电枢反应,如图6-7(b)所示。由图可知,在负载为纯电感时,电枢磁场的轴线正好和主磁场轴线(纵轴)重合,这种电枢反应称为纵轴反应。这时的电枢磁势 $\dot{F}_a$ 与转子磁势 $\dot{F}_f$ 反相,从而削弱了空气隙磁场,这种电枢反应也叫去磁电枢反应,去磁电枢反应使发电机端电压降低。

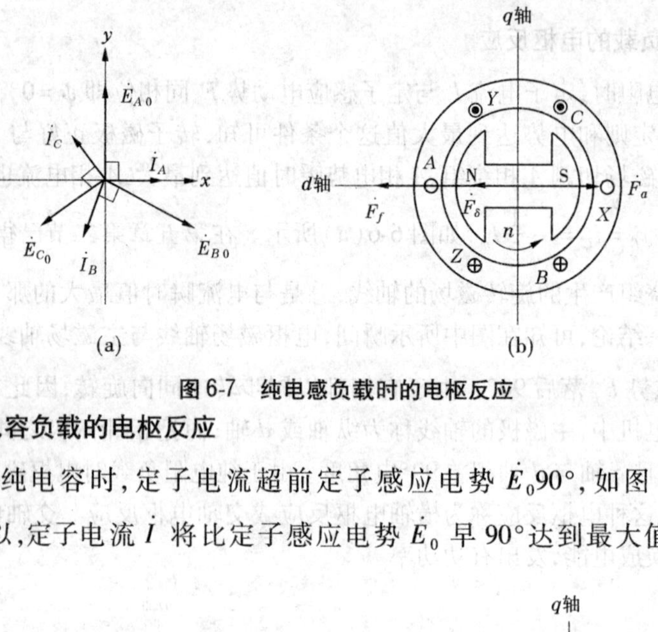

图6-7　纯电感负载时的电枢反应

(三)纯电容负载的电枢反应

当负载为纯电容时,定子电流超前定子感应电势 $\dot{E}_0$ 90°,如图6-8(a)所示,即 $\psi=-90°$。所以,定子电流 $\dot{I}$ 将比定子感应电势 $\dot{E}_0$ 早90°达到最大值。同理,只要将

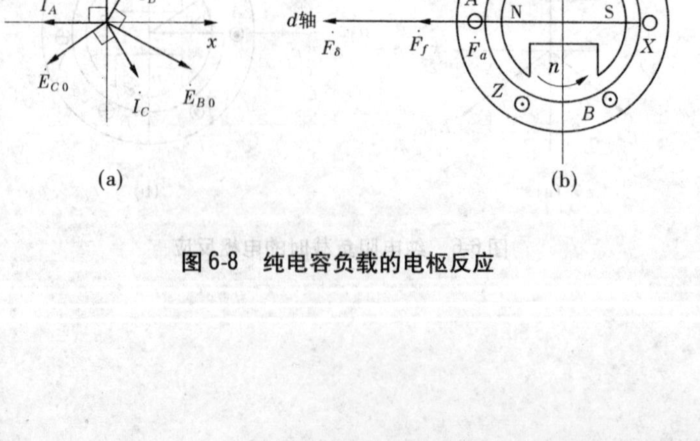

图6-8　纯电容负载的电枢反应

图 6-6中的主磁极向后(顺时针)旋转 90°,就得到同步发电机在纯电容负载时的电枢反应,如图 6-8(b)所示。由图可知,负载为纯电容时,电枢反应也是纵轴电枢反应,但电枢磁势 $\dot{F}_a$ 和转子磁势 $\dot{F}_f$ 都在 d 轴上,而且方向相同。由此可见,负载为纯电容时的电枢反应对主磁场的影响是增磁的,从而加强了空气隙磁场,所以这种电枢反应又称增磁电枢反应,增磁电枢反应使发电机端电压升高。

(四)阻感性负载的电枢反应

根据上述三种负载电枢反应的分析可知,当同步发电机带上阻感性负载($0<\psi<90°$)时,$\dot{I}$ 比 $\dot{E}_0$ 滞后,把 $\dot{I}$ 分成两个分量:横轴分量 $I_q=I\cos\psi$ 和纵轴分量 $I_d=I\sin\psi$。$\dot{I}_q$ 与 $\dot{E}_0$ 同相,相应地产生横轴电枢磁势 $\dot{F}_q$,形成横轴电枢反应;$\dot{I}_d$ 落后 $\dot{E}_0$90°,产生纵轴电枢磁势 $\dot{F}_d$,形成纵轴电枢反应。因此,这时的电枢反应既使合成磁场扭斜,又有去磁作用,如图 6-9 所示。

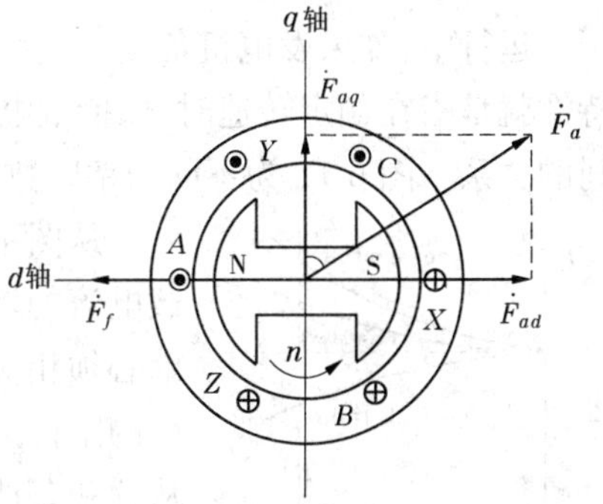

图 6-9　阻感性负载的电枢反应

发电机所带负载一般是阻感性的,负载越大,去磁作用越强,使发电机电动势和机端电压降低。为保持电压稳定,必须调节发电机的励磁电流。

第四节　同步发电机的运行特性

一、外特性 $U=f(I)$

所谓外特性,是指同步发电机在额定转速下保持励磁电流,功率因数不变,其端电压和负载电流的关系曲线。

外特性可用直接负载法测定。维持不同的功率因数可得不同的外特性。图 6-10 为不同功率因数时的外特性。

从图中可以看出,在感性负载和阻性负载时,外特性都是下降的,如图 6-10 中的曲线 1 和曲线 2 所示。由于在这两种情况下,电枢反应都是去磁的,功率因数越低,去磁作用越强;负载电流越大,去磁作用越强,电压越低。此外,电枢的电阻和漏抗压降也会引起端电压下降。在容性负载时,由于电枢反应是增磁的,所以负载电流越大,增磁作用越强,电压越高,因此外特性一般是上升的,如图 6-10 中的曲线 3 所示。

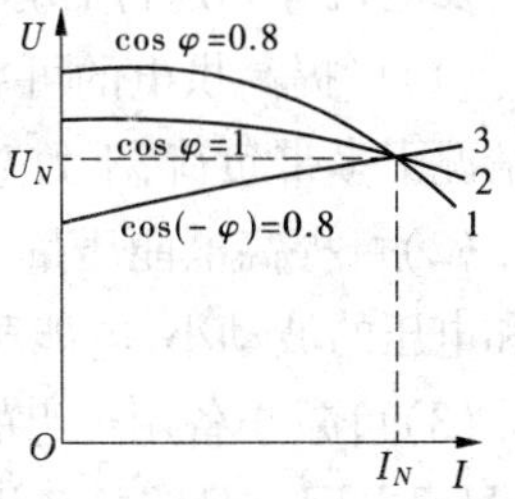

图 6-10　同步发电机的外特性

发电机运行时负载从空载到额定负载,端电压的变化与额定电压的比值的百分数称为同步发电机的电压调整率,即

$$\Delta U=\frac{E_0-U_N}{U_N}\times 100\% \tag{6-2}$$

式中　E_0——发电机的空载电势；

U_N——发电机的额定电压；

ΔU——发电机的电压调整率。

汽轮发电机的 $\Delta U = 30\% \sim 48\%$，水轮发电机的 $\Delta U = 18\% \sim 30\%$。

二、调节特性 $I_f = f(I)$

运行中，如果发电机负载发生变化，为了保持端电压不变，必须调节励磁电流。调节特性就是指在额定转速时，保持端电压、功率因数不变的情况下，励磁电流与负载电流之间的关系。图 6-11 为不同功率因数下的调节特性。

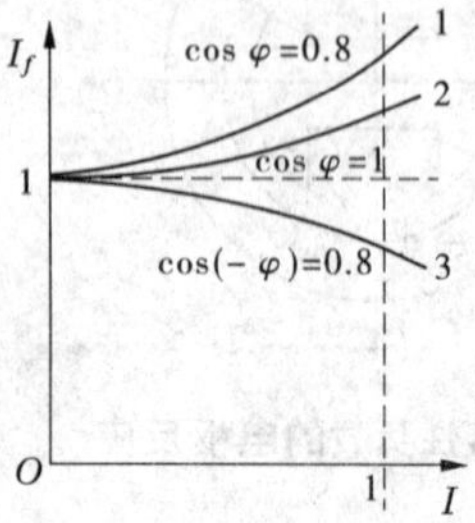

图 6-11　同步发电机的调节特性

从图中可知，由于感性负载和阻性负载的去磁作用，随着负载电流的增大，发电机的端电压将下降。为了保持端电压不变，就必须相应地增大励磁电流来补偿电枢反应的去磁作用和在电枢的阻抗上产生的压降，如图 6-11 中的曲线 1 和曲线 2 所示。从这两条曲线上还可以看出，在感性负载电流一定时，功率因数越低，为了保持端电压不变，所需的励磁电流就越大。对容性负载来说，随着负载电流的增大，发电机的端电压将要上升，因此必须减少励磁电流才能保持端电压不变，如图 6-11 中的曲线 3 所示。

第五节　同步发电机的并列条件和方法

一、同步发电机并列运行的优点

将同步发电机与电网（或正在运行的发电机）并联在一起运行的工作方式称为并列运行。

发电机并列运行后有以下优点：

（1）可提高供电的可靠性。当一台发电机故障或检修时，其他电源仍可在出力允许的情况下多带负荷，不致造成用户停电，提高了供电的可靠性。

（2）可提高电能质量。并列运行后电网容量大，因负荷波动或机组的投、切引起的频率和电压的波动小，电能质量得到了提高。

（3）可减小备用机组的总容量，节省投资。单个电厂需装设备用发电机组，并入电网后，只要电网有足够的备用容量就不需每个电厂装设备用机组，节省了投资。

（4）可以合理利用动力资源提高运行的经济性。并网后，电网可合理利用自然资源，进行经济调度。如在丰水期可多发水电，少发火电，节约燃料；枯水期多发火电，让水电厂带尖峰负荷。同时，可以让高效率、低损耗的机组多带负荷，低效率、高损耗的机组少带负荷，从而降低电能生产的成本。

二、并列运行的条件

同步发电机的并列，必须满足下列条件：

（1）待并发电机电压与电网电压大小相等，即 $U_G = U$；

（2）待并发电机电压的相位与电网电压的相位相同，两电压的相位差为0，即 $\varphi = 0$；

（3）待并发电机的频率与电网频率相等，即 $f_G = f$；

（4）待并发电机电压的相序与电网电压的相序一致。

同步发电机并列运行为什么要满足这些条件，现分析如下：

如果待并发电机与电网的频率相等，电压的相位相同，相序也一致，但是电压的大小不等（$U_G \neq U$），则在开关两触头之间将存在电压差，$\Delta\dot{U} = \dot{U}_G - \dot{U}$。如果这种情况下合闸，在电压 $\Delta\dot{U}$ 的作用下，在发电机与电网所组成的回路中，将产生一个冲击电流。在合闸瞬间，由于发电机定子绕组的阻抗很小，所以这种冲击电流是相当大的，该冲击电流将产生很大的电动力，使发电机绕组受到很大的振动，甚至造成损坏。

如果待并发电机与电网的频率、电压均相等，相序也一致，但相位不同。这时由于待并发电机的电压和电网电压在每一瞬间都不相等，因此出现电压差 $\Delta\dot{U}$，最严重（即 $\dot{U}_G$ 与 $\dot{U}$ 相差180°）时，电压差 $\Delta\dot{U}$ 可达发电机电压最大值的2倍，在这种情况下合闸，由 $\Delta\dot{U}$ 所产生的冲击电流，可能达到额定电流的20～30倍。$\dot{U}_G$ 与 $\dot{U}$ 的相位差越小，冲击电流也就越小，只有在 $\dot{U}_G$ 与 $\dot{U}$ 同相位时，冲击电流才等于零。

如果待并发电机与电网电压的大小和相位相等，相序也一致，但是频率不等，那么待并发电机的电压和电网电压在所有瞬间都不等，始终存在电压差 $\Delta\dot{U}$。最严重时电压差为发电机电压最大值的2倍。因此，在频率不等的条件下合闸并列时，不仅发电机内部会产生有害的冲击电流，而且还将使转子受到不断变化的电动力的作用，从而产生机械振荡。

若待并发电机与电网的电压、相位、频率相等，但相序不同。此时绝对不允许并列。因为相序不同时，发电机电压和电网电压不可能在同一瞬间分别保持相同，发电机无法进入同步，而且可能使发电机严重损坏。发电机的相序一般在安装时就已经检验确定，并列时就不再检查。但是新安装的发电机或大修后第一次使用的发电机，并列前一定要进行相序检查。

三、同步发电机的并列方法

同步发电机的并列方法有准同期并列和自同期并列两种。所谓准同期并列是指满足四个并列条件的情况下，进行并列的操作方法。而自同期并列则是在相序正确的条件下，将同步发电机的励磁绕组经灭磁电阻构成闭合回路（此时励磁绕组未加励磁电流，发电机由原动机带动接近同步转速时，发电机和电网的频率相差在5%以下），合上发电机出口的断路器，接着马上加入励磁电流（即断开灭磁开关），使发电机在异步力矩和同步力矩的作用下，迅速拉入同步。

(一)准同期并列法

准同期并列目前普遍采用同期表法,其同期表分两种:一种是电磁式同期表;另一种是组合式同期表,以电磁式同期表为例,如图6-12所示,它由两只电压表、两只频率表和一只同期表及转接开关组成。

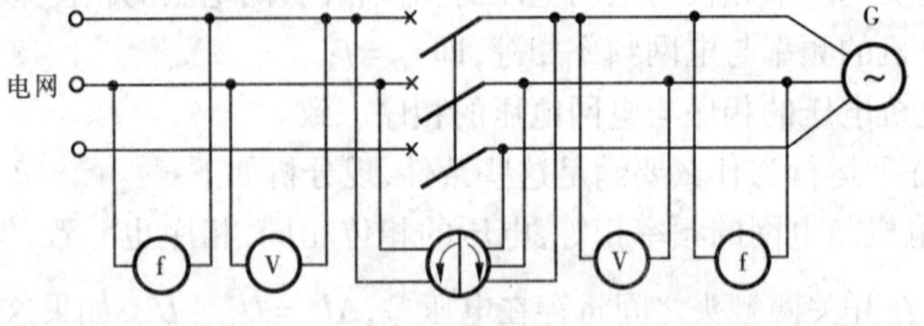

图6-12 发电机准同期并列的原理接线图

操作过程如下:先将待并发电机由原动机带到同步转速,再调节发电机转子励磁电流,使发电机电压与电网电压接近。待发电机电压稳定后,合上发电机的同期开关将同期盘上的同期转接开关转到"粗略同期"位置,同期盘上的电压表和频率表就有指示。调节待并发电机使两只电压表、两只频率表的读数相近,将同期切换开关转到"精确同期"位置,同期表接通,指针开始转动。若待并发电机频率较电网频率高,同期表指针就向"快"方向旋转,频率差愈大,指针转得愈快。这时调节原动机使发电机减速以降低频率,指针就向"慢"方向旋转。当指针向"慢"方向或"快"方向以缓慢的速度(3 ~4 r/min)旋转时,在同期表指针快要到达同期位置时,即可合闸并列。提前操作是考虑到从发出合闸脉冲到开关触头闭合,需要经过一定的时间。

准同期并列法的优点是发电机不受或仅受轻微的冲击电流,对电网没有什么影响。但它对每一个并列条件,都要求准确地检查和调节,费时较多,延长了并列操作过程。特别是当电力系统出事故,急需将发电机迅速投入电网时,准同期就显得太慢了。

(二)自同期并列法

自同期并列法是将未加励磁的发电机由原动机拖到同步转速附近后进行合闸,然后迅速加上励磁,利用发电机的自整步作用把发电机自动拖入同步。正常情况下,转子拉入同步的过程,一般不超过1 ~2 s。

自同期并列的优点是操作简便,不需复杂设备。缺点是合闸及投入励磁时,有电流冲击。

本章小结

一、同步发电机分汽轮发电机和水轮发电机。构成同步发电机的基本部分是定子和转子。定子是电枢,转子是磁极。汽轮发电机的结构特点是:卧式,转子是隐极式的,其转速高;水轮发电机的结构特点是:立式和卧式均有,转子为凸极式的,其转速较低。

二、同步发电机是根据"电磁感应"这个基本原理工作的,其特点是:感应电势的频率与转子转速之比为恒定值,即 $n = \frac{60f}{p}$。而且同步发电机定子旋转磁场的转速和转子转速是相等的，同步发电机由此而得名。

三、同步发电机的励磁方式可分为自励方式和他励方式。自励方式的励磁电流由发电机本身发出的交流电，经整流后供给；而他励方式的励磁电流取自于其他电源。目前，中小型同步发电机的常用励磁方式有直流励磁机励磁、自并励可控硅静止励磁、自复励可控硅静止励磁等。

四、对称负载时，电枢磁势对主磁场的影响称为电枢反应。电枢反应的性质与负载性质有关。当负载为纯电阻（即 $\psi=0°$）时的电枢反应是合成磁场扭斜性质的；当负载为纯电感（即 $\psi=90°$）时的电枢反应是纵轴去磁性质的；当负载为纯电容（即 $\psi=-90°$）的电枢反应是纵轴增磁性质的。若负载为阻感性负载（$0°<\psi<90°$），电枢磁势的轴线既不在横轴上，也不在纵轴上，可将其分成两个分量（横轴分量和纵轴分量）来分析，其结果是既有扭斜作用，又有去磁作用。

五、同步发电机的外特性说明同步发电机在额定转速下，保持励磁电流和功率因数不变、负载变化时，端电压的变化情况。在电感性和纯电阻负载下，端电压是随负载的增大而减小的；在电容性负载下，端电压是随负载的增大而增大的。因此，为保持端电压不变就应调节励磁电流。调节特性就是保持端电压不变时，励磁电流随负载的变化规律。对于纯电阻和电感性负载，端电压是随负载电流的增大而减小，为保持端电压不变就应增加励磁电流；对于电容性负载，端电压是随负载电流的增大而增大，为保持端电压不变就应减小励磁电流。

六、将同步发电机与电网并联在一起运行的方式，称为并列运行，并列运行后可提高供电的可靠性，改善电能的质量，节省投资，并可合理利用动力资源，提高运行的经济性。同步发电机并列时必须满足的条件是：①待并发电机电压与电网电压大小相等；②待并发电机电压的相位与电网电压的相位相同；③待并发电机的频率与电网频率相等；④待并发电机电压的相序与电网电压的相序一致。同步发电机的并列方法有准同期并列和自同期并列两种，准同期并列必须满足四个并列条件，通常采用同期表法。

思考题与习题

6-1 同步发电机的“同步”是什么意思？同步转速的大小取决于哪些因素？

6-2 同步发电机负载功率因数 $\cos\varphi=1$，问此时的电枢反应性质是增磁、去磁，还是扭斜？为什么？

6-3 同步发电机带上负载后，端电压为什么会降低？试从磁路和电路两方面分别加以分析。

6-4 负载的性质和大小，对同步发电机的外特性和调节特性有何影响？为什么？

6-5 同步发电机非同期并列时对发电机有什么危害？

6-6 并入无限大容量电网的同步发电机，当保持励磁电流不变，仅改变发电机的输入功率，输出的无功功率是否变化？为什么？

6-7 同步发电机有哪些励磁方式？常用的励磁方式有哪些？

第七章 电气设备

本章主要介绍常用高、低压电气设备的原理与结构，电动机的基本控制电路。要求了解电弧的产生与熄灭，掌握常用高、低压电气设备的工作原理与选用方法，掌握电动机基本控制电路的工作原理分析，掌握电气控制电路的识读方法。

第一节 概 述

一、电力生产的基本环节

电力又叫电能，从生产到使用是在同一时间内完成的。电能是由发电厂的发电机发出的。发电厂又称发电站，是将自然界各种能源转换成电能的工厂。按发电厂所用能源的不同，可分为水力发电厂、火力发电厂、核能发电厂、风力发电厂、地热发电厂以及太阳能发电厂等类型。

为了充分利用动力资源，降低发电成本，有必要在有水力资源的地方建造水电厂，在有燃料资源的地方建造火电厂。但这些发电厂往往离用电中心较远，必须用高压输电线路进行远距离输电。

为了提高供电的可靠性、经济性和灵活性，用不同电压等级的电力线路、变电所和用户联系起来，组成一个发电、变电、输电、配电和用电的整体，称为电力系统。其中各种电压等级的电力线路和与其联系的变电所，称为电力网或电网。电力系统加上发电厂的动力部分，又叫动力系统。

二、电力系统的一次设备

一次设备是指工作电流（或负荷电流）流经的所有设备，它包括如下几个方面：

(1)进行能量转换和电压变换的设备。如发电机、变压器和电动机等。

(2)接通或断开电路的设备。如高压断路器、隔离开关、闸刀开关、电磁启动器和自动空气断路器等。

(3)限制过电流或过电压的设备。如熔断器、电抗器和避雷器等。

(4)仪用互感器。如电压互感器和电流互感器。可将电路中的电压和电流降至较低的规定值，供给仪表测量或继电保护装置使用。

(5)载流体和绝缘体。如导线、母线、电缆和瓷瓶绝缘子等。

三、二次电气设备

二次电气设备是对一次设备进行控制、测量、保护和监视的设备。如仪表、继电保护、自动装置和操作电源等。

第二节　高压电气设备

一般将额定电压在1 000 V及以上的电气设备,称为高压电气设备。其中用来接通和断开电路的设备叫开关设备。当用开关设备断开电路时,开关的触头之间产生的弧光称为电弧。它是触头间的空气或其他气体介质被电离后产生的气体导电现象。触头间有电弧时,说明电路实际上并没有切断。电路的电压愈高、电流愈大,电弧产生愈强烈。

一、电弧的产生与熄灭

(一)电弧的产生与危害

电弧是由强电场发射的电子点燃的。当开关的触头拉开很小的距离时,触头间的电场强度很大,足以将阴极触头上的电子吸引出来,这就是强电场发射。电子高速奔向阳极,途中碰撞空气或其他气体介质的分子,使中性分子分离成自由电子和正离子,称为碰撞游离。碰撞游离的连锁反应,使弧道中的自由电子和正离子增多,形成弧光放电。弧道中温度升高,气体分子的外层电子热运动速度加剧,跳出原来运动轨道形成自由电子和正离子,称为热游离,靠它维持连续不断的弧光,这就是电弧形成的过程。

游离是中性气体分子分解成带电的正、负离子的过程,它有利于电弧的继续维持。

电弧的温度很高,可能烧坏开关设备的触头。在充油的开关设备中,电弧的高温可能使油汽化,产生高压油汽体,使高压开关爆炸引起火灾。在电动力作用下,电弧的飞溅还可能引起短路事故、危及人身安全。电弧还会破坏电力生产的稳定性。所以要求开关设备能迅速、可靠地熄灭电弧。

(二)电弧熄灭的方法

触头间的电弧是由中性气体被游离成为电子和正、负离子参与导电的结果。若使电弧熄灭,必须设法使电子和正、负离子从弧道中消失,这叫去游离。去游离的方式有复合和扩散两种。复合是将带负电的离子和带正电的离子中和成中性介质的过程。扩散是弧道中正、负离子逸出弧道的现象。一般是由带电离子浓度较高的区域向浓度较低的区域扩散。弧道愈长,电弧与周围介质的温差愈大,扩散愈快。

电弧中的游离和去游离过程是同时存在的。若游离的趋势大于去游离的趋势,电弧增强。反之,电弧减弱,这时有利于电弧的熄灭。要迅速地灭弧,就要加强去游离的过程而削弱游离的过程。

交流电弧每半个周期过一次零值,这是熄灭电弧的良好时机。因此,交流电弧比直流电弧便于熄灭。

在开关设备中,常用的灭弧方法有下列几种:

(1)提高触头的分离速度。迅速拉长电弧,使电弧易于熄灭。

(2)利用气体吹弧,图7-1所示为利用气体纵吹或横吹电弧,既拉长电弧,又可冷却熄灭电弧。

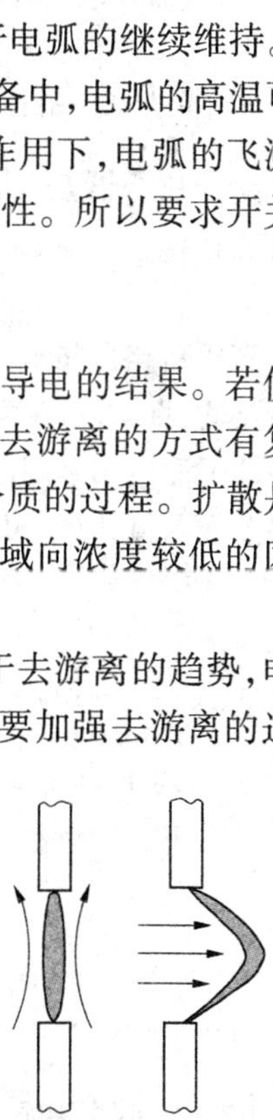

(a)纵吹　(b)横吹

图7-1　气体吹弧示意图

(3)利用多断开口灭弧。同一相开关的触头,设置不同数目的断口(断开点),如图 7-2所示。这样,既可以减少触头间的电场强度,又相应地拉长了电弧,便于灭弧。

(4)利用灭弧栅熄弧。如图 7-3 所示,利用金属片制成的灭弧栅,可将长弧分割成短弧,从而使电弧冷却熄灭。

(5)利用真空灭弧或特殊介质材料(如 SF_6)灭弧。

在直流电路中,常用磁吹式的灭弧方法。

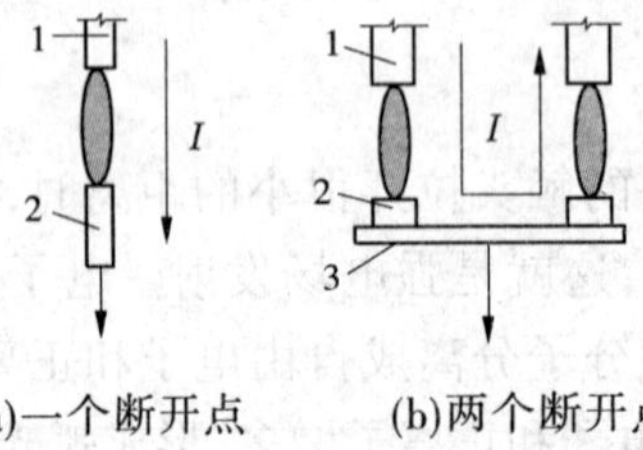

(a)一个断开点　(b)两个断开点

1—静触头;2—动触头;3—导电横担

图 7-2　一个和两个断开点的触头电弧

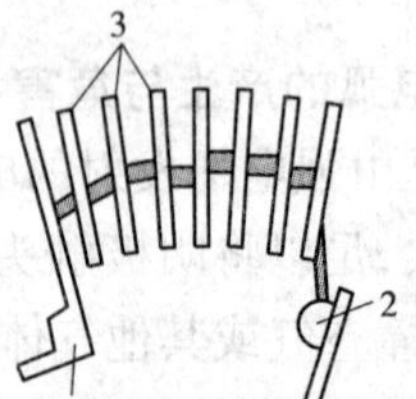

1—固定触头;2—可动触头;3—灭弧栅

图 7-3　用金属片制成的灭弧栅

二、高压断路器

高压断路器是一种专用于断开或接通电路的开关设备,它有完善的灭弧装置。因此,不仅能在正常时通断负荷电流,而且能在出现短路故障时在保护装置的作用下切断短路电流。

高压断路器按放置场所不同可分为户内式和户外式;按采用的灭弧介质来划分,主要有油断路器、真空断路器和六氟化硫(SF_6)断路器等。油断路器分为多油和少油两大类,多油断路器因油量多、体积大、断流容量小、运行维护比较困难,现已被淘汰。少油断路器、真空断路器和六氟化硫(SF_6)断路器目前应用较广。高压断路器的型号表示方式如下:

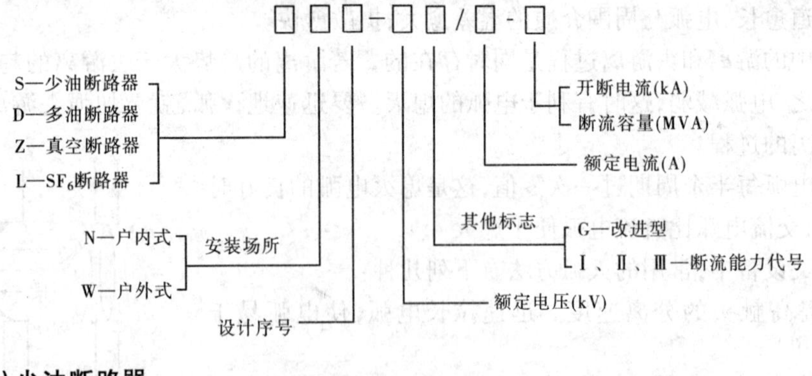

(一)少油断路器

少油断路器主要由油箱、传动机构和框架三部分组成。油箱是断路器的核心部分,油箱的上部有油气分离室,其作用是将灭弧过程中产生的油气混合物旋转分离,气体从顶部排气孔排出，而油则沿内壁流回灭弧室。

当断路器跳闸时，产生电弧，在油流的横吹、纵吹及机械运动引起的油吹的综合作用下，使电弧迅速熄灭。

少油式断路器具有结构简单、材料损耗少、体积小、重量轻、用油量少、便于生产、性能稳定、运行和检修方便、价格便宜等优点，其缺点是不适用于频繁操作，操作一定次数后，油损失量大，要停电补充油，同时还要检修，故对频繁操作的电路使用起来不方便。

SN10-10 型少油断路器是一种性能良好的户内用少油断路器，在 6 ~ 10 kV 系统中得到广泛应用。它可以配用手动、弹簧或电磁操动机构，可以配装成固定式或手车式开关柜。图 7-4 为 SN10-10 型少油断路器外形图。

图 7-4　SN10-10 型少油断路器外形图

（二）真空断路器

图 7-5 为 ZN_3-10Ⅰ型真空断路器，适用于户内。其结构也有三大部分组成：操作机构、电磁系统和构架部分。操作机构有手动（CS）和电磁（CD）等形式。电磁系统包括静触头和动触头以及真空灭弧室。

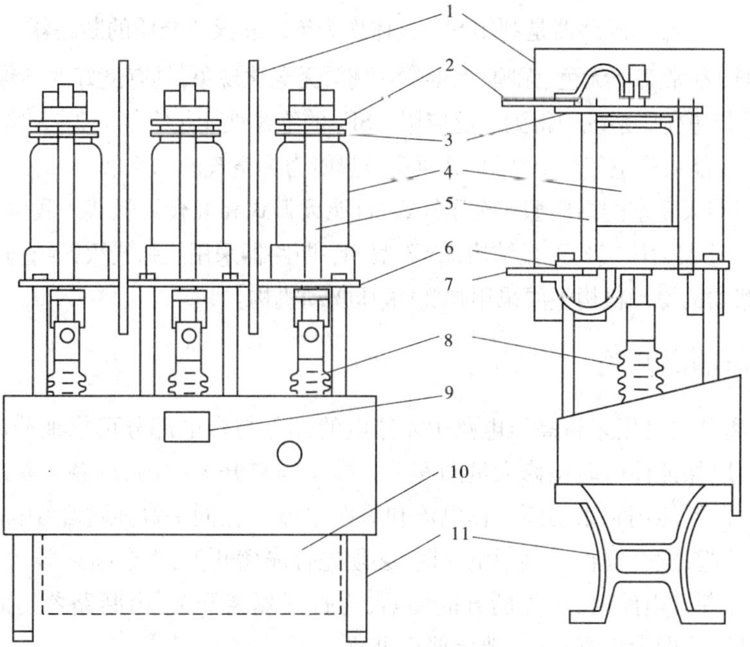

1—绝缘隔板；2—上出线板；3—上压板；4—真空灭弧室；5—绝缘支撑杆；6—绝缘撑板；7—下出线板；8—绝缘子；9—铭牌；10—操动机构；11—支架

图 7-5　ZN_3-10 Ⅰ型真空断路器的外形图

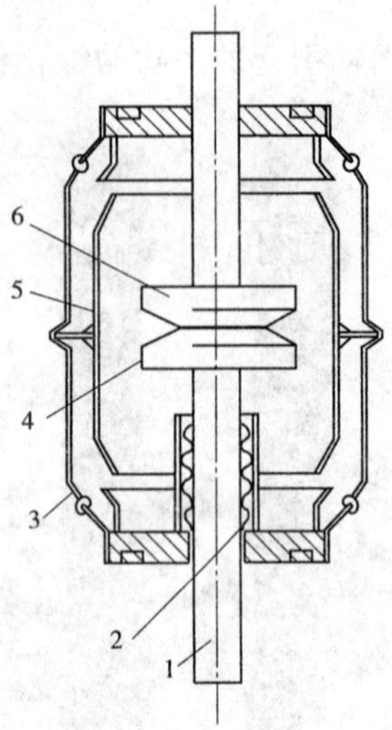

1—动触杆；2—波纹管；3—外壳；
4—动触头；5—屏蔽罩；6—静触头

图 7-6　真空灭弧室的原理结构图

图 7-6 为真空灭弧室的构造。动触头 4 与静触头 6 等都密封在抽为真空的外壳 3 内，外壳 3 由玻璃或陶瓷做成。不锈钢波纹管 2 的一端与外壳端焊接，另一端与动触杆 1 焊接，在动触头 4 运动时利用波纹管 2 的弹性保持灭弧室的真空。包围触头的屏蔽罩 5 由铜板制成，其作用是防止触头间产生电弧时的金属蒸气等附着并沉积在外壳表面而破坏外壳两端间的绝缘。

真空灭弧室的动、静触头采用磁吹对接式。在动、静触头的旋弧面上，开有三条阿基米德螺旋槽，利用短路电流产生的强大电磁场，驱使电弧高速旋转，避免触头局部过热，从而在电流过零时，迫使电流熄灭。

真空断路器开断性能好，动作快，体积小，重量轻，没有爆炸和火灾危险。目前在10 ~ 35 kV 电力系统中广泛应用。

目前，发电厂和变电所 6 ~ 10 kV 户内断路器大多数还是用少油式 $SN_{I(Ⅱ或Ⅲ)}$-10 型，其灭弧室与 SW_6-110 型相仿。从发展趋势来看，它将被 ZN-10 型真空断路器所取代。

(三)六氟化硫(SF_6)断路器

六氟化硫（SF_6）断路器是利用 SF_6 气体作为绝缘和灭弧介质的断路器。SF_6 是一种非常稳定的气体，在常态下无色、无嗅、无毒、不可燃，无老化现象，具有良好的绝缘性能和灭弧效果，在高压和超高压系统中得到广泛应用。SF_6 的绝缘性能是空气的2 ~3 倍，在自由开断情况下，其灭弧能力是空气的 100 倍，其对流散热能力为空气的 2.5 倍。

SF_6 断路器灭弧室的结构型式有压气式、自能灭弧式和混合灭弧式。我国生产的 LN1、LN2 型 SF_6 断路器为压气式灭弧结构，LW3 型 SF_6 断路器采用旋弧式灭弧结构。

SF_6 断路器的操动机构主要采用弹簧、液压操动机构。

三、高压隔离开关

高压隔离开关是用来将高压电路中需停电的部分与带电部分可靠地分离开来，并留有可见间隙，以保证停电时检修人员的安全。高压隔离开关的动、静触头是敞露的，没有灭弧装置，所以不能用它来切断工作电流和短路电流。在同一高压电路中隔离开关与断路器串联在一起，配合操作。接通电路时，必须先合隔离开关，再合断路器，由断路器接通电路的电流。断开电路时，应先断开断路器，再打开隔离开关，由断路器切断电路电流。若操作顺序反了，即为误操作，会造成严重事故。

隔离开关还可以用于某些电路的切换操作，以改变电厂或变电所的运行方式。它也可以用来直接断开或接通电压互感器、避雷器和励磁电流小于 2 A 的空载变压器等电路。

隔离开关的种类很多，其型号表示方式如下例所示：

GW_4 - 110D / 1000

- 1000 — 额定电流(A)
- D — 带接地闸刀(G改进型;K快分式;T统一设计)
- 110 — 额定电压(kV)
- 4 — 设计序号
- W — 放置方式(W户外;N户内)
- G — 隔离开关

隔离开关由操作机构、支持绝缘子和框架、动静触头等部分组成。

图 7-7 ~ 图 7-9 分别为几种户内式、户外式高压隔离开关。

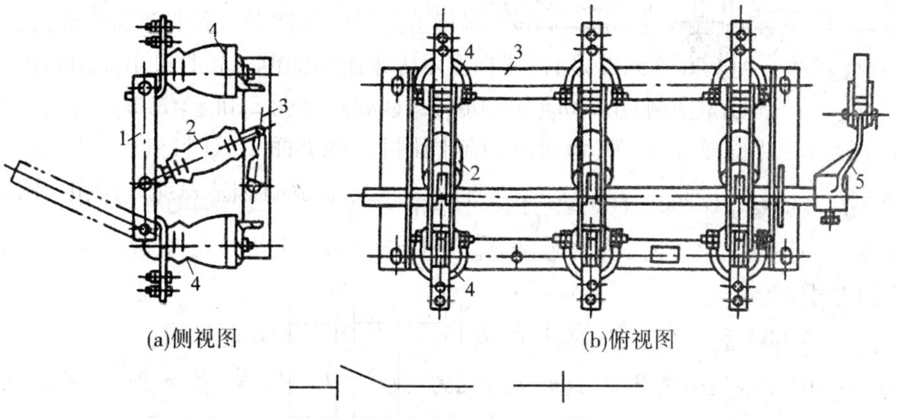

(c)电气图形符号

1—闸刀(动触头);2—活动绝缘子;3—框架;4—固定绝缘子;5—拐臂

图 7-7　$GN_6\text{-}^{6}_{10}T/200\sim600$ 型户内三柱式高压隔离开关

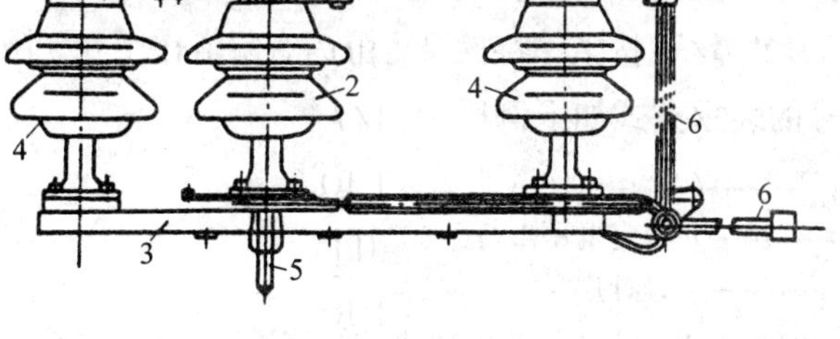

1—闸刀;2—活动绝缘子;3—底架;4—固定绝缘子;5—操动连杆;6—接地闸刀;7—静触头;8—副触头

图 7-8　GW_2-35D/600 型户外三柱式高压隔离开关

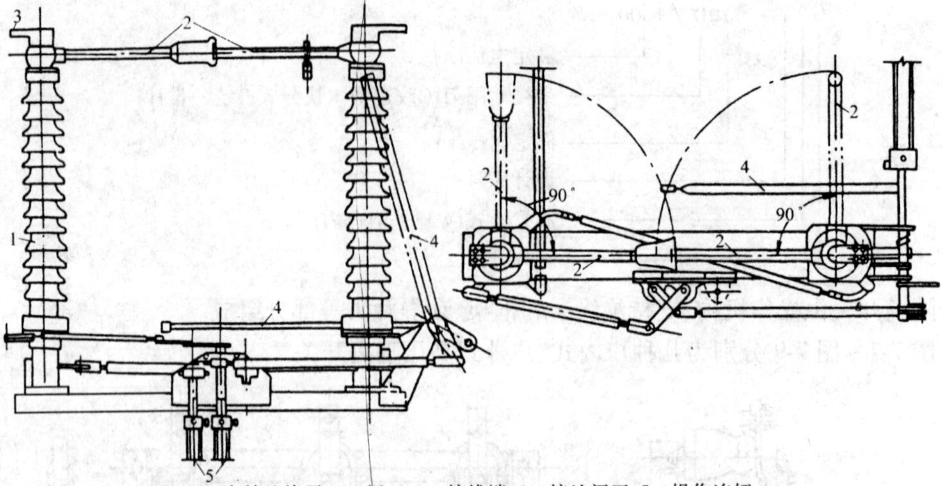

1—支持绝缘子;2—闸刀;3—接线端;4—接地闸刀;5—操作连杆

图 7-9　GW_4-110D 型高压隔离开关

图 7-7 为 GN_6-$^{6}_{10}$T/200～600 型户内三柱式高压隔离开关,两端绝缘子是固定的,中间是活动的。当转动拐臂 5 时,活动绝缘子 2 顶开动触头 1 便形成可见断开间隙。反转拐臂 5 即可合上。

GW_2-35D/600 型户外三柱式高压隔离开关,其结构与操作顺序同上。

GW_4-110D 型高压隔离开关,其动作过程为:扳动其操作机构,使 π 型支持绝缘子分别顺时针和逆时针转动 90°时,其闸刀 2 的触头打开,出现明显可见间隙,表示电路处于断开状态。若此时反向扳动操作机构,又可使隔离开关两触头合上,为接通电路做好准备。

高压隔离开关在电气接线图中常用的电气符号如图 7-7(c)所示。

四、高压熔断器

高压熔断器是一种结构简便、价格较低的保护电器。它与被保护电气设备串联,当电路发生短路故障或严重过载时,大电流的热效应将熔断器的熔体熔断,切断电路,从而保护接在其后的电气设备。在 35 kV 以下的高压电路中,常用熔断器作为电压互感器和小容量变压器的保护电器。高压熔断器由熔体、连接熔体的触头和熔管(外壳)等部分组成。熔体常用镀锡铜线或银线制成。熔断器的种类很多,按放置场所可分为户内式和户外式;按动作方式可分为固定式与自动跌落式;按工作特性又可分为有限流作用和无限流作用两种。

高压熔断器型号的表示方式如下例所示:

RW_4 - □/□—— 额定电流(A)

- □ — 额定电压(kV)
- 4 — 设计序号(1保护线路用;2保护电压互感器用;3、4、5、6自动跌落式)
- W — 放置方式(W户外,N户内)
- R — 熔断器

(一)户外跌落式熔断器

户外跌落式熔断器的结构如图 7-10 所示。正常工作时,熔断器中的熔体 6 依靠其机械拉力使动触头 2 卡紧在静触头 1(鸭嘴盖下)上,弹簧钢片顶住触头,熔管掉不下来。当熔体因严重过载或短路熔断时,动触头失去拉力而随熔管自动跌落下来,切断故障电路。

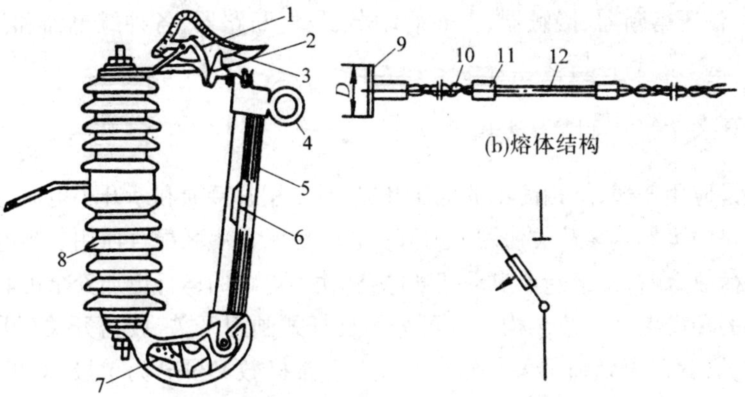

(a)跌落式熔断器　(b)熔体结构　(c)电气图形符号

1、7—静触头;2—动触头;3—钢片;4—操作环;5—熔体管;6、12—熔体;8—瓷绝缘体;9—钮扣;10—铜绞线;11—套管

图 7-10　跌落式熔断器

(二)户内管式熔断器

户内管式熔断器如图 7-11 所示。管内有几根并联的熔丝,熔丝上焊有小锡(或铅)球,当发生短路或严重过负荷时,锡球首先熔化,切断电路。管内有石英砂填充,它起冷却灭弧作用。管底部装有熔断指示器。

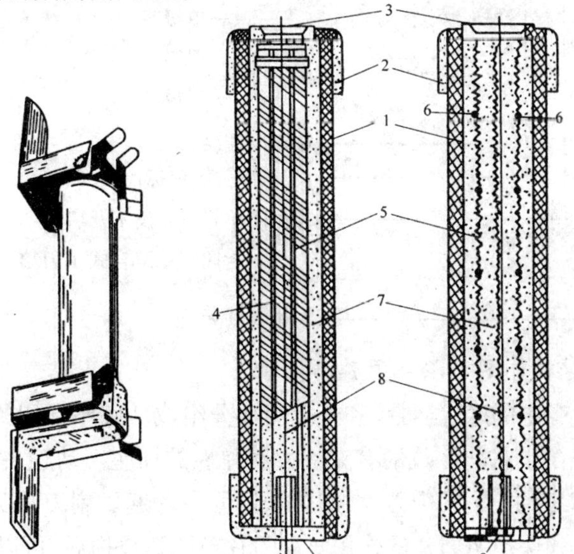

(a)外形图　(b)熔丝绕于陶瓷心　(c)具有螺旋形熔丝

1—瓷管;2—管罩;3—管盖;4—瓷心;5—熔丝;6—锡球或铅球;7—石英砂;8—钢指示熔丝;9—与指示熔丝连的小衔铁

图 7-11　RN_1 熔断器的结构与外型

第三节　低压电气设备

通常将额定电压在1 000 V以下的电气设备称为低压电气设备。常用的低压电气设备有刀开关、低压熔断器、接触器、电磁启动器、空气断路器、各种继电器和按钮（主令电器）等。

一、刀开关

刀开关是应用普遍、结构简单的低压开关，可以用它接通和断开小电流电路。在大电流的低压电路中可作隔离开关使用。刀开关常与熔断器串联配合使用。当电路发生短路或严重过负荷故障时，由熔断器自动切断电路，使得电路的运行更加安全可靠。

刀开关的种类繁多。按结构型式可分为杠杆式闸刀开关、胶盖开关（开启式负荷开关）、铁壳开关（封闭式负荷开关）、组合开关等。按极数又可分为单极、双极（单相）和三极（三相）开关。

刀开关的型号表示如下例所示：

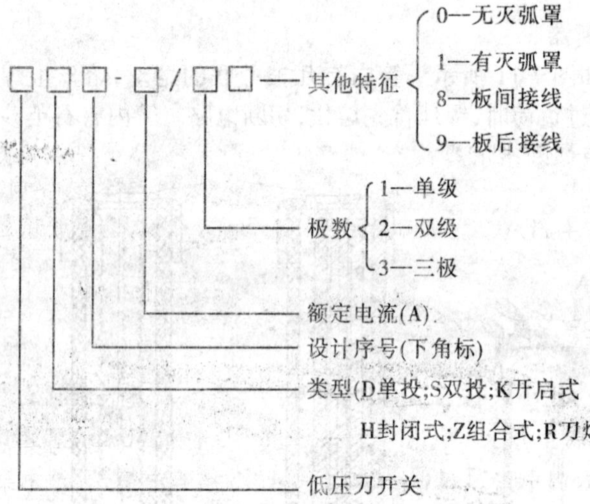

各类刀开关的结构如图7-12～图7-16所示。

它们都由底座，导电的动、静触头和外壳等部分组成。底座常用绝缘材料（陶瓷或胶木）制成。静触头是由铜材料制成的有夹持力和弹性的插座。动触头是由铜材料制成的闸刀。大电流的闸刀有主、副两个刀片，用弹簧紧固在一起。副刀片又叫速断刀片，它有速断分离、迅速灭弧和保护主刀片的作用。副刀片被电弧烧损后，可以更换新的。

刀熔开关是将刀开关和熔断器串联在一起的配合动作的开关，常用在低压配电屏上。

组合开关是由静触头、动触头、转轴、手柄等部件组成，如图7-16所示。它的动触头2和静触头1分装在数层绝缘盒内。手柄5、转轴4和动触头联动。手柄转动不同的位置，接通和断开不同的电路。

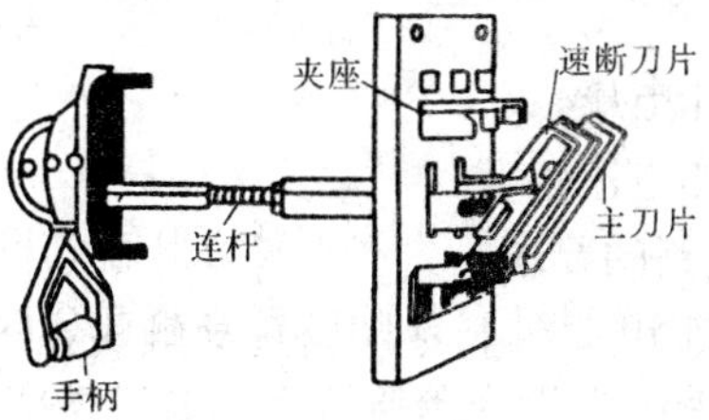

图 7-12　杠杆闸刀开关

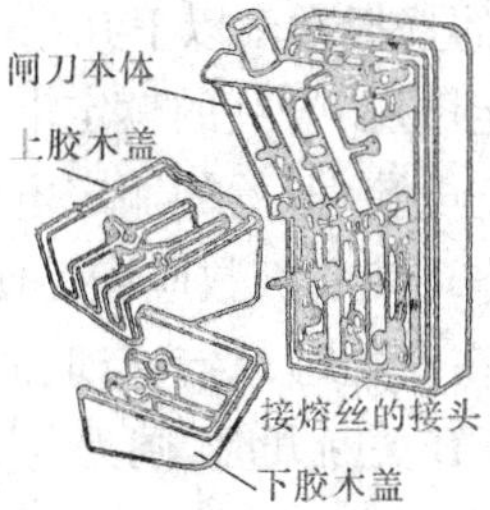

图 7-13　胶盖闸刀开关

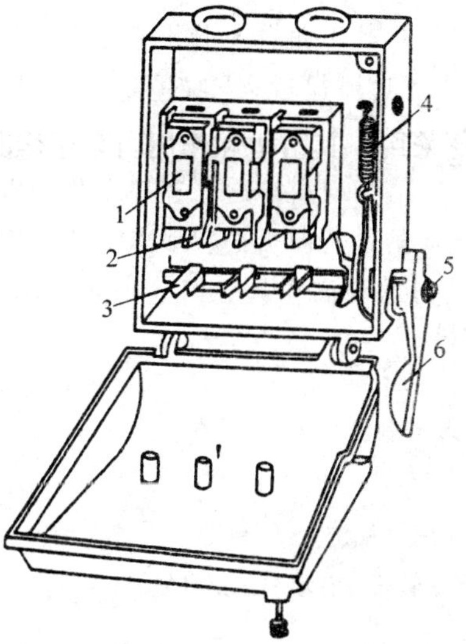

1—熔断器；2—静触头；3—动触头；4—弹簧；
5—转轴；6—操作手柄

图 7-14　铁壳开关

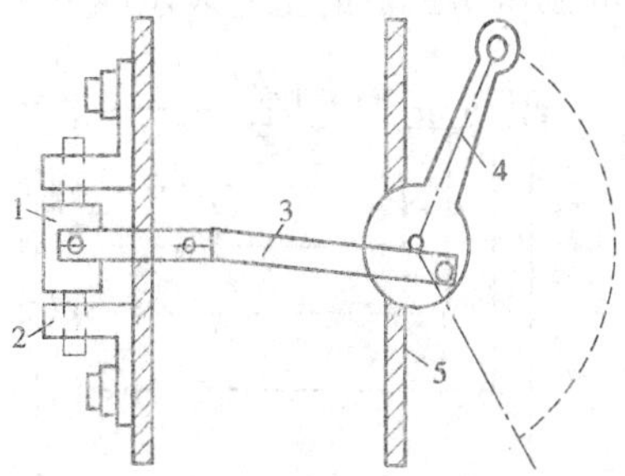

1—RT0 型熔断器；2—触头；3—连杆；
4—操作手柄；5—低压配电屏板面

图 7-15　刀熔开关

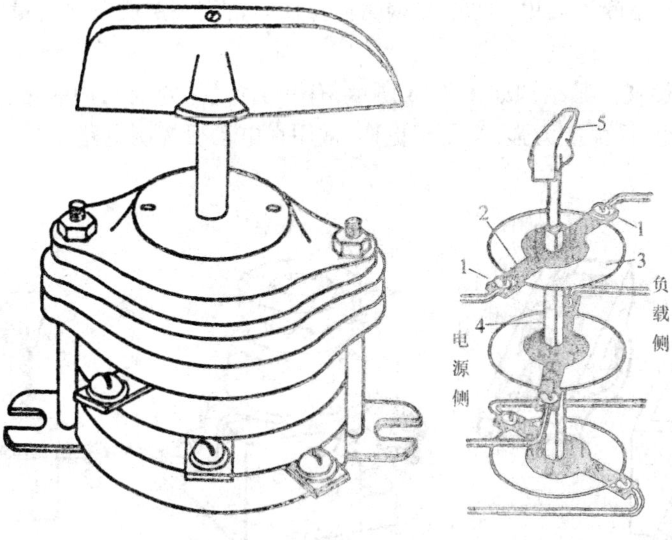

1—静触头；2—动触头；3—绝缘垫板；4—绝缘方轴；5—手柄

图 7-16　HZ_{10} 系列组合开关

刀开关的选择常由以下几个条件来决定：

(1)额定电压：开关的额定电压≥电路工作电压；

(2)额定电流：开关的额定电流≥电路工作电流；

(3)工作环境和极数应满足使用场所及电路的要求。

刀开关在安装时，要求与地面垂直安装，静触头在上，接电源；动触头在下，接负载。这样，可保证开关断开时，闸刀与熔断器上不带电。

刀开关的额定电流有 10 A、15 A、30 A、60 A、100 A、200 A、400 A、600 A、1 000 A、1 500 A 等。

二、低压熔断器

低压熔断器在电压 1 000 V 以下的电路中广泛采用。其结构和作用与高压熔断器相同。其熔体是由低熔点的铅锡合金制成的。

常用的低压熔断器的型号表示如下例所示：

R□□□-□/□ —— 熔体额定电流(A)

额定电流(A)

其他标志(A为改进制)

设计序号

结构型式(C插入式；L螺旋式；M密封管式；T有填料式；Z自复式)

熔断器

(一)常用低压熔断器

(1)RC1A 型瓷插式。其结构如图 7-17 所示，由瓷底座和静触头、瓷插件、动触头和熔体组成。这种熔断器简单、价廉、更换熔体方便。常用在照明及小容量电动机的保护电路上。

(2)RL 螺旋式。其结构如图 7-18 所示，有一个瓷管(瓷鼓)，内装熔丝和石英砂。RL 型熔断器体积小、灭弧能力强，又便于更换，常用在电动机控制电路中。

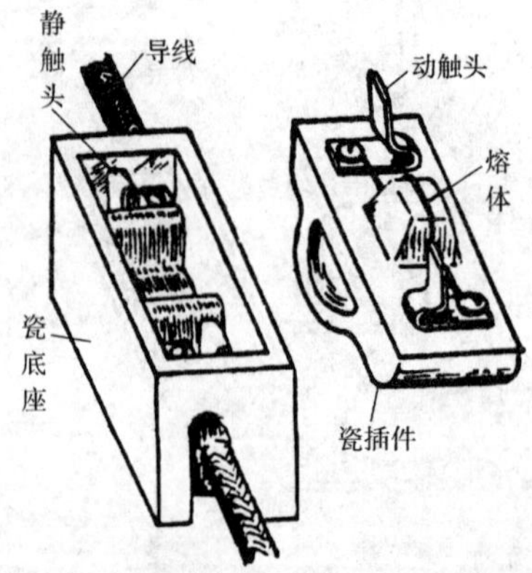

图 7-17　RC1A 型熔断器

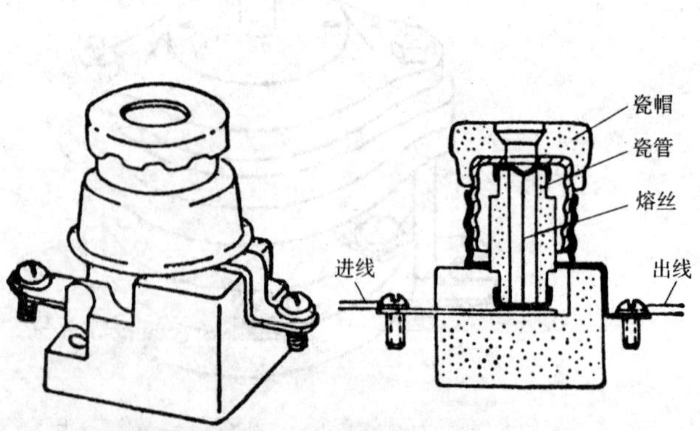

图 7-18　RL 型熔断器

(3)RM 管式。其结构如图 7-19 所示，熔体是断面不等的熔片，熔片常在断面最小处熔断。熔片熔断时，电弧产生的高温使管内壁纤维物受热分解，管内压力增大，促使电弧熄灭。这种熔断器较 RC1A 型、RL 型熔断器断流能力大，适用于低压线路的短路及过载保护。

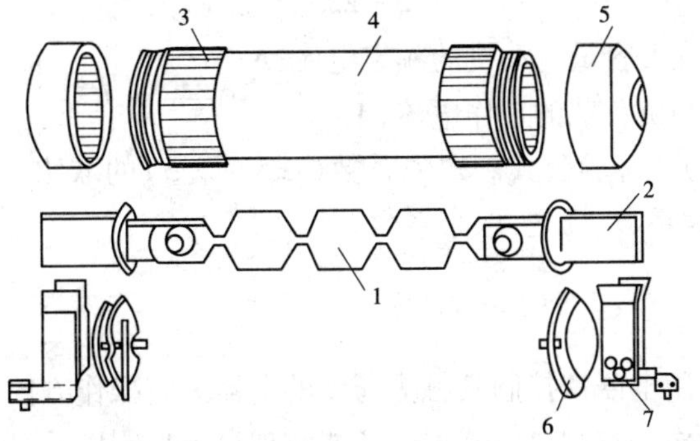

1—熔片；2—刀型接触片；3—黄铜圈；4—纤维管；5—黄铜帽；6—特种垫圈；7—刀座

图 7-19　RM 管式熔断器

(二)常用低压熔断器和熔体的选择

1. 熔断器的选择

选择熔断器应根据下列条件：

(1)熔断器的额定电压不得小于安装地点电路的工作电压。

(2)熔断器的额定电流不得小于其熔体的额定电流。

熔断器的额定电流和熔体的额定电流是两个概念不同的数值。熔断器的额定电流是指熔断器长期工作的最大允许电流。熔体的额定电流是指熔体长期工作而不熔断的最大电流。熔断器内熔体(熔丝或熔片)的额定电流应小于或等于熔断器的额定电流。例如 RL1-60 螺旋式熔断器，其额定电流为 60 A，额定电压为 500 V，其中可以安放额定电流为 15 A、20 A、30 A、35 A、50 A、60 A 的熔体。

(3)根据工作环境不同，选择不同结构型式的熔断器。例如在小容量的分支电路常选用 RC1A 型，车床配电线路中常选用 RL 型，在一些动力配电箱中常选用 RM 型等。

2. 熔体的选择

由于熔断器是一种结构简单、使用方便而又廉价的保护电器，所以被广泛应用于低压电路的各级保护中。一旦出现短路或严重过负荷故障时，往往要求熔断器能迅速、可靠和有选择地切除故障电路，确保非故障电路继续正常运行和防止事故扩大。而熔断器的可靠性与选择性是由恰当地选择熔体来实现的。所以，正确地选择熔体是保证熔断器安全、可靠工作的重要环节。

(1)对照明、电炉负载电路熔体的选择条件为

$$I_N \geqslant I_{js} \tag{7-1}$$

式中　I_N——熔体的额定电流，A；

I_{js}——照明、电炉负载的计算电流，A。

(2)对电动机负载电路熔体的选择。

对单台电动机负载的选择条件为

$$I_N \geqslant (1.5 \sim 2.5) I_{NM} \tag{7-2}$$

式中 I_{NM}——电动机的额定电流，A。

对多台电动机的总熔断器熔体的选择条件为

$$I_N \geqslant (1.5 \sim 2.5) I_{NMm} + I_g \tag{7-3}$$

式中 I_{NMm}——一台最大容量电动机的额定电流，A；

I_g——其余电动机负载的工作电流，A。

式(7-2)、式(7-3)是经验公式。式中系数(1.5～2.5)的取法：当电动机的启动电流大或启动频繁时，取大系数；反之，取小系数。

三、接触器

接触器是一种利用电磁铁控制其触头通断的电器。它操作方便、动作迅速、灭弧能力强并能实现远距离操作。它和继电器配合还能实现自动控制以及过压、过流保护。因此，它广泛用于电动机控制电路中。接触器按操作电源分为交流接触器和直流接触器。我们主要介绍交流接触器的结构和工作原理。

交流接触器的结构如图7-20所示，它由触头系统、电磁系统和灭弧装置三部分组成。

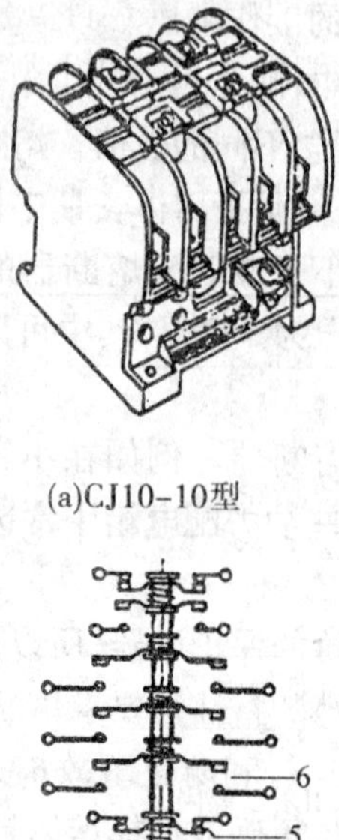

(a)CJ10-10型

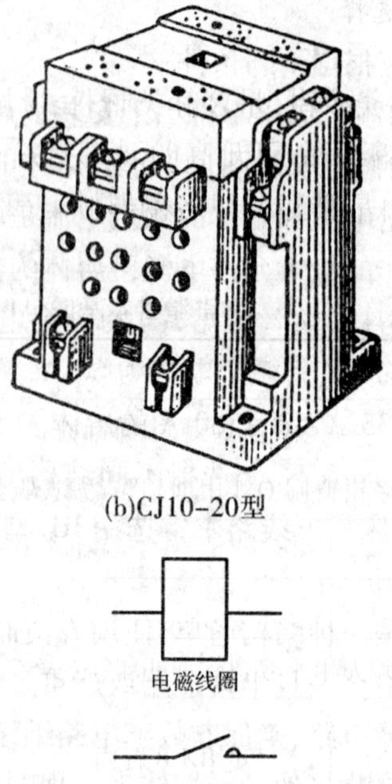

(b)CJ10-20型

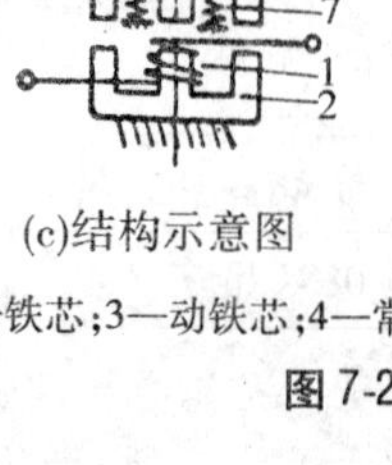

(c)结构示意图

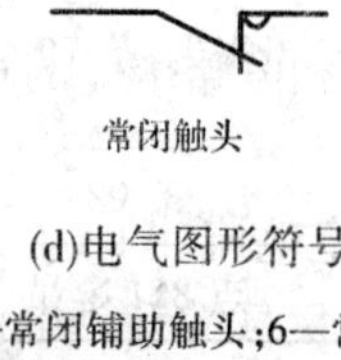

(d)电气图形符号

1—电磁线圈；2—静铁芯；3—动铁芯；4—常开铺助触头；5—常闭铺助触头；6—常开主触头；7—恢复弹簧

图7-20 CJ10型交流接触器

(1)触头系统:有主触头和辅助触头两部分。主触头是用来接通和断开负荷电流的触头,因为它断通的电流较大(可达数百安),所以放在灭弧罩内。辅助触头是用来接通和断开、控制信号电路电流的触头,其额定电流较小,一般为 5 A。

(2)电磁系统:由电磁线圈(又叫吸引线圈)和铁芯组成。铁芯又分为静铁芯和动铁芯(又叫衔铁)。

(3)灭弧装置:灭弧罩是交流接触器的灭弧装置,它是由陶瓷或石棉水泥制成的。其内部结构可以实现纵向或横向切割电弧,并将电弧产生的高温热量传导出去。

图 7-20(c)为交流接触器的结构示意图。图中常开、常闭触头是指电磁线圈未通电时(称为常态),触头所处状态。该接触器有三对常开的主触头和两对常开、两对常闭的辅助触头。接触器的电磁线圈及常开、常闭触头的电气符号如图 7-20(d)所示。

由图 7-20(c)可知,当电磁线圈 1 通电后,动铁芯 3 被吸合,并使各常开触头闭合,常闭触头断开,从而接通相应的主电路和控制电路。当电磁线圈 1 断电后,在恢复弹簧 7 的作用下,动铁芯 3 带动所有触头恢复常态,断开主电路和控制电路。

交流接触器的选择是根据额定电压、额定电流和电磁线圈的额定电压来确定的。交流接触器的额定电流 I_N 是指主触头允许长期通过的最大电流。I_N 有 5 A、10 A、20 A、40 A、60 A、100 A、150 A、250 A、400 A、600 A 共 10 级。电磁线圈的额定电压有 36 V、110 V、220 V、380 V 共 4 级。

交流接触器的型号表示如下例所示:

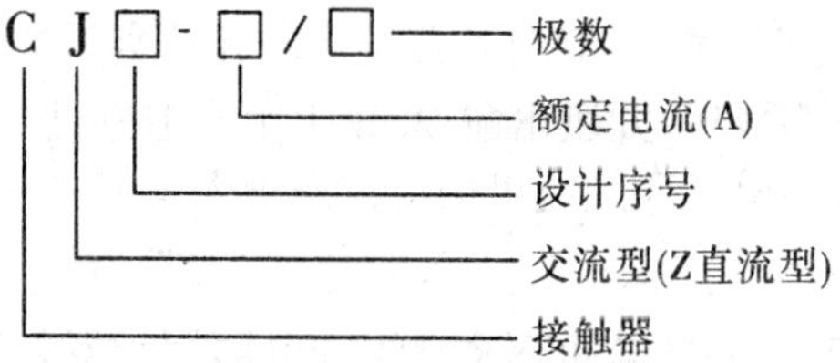

四、热继电器

热继电器是一种过载保护电器。常用的双金属片式 JR15 型热继电器的外形与结构如图 7-21 所示。这种热继电器结构简单、体积小,使用最广泛。

当电路过载时,使串联在电路中的发热元件 3 的发热量大为增加,热膨胀系数不同的主双金属片 2 因温度升高而发生弯曲,并推动导板 4 带动补偿双金属片 5 向右移动,带动推杆 16 推动触头 9 使其与静触头 6 分开,使控制电路断电。因此,交流接触器线圈断电,主电路断开,使其后面的电气设备得到保护。

热继电器动作后,双金属片冷却复原(约 5 min 便可自动恢复,经 2 min 后也可手动复位)。为了便于和被保护电动机的额定电流相配合,热继电器的整定值可以用凸轮 13 进行调节。热继电器的电气符号如图 7-21(c)所示。其型号表示如右例所示:

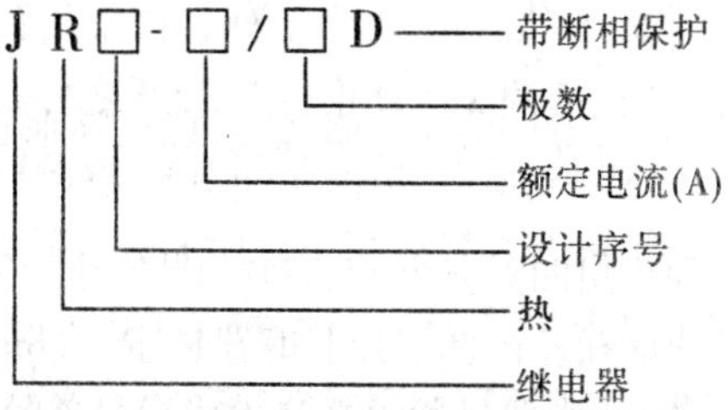

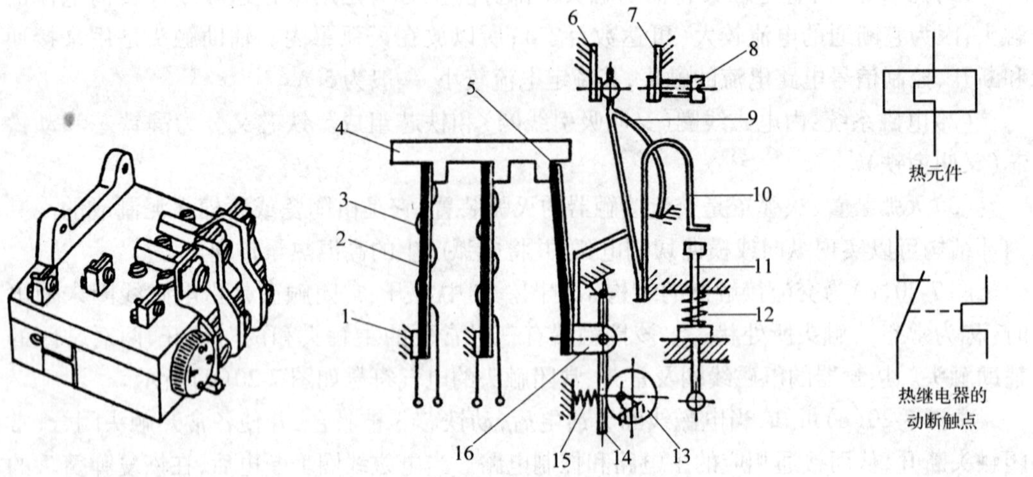

(a)外形图　　(b)结构图　　(c)电气图形符号

1—外壳；2—主双金属片；3—发热元件；4—导板；5—补偿双金属片；6—静触头（常闭）；7—静触头（常开）；
8—再扣调节螺钉；9—动触头；10—再扣弹簧；11—再扣按钮；12—再扣按钮复位弹簧；
13—整定电流调节凸轮；14—支持件；15—弹簧；16—推杆

图 7-21　JR15 系列热继电器

五、时间继电器

时间继电器是一种利用电磁原理或机械动作原理来延迟触头闭合或断开的自控延时电器。它的种类很多，有电磁式、电动式、空气阻尼式（又称气囊式）、晶体管式等。目前，在交流电路中应用较广泛的是空气阻尼式时间继电器，其结构简单，延时范围大（0.4 ~ 180 s）。

JS7-A 系列空气阻尼时间继电器可分为通电延时和断电延时两种。图 7-22 为JS7-4A 断电延时时间继电器。其结构由电磁系统、工作触头、气室及传动机构四部分组成。电磁系统包括线圈 1、铁芯 4 和衔铁 2；工作触头包括两对瞬时触头（23 和 24；25 和 26）及两对延时触头（27 和 28；29 和 30）；气室内有一块橡皮薄膜，随空气的增减而移动；传动机构由推板 5、活塞杆 8、杠杆 9 及宝塔形弹簧 11 组成。

其工作原理为当线圈 1 通电后，衔铁 2 克服反力弹簧 3 的阻力与固定铁芯 4 吸合，带动推板 5，压合微动开关 XK_1，使常闭触头 23、24 瞬时断开，常开触头 25、26 瞬时闭合。与此同时，衔铁 2 压动推杆 7，使活塞杆 8 克服弹簧 11 的阻力向下移动，通过杠杆 9 使微动开关 XK_2 也瞬时动作：常闭触头 29、30 断开，常开触头 27、28 闭合。当线圈断电时，衔铁 2 在反力弹簧 3 的作用下瞬时断开，通过推板 5 使 XK_1 触头瞬时复位，与此同时使活塞杆 8 在宝塔形弹簧 11 和气室控制下延时复位。延时长短由进气口 14 的气流大小而定，可通过螺钉 12 和螺旋 10 加以调整，使 XK_2 动触头延时动作，实现断电延时。

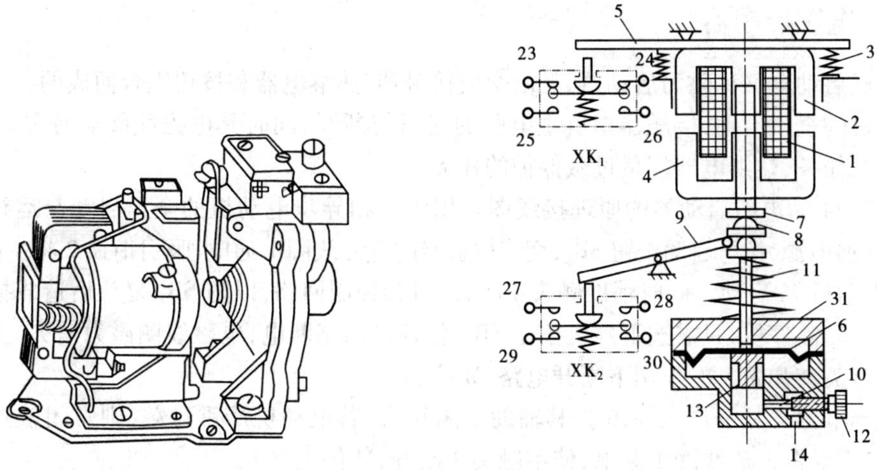

(a)外形图　　　　　　　　　　(b)动作原理图

1—线圈;2—衔铁;3—反力弹簧;4—铁芯;5—推板;6—橡皮膜;7—多衔铁推杆;8—活塞杆;
9—杠杆;10—螺旋;11—宝塔形弹簧;12—调节螺钉;13—活塞;14—进气口;15、16—瞬时断开常闭触头;
17、18—瞬时闭合常开触头;19、20—延时断开瞬时闭合常闭触头;21、22—延时闭合瞬时断开常开触头;
23、24—瞬时断开常闭触头;25、26—瞬时闭合常开触头;27、28—瞬时闭合延时断开常开触头;
29、30—瞬时断开延时闭合常闭触头;31—弱弹簧

图 7-22　JS7-4A 时间继电器

时间继电器的电气符号如图 7-23 所示。

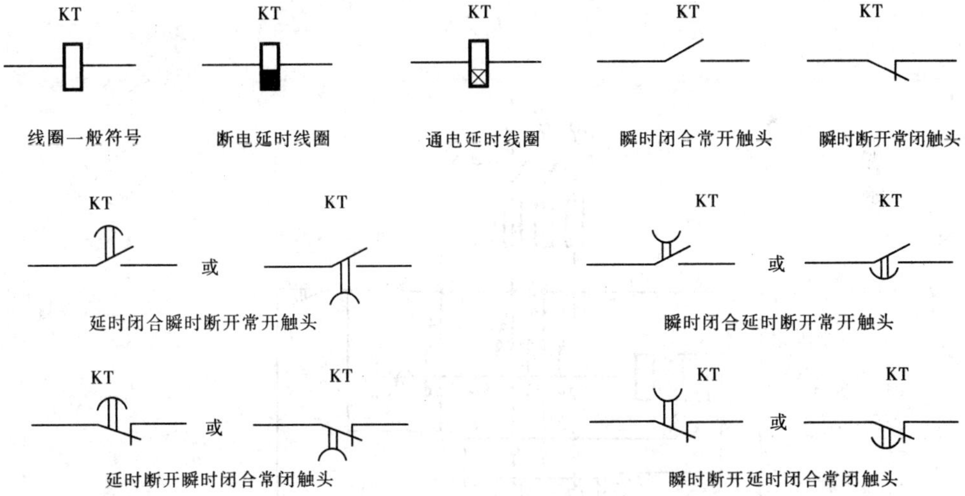

图 7-23　时间继电器电气符号

时间继电器的型号表示如下例所示：

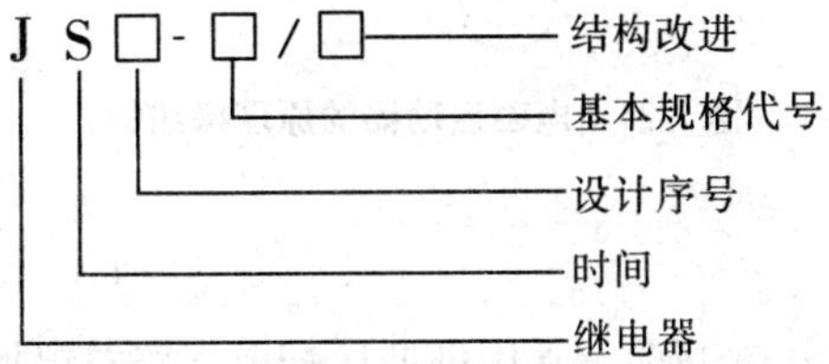

六、电磁启动器

电磁启动器又称磁力启动器,是由交流接触器、热继电器和按钮组合而成的。主要用于电动机的全压启动,接触器担负主电路的接通与断开,同时其电磁线圈兼有欠(失)电压保护的任务,热继电器担负过载保护的任务。

图 7-24 为电磁启动器的原理接线图。用于三相异步电动机的全压启动与运行。合上 QS 接通电源,按下启动按钮 SB_1,交流接触器的电磁线圈 1 通电,吸引衔铁 2 将主触头 3 闭合,电动机 M 启动。同时辅助触头 4 闭合,自锁控制回路,以防 SB_1 复位后造成控制回路断电。如需停机,只需按下停机按钮 SB_2,使控制回路断电,电磁线圈磁力消失,主触头及辅助触头在弹簧 5 的作用下断开电路,M 停转。

热继电器 7 是发热元件,6 为其辅助常闭触头,若电动机严重过载,则常闭触点 6 断开,交流接触器电磁线圈 1 断电,使主触头 3 断开,M 停机。

磁力启动器的型号表示为:

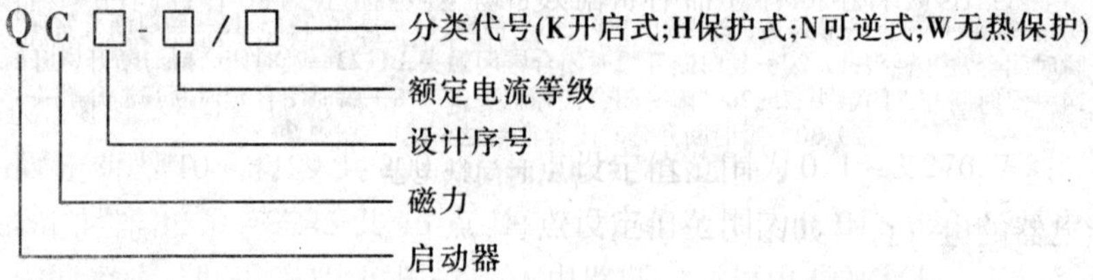

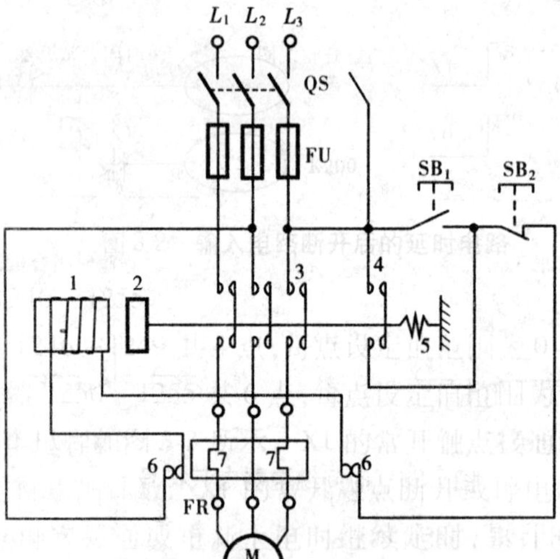

图 7-24 电磁启动器的原理接线图

七、低压断路器

低压断路器又称自动空气开关。常用做低压配电线路总电源开关或不频繁启动的电动机电源开关。这种断路器有短路、过载、欠压等保护功能。

低压断路器的原理接线图如图7-25所示。其主要结构由触头系统、灭弧装置、保护系统和操作机构组成。图中7、9、11组成短路保护,采用电磁脱扣器。12、13是过载保护,采用热脱扣器。8、10、11是欠压保护机构,采用欠电压脱扣器。9、11、14、15是用于远距离操作的分励脱扣机构。

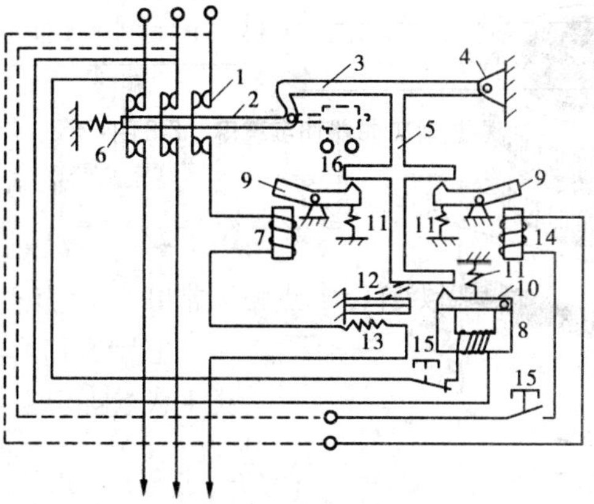

1—触头;2—锁键;3—搭钩(代表自由脱扣机构);4—转轴;5—杠杆;6、11—弹簧;7—过流脱扣器;
8—欠压脱扣器;9、10—衔铁;12—热脱扣器双金属片;13—加热电阻丝;
14—分励脱扣器(远距离切除);15—按钮;16—合闸电磁铁(DW型可装,DZ型无)

图7-25　低压断路器原理图

当电路发生短路、严重过载、电压过低等故障时,保护装置通过杠杆5的作用,使3与2脱扣,开关自动跳闸,切断主电路(主触头1断开)。

低压断路器的操作方式有手动和电动两种。其型号表示如下例所示:

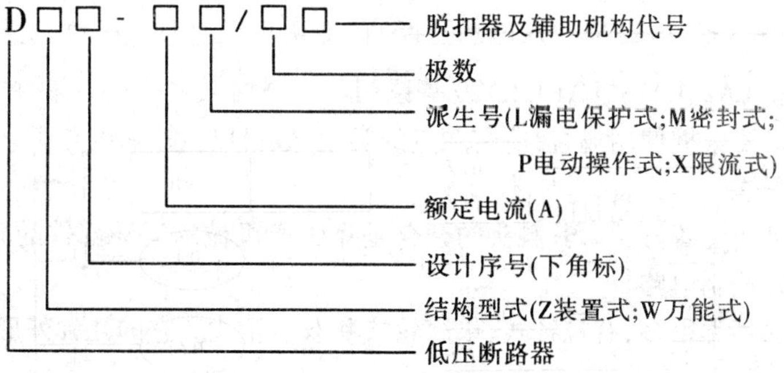

低压断路器的选择应按额定电压、额定电流、使用环境以及脱扣器的额定电流值等参数。

八、主令电器

主令电器是用来发出动作命令或程序控制的电器。用它们接通或断开控制电路,实现对电动机和其他电气设备的控制操作。主令电器主要包括按钮和行程开关等。

（一）按钮

按钮是一种手动主令电器。它广泛应用于操纵接触器、继电器、断路器等电磁装置或电气联锁装置中。

按钮的外形和常用电气符号如图 7-26 所示。其内部装有常开（动合）和常闭（动开）触头，有的内部还装有锁或指示灯等。

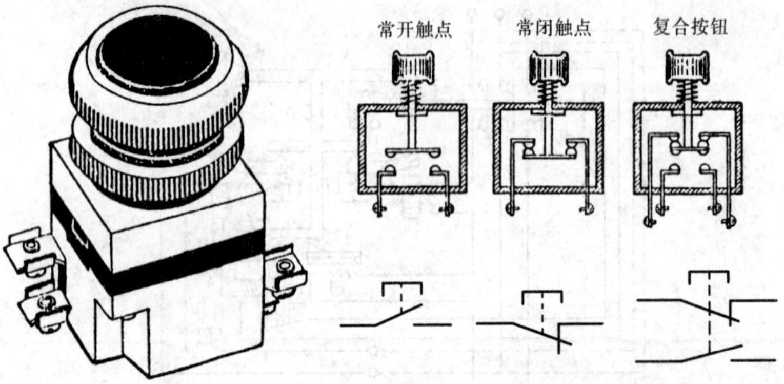

(a)外形图　　(b)常开（闭）触点及其图形符号

图 7-26　按钮

按钮的型号表示如下例所示：

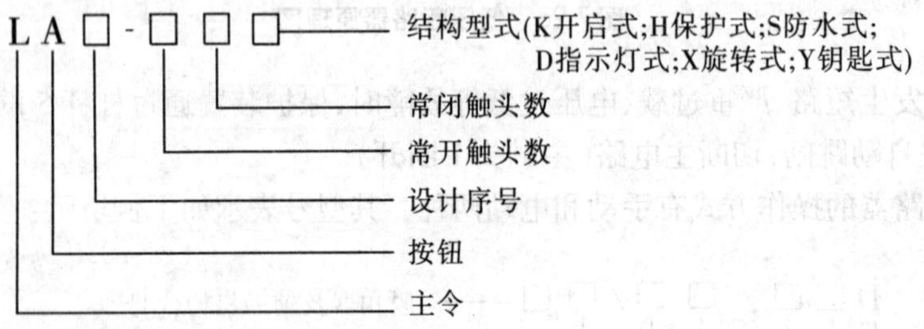

常用按钮有 LA2、LA18、LA19、LA20 等系列。

按钮的选择要根据使用场合，所需触点的类型、数目以及按钮的种类、颜色来定。

（二）行程开关

行程开关又叫位置开关。其触头的开合是靠生产机械的运动部件的碰撞来实现的，以此接通和断开控制电路。

行程开关的种类很多，有杠杆式、单滚轮式和双滚轮式。它的几种外形及常用电气符号如图 7-27 所示。

行程开关一般安装在某一固定的轨道或底座上，在被它控制的生产机械的运动部件上装有撞块。当撞块与行程开关的滚轮相撞时，压下滚轮或按钮，经传动杆使行程开关内部的常开、常闭触头改变原来状态，接通和断开控制电路，使拖动电动机改变转向、转速或停止运转等。

当撞块移走后，杠杆式和单滚轮式有复位弹簧，使各部件复位；而双滚轮式无复位弹簧，不能自动复位，它必须靠另一方向的撞块来回撞击，使行程开关连续工作。

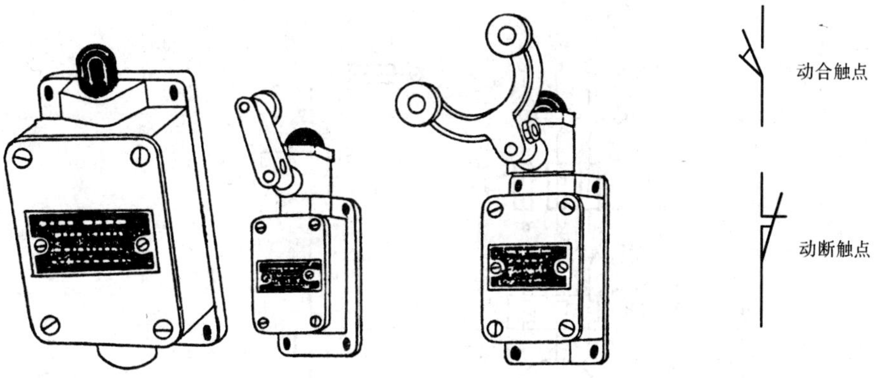

(a)杠杆式　(b)单滚轮式　(c)双滚轮式　(d)电气图形符号

图 7-27　行程开关的外形及电气符号

行程开关的型号表示如下例所示：

L X □ - □□□

- □（第三位）——自动复位代号(1自动;2非自动)
- □（第二位）——滚轮位置代号(1在传动杆内侧;2在传动杆外侧)
- □（第一位）——滚轮代号(0无轮;1单轮;2双轮)
- □——设计序号
- X——行程开关
- L——主令电器

第四节　电动机的控制电路

一、电动机直接启动控制电路

三相异步电动机全压启动就是启动时加在电动机定子绕组上的电压为额定电压，也称直接启动。直接启动的优点是电气设备少、线路简单、维修量小。

图 7-28 所示为接触器自锁正转控制线路。线路的工作原理如下：先合上电源开关 Q。

启动：按下启动按钮 SB_1→KM 线圈得电 → {KM常开触头闭合；KM主触头闭合} → 电动机 M 启动连续运行。

当松开 SB_1 常开触头恢复分断后，因为接触器 KM 的常开辅助触头闭合时已将 SB_1 短接，控制电路仍保持接通，所以接触器 KM 继续得电，电动机 M 实现连续运转。像这种松开启动按钮 SB_1 后，接触器 KM 通过自身常开触头而使线圈保持得电的作用叫做自锁（或自保）。与启动按钮 SB_1 并联，起自锁作用的常开触头叫自锁触头（也称自保触头）。

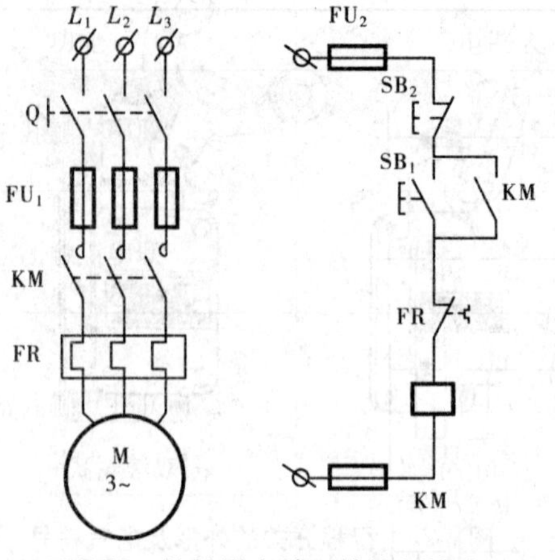

图 7-28　接触器自锁正转控制线路

停止：按下停止按钮 SB_2→KM 线圈失电→（KM 自锁触头分断；KM 主触头分断）→电动机 M 断电停转。

当松开 SB_2，其常闭触头恢复闭合后，因接触器 KM 的自锁触头在切断控制电路时已分断，解除了自锁，SB_1 也是分断的，所以接触器 KM 不能得电，电动机 M 也不会转动。

电路的保护环节：

(1)短路保护。由熔断器 FU_1、FU_2 分别实现主电路和控制电路的短路保护。为扩大保护范围，在电路中熔断器应安装在靠近电源端，通常安装在电源开关下边。

(2)过载保护。由于熔断器具有反时限和分散性，难以实现电动机的长期过载保护，为此采用热继电器 FR 实现电动机的长期过载保护。当电动机出现长期过载时，串接在电动机定子电路中的双金属片因过热变形，致使其串接在控制电路中的常闭触点打开，切断 KM 线圈电路，电动机停止运转，实现过载保护。

(3)失压和欠压保护。当电源突然断电或由于某种原因电源电压严重不足时，接触器电磁吸力消失或急剧下降，衔铁释放，常开触点与自锁触点断开，电动机停止运转。而当电源电压恢复正常时，电动机不会自行启动运转，避免事故发生。因此，具有自锁的控制电路具有失压与欠压保护的功能。

二、电动机的点动控制电路

如图 7-28 所示的直接启动电动机控制电路中，将自锁触点去掉，便成为电动机的点动控制电路。所谓点动，即按下 SB_1 时，电动机就启动运转，一松开电动机就停转。点动电路常用在小型起重设备中的电动葫芦和生产加工机械的工件状态调整时的机床控制电路中。

三、电动机的正、反转控制电路

生产机械往往要求运动部件能够实现正、反两个方向的运动，这就要求电动机能做正、反向旋转。由电动机原理可知,改变电动机三相电源的相序,就能改变电动机的旋转方向。

图 7-29 为按钮控制的正反转控制电路,其中 KM_1、KM_2 分别控制电动机的正转与反转。线路的工作原理如下:合上电源开关 Q。

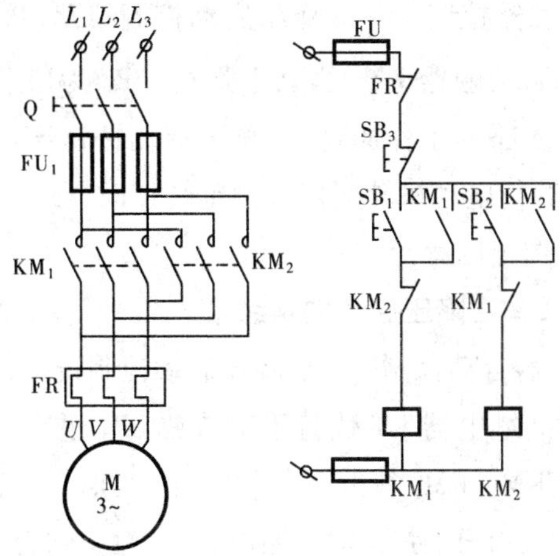

图 7-29 三相异步电动机正、反转控制电路

(一)正转控制

按下 SB_1→KM_1 线圈得电→
- →KM_1 联锁触头断开使 KM_2 线圈回路断开
- →KM_1 主触头闭合
- →KM_1 自锁触头闭合自锁

(KM_1 主触头闭合、KM_1 自锁触头闭合自锁)→电动机 M 启动正转

(二)反转控制

先按下 SB_3→KM_1 线圈断电→
- →KM_1 联锁触头闭合解除对 KM_2 的联锁
- →KM_1 主触头断开
- →KM_1 自锁触头断开

(KM_1 主触头断开、KM_1 自锁触头断开)→电动机 M 断电停转

再按下 SB_2→KM_2 线圈得电→
- →KM_2 联锁触头断开使 KM_1 线圈回路断开
- →KM_2 主触头闭合
- →KM_2 自锁触头闭合自锁

(KM_2 主触头闭合、KM_2 自锁触头闭合自锁)→电动机 M 启动反转

(三)停止

按下停止按钮 SB_3→控制电路断电→KM_1(或 KM_2)主触头打开→电动机 M 断电停转。

必须指出,两接触器的主触头不允许同时闭合,否则将造成电源相间短路。为此,在控制电路中利用一个接触器的常闭辅助触点与另一接触器的线圈相串联的接线方法。这种在同一时间里,两个接触器只允许一个工作的控制称为互锁电路。

四、星形—三角形降压启动控制线路

星形—三角形(Y—△)降压启动是指电动机启动时,把定子绕组接成星形,以降低启动电压，减小启动电流；待电动机启动后，再把定子绕组改接成三角形，使电动机全压运行。Y—△启动只能用于正常运行时为△形接法的电动机。

(一)按钮、接触器控制 Y—△降压启动控制线路

图 7-30(a)为按钮、接触器控制 Y—△降压启动控制线路、接触器 KM_1 用于引入电源，接触器 KM_2 为 Y 形启动，接触器 KM_3 为△形运行，SB_1 为启动按钮，SB_2 为 Y—△切换按钮，SB_3 为停止按钮。线路的工作原理为：按下启动按钮 SB_1，KM_1、KM_2 得电吸合，KM_1 自锁，电动机 Y 形启动，待电动机转速接近额定转速时，按下 SB_2，KM_2 断电、KM_3 得电并自锁，电动机转换成△形全压运行。

(二)时间继电器控制 Y—△降压启动控制线路

图 7-30(b)为时间继电器自动控制 Y—△降压启动控制线路，该电路是在图 7-30(a)的基础上进行的改进，由时间继电器 KT 代替手动按钮 SB_2 进行自动切换。电路的工作原理为：按下启动按钮 SB_1，KM_1、KM_2 得电吸合，电动机 Y 形启动，同时 KT 也得电，经延时后时间继电器 KT 常闭触头打开，使得 KM_2 断电，常开触头闭合，使得 KM_3 得电闭合并自锁，电动机由 Y 形切换成△形正常运行。

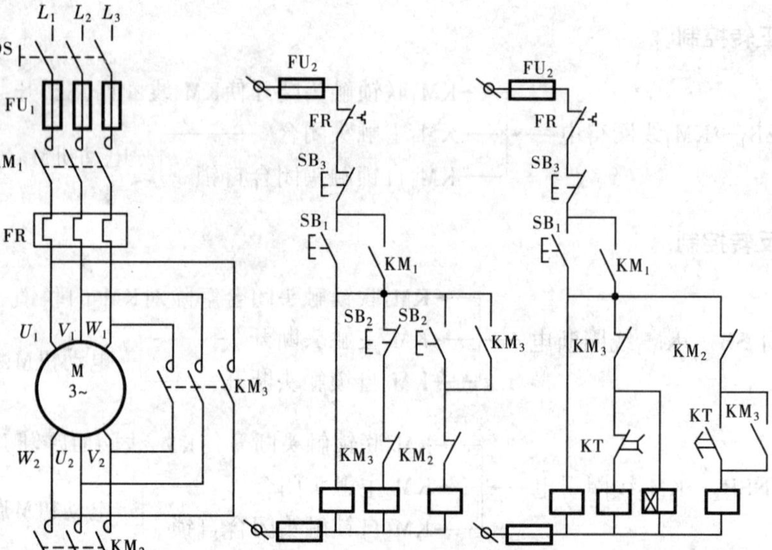

图 7-30　Y—△降压启动控制线路

Y—△启动器的型号如下例所示：

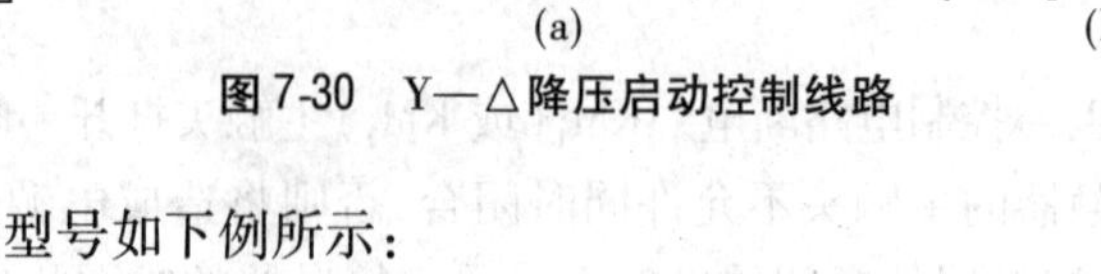

五、搅拌机控制电路

图 7-31 为 JZ-200 型反转出料混凝土搅拌机控制电路。它的配套电动机有 3 台：M_1 为搅拌和提升电动机；M_2 为水泵电动机；M_3 为振动电动机。其作用是将砂、石、水泥加水搅拌成建筑工程所需要的混凝土料。

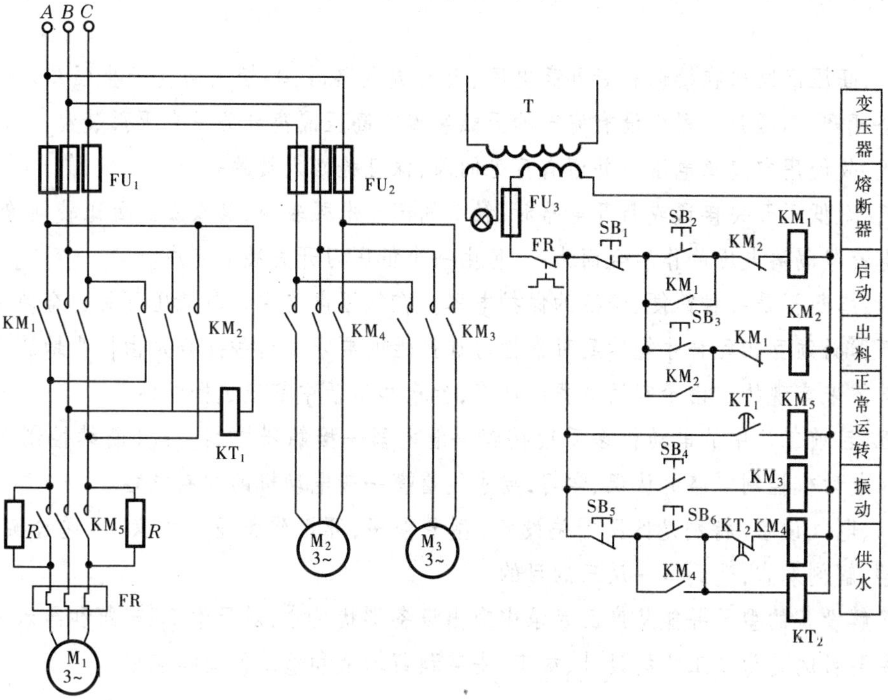

图 7-31 JZ-200 型搅拌机控制电路

M_1 电动机的转动过程为：按下启动按钮 SB_2→接触器 KM_1 线圈通电→主触头闭合→电动机 M_1 定子串联电阻 R 降压启动；同时时间继电器 KT_1 通电→经过整定延时后，闭合其常开触点→接通接触器 KM_5 线圈→其触点短接启动电阻 R→电动机 M_1 由启动状态转入正常运转，并经变速箱带动搅拌筒旋转。

由钢丝绳提升上料斗，依次将砂、石子、水泥送入搅拌筒内，同时按动 SB_6 启动 M_2 给搅拌筒内加水。

M_2 水泵电动机是给拌料加水的。拌料所需的水量通过时间继电器 KT_2 控制水泵运转时间来实现。供水时按下启动按钮 SB_6，水泵电动机启动供水，当达到 KT_2 整定时间后，自动切断供水电路，M_2 停转，供水停止。也可以按下按钮 SB_5，手动停止水泵供水。

M_3 振动电动机为点动控制，即在混凝土料潮湿时，按下振动电动机按钮 SB_4，搅拌机振动，帮助下料。

当搅拌筒内混凝土料拌好后，按下按钮 SB_1，停止搅拌。再按下 SB_3，KM_2 接通使电动机 M_1 带动搅拌筒反转，在筒内高、低叶片的帮助下，经出料口反转出料。

图中接触器 KM_1、KM_2、KM_4 各有自锁电路，KM_1 与 KM_2 间设有互锁电路。

本章小结

一、本章重点介绍了开关设备和低压控制线路。要求掌握开关设备的作用和在电力系统的生产、传输和使用中的位置。熟悉它们的工作原理和选型，了解它们的结构和型号。

二、高压断路器在接通和断开高电压、大电流电路时，其触头间会产生强烈电弧。为了安全可靠，高压断路器内设有完善的灭弧装置。高压隔离开关没有灭弧装置，不能切断大电流，故使用它隔离电压。并留有可见间隙，保证检修人员的安全。

三、用低压开关接通或断开电路时，触头间产生电弧较小，其灭弧装置比较简单，所以切断电流与隔离电压的作用合而为一，可由一个低压刀开关独立完成。

四、熔断器是一种简便、经济的保护电器。在低压电路中常与低压开关配合使用。各级熔断器必须互相配合才能达到可靠性与选择性的要求。这种配合是由恰当地选择熔断器的熔体来实现的。由于家用电器的增多，生产和生活中都应选择熔体。

五、目前工厂中的电动机多采用按钮—继电器—接触器控制系统（断续控制系统）。通过对电动机控制电路的认识、学习，要求能看懂一般电动机的控制电路。

六、电气设备（特别是低压开关设备）型号繁多，死记硬背没有意义，可通过实物、现场教学，解剖麻雀，达到举一反三的目的。

了解设备的型号并能从产品目录中查出设备形状尺寸，对于水工、建筑和给水排水专业其主要目的是为了工程的设计、施工、安装预留场地和地基处理等应用。

思考题与习题

7-1　什么是一次设备？它包括哪些电气设备？各设备的作用是什么？

7-2　高压断路器和高压隔离开关的主要区别是什么（从结构和作用上找）？它们是如何互相配合工作的？

7-3　熔断器的作用是什么？如何选择熔断器和熔体？

7-4　交流接触器是一种什么样的电器？各部分的电气符号如何表示？

7-5　电磁启动器由哪些部分组成？

7-6　热继电器、时间继电器的作用是什么？

7-7　低压断路器有哪些保护性能？如何选择？

7-8　什么叫点动控制电路？你还能设计出几种点动电路？

7-9　什么叫欠压保护、失压保护？

7-10　指出图7-29控制电路中的自锁和互锁电路，并说明其作用。

7-11　试说明图7-32自耦降压启动控制电路的工作过程。

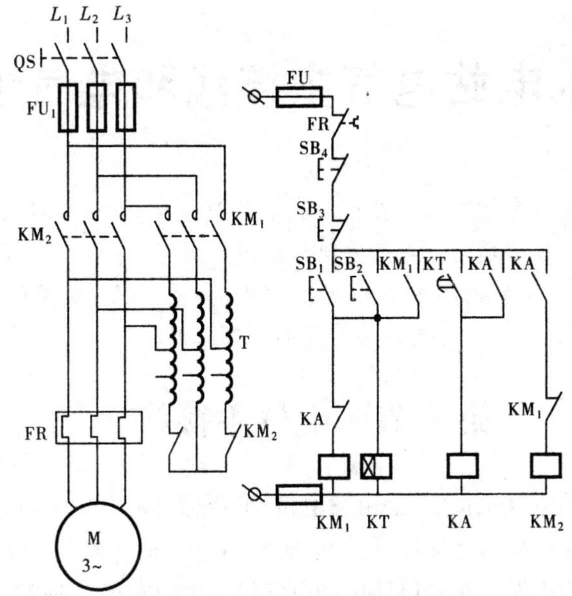

图 7-32　自耦降压启动控制电路

7-12　有两台电动机 M_1 和 M_2，要求用接触器、继电器和按钮设计出满足下列要求的控制电路：

(1) 只有启动 M_1 后才能启动 M_2（顺序启动），当 M_2 启动后 M_1 便立即停机。

(2) 只有 M_1 启动后 M_2 才能启动，M_2 停机前 M_1 无法停机。

第八章　水电站电气主接线和电气设备布置

本章主要介绍水电站常用电气主接线,高、低压配电装置,水电站和电力排灌站电气设备布置等基本知识。要求理解对电气主接线的基本要求,掌握水电站常用电气主接线的形式与特点;熟悉配电装置的各种安全净距,掌握高、低压配电装置的形式、特点及使用方法;理解水电站和电力排灌站电气设备布置的一般原则。

第一节　电气主接线

水电厂和变电所的电气主接线,是由发电机、变压器、隔离开关、断路器、互感器等电气设备用导线按照一定的要求和顺序联接起来进行生产、输送和分配电能的电路。这种电路叫主电路或称一次电路。将该电路中的电气设备用国家规定的文字和符号画成单线图称主接线图,简称电气主接线。因三相电气设备的每一相结构一般是相同的,所以电气主接线图以单线表示,当某些电气设备用单线图不能表达时,应采用三相图,如电流互感器等。

一、对电气主接线的基本要求

电气主接线是发电厂和变电站电气部分的主体。它是电气运行人员进行各种操作和事故处理的重要依据,它对发电厂和变电站电气设备的选择、布置,继电保护和自动装置的确定以及发电厂和变电站的投资和运行方式有重大影响。一个技术先进、经济合理、安全可靠的电气主接线是确保发电厂和变电站乃至整个电力系统安全、稳定、优质、经济运行的重要保证。对电气主接线的基本要求如下。

(一)保证必要的供电可靠性和电能质量

停电可能给国民经济带来严重的损失,造成设备损坏、人身伤亡、产品报废、城市生活混乱和不良的政治影响。保证供电的可靠性是电力生产和分配的首要条件。一般将停电对用户造成的危害情况分成三类,即三类负荷或三类用户。一类用户:停电对该类用户造成的危害最为严重,对这类用户不允许停电。当一个电源供电中断时,另一个备用电源应能保证继续可靠地供电。二类用户:停电时对该类用户造成较严重的危害,对这类负荷应考虑双回路供电。三类用户:对供电电源无特殊要求。

对负荷的分类不是固定不变的。随着国家经济、技术的发展,应尽可能地满足用户的用电要求。

片面强调供电的可靠性也是不恰当的。这有可能增加不必要的投资,使设备利用率降低。电能的质量指标很多,最主要的是电压和频率,其误差不能超过规定值,否则将造成电气设备的损坏和人身伤亡事故。

(二)运行的灵活性

由于水库调节对发电量的影响,用户的负荷变化以及设备的检修等,都需要进行电气设备的切换操作,因此要求电气主接线应具有灵活的运行方式。

(三)简单清晰,操作方便

方便观察,不易误操作。设备布置、接线对称合理,操作步骤最少。

(四)经济上合理

在满足技术要求的条件下,应力求投资少、运行费用少、维护费用低。

此外,水电站电气主接线还有它自身的一些特点:①水电站距负荷中心较远,在发电机电压侧很少接有大功率用户,故需要用较高电压进行远距离输电;②水电站在电力系统中常担任峰荷,即调峰电站,在枯水期利用小时数低,故开机、停机比较频繁;③水电站厂用负荷较小,一般不从高压侧引厂用电源;④水电站多位于山区,地形复杂,电气设备布置及进出线不宜过多,应尽可能简化接线,减少电压等级和进出线回路数。

二、电气主接线的形式

(一)单母线接线

母线是接受和分配电流的导线,又叫汇流排。其型式有软母线与硬母线之分。软母线为多股铜或铝绞线以及钢心铝绞线。硬母线常有矩形、管形、槽形等几种型式。矩形母线由铜或铝板制成,可以水平或垂直放置,大电流的母线也可以用多层铜、铝板叠放。

单母线接线如图 8-1 所示。电源回路(发电机或变压器出线)和线路出线回路都经过断路器 QF 和隔离开关 QS 共同接到同一组母线 M 上。当出线回路的另一端无电源时,线路侧的隔离开关可以省掉。

单母线接线的主要优点是:接线简单清晰、设备少、造价低、操作简便;隔离开关仅在检修断路器时才需要操作,故误操作机会少;检修断路器时,只需要该回路停电,其他回路不受影响;占地面积少,便于扩建。其缺点是:母线或母线上隔离开关故障或检修时将造成全厂停电,停电时间长。单母线接线只适用于容量较小,供电可靠性要求不高的发电厂或变电站。

(二)单母线分段

单母线分段如图 8-2 所示。用分段断路器 QF_f 将母线分为两段 M_1 和 M_2。这种接线除具有单母线接线的诸多优点外,还提高了供电的可靠性和灵活性。当母线或母线上隔离开关故障或检修时,仅该段母线停电,缩小了停电范围。对重要用户还可以分别从两段母线上供电,实现双电源供电,提高了供电的可靠性。其缺点是:比单母线接线多了一组断路器和两组隔离开关,投资和占地面积增加了;当断路器故障或检修时,该回路必须停电;母线或母线隔离开关故障或检修时,该段母线全部停电。

(三)带旁路母线的单母线分段

带旁路母线的单母线分段接线如图 8-3 所示。它与单母线分段接线的主要区别是增加了旁路母线(旁母)M_p 和旁路断路器 QF_p 以及旁路隔离开关 QS_p。旁路母线 M_p 通过旁路隔离开关与每一出线联接。虚线表示旁路母线系统也可以用于检修电源电路的断路器。

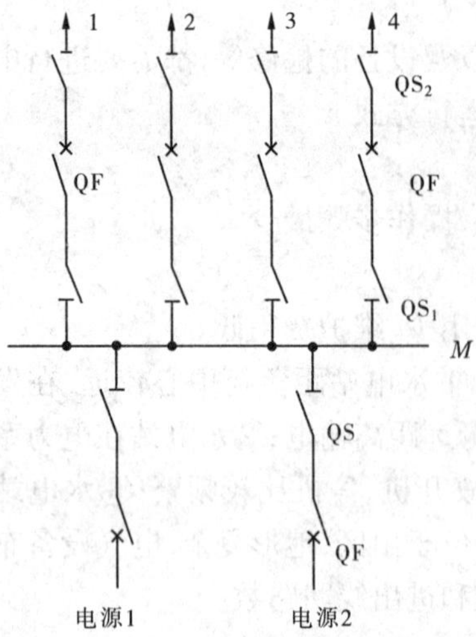

图 8-1　单母线接线

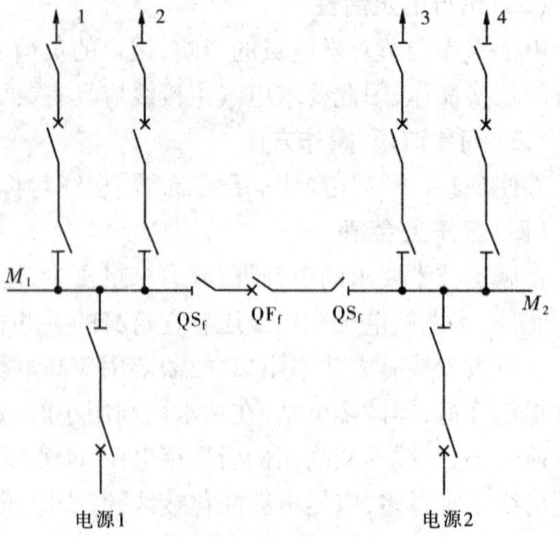

图 8-2　单母线分段接线

这种接线的优点是旁路断路器可以代替线路断路器工作,因而在检修任何一回路的断路器时,该回路可以不停电,提高了供电的可靠性。它的其余优点与单母线分段相同。

为了减少断路器,节约投资,常采用分段断路器兼作旁路断路器的接线,如图 8-4 所示。正常运行时,旁路母线 M_p 不带电,分段断路器 QF_f 和隔离开关 QS_1 和 QS_2 在闭合状态,QS_3、QS_4、QS_5 均断开,此时 QF_f 起分段作用,以单母线分段运行。若要检修某一出线断路器(QF_3),这时把 QF_f 作为旁路断路器运行,闭合 QS_1、QS_4(此时 QS_2、QS_3 已断开)及 QF_f,旁路母线 M_p 接至 M_1 上,合上 QS_{p3},断开 QF_3 及其两端的隔离开关即可。同理 M_p 也可接在 M_2 上。当 QS_5 闭合时,可作单母线运行。这种接线运行操作复杂,断路器和隔离开关之间的闭锁也复杂。

(四)桥形接线

桥形接线是一种无母线接线方式。按联接桥的位置可分为内桥和外桥两种接线形式。当桥联断路器 QF_q 接于线路断路器 QF_x 的出线侧时,为外桥式接线,如图 8-5(a)所示。当桥联断路器 QF_q 接于线路断路器 QF_x 的变压器侧时,为内桥式接线,如图 8-5(b)所示。

(1)外桥式接线的特点:当一条回路出现故障时,常使两台断路器(QF_x、QF_q)跳闸,造成相应一台变压器也得停止工作。当变压器故障或检修时,仅一台断路器跳闸,不影响线路和另一台变压器工作。所以,这种接线形式适用于输电线路比较短(故障机会少),并有经常切换变压器这种运行方式的水电站或变电站。

(2)内桥式接线的特点:当一条回路故障或检修时,仅有一台断路器跳闸,不影响另一线路和变压器运行。而变压器故障或检修时,使两台断路器跳闸,造成相应的一条回路也停电。这种接线形式适用于输电线路长(故障机会相应多些),变压器不经常切换的水电站或变电所。

桥形接线的优点是:四条回路(两条变压器出线,两回线路)只需三台断路器,比单母线分段少用两台断路器,而且不需要母线,比较经济;电气设备布置简单;当输电线路出线

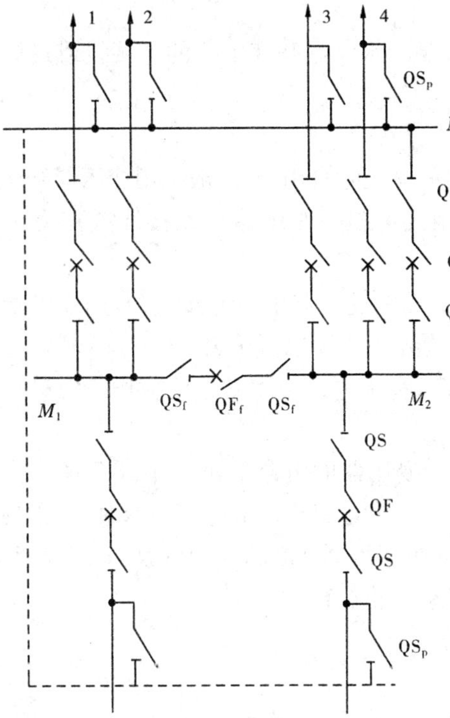

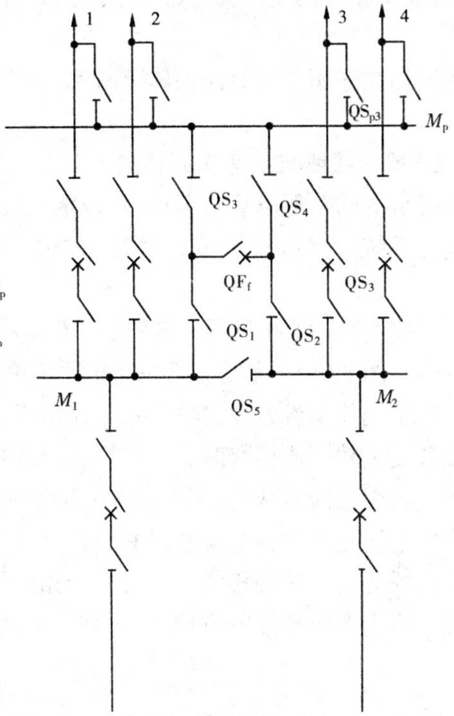

图 8-3　带旁路母线的单母线分段接线图

图 8-4　分段断路器兼作旁路断路器的接线图

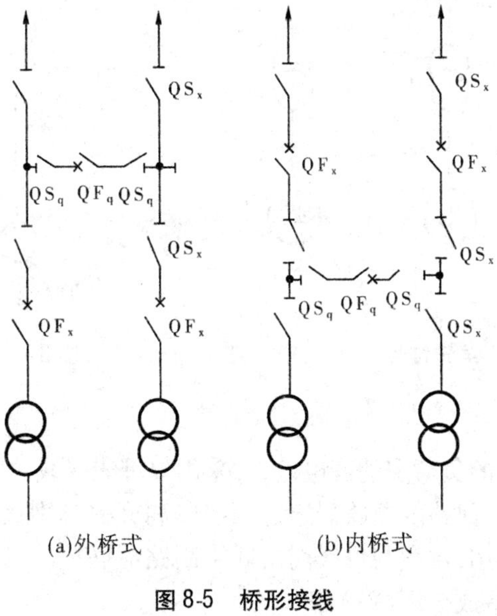

(a)外桥式　　(b)内桥式

图 8-5　桥形接线

回路增多时，可以发展成单母线分段的接线形式。

桥形接线的缺点是：继电保护装置复杂且可靠性不高；当一条回路或变压器故障、检修时，可能使相应的变压器、线路也停电；这种接线形式有时还需用隔离开关作操作电器，不安全。

桥形接线适用于只有两回输电线路、不太重要的水电站和变电所的主接线或过渡接线。

（五）单元接线与扩大单元接线

由于水电站一般远离负荷中心，发电机发出的电能除自用外，一般都用变压器升压后送入电力系统。发电机与变压器的联接常采用发电机—变压器单元接线或扩大单元接线。

单元接线如图8-6所示。其中图8-6(a)为线路—变压器组单元接线，常用在供配电变电站中。图8-6(b)为发电机—变压器组单元接线，常用在发电厂中。

单元接线使用设备少、投资省，工作可靠性高，在水电站中得到广泛应用。但单元中任一设备发生故障或检修时，整个单元必须停电。

扩大单元接线是两台（或三台）发电机与一台变压器的组合单元，如图8-7所示。其中每台发电机出线回路都应装设断路器，以便在一台发电机出现故障或检修时，不影响其他发电机的运行。这种接线与单元接线相比可减少变压器和断路器的台数、节约投资、简化布置。但当变压器故障或检修时，整个单元必须停止运行。

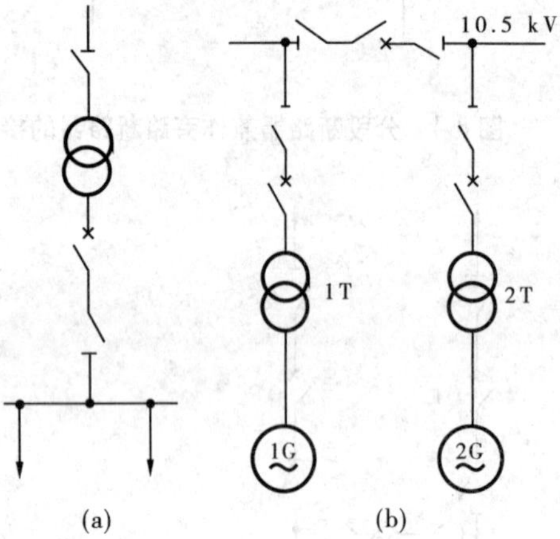

图8-6　单元接线

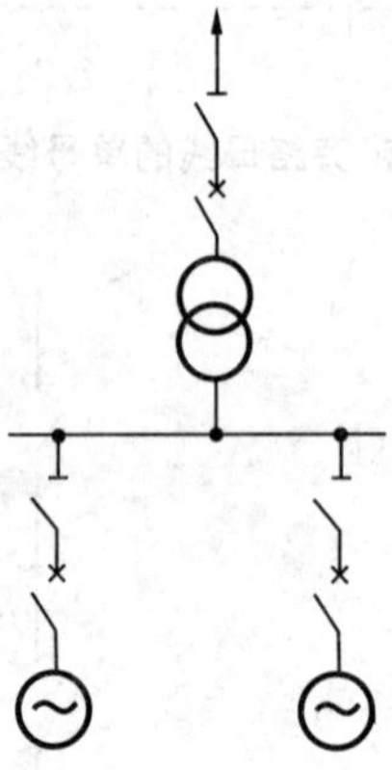

图8-7　扩大单元接线

（六）双母线接线

大型发电厂和重要的负荷多的变电站，常采用双母线接线，如图8-8所示。双母线接线的母线分为两组，每一回路的断路器通过两组隔离开关分别接到两组母线上。两组母线可以轮换地工作或备用，母线与母线间由联络断路器联接。当母线或母线上隔离开关故障或检修时，不至于造成全厂（站）停电。

出线回路多的发电厂和变电所，也可以采用双母线分段的主接线。为了解决母线上每一出线回路的断路器故障或检修时造成该回路的停电，可采用双母线带旁路母线的接法，提高供电的可靠性和灵活性，但投资和占地面积较大。

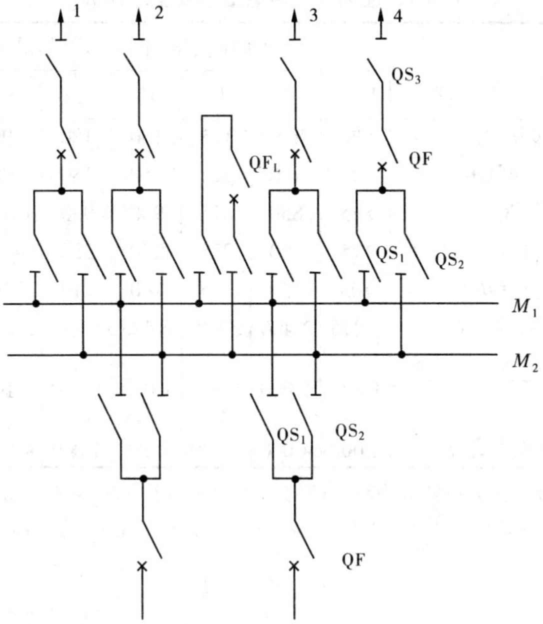

图 8-8　双母线接线

第二节　高压配电装置

配电装置是由开关设备、互感器、保护电器(如避雷器、电抗器等)、电气仪表、连接母线与必要的辅助建筑物按电气主接线的要求组成的总体。

配电装置按电压等级分,有高压配电装置和低压配电装置,一般 1 kV 以上称为高压配电装置,1 kV 以下称为低压配电装置;按安装地点分,可分为屋内式和屋外式以及混合式;按组装方式分有装配式和成套式。

屋外配电装置的优点是:不需要建筑房屋,可以节省建筑材料、降低土建费用、缩短工期,比较经济;也可以适当增加相邻回路和电气设备间的距离,减少故障蔓延的危险性;便于观察和扩建。其缺点是:电气设备受自然条件变化的影响大,例如风、雪、冰、霜和灰尘的影响;操作和维修也不如室内方便;占地面积大等。屋内配电装置的优缺点恰好与此相反。

采用哪一种配电装置为好,要根据电压等级、自然环境条件、电气设备的质量等因素,并经过经济、技术比较后确定。一般是较低电压 220/380 V 和 6 ~ 10 kV 的电气设备多采用屋内布置;35 kV 以上的多采用屋外布置。随着电工新工艺、新材料的发展,现在 35 kV、110 kV、220 kV 的成套屋内配电装置的使用也越来越多。

一、高压屋内配电装置

(一)屋内配电装置的基本要求

(1)屋内配电装置的各种安全净距离,不应小于表 8-1 所列数值(部分)。并按图 8-9 校验。实际上考虑安装误差等因素,应将表列安全距离适当加大。

表 8-1　屋内配电装置最小安全净距离　　（单位：mm）

项目	不同额定电压（kV）下的最小安全净距离								
	1～3	6	10	15	20	35	60	110 J	110
带电部分至接地部分（A_1）	75	100	125	150	180	300	550	850	950
不同相的带电部分之间（A_2）	75	100	125	150	180	300	550	900	1 000
带电部分至栅栏（B_1）	825	850	875	900	930	1 050	1 300	1 600	1 700
带电部分至网状遮栏（B_2）	175	200	225	250	280	400	650	950	1 050
带电部分至板状遮栏（B_3）	105	130	155	180	210	330	580	880	980
无遮栏裸导体至地（楼）面（C）	2 375	2 400	2 425	2 425	2 480	2 600	2 850	3 150	3 250
不同时停电检修的无遮栏裸导体之间的水平净距（D）	1 875	1 900	1 925	1 950	1 980	2 100	2 350	2 650	2 750
出线套管至屋外通道的路面（E）	4 000	4 000	4 000	4 000	4 000	4 000	4 500	5 000	5 000

注：①110 J 是指中性点直接接地的 110 kV 电力网。②海拔超过 1 000 m 时，本表所列 A 值，应按每升高 100 m 增大 1% 进行修正，B 值、C 值、D 值应分别增加 A 值的修正差值。③本表所列各值不适用于制造厂生产的成套配电装置。

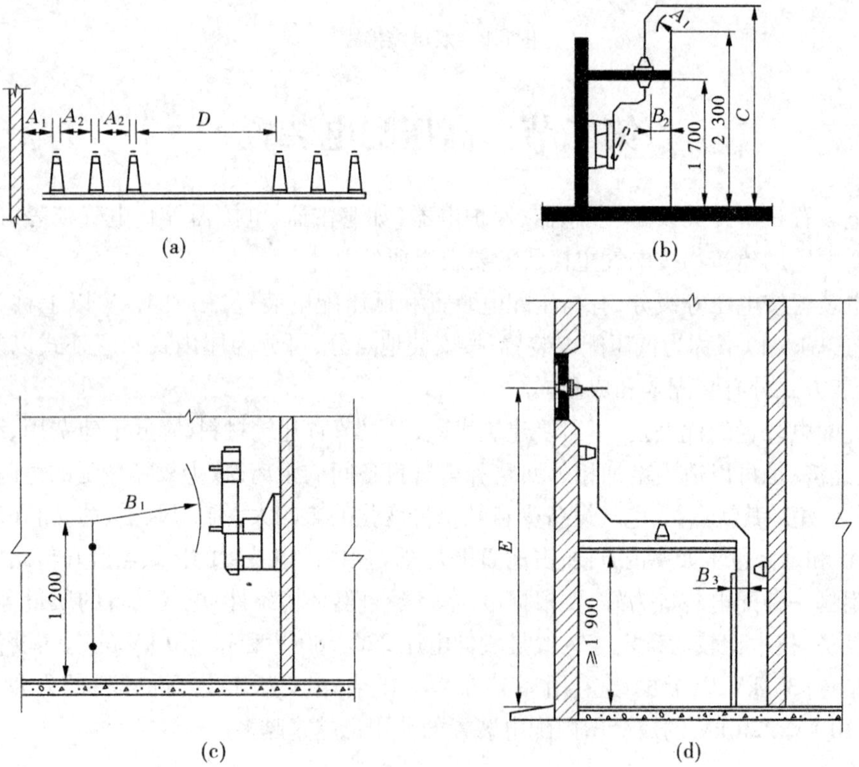

（a）带电部分至接地部分，不同相的带电部分之间和不同时停电检修的无遮栏裸导体之间的水平净距；

（b）带电部分至网状遮栏和无遮栏裸导体至地（楼）面的净距；（c）带电部分至栅栏的净距；

（d）带电部分至板状遮栏和出线套管至屋外通道路面的净距

图 8-9　屋内配电装置最小安全净距离校验图

(2)各回路的电气设备,可分别安装在各自的小间(间隔)中,各小间用隔板隔开。当检修和操作某一回路的电气设备时,既安全又不影响其他回路的正常运行。在同一母线上的电压互感器和避雷器,一般可共用一个小间,并且共用一组隔离开关。这是因为两者检修和操作的机会很少。

(3)防止充油电气设备爆炸起火。对于充油设备,如油断路器、电压互感器、电流互感器等,应根据油量多少,采取相应的防爆起火措施。具体要求参阅国家颁布的有关电气设备的防火保安规程。

(4)为了便于电气设备的搬运、维修和操作,配电装置屋内应设置各种通道和出口。其中维修通道、操作通道和通往防爆间的通道的最小宽度(净距离)不应小于表 8-2 所列规定数值。

表 8-2　屋内配电装各种通道最小宽度(净距)　　(单位:mm)

布置方式	不同通道类型最小宽度		
	维修通道	操作通道	通往防爆间的通道
一面有开关设备时	800	1 500	1 200
两面有开关设备时	1 000	2 000	1 200

长度大于 7 m 的配电装置,应有两个出口;长度大于 60 m 时,应增加一个出口。出口的门应向外开。相邻配电间如有门时,应能两个方向开启。

(5)对建筑物的其他要求:配电装置为采光和散热,可以开窗。但应采取防雨、雪和小动物进入的措施。配电装置的耐火等级应不低于 2 级防火标准。配电装置的楼(地)板,应考虑搬运时的载荷量。为了吊运屋内电气设备,配电室内还应设立吊物孔。

(二)高压屋内配电装置的型式

高压屋内配电装置有成套配电装置和装配式配电装置。

1. 成套配电装置

高压配电柜(屏)又称高压开关柜,是将高压开关设备及其操作机构、保护电器、测量仪表和辅助设备等,集装于定型的柜内的成套配电装置。高压配电柜应按国家规定的标准生产。柜内的电气设备是针对某一典型主电路设置的。不同类型的主电路配用不同的柜型,并进行主电路方案编号,又叫一次线路方案编号。根据主接线的要求选出不同方案的配电屏组合成完整的配电装置。

1)GG-1A(F_3)防误型高压开关柜

图 8-10 为 GG-1A(F_3)Ⅱ-10-07D 型高压开关柜结构简图。其型号含义为:G 表示固定式,1 表示设计序号,A 表示统一设计特征,F_3(或 F)表示具有“五防”功能(防带电挂接地线,防带负荷分、合隔离开关,防误操作断路器,防误入带电间隔,防带地线合隔离开关与断路器),Ⅱ表示简易闭锁方案(Ⅰ为一般闭锁方案),10 表示额定电压为 10 kV,07 表示一次线路方案编号,D 表示断路器操作机构为电动式。

GG-1A 高压开关柜由角钢焊接而成。柜面装有固定操作板 10 和五扇钢板门;左上

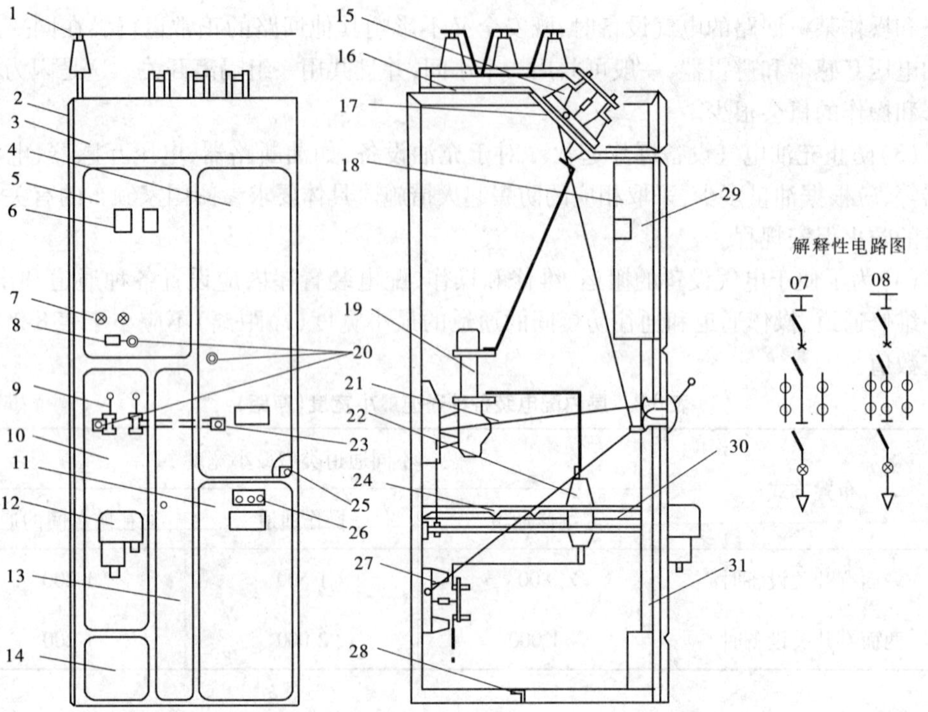

1—柜顶母线;2—侧封板;3—安全槽板;4—前上钢板门;5—继电器箱门;6—计量仪表;7—信号灯;8—控制开关;
9—操动机构;10—操作板;11—前下钢板门;12—电磁操动机构;13—端子箱门;14—合闸直流接触器室小门;
15—母线隔离开关;16、17、30—隔板;18—继电器箱;19—油断路器;20—程序锁;21—机械连锁拉杆;
22—电流互感器;23—前门机械连锁;24—油槽;25—接地桩;26—带电指示器;27—线路隔离开关;
28—电缆角钢;29—继电器;31—端子箱

图 8-10　GG-1A(F_3)Ⅱ-10-07D 高压开关柜结构简图

继电器箱门 5 上装有仪表 6、信号灯 7、控制开关 8。开关柜内由钢隔板 16、17 和 30 分成上、中、下三部分。上部为柜顶母线 1 和母线隔离开关 15;中部为少油式断路器 19(也可装真空断路器或 SF_6 式断路器);隔板 30 上装有电流互感器 22,下部装有线路隔离开关 27。

固定式高压开关柜的封闭性能较差,体积相对较大,检修不够方便,但制造工艺简单、消耗钢材少、价格低廉,故至今仍得到广泛应用。

2)JYN1-35 封闭型移开式开关柜

JYN1-35 开关柜结构如图 8-11 所示。J 表示间隔式开关设备;Y 表示移开式(指手车式),N 表示户内,1 表示设计序号,35 表示额定电压为 35 kV。

该型号开关柜由主柜和手车两大部分组成。手车上所装的主要开关设备为少油式断路器或真空断路器。断路器手车,在手车室内有两个固定位置,即工作位置和试验位置。试验位置即为手车拉出,主电路断电,隔离触头在绝缘活门外。这时可对车上电器进行试验。开关柜内部有各种机械连锁装置,柜与柜之间也能实现电气连锁,因而具有“五防”功能。

手车式开关柜的优点是:运行可靠,能防尘和防止小动物爬入,维护工作量小,检修方便、安全,且可缩短用户停电时间。当断路器需要检修时,只要拉出手车,推入备用手车,即可继续运行和检修。其缺点是消耗钢材多,价格昂贵。

高压成套开关柜的型号很多,金属封闭式开关柜有金属铠(K)装式;间(J)隔式;箱(X)式。又可以分为固定式和手车式。而间隔式开关柜又有 GC 型,G 表示高压开关柜,C 表示手车式;GBC 型,B 表示保护型;GFC 型,F 表示封闭式;额定电压为 3 ~ 35 kV,断路器可装少油式断路器、真空断路器或 SF_6 式断路器。我国还生产金属铠装户内式 KGN-10 型高压开关柜和箱式户内式 XGN-10 型高压开关柜。

2. 装配式配电装置

装配式配电装置是用角钢、石棉水泥板或砖、石和混凝土料建成的配电间隔,电气设备安装在小间内,形成一个个独立的配电间,故叫装配式。装配式配电装置的缺点是占地面积大,操作维护也不大方便。

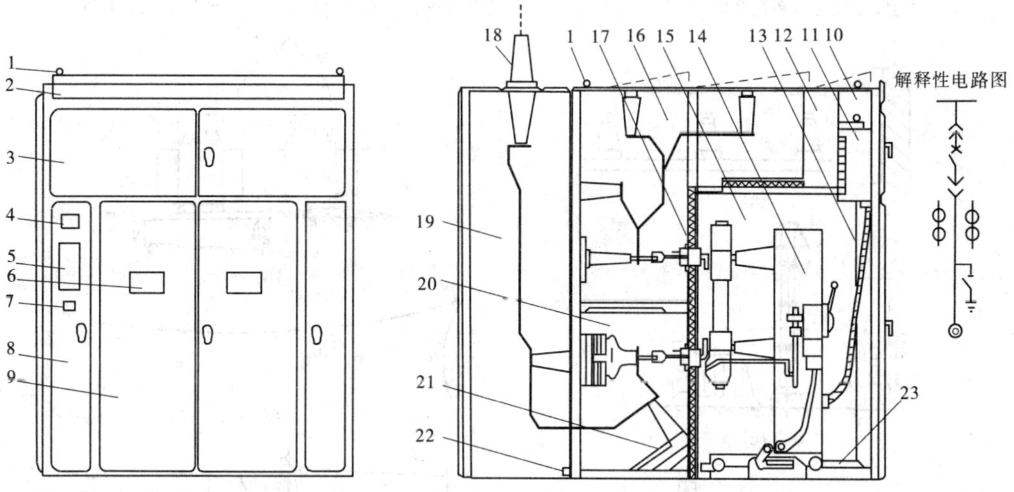

1—起吊环;2—盖板;3—二次设备和仪表室门;4—铭牌;5—主接线标志;6—观察窗;7—带电指标器;
8—端子室门;9—手车室门;10—二次控制电缆通道;11—二次设备、继电器及小母线室;
12—排气通道;13—二次端子室;14—断路器手车;15—手车室;16—主母线室;
17—绝缘活门;18—穿墙套管;19—进(出)线及电缆头室;20—下隔离触头室;
21—接地刀闸;22—接地母线;23—接地及手动导正装置

图 8-11 JYN1-35 型开关柜

二、高压屋外配电装置

(一)屋外配电装置的基本要求

屋外配电装置的各项最小安全净距离如表 8-3 所列数值。表中各部分距离的字母、符号的解释如图 8-12 所示。

表 8-3　屋外配电装置最小安全净距离　　(单位:mm)

项目	不同额定电压(kV)下最小安全净距离									
	1～10	16～20	35	60	110 J	110	154 J	154	220 J	330 J
带电部分至接地部分(A_1)	200	300	400	650	900	1 000	1 300	1 450	1 800	2 600
不同相的带电部分之间(A_2)	200	300	400	650	1 000	1 100	1 450	1 600	2 000	2 800
带电部分至栅栏(B_1)	950	1 050	1 150	1 350	1 650	1 750	2 050	2 150	2 550	3 350
带电部分至网状遮栏(B_2)	300	400	500	700	1 000	1 100	1 400	1 500	1 900	2 700
无遮栏裸导体至地面(C)	2 700	2 800	2 900	3 100	3 400	3 500	3 800	3 900	4 300	5 100
不同时停电检修的无遮栏裸导体之间的水平净距(D)	2 300	2 300	2 400	2 600	2 900	3 000	3 300	3 400	3 800	4 600

注:①110 J、154 J、220 J、330 J 是指中性点直接接地电力网。②330 J 栏内的数值为试行值。③海拔超过 1 000 m 时,本表所列 A 值应按每升高 100 m 增大 1% 进行修正,B、C、D 值分别增加 A_1 值的修正差值。但对 35 kV 及以下的 A 值,可在海拔超过 2 000 m 时进行修正。④本表所列各值不适用于制造厂生产的成套配电装置。

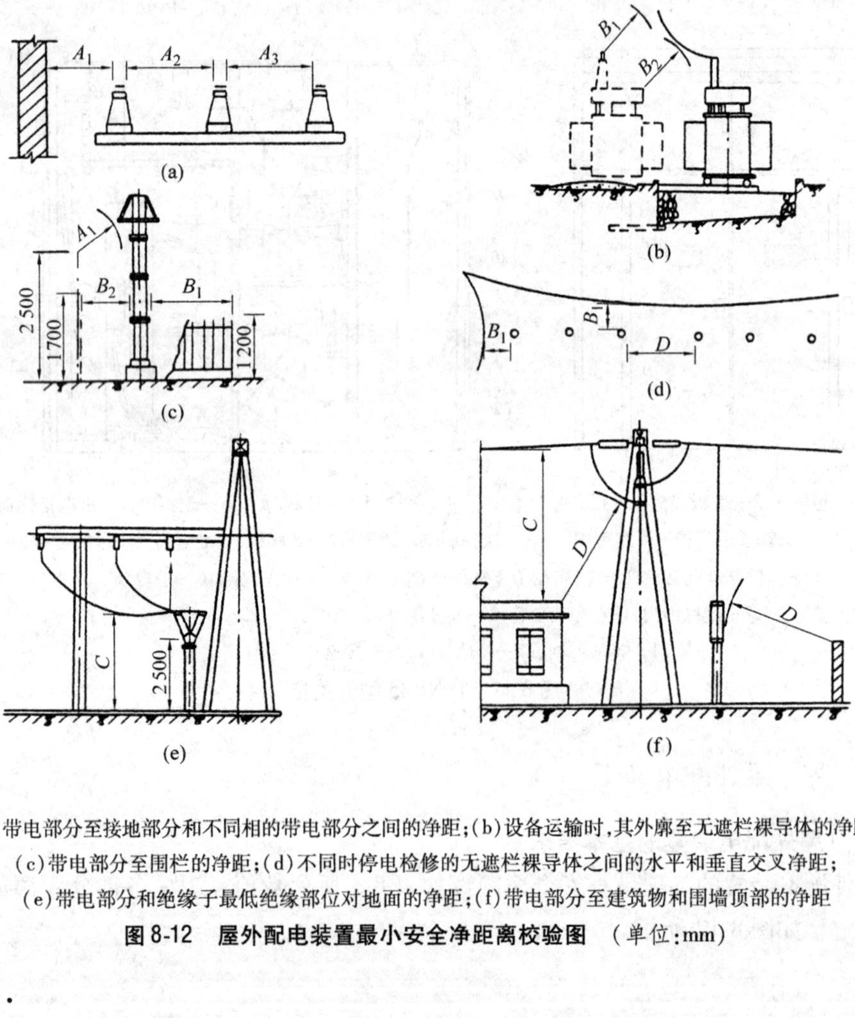

(a)带电部分至接地部分和不同相的带电部分之间的净距;(b)设备运输时,其外廓至无遮栏裸导体的净距;(c)带电部分至围栏的净距;(d)不同时停电检修的无遮栏裸导体之间的水平和垂直交叉净距;(e)带电部分和绝缘子最低绝缘部位对地面的净距;(f)带电部分至建筑物和围墙顶部的净距

图 8-12　屋外配电装置最小安全净距离校验图　(单位:mm)

（二）高压屋外配电装置的型式

高压屋外配电装置一般采用装配式，成套式目前也有生产。

根据电气设备及母线布置的高度，屋外装配式配电装置可分为低型、中型和高型。

1. 低型布置

低型布置的主要特点是主要电气设备安放在地面基础上，各电气设备间用硬母线联接。为保证人身安全，电气设备周围设置栅栏。断路器和隔离开关的操作机构安装在栅栏之外。低型布置的优点是安装、维修方便，设备重心低、抗地震能力强，节省构架，降低投资。其缺点是电气设备受尘土污染严重，检修时停电范围大，配电装置占地面积大。这种布置型式适用于小型水电站或临时性变电所。

2. 中型布置

中型布置的特点是变压器、断路器等电气设备安装在高于地面的基础上，隔离开关、避雷器等安装在构架上，各电气设备之间采用悬挂式软母线连接。中型布置的优点是设备操作和维修都在地面上进行，安全方便。电气设备的布置清晰明了，适用于各种接线方式，是应用较多且有较成熟运行经验的布置型式。缺点是占地面积较大，地形狭窄的水电站不宜采用。

图 8-13 为 35 kV 屋外配电装置中型布置的剖面图。

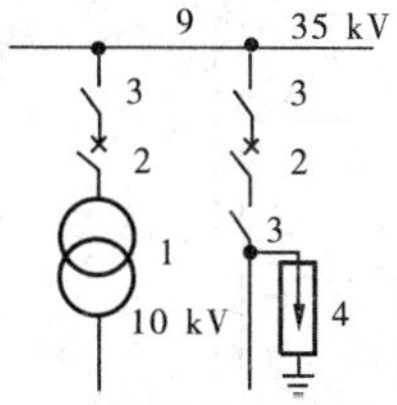

(a)解释性电路图

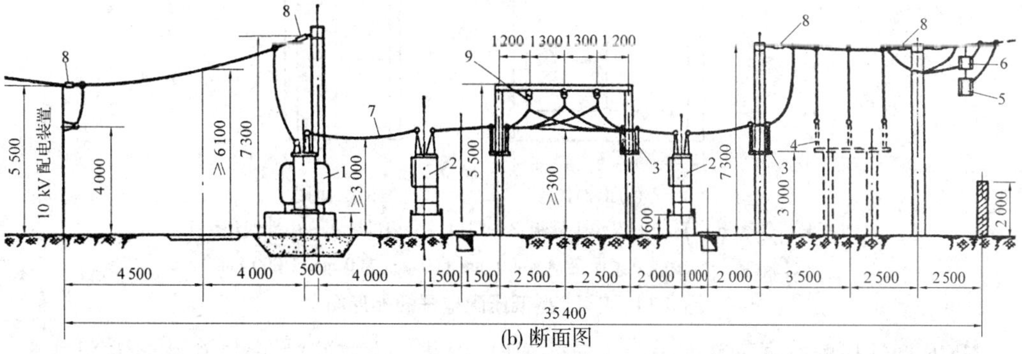

(b) 断面图

1—主变压器；2—高压油断路器；3—高压隔离开关；4—避雷器；5—耦合电容器；
6—高频阻波器；7—钢心铝绞线；8—绝缘子串；9—母线

图 8-13　35 kV 屋外配电装置中型布置断面图　（单位：mm）

3. 高型布置

高型布置的特点是双母线垂直重叠布置，母线隔离开关对应地安装在各母线层下。由于布置紧凑、占地面积小，一般为中型布置的 1/2 左右。它的缺点是钢材消耗量大，操作维修不方便。常用在地形受到限制的水电厂或变电站。

第三节　低压配电装置

1 kV 以下的低压配电装置一般都是屋内式。对屋内式配电装置的要求,已在第二节讲过。成套低压配电装置应用极其广泛。属于这一类的设备有:低压配电屏、低压开关柜、低压发电机屏、动力配电箱、照明配电箱等。

一、PGL 型低压配电屏

PGL 型低压配电屏是对 BSL、BDL 型低压配电屏的改型设计后更新换代产品。PGL 型低压配电屏分为 PGL1 型和 PGL2 型,都以 DW、DZ、DZX 型低压断路器和 RTO 熔断器等作为主要开关电器。其外型如图 8-14 所示。型号含义为:P 表示低压开启式配电屏,G 表示元件固定安装、固定接线,L 表示动力用,1、2 表示设计序号,其后用短线隔开的数字表示一次线路方案编号。PGL1 的电流分断能力为 15 kA,PGL2 的电流分断能力为 30 kA。

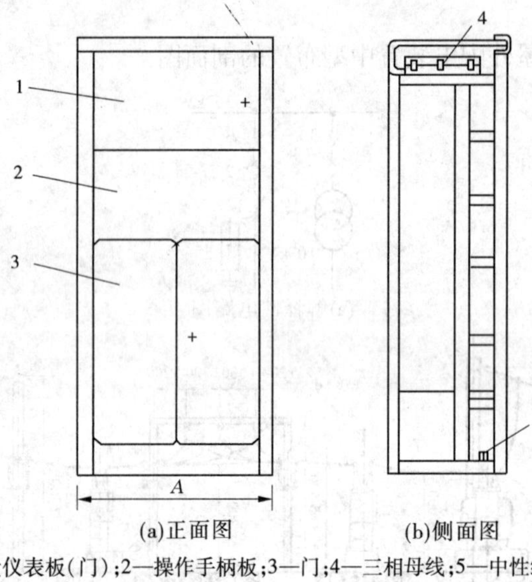

1—测量仪表板(门);2—操作手柄板;3—门;4—三相母线;5—中性线绝缘子

展宽 A 随一次接线方案而定,A = 400 mm、600 mm、800 mm、1 000 mm

图 8-14　PGL_2^1 型低压配电屏的外形图

PGL 型低压配电屏下部两扇门 3 向外开启,内装二次接线端子排、继电器和电能表。隔离开关、断路器、熔断器、电流互感器等都装在屏内支架的后面。

PGL 型低压配电屏双面维护,检修方便、结构简单、价格便宜、应用极广。

二、GGL 型低压配电屏

GGL1 型或 GGL3 型低压配电屏,是以 DW 型或 ME 型断路器作为主开关设备配以 HR5 刀熔开关,CJ20 接触器等新型国产元器件,具有分断能力强,动、热稳定性好,维修更换方便等优点。

GGL 型低压配电屏适于多种进出线方式,柜下端设有主母线排固定位置,供电源进出线用。还设有独立的中性线(PN)及保护地线(PE)母线排。

GGL 型号含义为:前 G 表示封闭式开关柜,后 G 表示电器元件为固定安装、固定接线,L 表示动力用,1 或 3 表示设计序号,短线后的数字表示一次线路方案编号。该型号配电屏,额定电压为交流 380 V,额定电流为 100 ~ 3 150 A,分断能力为 30 ~ 80 kA。

三、BFC 低压抽屉式开关柜

BFC 低压抽屉式开关柜,其型号含义为:B 表示低压配电屏,F 表示封闭式,C 表示抽屉式。其外形如图 8-15 所示。该型号低压开关柜为封闭式结构。开关柜的正面左侧为安装抽屉的间隔,每个抽屉内安装一条电路的所有电器(为一种线路方案编号),不同方案的抽屉组合,就可以满足主接线的要求。

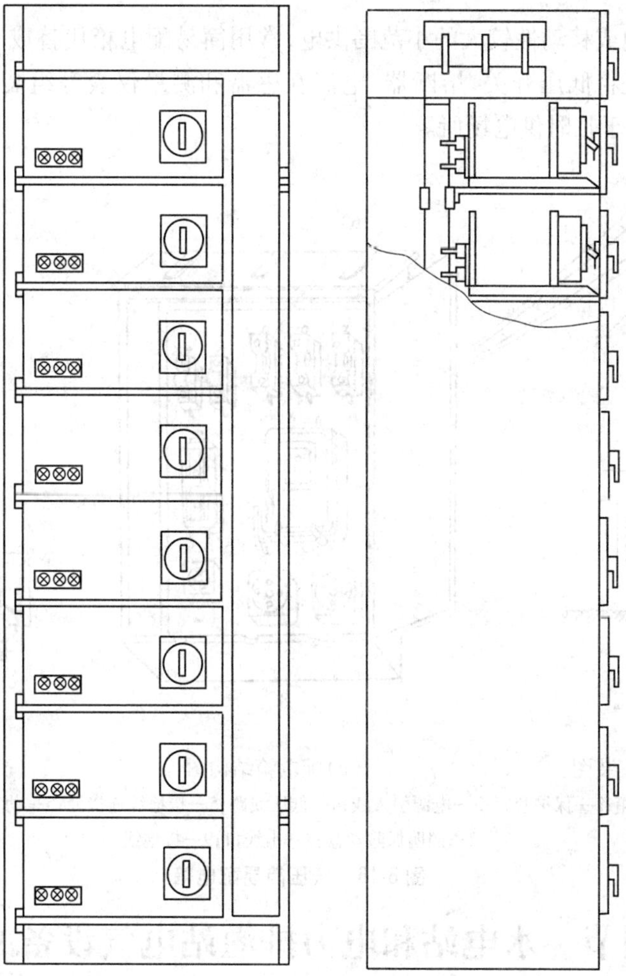

(a)正面图　　(b)侧面图

图 8-15　BFC 型抽屉式低压开关柜外形图

开关柜的正面左侧各抽屉外面有一大门,门上对应于每个抽屉各有两孔,左下孔露出门内抽屉上的带电指示灯，表示该电路的工作状态。右孔露出抽屉的主开关电器的操作把手。当需要检修某个抽屉的开关电器时，扳动操作把手，断开电路，打开左大门，拉出该抽屉，换上备用抽屉，即可恢复该电路的继续运行。正面右侧小门内为一、二次接线端子室，专供接线用。柜子顶部为水平母线室，后部还设有垂直母线室，供抽屉内的开关电器与母线插接用。抽屉有工作位置和试验位置，每个抽屉的门与主开关电器有机械连锁，以防误操作。

BFC 低压抽屉开关柜，结构紧凑、安全可靠、检修方便，在额定电压 380 V、额定电流 1.6 kA 以下低压配电装置中被广泛应用。额定电流大的 BFC 型开关柜，也可以采用固定式或手车式结构。

四、简易配电箱

对施工工地或移动性较大的小范围供电，常用简易配电箱代替成套低压配电屏。这种简易配电箱是将低压开关、熔断器、电流互感器和测量仪表等组装在一个木箱内，如图 8-16 所示，用于临时供电场所。

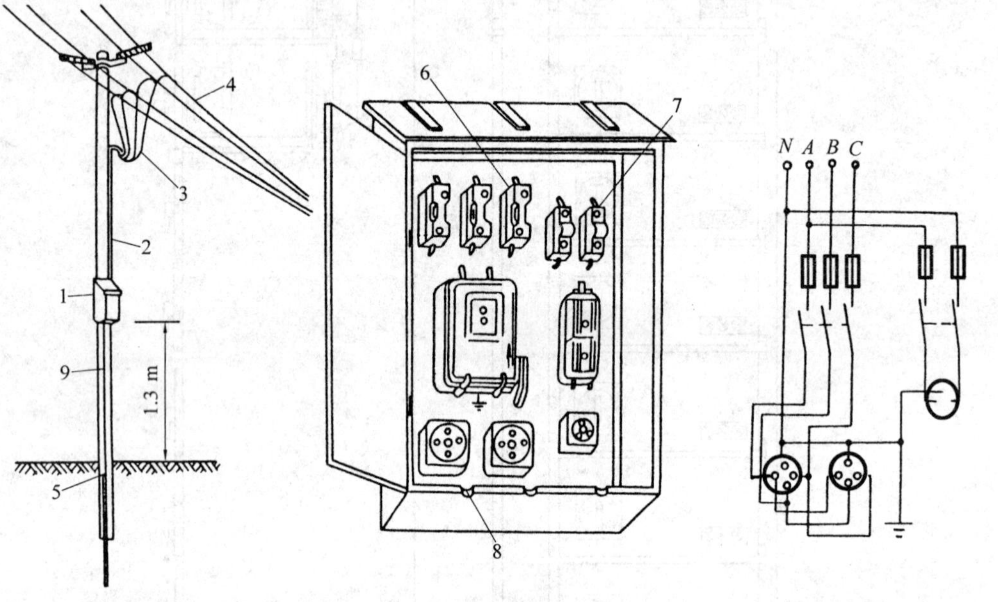

(a)配电箱安装图　　(b)配电箱结构图　　(c)配电箱接线图

1—配电箱；2—保护套管；3—电源引入线；4—低压线路；5—接地线连接处；6—动力保险丝盒；7—照明保险丝盒；8—出线口；9—接地线

图 8-16　低压简易配电箱

第四节　水电站和电力排灌站电气设备的布置

一、水电站电气设备的布置

水电站电气设备的总体布置，受地形、自然环境和电站型式等条件的限制，无标准方案可循。只能根据水电站总体布置的基本原则，结合电站的具体情况拟订出几个方案，经过经济、技术比较后选定最佳方案，从而确定主厂房、副厂房、中央控制室、主变压器和屋外配电装置的相对位置。

(一)水电站电气设备布置的原则

(1)应尽量减少土石方的开挖量、土建工程量和占地面积。

(2)尽量缩短发电机、开关室、主变压器与高压开关站之间的接线，尤其是发电机与变压器之间大电流的连接线。并尽量避免电气接线与机械管线的交叉，这既可节省连接母线，减少电能损耗，又可以减少故障机会，便于维护和安全运行。

(3)要考虑大型设备(如发电机、变压器等)的运输、安装和检修的方便。应使主变压器、发电机与主厂房的检修场在同一高程。

(4)中央控制室是水电站的神经中枢，是运行人员对水电站的运行、控制、操作、监视和调度工作的场所。要尽量缩短它与主厂房、发电机、主变压器及开关站的距离。此外，应考虑中央控制室的采光通风好、噪音振动小，使工作人员有良好的工作环境，精神集中，以利于安全运行。

(5)对分期施工的水电站应考虑分期过渡的布置方案，以减少或避免初期发电与后期施工的干扰。

有关坝后式、河床式、坝内式、引水式、地下式水电站电气设备的布置与总体布置型式的关系，可参看《水电站》一书，在此不作介绍。

(二)水电站电气设备的布置

1. 主厂房内的电气设备的布置

主厂房内的电气设备通常有发电机、机旁盘、励磁盘及发电机引出线和中性点侧的设备等。

(1)发电机的布置。发电机一般布置在主厂房的发电机层。通常采用几台发电机的中心线在同一轴线上的一列式布置。根据发电机与该层地板高度的关系，又可分为外露式、半岛式(半埋入式)和埋入式等型式。

(2)机旁盘的布置。机旁盘是对发电机进行开机、停机和调试用的。每台机组一套，包括机组操作盘、保护盘、制动盘等。

机旁盘应布置在发电机附近靠近中央控制室一侧，与水轮机调速器相邻或相对。这既缩短电缆接线又便于运行人员操作时相互联系。在布置机旁盘时还应注意：电缆走向要避免与水力机械和管道交叉，并防止在起吊发电机转子时与机旁盘相碰。

(3)励磁盘的布置。励磁盘是供发电机励磁系统的操作、控制和调节用的。

励磁盘应尽可能靠近发电机布置，这样既便于操作又可缩短电缆线路。通常将它布置在发电机层，与机旁盘相邻。当布置在发电机层有困难时，也可布置在发电机出线层。若无出线层，也可布置在水轮机层或副厂房内，但应避免受潮湿影响、与机械设备交叉。

(4)发电机引出线和中性点侧的设备布置。发电机引出线和中性点侧的电流互感器等，分别布置在发电机风罩外壁或水轮机墩外壁上。出线侧电流互感器还可以装在通到隔壁开关室的墙上。

发电机出线侧的电压互感器可布置在副厂房中，同发电机配电装置在一起。也可以布置在水轮机机墩附近,用铁丝网围护。

发电机引出线一般采用母线排,且大部分布置在主厂房内。引出线长度应尽可能缩短,其布置还要避免与机械管道和控制电缆交叉。机与电设备一般按上、下游分侧布置。

每台机组的设备布置在该机组对应的位置上,既便于安装、检修,又整齐美观。

2. 中央控制室的布置

中央控制室有控制台、主控盘、继电保护盘、信号盘、直流盘及自动巡回检测装置等。其下面应设置高 2 ~ 3 m 的电缆层(室),以便布置盘间和通往全站各处的电缆。中央控制室至主厂房、主变压器和开关站间应有方便的通道。

根据不同型式的水电站,中央控制室可以和副厂房布置在一起,也可以放在主厂房的一端或者上游侧,也可放在下游侧。

3. 副厂房内电气设备的布置

副厂房内电气设备通常包括发电机开关室、母线和电缆、厂用变压器和厂用配电装置、蓄电池室等。

(1)发电机开关室。为缩短接线,发电机开关室应尽量靠近发电机,正对发电机更好。发电机机端电压配电装置应尽量采用成套开关柜,便于安装与检修。开关室内的母线连接应尽量避免与油、气、水管路或电缆交叉。

当发电机端采用有母线的接线形式时,开关室常采用集中布置方式(即将发电机电压侧的所有开关设备布置在一个开关室内),若发电机端采用无母线的接线形式时(如单元式接线形式),常采用按单元分散布置开关室,这样可以使开关室靠近发电机以缩短连接母线和便于机组分期安装与检修,从而减少误操作的可能性。

开关室内配电装置四周,按有关规定留有足够的空间距离,以便运行和检修人员的操作和维修。

(2)母线和电缆的布置。母线与电缆线的布置应使其长度最短,并不与其他油、气、水管道交叉。为了便于安装与检修,在中央控制室下以及配电装置下,应设电缆层和电缆沟,并将电力电缆与控制电缆按有关规定分开敷设。

(3)厂用变压器的布置。厂用变压器安装布置时,应尽可能地缩短高、低压侧的连接线,并靠近厂用配电装置布置,以便减少电能损耗,节约导线。

厂用变压器最好选用干式变压器,没有爆炸危险,并可布置在敞开的小间内,既经济又便于散热。若用油浸式变压器,则应放置在有蓄油、排油的防爆小间内。

(4)厂用配电装置。厂用配电装置应尽可能采用成套配电装置。厂用低压配电盘尽量布置在全厂负荷中心,并尽可能接近厂用变压器。

(5)蓄电池室。蓄电池室包括蓄电池和充电设备等。在电站正常运行时,直流蓄电池作为继电保护、自动装置、信号及断路器操作的直流电源。全站停电时,还可以作为事故照明电源。蓄电池室一般布置在副厂房下层或一端。与蓄电池有关的直流盘室、酸室、通风机室等均应靠近蓄电池室布置。

图 8-17 为某引水式水电站厂房平面布置图。

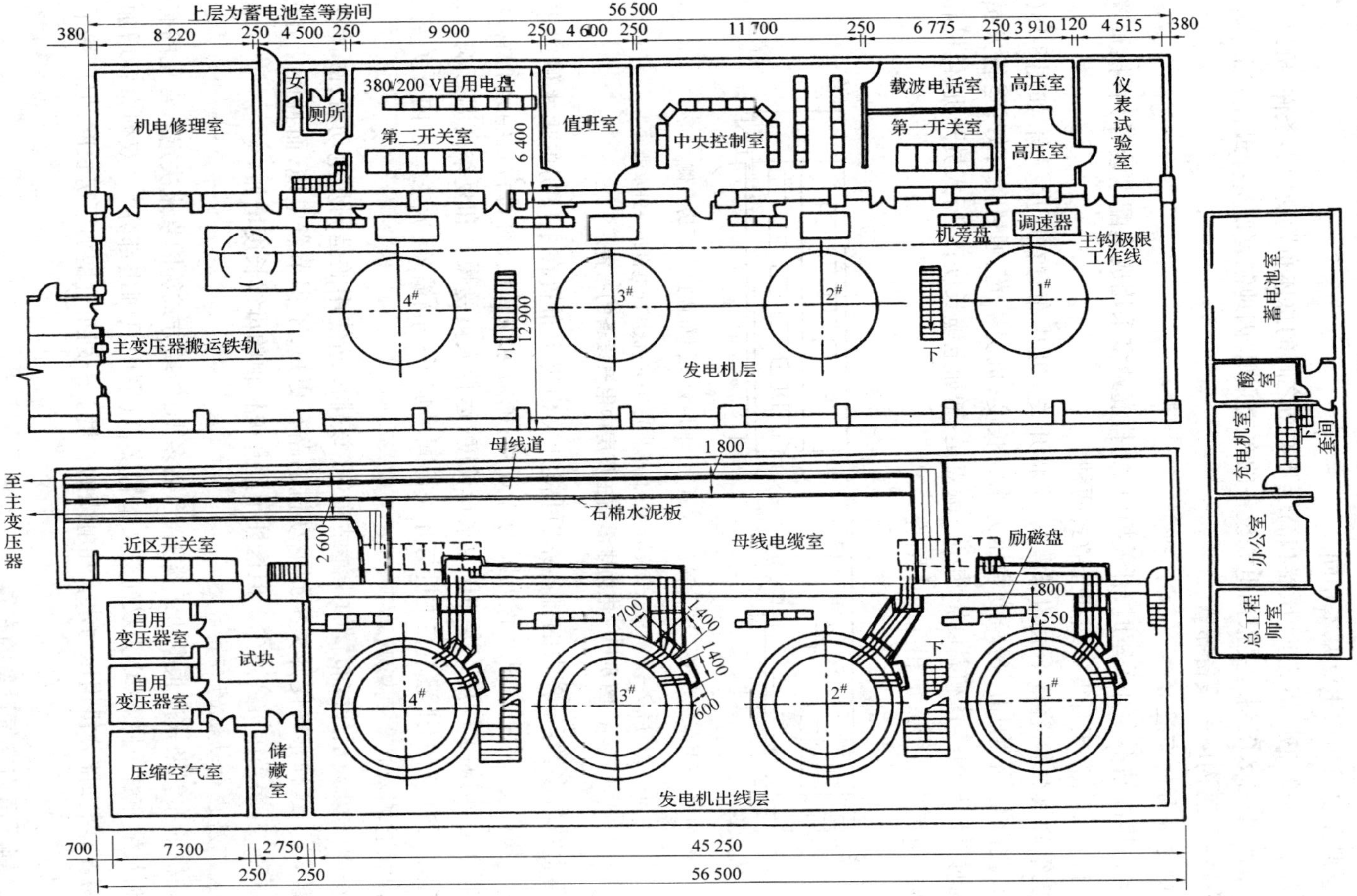

图 8-17　某引水式水电站厂房平面布置图　（单位:mm）

二、电力排灌站电气设备的布置

大型电力排灌站由主厂房、副厂房、主变压器和高压开关站几部分组成。其电气设备的布置原则和要求与水电站基本相同。

电力排灌站的主厂房、主变压器和高压开关站之间的总体布置受地形条件、机组型式和容量、机组的台数限制。要根据电气设备的布置原则,因地制宜地选择最佳方案。

(一)主厂房内电气设备布置

1. 配电装置的布置

当电力排灌站不设开关室时,开关柜(电力排灌站多采用成套配电装置)直接布置在主厂房内,其布置方式有集中式和分散式两种。

对机组台数不多、容量不大的排灌站,可将开关柜集中布置在厂房一端,如图 8-18(a)所示。其优点是:不增加厂房跨度和压力水管长度;机房采光、通风条件好;运行人员操作、监视时受厂房内噪音和温度影响小。缺点是:增加电缆长度;运行人员开机、停机和运行监视时,机与电运行人员相互照应困难。

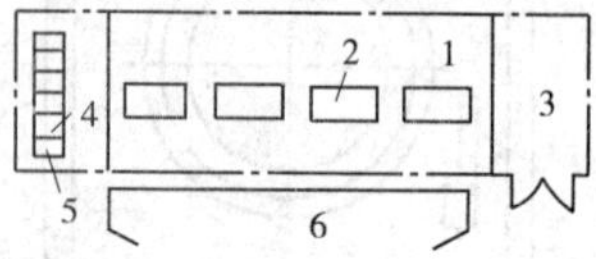

(a)开关柜布置在主厂房一端

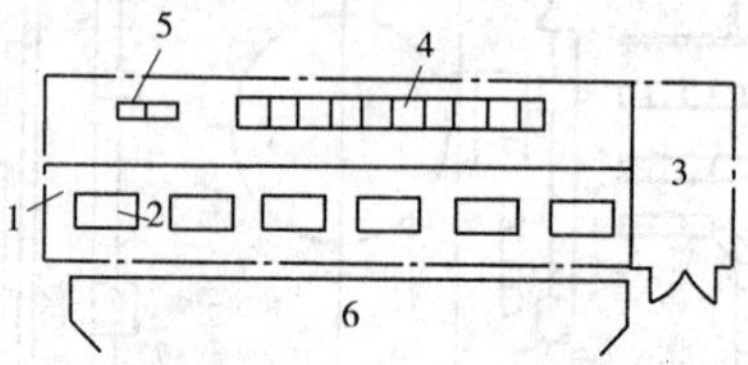

(b)开关柜布置在主厂房一侧

1—主厂房;2—主机;3—安装场;4—高压开关柜;5—低压配电盘;6—进水池

图 8-18　电力排灌站主厂房内电气设备的布置

机组台数较多、容量较大的排灌站,可将开关柜集中布置在主厂房的出水侧或进水侧,如图 8-18(b)所示。这种布置方案的优点是:缩短电缆长度;对每台机组运行管理较方便。缺点是:增加了厂房跨度和压力水管长度;运行人员受噪音和夏季高温影响大,工作条件差。为此,有的排灌站在主机与开关柜间增加了一隔墙,建成主厂房内开关室,但运行监视和通风采光受到影响。

图 8-19 为开关柜分散布置的排灌站实例(该排灌站使用的是同步电动机,故设有同步励磁盘 2)。这种布置使开关柜到电动机的路径更短,不但节省电缆,而且操作方便。由于分区布置,误操作机会减少。但这种布置开关柜顶的母线长度增加。

2. 主厂房内电动机的布置

电动机的布置型式应根据机组类型、台数多少、传动方式等因素来决定。常见的有一列布置和双列布置。图 8-20 为双列交叉布置实例(图中只画出部分)。双列布置增加主厂房的跨度;增加部分机组压力水管和电缆的长度。一列布置增加厂房长度,但厂房采光较好。

(二)副厂房内电气设备的布置

对机组较多、容量较大的大型电力排灌站,可设立副厂房。副厂房一般布置在主厂房的一端或主厂房的进水侧或出水侧,如图 8-20 所示。副厂房中应包括高、低压开关室,中

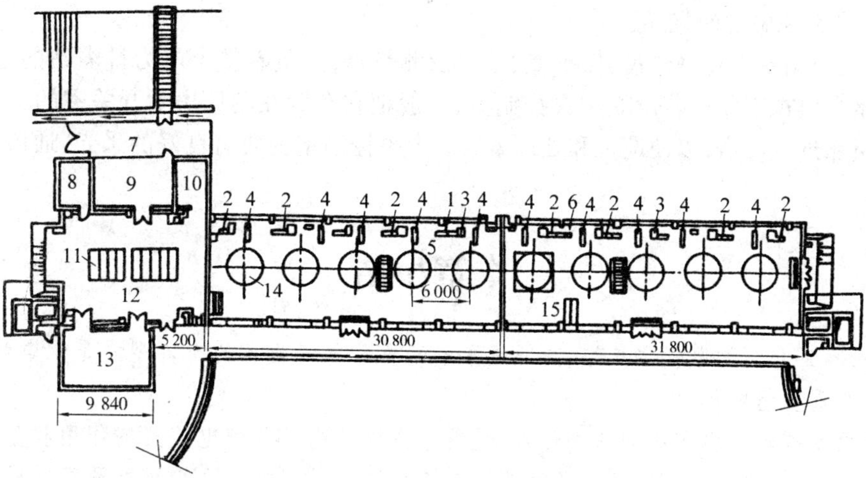

1—继电保护屏(两机合用一屏);2—励磁盘;3—高压开关柜;4—励磁机;5—辅机控制柜;
6—弱电柜;7—厂用变压器室;8—工具间;9—低压开关室;10—进线间;11—修配坑;12—安装场;
13—中央控制室;14—1 600 kW 同步电动机;15—吊物孔

图 8-19　电力排灌站电气设备布置实例

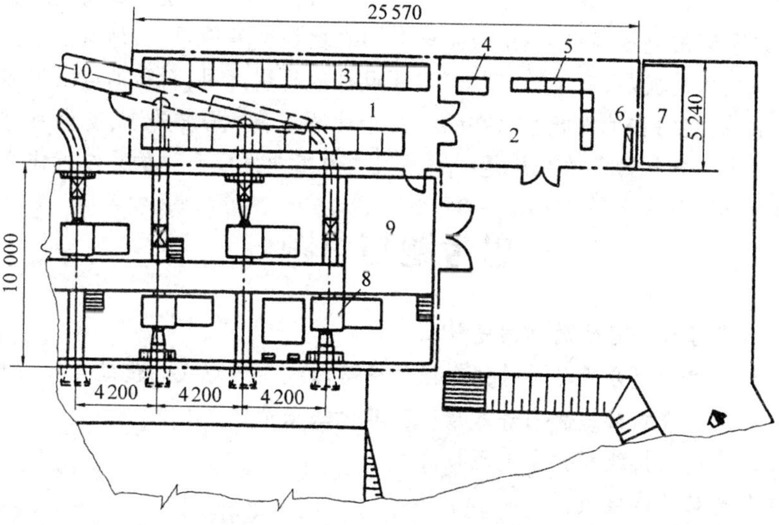

1—开关室;2—中央控制室;3—高压开关柜;4—低压配电盘;5—控制屏及保护屏等;
6—蓄电池组;7—厂用变压器;8—抽水机组;9—安装场;10—出水管

图 8-20　排灌站电动机双列交叉布置实例

央控制室及其他辅助性设施(如蓄电池室、酸室、工具间等)。

1. 开关室的布置

当排灌站设置开关室时,要与主变压器、中央控制室的位置统筹考虑确定。设开关室可使机与电的设备分开布置,减少相互干扰,便于集中管理,提高运行的可靠性。

开关室可布置在副厂房的一端或中央控制室的两端。开关室内成套配电装置可以单列布置,也可以双列布置。

2. 中央控制室的布置

中央控制室内有操作盘、保护盘、信号及测量盘,担负着整个电力排灌站的运行、操作、测量和监视工作。若设立中央控制室,一般把它布置在副厂房中开关室的一端或中间,尽量靠近主厂房,以便巡视和处理事故。中央控制室内要有良好的采光、通风和隔音环境。

本章小结

一、本章介绍的电气主接线、高低压配电装置和电气设备的布置型式是水电站、电力排灌站的重要组成部分。

要求掌握电气主接线的基本形式、适用范围以及高低压配电装置的作用和型式。熟悉水电站、电力排灌站的电气设备的典型布置型式。了解电气主接线以及高低压配电装置和电气设备布置的基本原则、要求和整体结构。

二、电气主接线的形式关系着水电站、变电所的安全可靠、经济优质、方便灵活的运行方式,所以要进行充分的负荷调查和经济技术比较后才能确定。

三、配电装置是与主接线形式相对应的,由电气设备和导线联接成接受和分配电能的装置。要根据不同的电压等级、经济技术条件和自然环境等因素,因地制宜、合理地选型。

随着科学技术的发展,新工艺、新材料、新设计的研制使用,新型的电气设备和成套配电装置不断出现,它们占地面积小、能耗低、自动化程度高、操作灵活、安全可靠。这些应引起我们的注意。电气设备的品质是一个国家电力工业发展水平的重要标志之一。

思考题与习题

8-1　什么是母线?母线的作用是什么?

8-2　试说明单母线分段与单母线分段带旁路母线接线形式的优缺点和适用范围?

8-3　什么是外桥式接线和内桥式接线?其优缺点是什么?

8-4　什么是单元接线和扩大单元接线?

8-5　什么是双母线接线?

8-6　什么叫配电装置?屋内、外配电装置有哪些型式?

8-7　选择屋内、外配电装置型式应依据哪些条件?

8-8　什么是成套配电装置?其优缺点有哪些?

8-9　水电站和电力排灌站电气设备的布置原则是什么?

8-10　需要设立主副厂房的水电站和电力排灌站,对主副厂房内电气设备的布置有什么要求?

第九章 接地、防雷保护与安全用电

本章主要介绍接地、防雷保护与安全用电的基本知识。要求了解接地的种类，掌握各种保护接地实现方式的原理与特点；理解接触电压与跨步电压的基本概念；掌握接地装置的敷设及接地电阻的测量方法；了解雷电的成因与危害，掌握防雷保护装置的原理；了解电流对人体的伤害及人体触电形式，掌握防止人体触电的措施。

第一节 接地和接零的基本知识

一、接地

所谓接地，就是把设备的某一部分通过接地装置同大地紧密连接起来。到目前为止，接地仍然是应用最广泛的安全措施之一。

（一）接地的种类

按照接地的作用，电气设备的接地主要有三种形式。

1. 工作接地

工作接地即为了使电力系统正常工作而将电气设备中的某一点接地，如变压器中性点、电压互感器中性点的接地等。

2. 保护接地

保护接地即为了保护人身安全，将电气设备故障后可能带电的金属部分接地。如电气设备的金属外壳，钢或钢筋混凝土构架、杆塔，停电检修的电路以及互感器的铁芯和副边接地。

3. 防雷接地

防雷接地的作用是将雷电流安全地泄入地中，消除过电压的危害。如避雷针、避雷器和避雷线的接地。

（二）接地电流和接地电阻

凡从带电体流入地下的电流即属于接地电流。接地电流有正常接地电流和故障接地电流之分。正常接地电流系指正常工作时通过接地装置流入地下的电流，故障接地电流系指系统发生故障时出现的接地电流。

如图 9-1 所示，接地电流流入地下以后，自接地体向四周流散。这个电流就叫做流散电流。流散电流在土壤中遇到的全部电阻叫做流散电阻。

接地电阻是接地体的电阻和流散电阻与接地线的电阻之和。接地体和接地线的电阻一般很小，可以忽略不计。因此，可以认为流散电阻就是接地电阻。通常说的接地电阻都是对于工频电流而言的，当接地装置通过雷电流时，由于雷电流有强烈的冲击性，接地电阻发生很大的变化，为了区别起见，这时的接地电阻称为冲击接地电阻。

(三)保护接地

1. 保护接地的原理

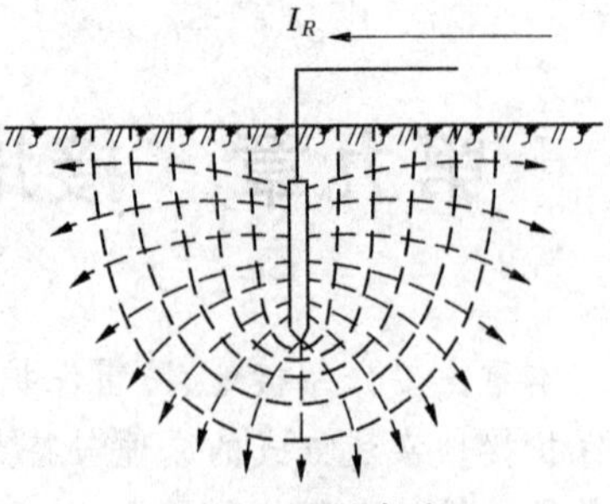

图 9-1 流散电流

当电气设备的绝缘损坏使设备外壳带电时,由于电气设备做了接地保护,当人触及到设备外壳时,形成人体电阻与接地电阻的并联电路。由于接地体与大地之间具有良好的接触(接地电阻不超过10 Ω),而人体电阻和鞋子的绝缘电阻,在最坏情况下也有数万欧姆,接地电阻将起到很好的分流作用,所以人体支路中通过的电流甚小,从而避免了触电的危险。根据保护接地的实现方式又可以分为IT系统、TN系统以及TT系统。电力系统和电气设备的对地关系可以用两个字母来表示。第一个字母表示电力系统的对地关系:T表示一点直接接地;I表示所有带电部分对地绝缘或一点经阻抗接地。第二个字母表示装置的外露金属部分的对地关系:T表示外露金属部分直接接地,且与电力系统的任何接地点无关;N表示外露金属部分与电力系统的接地体联接接地。

1)IT系统

在中性点不接地的三相三线制低压系统中,将电气设备正常情况下不带电的外露可导电部分(金属外壳和构架等)与接地体之间作很好的金属联接,称为IT系统,如图9-2所示。如果电气设备的外壳未接地,当电气设备发生一相碰壳而使其外壳带电时,人体触及外壳,则电流经人体而构成通路,造成触电危险。如果设备外壳接地,则由于人体电阻远远大于接地电阻,即使人体触及外壳,流经人体的电流也较小,没有多大危险。

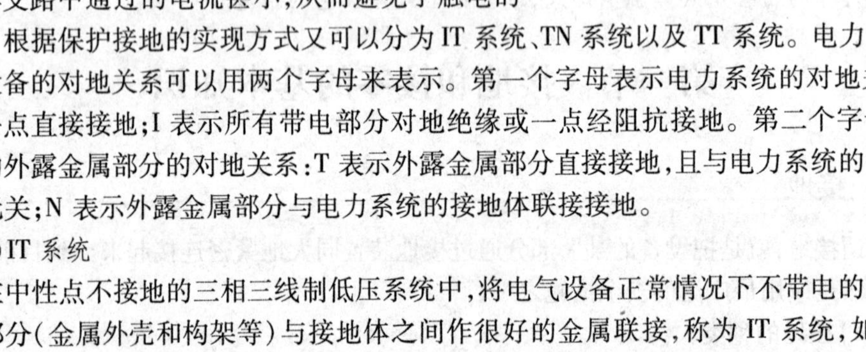

(a)无保护接地时的情况　　(b)有保护接地时的情况

图 9-2 中性点不接地供电系统无接地和有接地时触电情况分析

2)TN 系统

TN系统适用于中性点接地的三相四线制的低压系统,该系统将电气设备的金属外壳经公共的保护线(*PE* 线,protective earthing)或保护中性线(*PEN* 线,又称零线)与系统中性点相连接地。如图9-3所示的TN系统中,当电气设备发生一相碰壳时,短路电流经外壳和零线构成回路,回路中相线、零线和设备外壳阻抗很小,短路电流很大,令线路上的熔断器迅速熔断,切除故障。

TN 系统根据保护线与中线的组合形式分为 TN-C 系统、TN-S 系统和 TN-C-S 系统。TN-C 系统把中性线 N 与保护线 PE 合为一根 PEN 线，如图 9-4(a)所示。其所用材料少、投资省。但由于其保护线与中性线合一，所以通常用于三相负荷比较平衡且单相负荷容量较小的场所。TN-S 系统的中性线 N 与保护线 PE 是分开的，如图 9-4(b)所示。正常时 PE 线上没有电流。该系统的优点是即使 N 线断线，也不会影响保护。图 9-4(c)所示为 TN-C-S 系统，该系统兼有以上两种的特点，一部分采用中性线与保护线合一，局部采用专设的保护线。

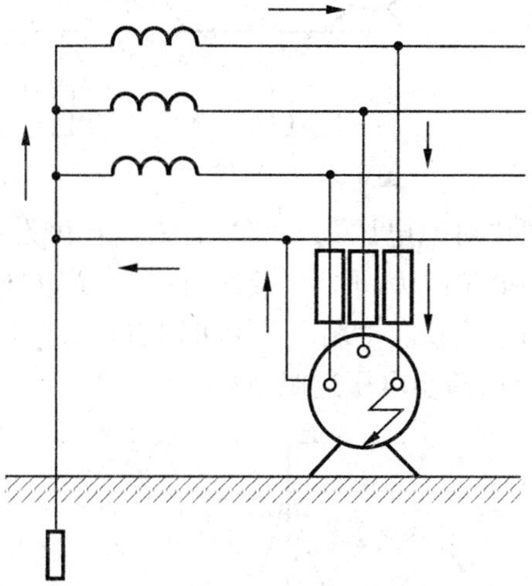

图 9-3　TN 系统发生单相碰壳时短路电流通路

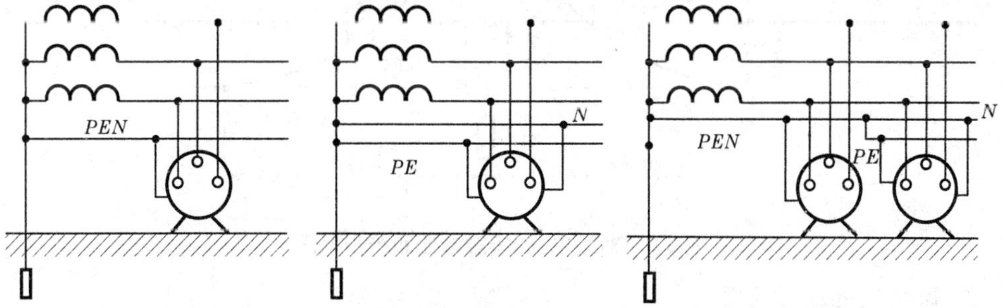

(a)TN-C系统　　(b)TN-S系统　　(c)TN-C-S系统

图 9-4　TN 系统的 PE 线与 N 线的组合形式

3)TT 系统

TT 系统适用于中性点直接接地的三相四线制系统，电气设备的金属外壳均各自单独接地，该接地点与系统接地点无关，如图 9-5 所示。在 TT 系统中，工作接地和保护接地电阻相等，都是 4 Ω。当发生接地故障时，故障点对地电压将为 110 V，通过人体的电流将达 0.1 ~0.2 A，显然不能保证人身安全。因此，TT 系统中应该装设漏电保护装置。

2. 接触电压与跨步电压

由于接地装置的散流效应，当电气设备发生单相碰壳或接地故障时，在接地点周围的地面就会有对地电位分布，如图 9-6 所示。电气设备的接地部分与 20 m 外的零电位之间

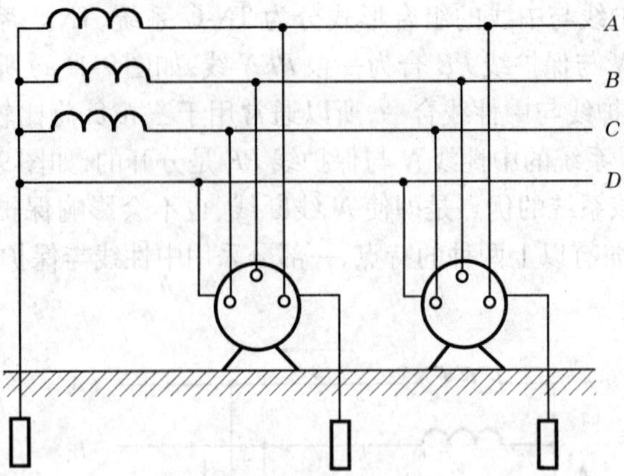

图 9-5　TT 系统

的电位差 U_1,称为接地部分的"对地电压"。此时,若人站在该设备旁,手接触到设备外壳,则人手与脚之间呈现出的电位差 U_2 称为"接触电压"。跨步电压是指在接地故障点附近行走,两脚之间所出现的电位差。由图 9-6 中可以看出,离接地装置越远,跨步电压 U_3 越小,通常距接地点 20 m 处,跨步电压近似为 0。

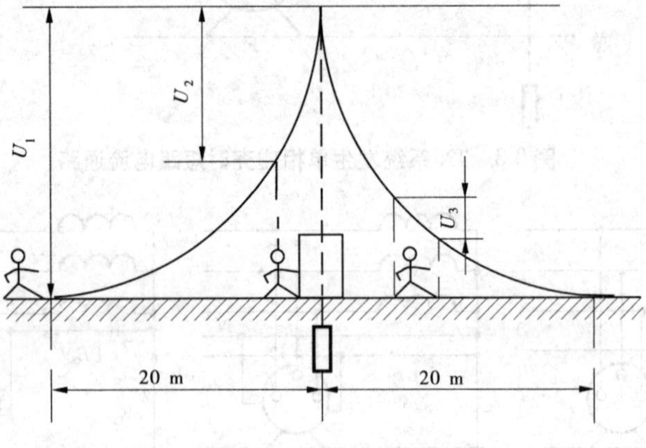

图 9-6　对地电压、接触电压和跨步电压

3. 保护接地应用范围

保护接地适用于各种中性点不接地电网,在这类电网中,凡由于绝缘破坏或其他原因而可能呈现危险电压的金属部分,除另有规定外,均应接地。

二、对接地电阻的要求

(一)对小接地电流系统

在中性点不接地或经消弧圈接地的系统中,一相绝缘损坏时的接地电流一般控制在 10 ~ 30 A 以下,可以带故障运行 1 ~ 2 h。当接地装置仅用于高压系统时,接地电阻 R_{jd} 值一般不应大于 10 Ω。

当接地装置用于低压系统或高、低压系统共用时,考虑到人与低压设备接触的机会较多,接地电阻 R_{jd} 一般不应超过 4 Ω。在发电机或变压器的容量小于 100 kVA 时可放宽至 10 Ω。

(二)对大接地电流系统

在中性点直接接地系统中,单相接地即单相短路。此时巨大的短路电流将使继电保护装置迅速动作,切断故障电路。故对高电压及大接地电流系统,接地装置的接地电阻不应大于0.5 Ω。

(三)对中性点直接接地的低压系统

在我国,低压系统(主要是220/380 V系统)的中性点一般采用直接接地。低压电气设备外壳常采用接零保护代替接地保护。故低压系统的接地装置即是指发电机或变压器中性点的接地与零线的重复接地。

发电机和变压器中性点接地装置的电阻一般不应大于4 Ω,当发电机和主变容量在100 kVA以下时可不大于10 Ω。

零线每一重复接地的电阻不应大于10 Ω,对于中性点接地装置小于10 Ω要求的网络,每一重复接地应不大于30 Ω,但重复接地点应不少于3处。

三、保护接零

(一)保护接零原理

将电气设备金属外壳与电源零线用导线联接起来,防止电气外壳带电的方法,称为电气设备的保护接零。

保护接零的作用是:当设备的绝缘损坏时,相线碰及设备外壳,使相线与零线发生短路,由于短路电流很大,迅速使该相熔丝熔断或使电源的自动开关跳闸,切断电源,从而避免了人身触电的可能性。因此,保护接零(零线又叫中性线)是防止中性点直接接地系统电气设备外壳带电的有效措施。图9-7示出了保护线与中性线共用的保护中性线(*PEN*)三相四线制系统。图9-8示出了保护零线与工作零线分开的三相五线制系统。从安全可靠的角度来看,以三相五线制系统较好。

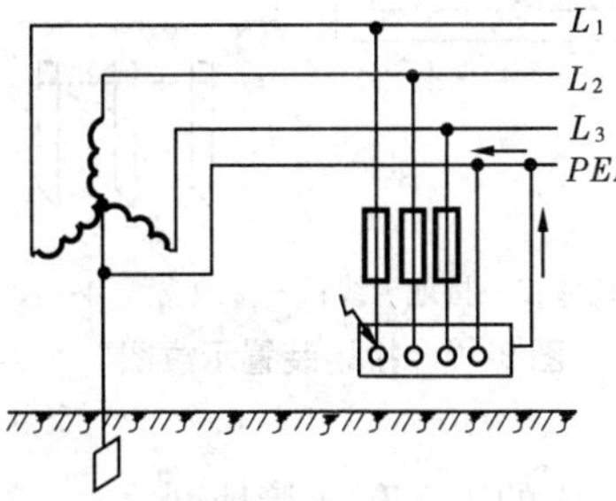

图9-7 三相四线制保护接零

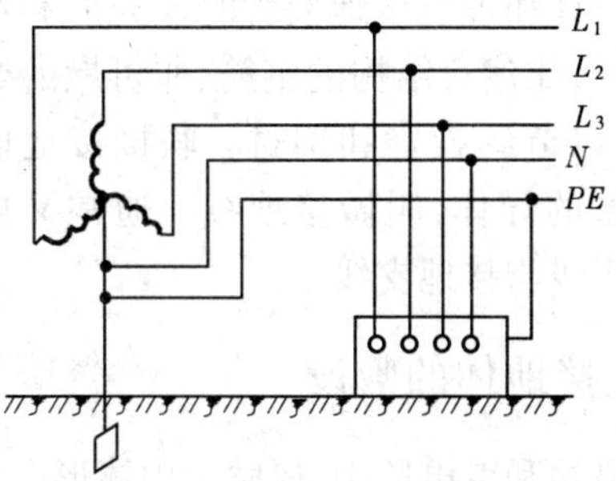

图9-8 三相五线制保护接零

在电源中性点接地的系统中,电气设备的外壳不能一部分采用保护接零,另一部分采用保护接地。因为,当作为保护接地的电气设备外壳漏电而保护装置又不动作时,该设备的外壳出现对地电压,致使同一供电系统中所有采用保护接零的电气设备外壳带电,因而起不到保护作用。

(二)零线的重复接地

在中性点接地的供电系统中,沿着零线走向将零线多处接地,称为重复接地,如图9-9所示。重复接地的作用是当电气设备外壳漏电时,可以降低零线的对地电压。此外,万一零线断线,并且断线后的电气设备外壳漏电时,由于重复接地的作用,使漏电设备上的电压降低,从而减轻了故障的危险程度。在照明线路中,也可避免因为零线折断,三相电压不平衡而造成某些电气设备的损坏。

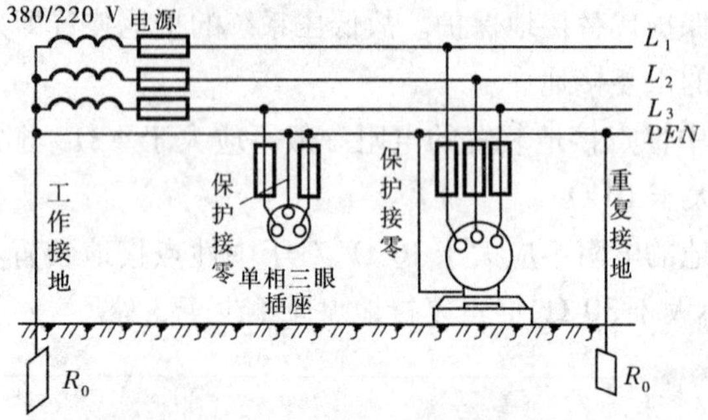

图9-9 零线的重复接地

第二节 接地装置

一、接地装置的组成

所谓接地装置是指接地体与接地线的总称(见图9-10)。

埋入土壤内并与大地直接接触的金属导体或导体组,叫做接地体,也叫接地极。它按设置结构可分为人工接地体与自然接地体两类。在设计和埋设接地装置时应充分利用自然接地体,如建筑结构的钢筋、非可燃的金属管道等,以节约投资和钢材。联接接地体与电气设备的导体,叫做接地线。通常又可分为接地干线与接地支线。

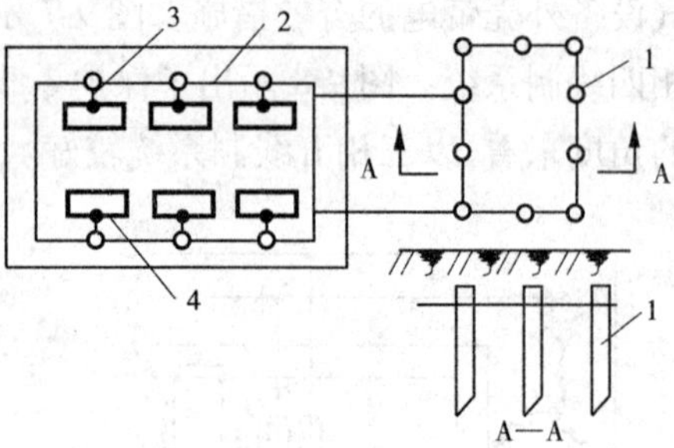

1—接地体;2—接地干线;3—接地支线;4—设备

图9-10 接地装置示意图

二、接地体的敷设

在电站和变电所中,应敷设由棒形和带形接地体组成的人工环形接地网。

棒形接地体是垂直埋入地中的钢管或角钢,其长度为2~3 m(一般为2.5 m),钢管的外径为48~60 mm,管壁厚度不小于3.5 mm,角钢的厚度不小于4 mm,埋深0.6 m。

带形接地体是水平埋入地中的圆钢或扁钢,圆钢的直径不小于8 mm,扁钢的厚度不小于4 mm,截面积不小于48 mm^2,埋深0.6 m。

环形接地网的外缘应闭合,外缘各角应做成圆弧形,以便使地面电位分布均匀,从而减小水电站区域内的接触电压和跨步电压。当土壤电阻率的值给定后,环形接地网的接地电阻主要与接地网的面积有关，故环形接地以采用水平接地体为主，附加于接地网上的垂直接地体对降低环形接地网接地电阻的作用并不大，环形接地网的埋深宜采用0.6 m。

图9-11 表示高压配电装置区域周围的环形接地网，此接地网由一封闭的水平接地体和多支垂直接地体组成，由于接地体间互相影响的结果，配电装置区域内的电位分布比单管接地体要均匀得多，如图9-11中Ⅰ—Ⅰ断面的电位分布曲线，所以接触电压和跨步电压大为降低。

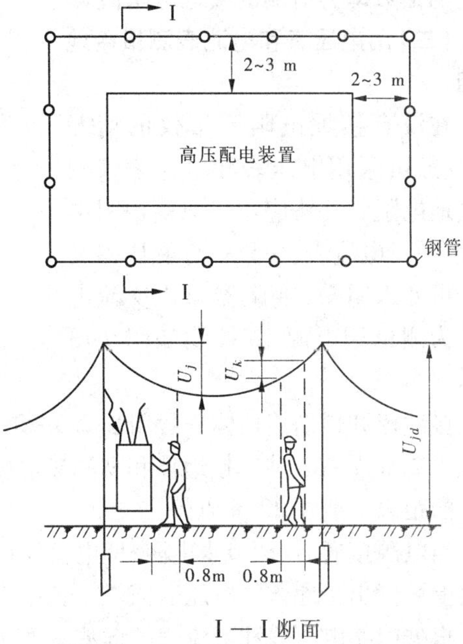

图9-11 由钢管和扁钢组成的环形接地网及电位分布

在环形接地网范围内，安装避雷器的地方，应在附近补增2～3根垂直接地体（每根长度为2～3 m）组成集中接地装置。出线门架若接有避雷线时，也应在附近补增3～5根垂直接地体组成的集中接地装置，以便加强雷电流散流效果。

电气装置中每一接地元件，应采用单独的接地线与接地干线或接地体相联接，几个接地元件不可串联联接在一个接地线中。

接地线与电气设备的外壳联接时，可采用螺栓联接或焊接。

三、接地电阻的测量

接地装置在有关工程竣工后和运行中，需按规定测取其实际接地电阻，鉴定是否达到设计要求。

（一）用接地电阻测量仪测量接地电阻

应用接地电阻测量仪测量简单接地体的接地电阻，其操作程序如下：

（1）测量前应先将接地引线与被保护设备断开。

（2）使被测接地极 E' 电位探测针 P' 和电流探测针 C'，依直线彼此相距 20 m 插入地中，且电位探测针 P' 插于接地极 E' 和电流探测针 C' 之间，如图9-12所示。

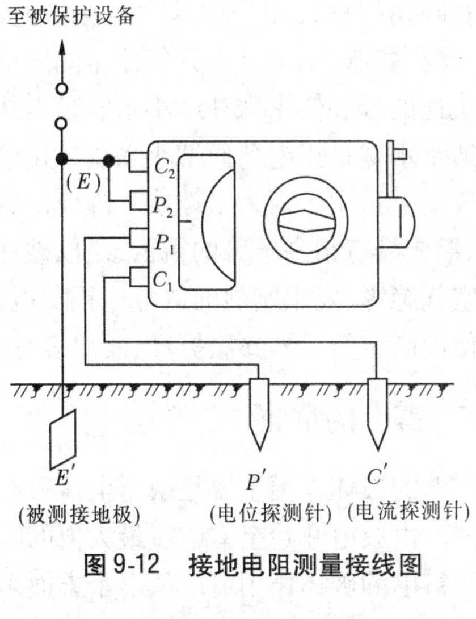

图9-12 接地电阻测量接线图

（3）用导线将 E'、P' 和 C' 联于仪表相应的端钮上。

（4）当检流计的指针接近平衡时，加快手柄的转速，使其达到 120 r/min 以上，调整

“测量标度盘”使指针位于中心线上。

(5)“测量标度盘”读数乘以倍率标度的倍数即为所测的接地电阻值。

(二)用电压表和电流表测量接地电阻

在没有接地电阻测量仪的情况下,一般可采用电压表和电流表来测量接地电阻。此法应用一只高内阻电压表、一只电流表、一只行灯变压器及一个可变水阻箱(变阻器),以交流电源作为测量用电源,其接线如图 9-13 所示。

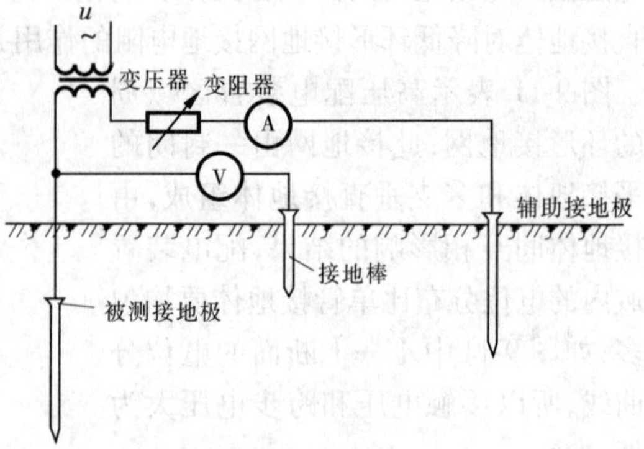

图 9-13 用电压表和电流表测接地电阻

接地棒和辅助接地体一般用长 2.5 ~3 m、直径 25 ~50 mm 的钢管或 4 ~5 号角钢,打入地下 2 m 左右。辅助接地体和被测接地极间的距离不应小于 40 m,接地棒和被测接地体间的距离一般在 20 m 以外。

当电源接通后,调节水电阻,使电流保持一个适当的数值,由电流表读出。另外,从电压表上可读出接地体的电压数值。

根据回路电压表和电流表的读数 U 和 I,可算出接地体的接地电阻值,即

$$R_{jd} = U/I \tag{9-1}$$

式中 R_{jd}——接地电阻,Ω。

第三节 防雷保护

一、雷电的形成

在晴朗的夏天,由于太阳的照射,地面空气层受热膨胀,产生了气流。越往上升压力越低,体积膨胀,如果该上升气流是潮湿的,在强烈上升过程中,水珠分裂出细小的水滴,这种快速的分裂使水珠和细小水滴带上相反电荷,如图 9-14 所示。

通常水珠带正电荷而细小水滴带负电荷。由于重量的差异,小水滴随气流继续上升,汇集成负电云团。而大水珠或下降成雨,或汇集成正电云团。这种云团聚集的电荷越来越多,形成具有很高电势的雷云,足以破坏空气的绝缘。当和另一异性雷云接近时,相互击穿空气绝缘,发生剧烈的放电。正负电荷中和,出现耀眼的闪光;巨大的雷电流产生的高温使周围空气猛烈膨胀振动,发出震耳的雷声。

二、雷电的危害

雷电的破坏作用主要是由雷电流引起的,雷电流是一种冲击波。图 9-15 是雷电流的波形图。由放电开始至雷电流最大值的时间为波头,雷电流的破坏作用主要是由波头产生的。雷电的破坏作用可以从三个方面来分析。

(一)直击雷的破坏作用

直击雷是指雷云和大地之间的放电直接通过电气装置、建筑物或树木等。强大的电流通过物体产生巨大的热效应,因而引起火灾。也可以使物体内部的水分突然受热蒸发,造成物体内部压力骤增而发生劈裂现象,引起爆炸和燃烧。直击雷的破坏作用最为严重。

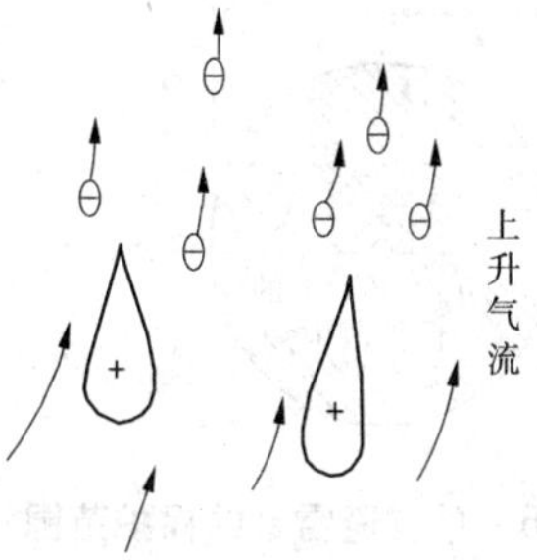

图 9-14　雷云中水滴快速分裂带电的过程

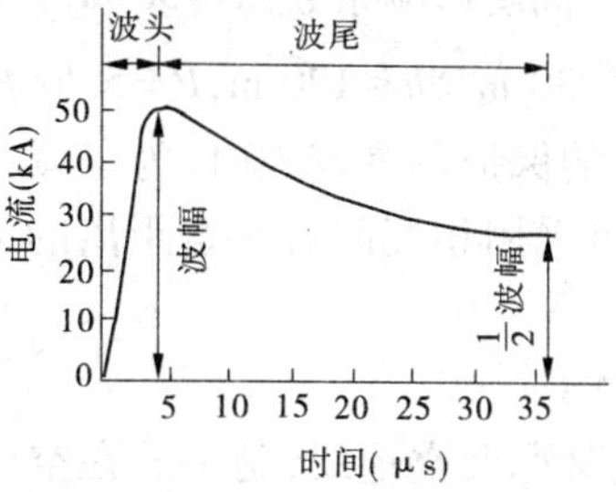

图 9-15　雷电流波形图

(二)感应雷的危害

当建筑物上空出现很强的带电雷云时,在建筑上就会感应、聚集起与雷云电荷相异的束缚电荷。当雷云在空间放电之后,空中的电场消失,但是聚集在建筑物上的电荷不能很快泄入大地,残留下来的大量电荷对地形成一个相当高的电压,即为感应雷电波,当它沿输电线路传播时,将会击穿线路和电气设备的绝缘,引起火灾、爆炸和人身事故。

(三)雷电波侵入的危害

感应雷电波沿着供电线路、金属管道引入配电装置的现象称为雷电波侵入。当其沿供电线路串入电气设备,很可能击穿绝缘而损坏该设备,危及人身安全或引发火灾。

了解了雷电流的破坏作用,就可以采取相应的措施进行防雷保护,使电气设备免遭雷击。

三、防雷保护的措施

(一)防止直击雷

避雷针和避雷线是防直击雷的设备。它们的作用是把雷电流引向自己,并安全导入地中,在避雷针(线)下形成一个安全区域,从而使保护物免遭雷击,这个安全区域称为保护范围。

1. 避雷针

避雷针由金属杆、接地引线和接地体三部分组成。金属杆又称接闪器,专门用来接受雷电,使雷云对它放电,雷电流经接地引线和接地体流入大地,从而避免遭受直击雷。接闪器一般是用镀锌圆钢或镀锌钢管焊接制成的。金属杆、接地引线和接地体的联接都用焊接。

避雷针的保护范围与避雷针的高度、数量和相互位置有关。单支避雷针的保护范围可以用一个圆锥形状的空间来表示,如图 9-16 所示。避雷针针顶距地面的高度为 h,从针顶向下作 45°斜线,构成锥形保护空间的上部;45°斜线在 $h/2$ 处转折,与地面上距针底 $1.5h$ 的圆周处相连,即构成了保护空间的下半部。

避雷针在地面的保护半径 $r = 1.5h$;当被保护物高度为 h_x 时,平面上的保护半径 r_x

按下式确定：

当 $h_x \geqslant h/2$ 时 $r_x = (h - h_x)P$ (9-2)

当 $h_x < h/2$ 时 $r_x = (1.5h - 2h_x)P$ (9-3)

式中 P——高度影响系数，$h \leqslant 30$ m，$P = 1$，$30 \text{ m} < h \leqslant 120$ m，$P = 5.5/\sqrt{h}$。

当需要的保护范围较大时，为了减小避雷针高度，可采用相互间有一定距离的多根避雷针。

2. 避雷线

避雷线又称架空地线，是由悬在空中的接地导线、引线和接地装置组成的。避雷线主要用来保护输电线，以及某些小型水电站和变电所。避雷线的作用原理和避雷针相同，只是保护范围要小些。避雷线一般采用截面不小于 35 mm^2 的镀锌钢绞线，架设在架空输电线之上，每根都应接地，以利雷电流入地。

图 9-17 所示为单根避雷线的保护范围。避雷线离地面的度度为 h，由避雷线向下作与铅垂面成 25°的斜面，构成保护空间的上部；在 $h/2$ 处转折，与地面上距线底为 h 处相连接，构成了保护空间的下部。

在被保护物高度为 h_x 的平面上，避雷线每侧保护范围的宽度 r_x 可用下式计算：

当 $h_x \geqslant h/2$ 时 $r_x = 0.47(h - h_x)P$ (9-4)

当 $h_x < h/2$ 时 $r_x = (h - 1.53h_x)P$ (9-5)

式中，高度影响系数 P 与避雷针相同。

(二) 防止雷电波入侵

避雷器是防止感应雷和雷电波入侵以及由于运行操作引起的内部过电压的有效设备，它与被保护物并联，用来限制过电压，如图 9-18 所示。当雷电波侵入时，避雷器立即动作，把雷电流导入大地，从而对设备起到保护作用。

按避雷器的结构可分为阀型避雷器、金属氧化物避雷器等。

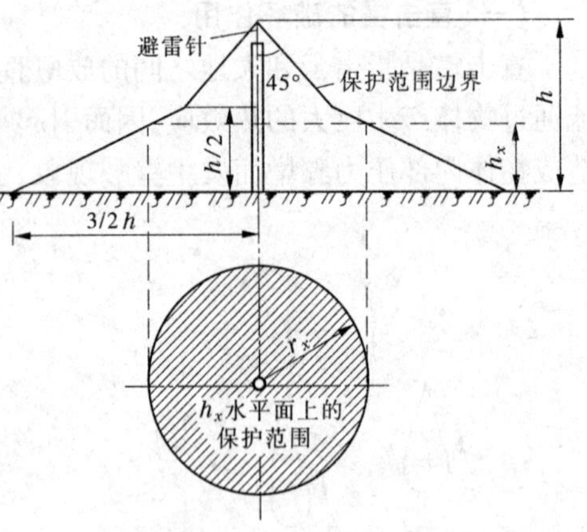

图 9-16 单支避雷针的保护范围

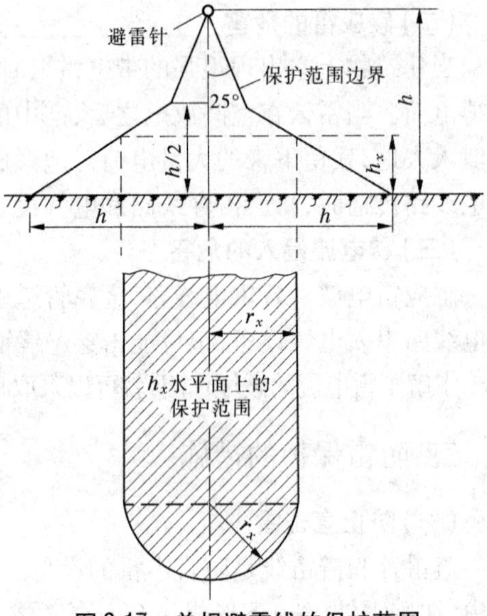

图 9-17 单根避雷线的保护范围

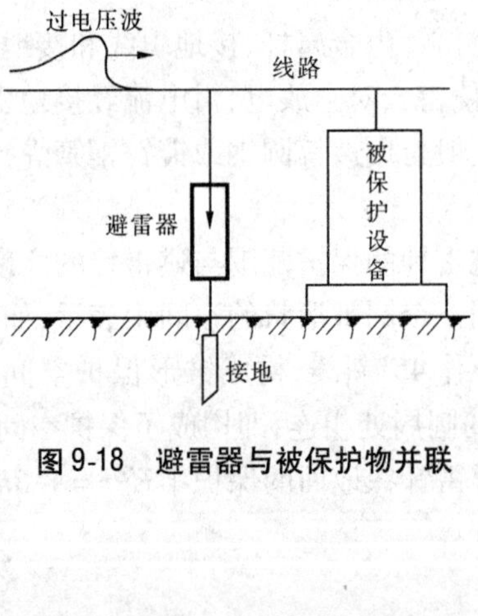

图 9-18 避雷器与被保护物并联

1. 阀型避雷器

阀型避雷器使用最为广泛，它主要由火花间隙和非线性阀片电阻组成；火花间隙采用了多个间隙串联的结构型式，每个火花间隙由两个黄铜片及云母垫圈组成；阀片电阻由碳化硅和黏合剂烧结而成圆饼形，把多个阀片叠装，外部由瓷套管密封。阀型避雷器结构外形如图 9-19 所示。

火花间隙是避雷器的主要元件。火花间隙的作用是在正常电压时将带电工作部分和接地装置隔开，当幅值很高的雷电波到来时，火花间隙很快被击穿，把高电压加在阀片上。

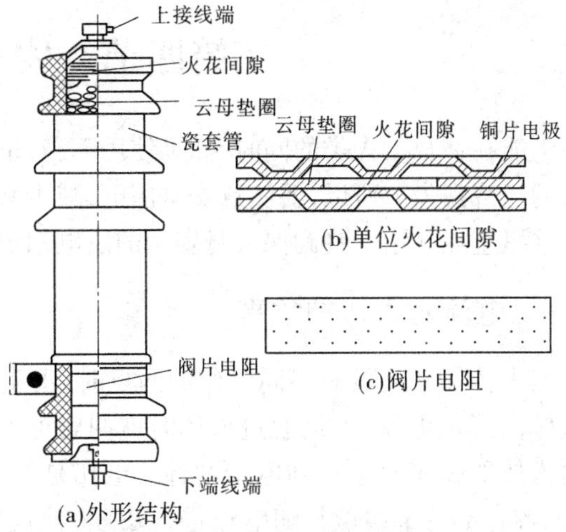

图 9-19　阀型避雷器

阀片是非线性电阻，正常工作电压时，电阻很大；当雷电过压时，电阻变得很小。因此，雷电流便经小电阻的阀片迅速泄入大地，雷电流在阀片电阻上的压降称为残压。当过电压消失，线路上恢复工频电压时，阀片电阻的阻值增大，使泄漏的电流变得很小，火花间隙切断泄漏的工频电流后，线路恢复正常。

阀型避雷器串联的火花间隙和阀片电阻的数目，随着电压的升高而增加。

常用的阀型避雷器型号有 FS 型和 FZ 型。FS 型仅有阀片和间隙，FZ 型有阀片和间隙，其间隙带有非线性并联电阻。

2. 金属氧化物避雷器

金属氧化物避雷器的基本工作元件是氧化锌阀片。氧化锌阀片是以 ZnO 为基体，添加少量的 Bi_2O_3、MnO_2、Sb_2O_3、Co_3O_3、Cr_2O_3 等制成的非线性电阻体，具有比碳化硅好得多的非线性伏安特性，在持续工作电压下仅流过微安级的泄漏电流，动作后无续流。因此，金属氧化锌避雷器不需要火花间隙，从而使结构简化，并具有动作响应快、耐多重雷电过电压或操作过电压作用、能量吸收能力大、耐污秽性能好等优点。由于金属氧化锌避雷器保护性能优于碳化硅避雷器，目前已在逐步取代碳化硅避雷器，广泛用于交、直流系统，保护发电、变电设备的绝缘，尤其适合于中性点有效接地的 110 kV 及以上电网，金属氧化物避雷器的外形如图 9-20 所示。

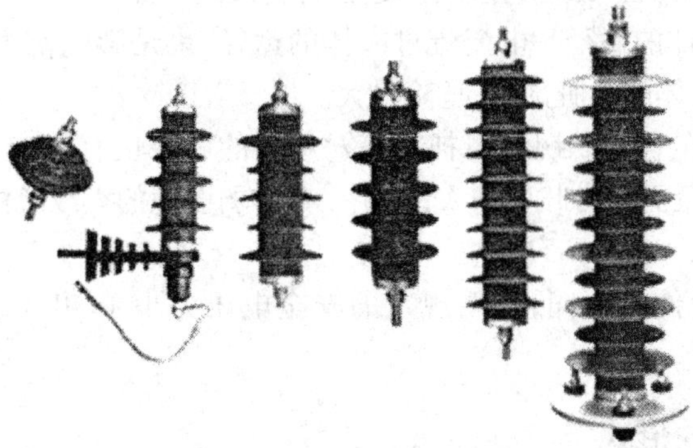

图 9-20　金属氧化物避雷器的外形图

第四节　安全用电

电能在造福于人类的同时,如果使用不当,也会发生人身伤亡和设备损坏事故并造成巨大的经济损失。所以,要注意安全用电,减少和避免事故的发生,确保人身和设备的安全。这里重点介绍一些确保人身安全的用电知识。

一、电流对人体的危害

当人体接触到具有不同电位的两点时,由于两点之间的电位差(电压)的作用,就会在人体内形成电流,电流通过人体时就叫触电。人体触电后危害人身的主要是电流,电流对人体的伤害有电伤和电击两种。电伤是指人体的外部受到电的损伤,如灼伤、电烙印,或者有部分金属微粒随电流进入皮肤,使皮肤变色,这种现象叫皮肤金属化。电的外伤对人体的伤害较轻,一般不会有生命危险。电击是指人体内部器官受到电的伤害,如电流作用于人体的神经中枢、心脏和呼吸系统,造成抽搐和痉挛,失去知觉等现象,也可能使呼吸器官和血液循环器官的活动停止或大大减弱,而形成所谓假死。此时,若不及时采用人工呼吸和其他医疗方法救护,人将不能复生。一般的触电死亡事故都是由电击造成的。

人触电时的受害程度与以下因素有关:

(1)频率。频率为 50 Hz 的电流对人体的伤害最为严重。在高频、较低的频率(25 Hz 以下)和直流的情况下,人体能耐受较大的电流。

(2)电流强度与电压。人体的最小感觉电流:工频电流约为 1 mA,直流电流约为 5 mA。当通过人体的工频电流超过 50 mA 就会有致命的危险。在一定的电压下,通过人体的电流与人体电阻有关,人体电阻有很大的变动范围,从 1 500 Ω 到几万欧姆,它与人的皮肤状况、接触面积,皮肤表面破损或潮湿等因素有关,人体电阻最小值仅 800 ~ 1 000 Ω。

当人体电阻一定时,电压越高,通过人体的电流就越大,因此在恶劣的情况下,人所接触到电压只要达到 $0.05\ A \times (800 \sim 1\ 000\ \Omega) = 40 \sim 50\ V$,就有致命危险。

(3)触电的持续时间。触电持续时间越长,伤害程度越严重。

(4)电流流过人体的途径。电流流过人体的途径,也是影响伤害程度的一个重要因素。如果电流通过人体的心脏部分,危险最大。

(5)体质。人体的健康状况与精神状态对触电的后果也有影响,在同样的外部电压作用下,一个身体健康而精力旺盛的人,就比一个体弱多病的人或醉酒的人所受到的伤害程度要轻。

根据劳动环境条件的不同,我国规定的安全电压为小于 40 V,其安全电压等级为 36 V、24 V、12 V、6 V。

二、人体触电的形式

人体触电的类型主要有以下几种。

(一)单相触电

在低压系统中,人体触电是由于人体的一部分直接或通过某种导体间接触及电源的一相,人体的另一部分直接或间接接触大地,使电源和人体及大地之间形成了一个电流通路,这种触电方式为单相触电。

(二)两相触电

在低压系统中,人体直接或间接触及电源的两相,在电源与人体之间构成了电流通路,这种触电方式称为两相触电。

(三)跨步电压触电

在故障接地点附近地面电位很高,距接地点越远则电位越低,其电位曲线如图 9-6 所示,当人的两脚踩在不同电位点时,使人体承受的电压称为跨步电压。

在高电压系统中,当人体与带电体之间的距离太近时,也可导致高压击穿空气绝缘而触电,包括雷击触电,这种触电也是非常危险的。

三、防止人体触电的措施

确保安全用电,必须引起各级人员的高度重视。

(1)严格执行安全用电的规章和制度,电力系统的设计、制造、安装、检修、操作等环节必须严格执行国家规定的安全技术规程和制度,如定期检修和试验制度、执行工作票和操作票制度等。

(2)采取多种安全技术措施。如采用安全电压;对带电体设置足够的安全距离;在运行的电气设备周围设置屏护;悬挂安全标志;采用保护接地或保护接零以及采用新的、更加完善的防止人身触电的保护技术——漏电保护等。

(3)建立安全用电机构,普及安全用电知识教育,提高人们对安全用电的认识,防止触电事故的发生。

四、漏电保护装置

漏电保护装置在电气设备或线路发生漏电或接地故障时,能在人未触及之前切断电源;即使人体触电时,能在极短的时间内(0.1 s)切断电源,从而减轻电流对人体的伤害,还可以防止因漏电引起的火灾事故。

随着制造技术的不断完善,漏电保护装置还具有报警,过载、过压保护,缺相保护等。

(一)漏电保护器的分类

(1)按反映信号的种类分:有电压型和电流型,被广泛采用的电流型漏电保护器又分直接传动型和间接传动型,后者又分为储能型和放大型。

(2)按执行机构分:有机械脱扣和电磁脱扣。

(3)按极数和线数分:有单极二线、二极、二极三线、三极、三极四线等。

(二)直动式电流型漏电保护器

直动式电流型漏电保护器如图 9-21 所示。正常运行时,零序电流互感器内无零序电流,其副绕组 L_2 无感应电动势,极化脱扣器中衔铁 4 在永久磁铁 3 的吸引下,克服弹簧 6 的拉力与铁芯 5 闭合,脱扣器在静止状态。当有人触电或设备(线路)漏电时,零序互感器中有零序电流，于是在 L_2 上产生感应电动势，接于副线圈 L_2 的反磁线圈 L'_2 便有电流通过，L'_2 中的电流产生的磁通与永久磁铁 3 的磁通叠加，产生去磁作用，于是衔铁 4 失去磁场吸引力，在弹簧 6 作用下离开铁芯 5 而释放，带动开关跳闸，切断电源，达到保护的目的。

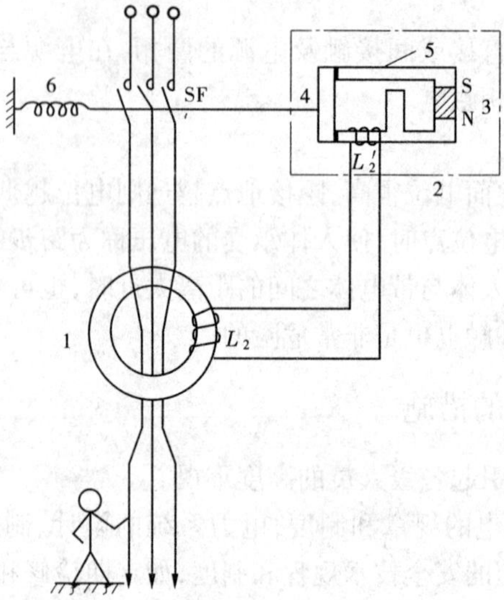

1—零序电流互感器；2—极化脱扣器；3—永久磁铁；4—衔铁；5—铁芯；

6—弹簧；L_2—副绕组；L'_2—反磁线圈

图 9-21　直动式电流型漏电保护器原理

本章小结

一、接地的方式有工作接地、保护接地和防雷接地。

二、对不同系统接地电阻的要求要考虑中性点运行方式。

三、保护接零要保证零线的重复接地。为了保证安全用电，应采取保护接零和保护接地的措施。在电源中性点直接接地的 220/380 V 三相四线制供电系统中，要采取保护接零的措施；在电源中性点不接地的供电系统中，要采取保护接地的措施。

在采取保护接零时，零线必须联接可靠、牢固；零线不得安装开关和熔断器。

在保护接零的供电系统中，不允许一些设备接零，而另一些设备接地。

四、接地装置由接地线和接地体组成。

五、接地体敷设方法及注意问题。

六、接地电阻的测量方法有用接地电阻测量仪测量及用电压表和电流表测量等方法。

七、雷电是自然界存在的一种放电现象。雷电对大地放电时，对人类造成的危害很大。其主要形式有：直击雷、感应雷、雷电波侵入。

八、避雷针由接闪器、引下线、接地装置三部分组成。

九、电流对人体的伤害有电击和电伤两种。人体触电有单相触电、两相触电、跨步电压触电等形式。

十、防止人体触电的措施有多种，往往重叠采用，确保安全用电。

十一、漏电断路器种类繁多，有电流型和电压型，以电流型为主。

思考题与习题

9-1 什么叫接地？什么叫接零？它们有什么作用？

9-2 什么是接地电阻？为什么要减小接地电阻？如何减小？

9-3 何谓直击雷、感应雷？这些对电气设备有何危害？

9-4 避雷针和避雷线有什么作用？由哪些基本部分组成？它们的保护范围如何确定？

9-5 避雷器的作用是什么？阀型避雷器是怎么构成的？

9-6 工作接地有何意义？

9-7 重复接地有何意义？

9-8 什么是接地装置？什么是接地网？它们的作用如何？

9-9 接地体敷设应注意哪些问题？

9-10 触电形式有哪些？

9-11 影响触电严重程度的因素有哪些？

9-12 直接传动型电流型漏电保护器的工作原理是什么？

第十章 供电与照明

本章主要介绍施工现场供电，室内照明与配电线路的基本知识。要求了解施工现场供电要求，熟悉如何制订合理的施工现场供电方案，掌握施工现场用电负荷的计算及导线截面选择方法；理解照明布线的原则与要求，熟悉常用照明光源原理、特点及选择方法，掌握室内照明电气施工图的识读方法。

第一节 施工现场的供电

由于施工用电的特点和要求不同，施工现场供电与工厂供电有所区别。

一、施工现场供电要求

(1)施工现场的主要用电设备有拖动各种生产机械的电动机、焊接钢筋和管道的电焊机，以及照明设备，这些负荷的大小和性质随工程进度而改变，施工现场的负荷工作方式多为反复短时工作制，如吊车、卷扬机和电焊机等，其使用率不太高，所以在负荷计算时应采用需要系数法。

(2)施工现场的负荷较分散，为保证供电质量和提高安全性，变电所尽量设在负荷中心，各用电点设分配电箱和开关箱，与控制的用电设备不得超过3 m远。

(3)施工现场的周围环境较复杂，变电所、配电箱要设置在干燥、通风、便于操作的地方，现场的电气设备均要搭设防雨棚，低压配电线路应同时满足机械强度、允许载流量和允许电压损失三方面的要求。

(4)施工现场供电的突出特点是临时性，负荷变化大，工作环境较恶劣。因此，一切设备都必须具有能迅速安装、便于拆除的特点。临时变电所用杆架式露天变电所或成套式变配电装置，变压器高、低压侧操作和保护应采用简便的方法，配电线路尽量采用造价低的架空线形式，路径尽量短捷，靠近路旁，还应考虑塔吊、卷扬机的拆装方便，不妨碍交通等。

二、制订合理的供电方案

施工现场供电系统一般采用220/380 V三相四线制供电系统。如果工地附近有220/380 V的三相四线制低压配电网可以利用，则可直接从该低压配电网上将电力引入工地的总配电盘。否则可就近从高压配电网(10 kV)用架空线引至工地内的降压变电所，通过降压变压器得到220/380 V的低电压，经过总配电盘(箱)后，用低压架空线(电缆线)配送到施工现场各分配电箱。经分配电箱引至各动力和照明负荷上。由此可见，工地供电系统是由降压变电所、低压配电箱(盘)和低压配电线路(低压配电网)三部分组成的。

变电所的位置应靠近高压配电网和接近用电负荷中心，但不宜将高压电源引至施工现场中心区，以保证施工安全。

三、施工用电负荷计算

用来选择供电设备和导线截面的计算功率和计算电流称为计算负荷，计算负荷是供电系统设计和设备选择的基本依据。计算负荷选得大，依此所选的电气设备及导线截面不能满载运行，效率不高且投资大。若计算负荷估算得太低，所选设备容量太小，往往会造成设备过热，绝缘损坏，线路损耗增加而不能正常工作。正确确定计算负荷具有很重要的作用。用需要系数法确定计算负荷的方法如下。

（一）基本公式（确定用电设备组计算负荷）

需要系数法就是将用电设备的容量乘上一个需要系数，所得结果即为计算负荷。

$$P_{js} = K_X \sum P_e \tag{10-1}$$

$$Q_{js} = P_{js} \tan\Phi \tag{10-2}$$

$$S_{js} = \sqrt{P_{js}^2 + Q_{js}^2} \tag{10-3}$$

$$I_{js} = S_{js}/(\sqrt{3}U_N) \tag{10-4}$$

式中 P_{js}——用电设备组的有功计算负荷，kW；

Q_{js}——用电设备组的无功计算负荷，kvar；

S_{js}——用电设备组的视在计算负荷，kVA；

I_{js}——用电设备组线路计算电流，A；

K_X——用电设备组的需要系数，根据生产性质、设备类型可以从有关表中查出；

$\sum P_e$——用电设备组的设备容量之和，kW；

U_N——用电设备组的额定电压，kV；

需要指出，当只有1～2台设备时，要取$K_X = 1$，$P_{js} = P_e$；但对于电动机，由于本身的损耗，即要考虑自身的效率η，因此当只有1台电动机时，$P_{js} = P_e/\eta$，P_e为电动机的设备容量。

（二）设备容量 P_e 的确定

设备容量P_e是指归算到规定工作制下的设备额定容量，它不包括用电设备的备用容量。

1. 长期连续工作制及其设备容量

这类工作制的设备长期连续运行，负荷较稳定，如通风机、水泵、空气压缩机、电炉、照明灯等。其设备容量就是各用电设备铭牌额定容量之和，即$P_e = \sum P_N$。

2. 断续周期工作制及其设备容量

这类工作制的设备周期性地时而工作、时而停歇，其工作周期一般不超过10 min，如电焊机和起重设备等。断续周期工作制的设备，可用暂载率（又称负荷持续率）来表征其工作性质。

暂载率为一个工作周期内工作时间与工作周期的百分比值，用ε表示

$$\varepsilon = \frac{t}{T} \times 100\% = \frac{t}{t + t_0} \times 100\% \tag{10-5}$$

式中 t——一个周期内的工作时间；

t_0——一个周期内的停歇时间；

T——工作周期。

断续周期工作制设备的设备容量，就是将所有设备在不同暂载率下的铭牌额定容量统一换算到一个规定的暂载率下的额定容量，即

$$P_e = \sqrt{\frac{\varepsilon_N}{\varepsilon_{规}}} \cdot P_N = \sqrt{\frac{\varepsilon_N}{\varepsilon_{规}}} \cdot S_N \cdot \cos\varphi_N \tag{10-6}$$

式中 P_N——设备铭牌额定有功功率，kW；

S_N——设备铭牌额定视在容量，kVA；

ε_N——设备铭牌额定暂载率；

$\cos\varphi_N$——铭牌标注的功率因数；

$\varepsilon_{规}$——规定的暂载率，电焊机为100%，起重设备为25%。

3. 照明装置的设备容量

可按以上动力计算负荷的0.1～0.15倍计算。

（三）多组用电设备计算负荷的确定

先将性质相同，且具有相同的需要系数和功率因数的用电设备分组，按式(10-1)、式(10-2)求得每一个用电设备组的计算负荷。在此基础上，考虑各用电设备组的最大负荷一般不同时出现的因素，即将各用电设备组的有功计算负荷、无功计算负荷分别相加，再乘以一个同时系数，即

$$P_{js} = K_{\sum p} \sum P_{jsi} \tag{10-7}$$

$$Q_{js} = K_{\sum q} \sum Q_{jsi} \tag{10-8}$$

$$S_{js} = \sqrt{P_{jsi}^2 + Q_{jsi}^2} \tag{10-9}$$

$$I_{js} = S_{js}/(\sqrt{3}U_N) \tag{10-10}$$

式中 $K_{\Sigma p}$——有功负荷同时系数(0.8～0.95)；

$K_{\Sigma q}$——无功负荷同时系数(0.85～0.97)。

上述计算公式及步骤不仅适用于拥有多组用电设备的干线的负荷计算，而且也适用于变电所低压母线上的负荷计算。

四、供电线路的布置

施工现场的供电属于临时性供电，其地形和环境复杂，供电线路有架空线路和电缆线路。为保证施工的顺利进行，做到安全、可靠、优质、经济地供电，对低压供电线路布置应满足以下要求。

（一）架空线路

(1)路径选择。路径应尽量架设在道路一侧，力求路径短直、转角小。

(2)架空导线与邻近线路或设施的距离应符合表10-1的规定。

(3)杆型的确定及施工要求。电杆采用水泥杆，其梢径不得小于130 mm。电杆的埋设深度宜为杆长的1/10加0.6 m，但在松软土处应适当加大埋设深度或采用卡盘加固。

表 10-1　架空线路与邻近线路或设施的距离

<table>
<tr><td>项　目</td><td colspan="7">邻近线路或设施类别</td></tr>
<tr><td rowspan="2">最小净空距离
(m)</td><td colspan="2">过引线、接下线与邻线</td><td colspan="3">架空线与拉线电杆外缘</td><td colspan="2">树梢摆动最大时</td></tr>
<tr><td colspan="2">0.13</td><td colspan="3">0.65</td><td colspan="2">0.5</td></tr>
<tr><td rowspan="3">最小垂直距离
(m)</td><td rowspan="2">同杆架设下方的广播线路通信线路</td><td colspan="3">最大弧垂与地面</td><td rowspan="2">最大弧垂与暂设工程顶端</td><td colspan="2">与邻近线路交叉</td></tr>
<tr><td>施工现场</td><td>机动车道</td><td>铁路轨道</td><td>1 kV 以下</td><td>1 ~ 10 kV</td></tr>
<tr><td>1.0</td><td>4.0</td><td>6.0</td><td>7.5</td><td>2.5</td><td>1.2</td><td>2.5</td></tr>
<tr><td rowspan="2">最小水平距离
(m)</td><td colspan="2">电杆至路基边缘</td><td colspan="3">电杆至铁路轨道边缘</td><td colspan="2">边线与建筑物凸出部分</td></tr>
<tr><td colspan="2">1.0</td><td colspan="3">杆高 +3.0</td><td colspan="2">1.0</td></tr>
</table>

(4)挡距、线距、横担长度及间距要求。挡距是指两杆之间的水平距离，施工现场架空线挡距不得大于 35 m。线距是指同一电杆各线间的水平距离，线距一般不得小于 0.3 m。横担的长度应为：二线取 0.7 m，三线和四线取 1.5 m，五线取 1.8 m。横担间的最小垂直距离不得小于是表 10-2 所列数值。

表 10-2　横担间最小垂直距离　（单位：m）

排列方式	直线杆	分支或转角杆
高压与低压	1.2	1.0
低压与低压	0.6	0.3

(5)导线的型式选择。施工现场的架空线必须采用绝缘线，一般用铝心线；架空线必须设在专用杆上，严禁架设在树木和脚手架上。

(6)绝缘子及拉线的选择和要求。架空线的绝缘子对直线杆采用针式绝缘子，耐张杆采用蝶式绝缘子。拉线宜选用镀锌钢线。

(二)接户线

当低压架空线向建筑物内部供电时，由架空配电线路引到建筑物外墙的第一个支持点（如进户横担）之间的一段线路称为接户线，如图 10-1 所示。

(1)接户线应由供电线路电杆处接出，挡距不宜大于 25 m，超过 25 m 时应设接户杆，在挡距内不得有接头。

(2)接户线应采用绝缘线，导线截面应根据允许载流量选择，但不应小于表 10-3 所列数值。

(3)接户线距地高度不应小于下列数值：通车街道为 6 m，通车困难街道、人行道为 3.5 m，胡同为 3 m，最低不得小于 2.5 m。

(4)进户线进墙应穿管保护，并应采取防雨措施，室外端应采用绝缘子固定。

(三)电缆线路

建筑施工现场如因环境、空间的限制，采用电缆线路时路径应最短，尽量少拐弯，少受外界因素干扰，散热条件好，尽量避免与其他管道交叉等。

施工现场电缆线路应采用直埋式，施工方便、散热条件好。

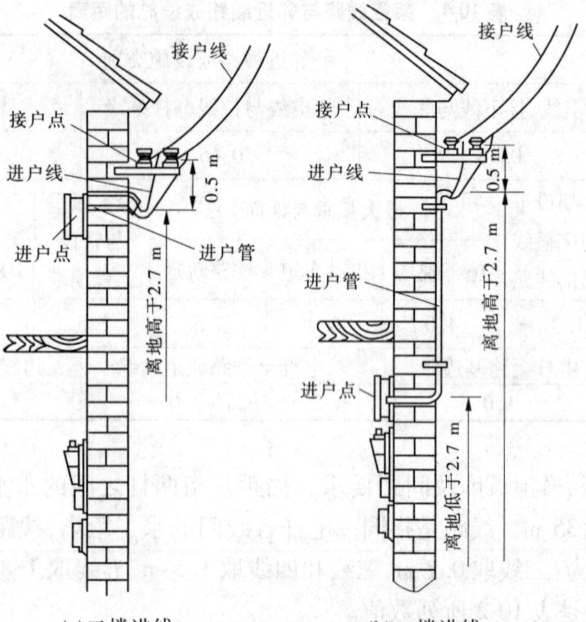

图 10-1　进户装置的结构型式

表 10-3　低压接户线的最小截面

接户线架设方式	挡距（m）	最小截面（mm^2）	
		绝缘铜线	绝缘铝材
自电杆上引下	10 以下	2.5	4.0
	10～25	4.0	6.0
沿墙敷设	6 及其以下	2.5	4.0

五、导线的选择

为了保证供电系统安全、可靠、经济、合理地运行，选择导线和电缆截面时，必须满足发热条件，允许电压损失以及机械强度三个方面的要求。

(一)按发热条件选择导线截面

电流通过导线时，要产生电能损耗，使导线发热、温度升高，温度过高会使绝缘导线的绝缘层老化，甚至受到破坏，导致短路而引起火灾；还会使其接头处氧化加快，增大接头的接触电阻，使其氧化进一步加剧，甚至发生断线。因此，导线的截面大小应在通过正常最大负荷电流时不致引起温度超出其正常运行时的最大允许值，为此规定了不同类型的导线和电缆允许通过的最大电流（也称允许载流量），即

$$I_{js} \leqslant I_N \tag{10-11}$$

式中　I_N——不同型号、不同截面的导线长期允许通过的安全载流量，A；

I_{js}——线路计算电流，A。

导线的允许载流量与环境温度有关。

（二）按允许电压损耗选择导线截面

由于供配电线路存在着阻抗，所以在负荷电流通过导线时会产生电压损耗。

电压损耗用线路的始端电压和末端电压的代数差来衡量，即

$$\Delta U = U_1 - U_2$$

线路上的电压损耗通常用它占额定电压的相对值的百分数表示，即

$$\Delta U(\%) = \frac{U_1 - U_2}{U_N} \times 100\% \tag{10-12}$$

式中 U_1——线路的始端电压，V；

U_2——线路的末端电压，V；

U_N——线路的额定电压，V。

用电设备所受的实际电压如与额定电压有偏移时，将会严重影响用电设备的正常工作。如白炽灯在90%额定电压下工作，其光通量降为额定电压时的68%左右。对于感应电动机，因其转矩与电压平方成正比，如电压降低到0.9 U_N 时，转矩则降低到81% T_N，甚至会使电动机难以启动。对于运行中的电动机，电压偏低、转矩减小、负荷电流增大、温度升高，加速了绝缘老化，缩短了电机的使用寿命。对于电焊机，电压偏移还会影响到焊接质量。为了保证用电设备的正常工作，规定了损耗的允许范围，用电设备的允许电压损耗可参阅表10-4。

表10-4　用电设备允许电压损耗表

设备名称及情况	允许电压损耗（%）	说明
一、照明		
一般照明	5	
一般照明（特殊情况）	6	例如线路较长或与动力共用的线路
事故照明	6	
12～35 V的局部或移动照明	10	自12 V或36 V降压变压器开始计算
厂区的外部照明	4	
二、动力		
正常工作时	5	
正常工作时（特殊情况）	8	例如事故情况数量少及容量小的电机，且使用时间不长
启动时	10	
启动时（特殊情况）	15	例如大型鼠笼式电动机，且在启动次数少、尖峰电流情况下
吊车（交流）	9	
三、电热及其他		
电热及其他设备	5	

为了保证线路末端电压损失不超过规定的允许值，对线路的导线截面需要进行计算，如果线路的电压损耗值超过了允许值，则应适当加大导线的截面，以满足允许电压损耗值的要求，因为输送功率和距离一定时，截面增大，电压损耗将减小。

（1）对于非感性负载（如照明、电热设备等）可用下式来选择截面

$$S = \frac{P_{js}L}{C \cdot \Delta U} = \frac{M}{C \cdot \Delta U} \tag{10-13}$$

式中　S——导线截面，mm^2；

P_{js}——负载的计算负荷（三相或单相），kW；

ΔU——允许电压损耗（%）；

M——负荷力矩，kW · m；

L——导线长度，m；

C——由电路的相数、额定电压及导线材料的电阻率等因素决定的常数，称为电压损耗计算常数，参见表10-5。

表10-5　电压损耗计算常数 C 值

线路额定电压（V）	线路系统及电流种类	系数 C 值	
		铜线	铝线
380/220	带中性线的三相线路	83	50
380/220	带中性线的二相线路	37	25
220	交流单相或直流电路	14	8.3
110	交流单相或直流电路	3.4	2.1
36	三相三线线路	0.74	0.44
36	交流或直流二线线路	0.37	0.22
24	交流或直流二线线路	0.165	0.1
12	交流或直流二线线路	0.041	0.025

（2）对于感性负载（如电动机），选择截面的计算公式为

$$S = \beta \frac{P_{js}L}{C \cdot \Delta U} = \beta \frac{M}{C \cdot \Delta U} \qquad (10\text{-}14)$$

式中　β——校正系数，参见表10-6。

表10-6　感性负载线路电压损耗的校正系数 β 值

导线截面（mm^2）	铜或铝导线明设，当负荷的功率因数为					电缆明设或埋地导线穿管，当负荷功率因数为					裸铜线架设，当功率因数为			裸铝线架设，当功率因数为		
	0.9	0.85	0.8	0.75	0.7	0.9	0.85	0.8	0.75	0.7	0.9	0.8	0.7	0.9	0.8	0.7
6												1.10	1.12			
10											1.10	1.14	1.20			
16	1.10	1.12	1.14	1.16	1.19						1.13	1.21	1.28	1.10	1.14	1.19
25	1.13	1.17	1.20	1.25	1.28						1.21	1.32	1.44	1.13	1.20	1.28
35	1.19	1.25	1.31	1.35	1.40						1.27	1.43	1.58	1.18	1.28	1.38
50	1.27	1.35	1.42	1.50	1.58	1.10	1.11	1.13	1.15	1.17	1.37	1.57	1.78	1.25	1.31	1.53
70	1.35	1.45	1.54	1.64	1.74	1.11	1.15	1.17	1.20	1.24	1.48	1.76	2.10	1.34	1.52	1.70
95	1.50	1.65	1.80	1.95	2.00	1.15	1.20	1.24	1.28	1.32				1.44	1.70	1.90
120	1.60	1.80	2.00	2.10	2.30	1.19	1.25	1.30	1.35	1.40				1.73	1.82	2.10
150	1.75	2.00	2.20	2.40	2.60	1.24	1.30	1.37	1.44	1.50						

(三)按机械强度要求选择导线截面

配电导线在正常运行时,由于受其自身重量以及风、雨、雪、冰等外部作用力的影响,在安装过程中也要受到拉伸的作用力,为保证在安装和运行时不至于折断和发生其他事故,规定了在各种不同的敷设条件下,导线按机械强度要求的最小截面,见表10-7所列。

表10-7 按机械强度要求的导线最小允许截面

用途	线心最小截面(mm^2)		
	铜心软件	铜线	铝线
一、照明用灯头引下线			
户内:民用建筑	0.4	0.5	2.5
工业建筑	0.5	0.8	2.5
户外		1.0	2.5
二、移动式用电设备引线			
生活用	0.2		
生产用	0.1		
三、固定敷设在绝缘支持件上的导线支持点			
间距离:2 m以下 户内		1.0	2.5
户外		1.5	2.5
6 m及以下		2.5	4.0
12 m及以下		2.5	6.0
25 m及以下		4.0	10.0
四、穿管敷设的绝缘导线	1.0	1.0	2.5
五、塑料护套线沿墙明敷设		1.0	2.5
六、架空线路	钢心铝线	铝及铝合金线	
(1)35 kV	25	35	
(2)6~10 kV	25	35	
(3)1 kV以下	16	16	
	绝缘铜线	绝缘铝线	
	10	16	

导线截面可按发热条件选择,然后用允许电压损耗和机械强度条件进行校验。

值得注意的是:单回线路的零线截面应与相线相同,三相四线的工作零线和保护零线截面不小于相线截面的50%。

【例10-1】 距离变电所400 m远处某教学大楼,其照明负荷共计36 kW,用220/380 V三相四线制供电,设干线上的电压损耗不超过5%,敷设地点的环境温度为30 ℃,试选择干线的导线截面。

解: (1)因线路是400 m,距离较长,应按允许电压损耗条件来选择导线截面。

查表 10-5，三相四线制采用铝线，其电压损耗计算常数 $C=50$，根据式（10-13），其截面为

$$S=\frac{P_{js}L}{C\cdot\Delta U}=\frac{36\times400}{50\times5}=\frac{14\ 400}{250}=57.6(\text{mm}^2)$$

查导线长期允许载流量表，选用型号 BLX 截面为 70 mm^2 的铝心橡皮线，其允许载流量为 185 A（明敷）。

（2）用发热条件校验。

取需用系数 $K_x=0.8$，$\cos\varphi=1$，则

$$S_{js}=0.8\times36=28.8(\text{kVA})$$

$$I_{js}=\frac{S_{js}}{\sqrt{3}U_N}\times10^3=\frac{28.8\times10^3}{\sqrt{3}\times380}=43.8(\text{A})$$

可见，所选导线的允许载流量（185 A）远远大于计算电流（43.8 A）。

（3）用机械强度条件校验。

查表 10-7，架空导线允许最小截面为 16 mm^2（铝线），所选的 70 mm^2 远大于它。

第二节　室内照明与配电线路

一、照明布线的原则与要求

（一）照明布线的原则

（1）安全可靠。设计时材料的选定，施工时导线的联接，接地线的安装，电线的敷设等必须考虑到人身、设备及建筑物的安全可靠，安装牢固，应不使建筑物受损伤。

（2）经济实用。在保证安全可靠的基础上，应对方案进行经济技术比较，选择节省材料和投资、施工方便的布线方案，并考虑到使操作准确而简便。

（3）美观大方。应尽可能地注意到屋内布线的美化问题，线路和元件的安装要平齐竖直，品种规格整齐统一，形色协调。

（二）照明布线的要求

照明布线在设计和施工时，应满足下列要求：

（1）照明线路应和动力线路分开安装以便计价管理。

（2）照明线路的每一分支路最大负荷电流不应超过 15～20 A。

（3）线路中应尽量减少导线接头，以减小故障点。

（4）为了防止漏电，线路对地绝缘电阻不应小于 220 kΩ，相间绝缘电阻不应小于 380 kΩ。

（5）线路应尽可能地避开热源（如热力管道和烟囱等）敷设。

二、常用电光源与灯具

（一）照明的几个术语

1. 光通量

光源在单位时间内向周围空间辐射的光能称为光通量，用 F 表示，单位为 lm（流明）。

2. 照度

单位面积上接收的光通量称为照度,用 E 表示,单位为 lx(勒克斯)。被光均匀照射的平面,其照度计算公式为

$$E = \frac{F}{S} \tag{10-15}$$

式中 S——被照面积,m^2;

F——被照面积 S 上接收到的光通量,lm。

3. 发光效率

电光源每消耗 1 W 功率所发出的光通量,单位为 lm/W。如,日光灯的发光效率为 25 ~ 67 lm/W,40 W 日光灯光通量为 2 400 lm。

(二)常用照明电光源

照明用的电光源按发光原理可分为两大类:热辐射光源和气体放电光源,常用的热辐射光源有白炽灯、卤钨灯;气体放电光源有荧光灯、荧光高压汞灯、金属卤化物灯、高压钠灯、管形氙灯等。

1. 白炽灯

白炽灯主要由灯头、灯丝、玻璃泡组成,如图 10-2(a)所示,灯丝用高熔点的钨丝材料绕制而成,它是靠钨丝通过电流加热到白炽状态从而引起热辐射发光,它的结构简单、价格低廉、使用方便、启动迅速,而且显色性好,因此得到广泛使用,但它的发光效率低,使用寿命也较短,且不耐震。

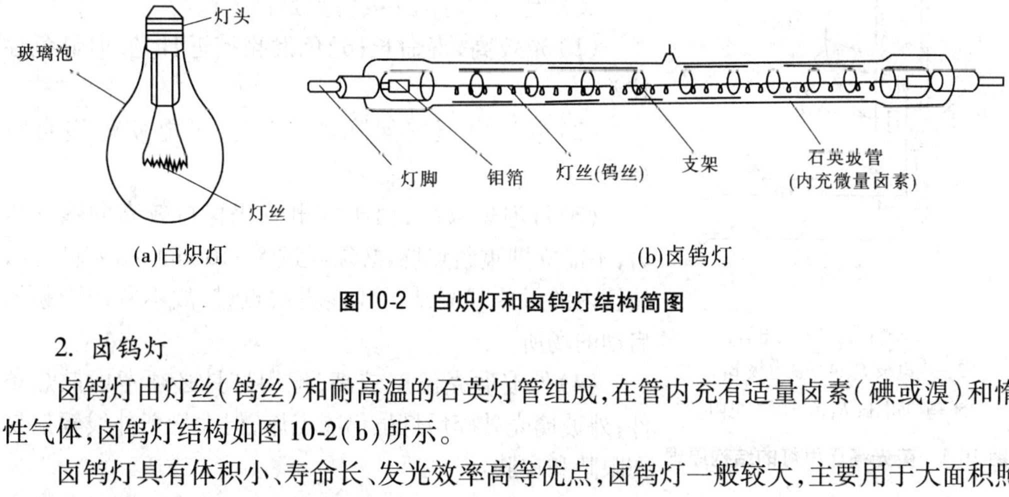

(a)白炽灯　　(b)卤钨灯

图 10-2　白炽灯和卤钨灯结构简图

2. 卤钨灯

卤钨灯由灯丝(钨丝)和耐高温的石英灯管组成,在管内充有适量卤素(碘或溴)和惰性气体,卤钨灯结构如图 10-2(b)所示。

卤钨灯具有体积小、寿命长、发光效率高等优点,卤钨灯一般较大,主要用于大面积照明场所或投光灯,在使用时应水平安装,最大倾斜角不大于 4°。

3. 荧光灯

荧光灯俗称日光灯,是目前广泛使用的一种电光源。荧光灯电路由灯管、镇流器、启辉器三个主要部件组成,其接线如图 10-3 所示。

灯管的结构是在玻璃灯管的两端各装有钨丝电极,灯管内壁均匀地涂一层荧光粉,管内抽成真空,并充入少量汞和惰性气体氩。

镇流器是一个具有铁芯的线圈,自感系数较大。

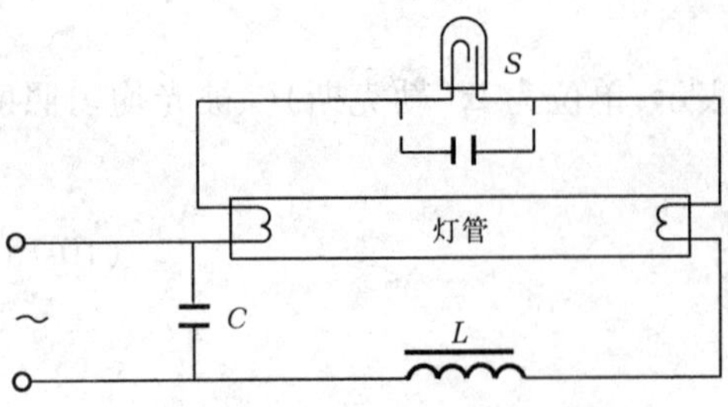

图 10-3 日光灯接线原理

启辉器的结构是在一个充有氖气的玻璃泡中装有固定的静触片和双金属片制成的 U 形动触片。

荧光灯电路的工作原理是：当接通电源后，电源电压加在启辉器的动、静触片之间，启辉器首先产生辉光放电，致使双金属片加热伸开，造成两极短接，从而使电流通过灯丝。灯丝加热后发射电子，并使管内的少量汞气化。由于启辉器两极短接，辉光放电消失，双金属片冷却收缩，从而突然断开灯丝加热回路，这就使镇流器两端感生很高的电动势，连同电源电压加在灯管两端，使充满汞蒸气的灯管产生弧光放电。由于灯管起燃后，管内压降很小，因此又要借助镇流器产生很大一部分压降，来维持灯管稳定的电流。图中 C 是用来提高功率因数的。

4. 荧光高压汞灯

荧光高压汞灯的结构和使用时的线路如图 10-4 所示。其结构由灯头、玻璃外壳、石英放电管三部分组成。放电管内装有主电极 E_1、E_2 和辅助电极 E_3，并在石英放电管内充有适量的汞和氩气。在玻璃外壳内装有与辅助电极相串联的附加电阻和电极引线，玻璃外壳与放电管之间抽成真空并充入少量惰性气体。

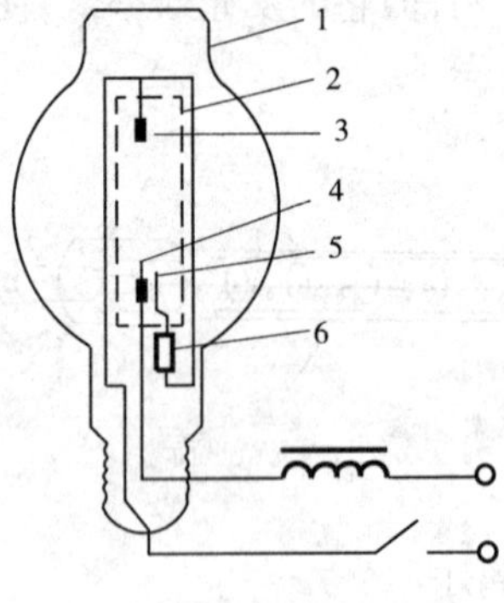

1—玻璃管壳；2—放电管；
3—主电极 E_2；4—主电极 E_1；
5—辅助电极 E_3；6—附加电阻

图 10-4 荧光高压汞灯的结构原理

荧光高压汞灯的启动过程与荧光灯不同，它既不需要启辉器，也不需要预热。

荧光高压汞灯的主要特点是：

(1) 光效高，寿命长；光色发亮接近日光，但显色性较差。

(2) 电源电压突然降低 5% 时，可能使灯泡自行熄灭。

(3) 灯泡熄灭后，由于放电管仍保持较高的蒸气压力，不能立即重新点燃，必须经过 5 ~ 10 min 的冷却时间，使管内的汞蒸气凝结后才能再次点燃，故不宜用于频繁启动的场所。

(4) 外玻璃壳温度较高，配用灯具必须考虑散热条件；外玻璃壳破碎后灯虽仍能点燃，但大量紫外线辐射易伤眼睛和皮肤。

5. 金属卤化物灯

金属卤化物灯是在高压汞灯基础上发展起来的新型电光源。由于石英放电管内添加某些金属卤化物，在放电时利用金属卤化物的循环作用，不断向电弧提供金属蒸气，金属原子在电弧中受激发而辐射该金属特征的光谱线以弥补高压汞蒸气放电辐射光谱中的不足。

选择适当的金属卤化物并控制它们的比例，便可制成不同光色的金属卤化物灯，用于照明的有钠铊铟(NTY)和管型镝灯(DDG)。

6. 高压钠灯

高压钠灯是利用高压蒸气放电而工作的,光效高、寿命长、紫外线辐射少、光色为金黄色、透雾性好,但显色性差。多用于室外需要高照度的场所(如道路、桥梁),也常与荧光高压汞灯混光用于体育馆(场)、大型车间的照明。

(三)灯具的类型和选择

1. 灯具的类型

按灯具的结构特点,可分为以下五种类型。

(1)开启型:其光源与外界空间相通,如一般的配照型灯、广照型灯和深照型灯等。

(2)闭合型:其光源被透明灯罩包合,但内外空气仍能流通,如圆球灯、双罩型灯和吸顶灯等。

(3)密闭型:其光源被透明灯罩密封,内外空气不能对流,如防潮灯、防水防尘灯等。

(4)增安型:其光源被高强度透明罩密封,且灯具能耐足够的压力,能安全地使用在有爆炸危险介质的场所。

(5)隔爆型:其光源被高强度透明灯罩封闭,但不是靠其密封性来防爆,而是在灯座的法兰与灯罩的法兰之间有一隔爆间隙。

另外,按灯具的配光特性分又有直接照明型、间接照明型、漫射型、广照型、深照型和配照型等。

2. 灯具的选择

照明灯具应选用效率高、利用系数高、配光合理的灯具。在保证照明质量的前提下,应优先选取开启式灯具,少采用装有格栅、保护罩等附件的灯具。

空气干燥和少沙尘场所,可选用开启式灯具;空气潮湿和多尘场所宜选用防水防尘等密封式灯具;有爆炸危险的场所应按等级选用相应的隔爆灯具;还有如室外宜用防雨式灯具;在有机械碰撞之处采用有保护网的灯具;有腐蚀性气体的场所,宜采用耐腐蚀材料制成的密闭式灯具等。

三、室内照明的电气施工图

(一)室内照明布线

室内照明现在多采用护套线路和管线路(铁管或塑料管),以及瓷瓶线路和电缆线路。管线路和电缆线路常用在易燃、易爆、易腐蚀和潮湿场所。

护套线路采用外护套保护。保护套可由塑料、橡皮和铅皮制成,以塑料护套线应用最广泛。这是因为塑料护套线有耐潮湿、抗腐蚀能力强、线路造价低且整齐美观等优点。瓷瓶线路适用大电流照明线路,如工厂车间内的照明。一般用瓷瓶支持导线,沿墙壁或桁架敷设,是无电杆的架空线路,造价低廉,维护方便,但易遭人、物碰撞和触及的场所不易采用。

(二)常用电气照明图符号和文字标注

在电气照明系统图和平面图中都以单线形式来表示电气线路。在单线上打斜短线表示实际导线的根数,4 根以下一般以斜短线的数目表示;超过 4 根导线的回路仅打一斜短线,并在旁边用阿拉伯数字注明导线的根数即可。常用电气照明图例和文字标注见表 10-8 ~ 表 10-10。

表10-8　常用电气照明图例符号

图形符号	名称	图形符号	名称
	多种电源配电箱（屏）		灯或信号灯一般符号
	动力或动力—照明配电箱		防水防尘灯
	信号板信号箱（屏）		壁灯
	照明配电箱（屏）		球形灯
	单相插座（明装）		花灯
	单相插座（暗装）		局部照明灯
	单相插座（密闭、防水）		天棚灯
	单相插座（防爆）		荧光灯一般符号
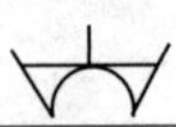	带接地插孔的三相插座（明装）	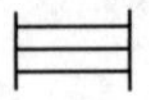	三管荧光灯
	带接地插孔的三相插座（暗装）		避雷器
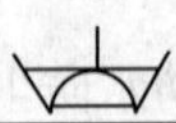	带接地插孔的三相插座（密闭、防水）		避雷针
	带接地插孔的三相插座（防爆）	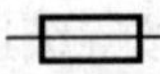	熔断器一般符号
	单极开关（明装）		接地一般符号
	单极开关（暗装）		多极开关一般符号（单线表示）
	单极开关（密闭、防水）		多极开关一般符号（多线表示）
	单极开关（防爆）		分线盒一般符号
	开关一般符号		室内分线盒
	单极拉线开关	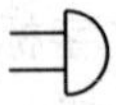	电铃
	动合（常开）触点 注：本符号也可用做开关一般符号		电度表

表 10-9　导线或电缆敷设方式的标注符号

序号	中文名称	旧代号	新代号
0	暗敷	A	C
1	明敷	M	E
2	铝皮线卡	QD	AL
3	电缆桥架		CT
4	金属软管		F
5	厚壁钢管(水煤气管)		RC
6	穿焊接钢管敷设	G	SC
7	穿电线管敷设	DG	TC
8	穿硬聚氯乙烯管敷设	VG	PC
9	穿阻燃半硬聚氯乙烯管敷设		FPC
10	绝缘子或瓷柱敷设	CP	K
11	塑料线槽敷设	CB	PR
12	钢线槽敷设	S	SR
13	金属线槽敷设		MR
14	电缆桥架敷设		CT
15	瓷夹板敷设	CP	PL
16	塑料夹敷设	CJ	PCL
17	穿蛇皮管敷设	VJ	CP
18	塑料阻燃管	SPG	PVC

表 10-10　导线敷设部位的标注

序号	中文名称	旧代号	新代号
1	沿钢索敷设	S	SR
2	沿屋架或跨屋架敷设	LM	BE
3	沿柱或跨柱敷设	ZM	CLE
4	沿墙面敷设	QM	WE
5	沿天棚面或顶板面敷设	PM	CE
6	在能进入的吊顶内敷设	PNM	ACE
7	暗敷设在梁内	LA	BC
8	暗敷设在柱内	ZA	CLC
9	暗敷设在墙内	QA	WC
10	暗敷设在墙面或地板内	DA	FC
11	暗敷设在屋面或顶板内	PA	CC
12	暗敷设在不能进入的吊顶内	PNA	ACC

(三)电气系统图

电气系统图是表示建筑物内外配电线路及控制关系的线路图。根据负载性质不同有照明系统图、动力系统图和电话系统图等，如图 10-5 照明配电系统图。系统图上需要表达的内容如下：

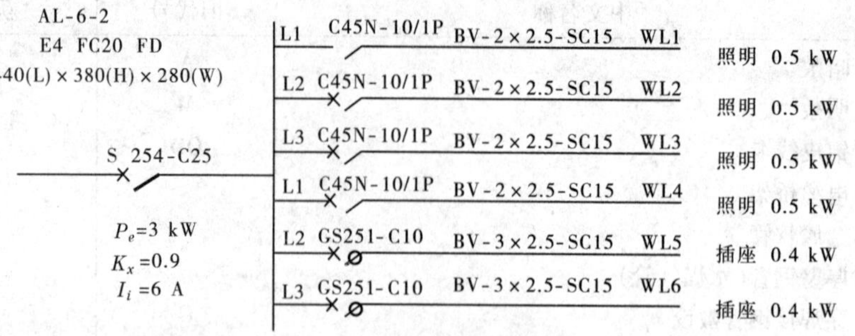

图 10-5　照明配电系统图

(1)电缆进线(或架空线路进线)回路数、型号规格、敷设方式及穿管管径。

例如，某照明系统图中标注有 BV(3×50+2×25)SC50-HC，表示该线路是采用铜心塑料绝缘线，三根 50 mm^2，两根 25 mm^2，穿钢管敷设，管径 50 mm^2，沿地面暗设。

本例中导线型号 BV 中加一个 L 成 BLV，则表示铝心塑料绝缘电线。BX 是铜心塑料绝缘橡皮绝缘线。电缆及导线的型号繁多，可以参见电气施工图册或产品样本。

(2)总开关、熔断器的规格型号。出线回路数量，用电负载功率，各条照明支路分相情况。

(3)配电系统图上，还应表示出该工程总的设备容量、需要系数、计算容量、计算电流、配电方式等。也可以采用绘制一个小表格的方式标出用电参数。

(4)电气系统图中各条配电线路上，应标出该回路编号和照明设备的总容量。

例如，有一栋楼，电源进户线标注 VLV23(3×50+3×25)SC50-BC，表示该线路是采用铝心塑料绝缘、塑料护套钢带铠装五心电力电缆，其中三心是 50 mm^2，两心是 25 mm^2，穿钢管暗敷设，管径 50 mm，暗敷设在梁内。

(四)照明平面图

在照明平面图上需要表达的内容有：电源进线位置，导线根数及敷设方式，灯具位置、型号及安装方式，各种用电设备的位置等。

电气照明灯具在平面图上的表示方法见图 10-6。照明灯具在平面图上表示的方法往往用图形符号加文字标注。插座符号内涂黑表示嵌入墙内安装。

具体格式为

$$a\text{-}b\,\frac{c\times d}{e}f$$

式中　a——某场所同类型照明器的套数，通常在一张平面图中各类型灯分别标注；

b——灯具类型代号，可以查阅施工图册或产品样本；

c——照明器内安装灯泡或灯管数量，通常一个或一根可以不表示；

d——每个灯泡或灯管的功率瓦数，W；

e——照明器底部距本层楼地面的安装高度，m；

f——安装方式代号，灯具安装方式 f 主要有几种形式，见表 10-11。

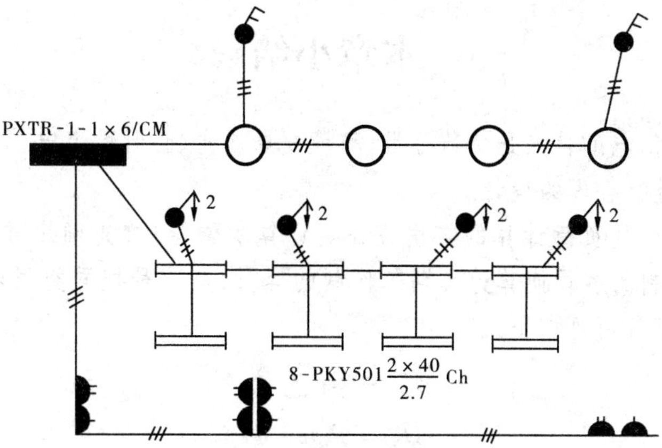

图 10-6 照明平面图局部

表 10-11 灯具安装方式及其代号

序号	名称	旧代号	新代号
1	线吊式	X	CP
2	固定线吊式	X1	CP1
3	防水线吊式	X2	CP2
4	吊线器式	X3	CP3
5	链吊式	L	Ch
6	管吊式	G	P
7	壁装式	B	W
8	吸顶式或直附式	D	S
9	嵌入式(成人不可进入的顶棚)	R	R
10	顶棚内安装(成人可进入的顶棚)	DR	CR
11	墙壁内安装	BR	WR
12	台上安装	T	T
13	支架上安装	J	SP
14	柱上安装	Z	CL
15	座装	ZH	HM

四、设计说明

在系统图和平面图中未能表明而又与施工有关的问题,可以在设计说明中予以补充。如进户线的距地高度、配电箱尺寸及安装高度、开关及插座的安装高度、灯具的悬挂高度以及室内灯具的布置方案等均须说明。

本章小结

一、施工现场供电的特点是负荷分散、环境复杂恶劣、临时性突出。因此，应根据施工现场的具体情况进行合理的设计。

二、需要系数法是负荷计算的常用方法。计算步骤是：首先确定各用电设备的容量P_e，并把不同工作制的容量换算为长期工作制的容量；其次是把同类用电设备合并成组。用电设备组的计算负荷可按下式

$$P_{js} = K_X \sum P_e$$

$$Q_{js} = P_{js} \tan \Phi$$

求得；最后可求得多组用电设备的总计算负荷，其计算式为

$$P_{js} = K_{\sum p} \sum P_{jsi}$$

$$Q_{js} = K_{\sum q} \sum Q_{jsi}$$

$$S_{js} = \sqrt{P_{jsi}^2 + Q_{jsi}^2}$$

$$I_{js} = \frac{S_{js}}{\sqrt{3} U_N}$$

三、供电线路的作用是输送和分配电能，低压供电线路可分为架空线路和电缆线路两种，它们在布置时要做到安全、可靠、优质、经济地供电。

四、选择导线应该首先依使用场所和敷设方式确定其型号，其次是确定其截面。选择导线截面同时符合下述要求：

(1)导线中通过最大连续负荷电流不超过导线的长期允许载流量；

(2)导线中通过最大连续负荷电流产生的电压损耗不应超过其允许值；

(3)导线的机械强度不应小于规定的最小允许截面的机械强度。

五、对照明的基本要求是：照度合理、均匀，限制眩光。其中，照度必须符号国家推荐的标准照度值。

六、照明方式有常用照明和事故照明两类。事故照明电源应有一定的独立性。危险场所的照明电源应采用低于36 V的安全电压。

七、电光源分热辐射光源和气体放电光源。各种电光源具有不同的结构和工作原理，使用时应注意各种光源的特性和适用场合。

八、灯具的作用是分配光线，固定和保护光源，同时还具有美化建筑物、限制眩光的作用。

九、照明线路的组成：进户线、配电箱、干线、支线等。照明线路的敷设方式有明敷设和暗敷设两大类。

十、电气照明识图，首先应熟悉国家规定的图例符号、文字符号以及标注方式等。还应进一步熟悉电气施工的有关规范、规定等。电气照明施工图主要有系统图和平面图。

思考题与习题

10-1　对施工现场供电的要求是什么？如何确定供电方案？

10-2　施工现场的供电线路有哪两种？各由哪几部分组成？

10-3　供电线路布置要满足哪些要求？

10-4　导线截面选择的方法有哪些？

10-5　照明分为哪两大类？

10-6　电光源的种类有哪些？

10-7　灯具的作用是什么？

10-8　照明线路的敷设方式有哪两类？

10-9　电气照明图主要由什么组成？

10-10　某施工现场使用的设备清单如下表所列：

序号	设备名称	台　数	设备容量	效率	额定电压(V)	相　数	备　注
1	混凝土搅拌机	4	7.5 kW	0.92	380	3	
2	砂浆搅拌机	4	3 kW	0.95	380	3	
3	电焊机	2	22 kVA		380	1	
4	起重机	1	40 kW	0.9	380	3	ε = 25%
5	水泵	1	7.5 kW	0.95	380	3	
6	照明(白炽灯)		10 kW		380	1	

求总计算负荷 S_{js} 及 I_{js}，并列出负荷计算表。

10-11　某学生宿舍的白炽灯照明负荷为 25 kW，采用 380/220 V 三相四线制供电，由距变电所 120 m 处用橡皮铜心绝缘导线(BX)引来，要求电压损耗不超过 5%，试选择导线截面。

10-12　某照明系统图中的线路旁标注为 BX-(3×6+1×4)TC40-WC，试说明各文字符号和数字的含义。

10-13　试说明电气平面图中灯具旁标注的 $20\text{-T}\dfrac{1\times40}{2.8}\text{R}$ 各文字符号和数字的含义。

第十一章　模拟电子技术

本章主要介绍模拟电子技术的最基本知识。要求了解半导体的导电特性，熟悉半导体二极管的伏安特性及半导体三极管的输入、输出特性；掌握共发射极放大电路的静态分析与微变等效电路分析方法；掌握功率放大电路的基本原理与分析方法；掌握整流与稳压电路的基本原理。

第一节　半导体二极管

一、半导体的基本知识

所谓半导体，就是它的导电能力介于导体与绝缘体之间。如硅、锗、硒以及大多数金属氧化物和硫化物都是半导体。近些年来，半导体在电信工程中大显身手并得到广泛应用，绝大多数的现代化电子设备都是以半导体器件和集成电路为基础的。半导体之所以引起人们的兴趣，主要在于半导体具有一种独特的性能：有些半导体对温度的反应特别灵敏，环境温度增高时，它的导电能力显著增加，温度下降，它的导电能力也显著下降，利用半导体的这种特性可以将它做成自动控制用的热敏元件。又如有些半导体（如硫化镉）受到光照时，它的光导电能力变得很强；当无光照时，又变得像绝缘体那样不导电。利用半导体的这种独特性能，人们制作出各种各样的自动化控制用的光电元件和器件（如光电二极管、光电三极管和光敏电阻等）。

用的最多的半导体是锗和硅。它们各有四个价电子，都是四价元素。将锗和硅材料提纯（去掉无用杂质）并形成单晶体后，所有原子便基本上整齐排列了。半导体一般都具有这种晶体结构，所以半导体二极管亦称为晶体管。

本征半导体是完全纯净的、具有晶体结构的半导体，在本征半导体受热或光照获得一定能量后，一些价电子可摆脱原子核的束缚成为自由电子。温度越高，光照越强，晶体中产生的自由电子数便越多，导电能力也就越强。在价电子挣脱共价键的束缚成为自由电子的同时，在共价键上留下一个空位，称为空穴，本征半导体中自由电子和空穴成对出现，称为电子—空穴对。在本征半导体中适当地掺入极微量的杂质如硼、磷等，那么半导体的导电能力就会有上百万倍的增加。这是半导体最显著、最突出的掺杂特性。正因为半导体具有这样的特性，人们才可以利用这种特性，制造出不同性质、不同用途的半导体器件，这样才使得本来不受人们注意的半导体一跃而成为当今天电子技术中的主要材料。

在纯净的半导体中加入极微量的杂质，能使半导体的导电能力增加许多倍。根据掺入的杂质不同，杂质半导体可分为两大类：

一类是在硅或锗的晶体中掺入磷（或其他五价元素），使半导体中的自由电子数目大量增加，自由电子导电成为这种半导体的主要导电方式，故称其为电子型半导体（也叫 N

形半导体)。自由电子是N型半导体的多数载流子,而空穴是其少数载流子。

另一类是在硅或锗晶体中掺入硼(或其他三价元素),使半导体中产生许多缺少电子的空位,我们把这些缺少电子的空位叫做空穴。这种以空穴导电作为主要导电方式的半导体称为空穴半导体(或称为P型半导体)。空穴是P型半导体的多数载流子,自由电子是其少数载流子。

自由电子和空穴都称为载流子。

二、半导体二极管

(一)PN结及其单向导电性

在一块晶片上,用半导体特殊掺杂工艺,分别在两边生成P型和N型半导体(P区和N区),两者的交界面处就形成PN结。

P区的多数载流子是空穴,N区的多数载流子是电子,由于P区和N区交界面两侧同类载流子的浓度(单位体积内的载流子数)差异极大,因此形成了高浓度的多子向低浓度少子一侧的扩散运动,即图11-1(a)中P区的多子空穴向N区扩散,而N区的多子电子向P区扩散。扩散的结果为:在交界面P区一侧因失去空穴而出现负离子区,而N区一侧因失去电子在交界面处出现了正离子区。正负离子都被束缚在晶格内不能移动,于是在交界面两侧形成了正负空间电荷区。在空间电荷区内可认为载流子已被"耗尽",故又称为耗尽区或耗尽层,如图11-1(b)所示。

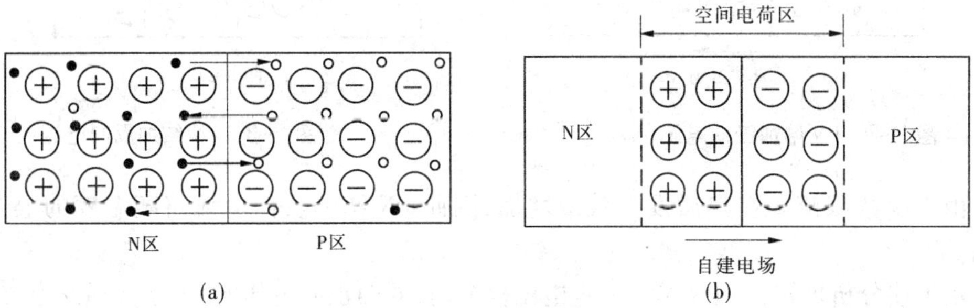

图11-1 PN结的形成

由图11-1可见,空间电荷形成以后,电荷区产生了一个电场,称自建电场(或内电场)。内电场的方向由N区指向P区。因内电场阻碍多数载流子的扩散运动,所以空间电荷区又称阻挡层。内电场虽阻碍多数载流子的扩散运动,却有利于少数载流子的运动。少数载流子在内电场力作用下的运动称为少子的漂移。显然,扩散运动和漂移运动是两类方向相反的运动。当扩散运动和漂移运动达到动态平衡时,就形成了稳定的空间电荷区,即稳定的PN结。

处于平衡状态的PN结是没有实用价值的。PN结的基本特性——单向导电性,只有在PN结上外施电压时才显示出来。

1. 外加正向电压

图11-2为PN结加上正向电压时的电路图。P区接电源正极(高电位),N区接电源负极(低电位),这样的接法又称PN结正向偏置(简称正偏)。由图可见,外电场与内电

场方向相反。PN 结在外加正向电压的作用下,P 区的空穴和 N 区的电子都向空间电荷区移动,破坏了平衡状态,进入空间电荷区的电子和空穴分别要与原有的一部分空间正负离子中和,致使空间电荷区变窄,内电场相应被削弱。这种情况下更有利于扩散运动的进行,由此形成的扩散电流即 PN 结的正向电流。

在一定范围内,正向电流随着外电场的增强而增大,此时的 PN 结呈现出低电阻值,PN 结处于导通状态。PN 结导通时压降很小,理想情况下,可认为正向导通时的电阻约为零,因而导通压降为零。

2. 外加反向电压

图 11-3 为 PN 结加上反向电压时的电路图。P 区接电源负极(低电位),N 区接电源正极(高电位)。这样的接法又称 PN 结反向偏置(简称反偏)。由图可见,外电场与内电场方向一致,空间电荷区加宽,内电场增强,使多数载流子的扩散运动难以进行。少数载流子的漂移运动占优势。故反向电流很小,近似为零,PN 结处于截止状态。

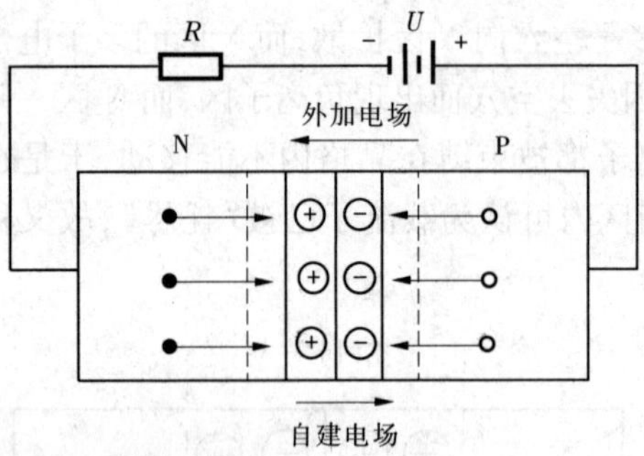

图 11-2　PN 结加正向电压

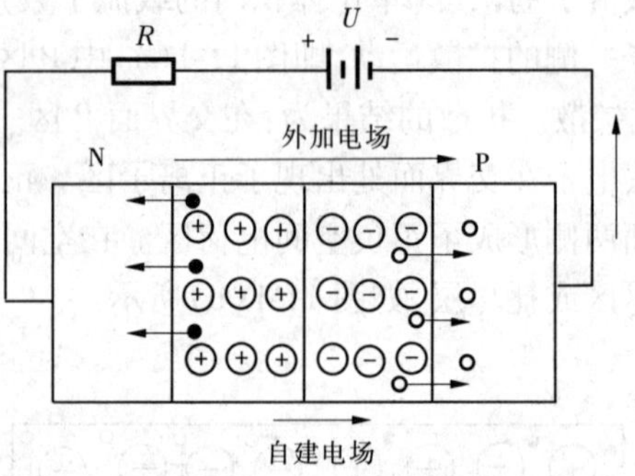

图 11-3　PN 结加反向电压

由于少数载流子在热激发下数量增加,因此 PN 结的反向电流将随温度的上升而增加。

由上述分析可知,当 PN 结在一定电压范围内,外加正向电压时,处于导通状态;外加反向电压时,处于截止状态,这种导电特性,就是 PN 结的单向导电性。

(二)半导体二极管

1. 基本结构与型号

将 PN 结加上相应的电极引线并用管壳封装,就是半导体二极管。图 11-4(a)、(b)、(c)是几种常见半导体二极管的外形图,图 11-4(d)是它的图形符号。文字符号用 D 表示。由 P 区引出的电极称阳极,N 区引出的电极称阴极。因为 PN 结的单向导电性,二极管导通时的电流方向由阳极通过管子内部流向阴极,即图型符号中箭头所示的方向。

二极管按结构不同可分为面接触型和点接触型两类。所用材料不同,可做成硅或锗二极管。图 11-5(a)为点接触型,图 11-5(b)为面接触型。

面接触型二极管的 PN 结面积大,结电容量大,允许流过的电流大,适宜于作大功率整流器件;点接触型二极管 PN 结面积小,结电容量小,能在高频下工作,适用于高频检波和计算机里的开关元件,但它允许流过的电流很小。

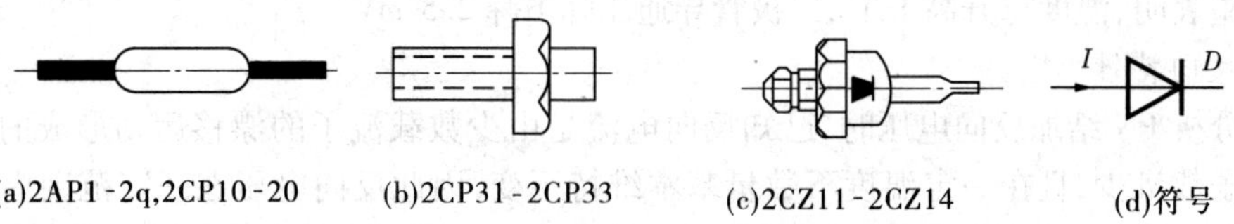

图 11-4　半导体二极管的外形及符号

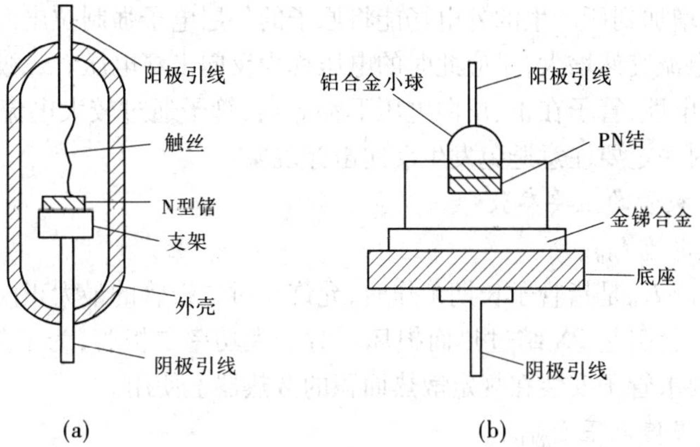

图 11-5　二极管的两种结构类型

2. 半导体二极管的伏安特性

用实验法，在二极管的阳极和阴极两端加上不同极性和不同数值的电压，同时测量流过二极管的电流值，就得到二极管的伏安特性。曲线为非线性，形状如图 11-6 所示。

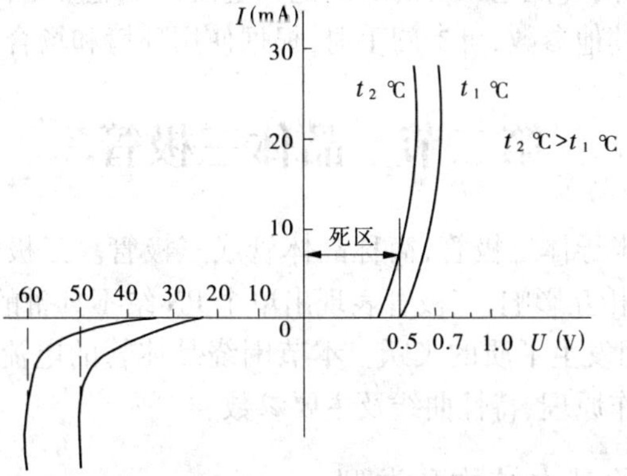

图 11-6　二极管的伏安特性

1）正向特性

当正向电压很低时，正向电流几乎为零，这是因为外加电压的电场还不能克服 PN 结的内电场阻挡多数载流子扩散运动的缘故，二极管呈现高电阻，基本上处于截止状态，称为死区。当正向电压超过某一值（称此电压为死区电压，随管子材料和温度而变）时，二极管才处于正向导通状态。硅管的死区电压约为 0. 5 V；锗管的约为 0. 2 V。正向导通后的二极管管压降变化较小，硅管为 0. 6 ~0. 7 V，锗管为 0. 2 ~0. 3 V。

二极管的正向特性曲线随温度升高而向纵轴移动。死区电压和导通电压，都有所减小。实验表明，温度每升高 1 ℃，二极管导通压降下降 2.5 mV。

2）反向特性

在分析 PN 结加反向电压时，已知反向电流是由少数载流子的漂移运动形成的。少数载流子数量少，且在一定温度下数量基本维持不变，因此反向电压在一定范围内增加时，反向电流极小且基本不变，所以称为反向饱和电流。当温度每升高 10 ℃，反向电流增加一倍。

当反向电压增加到所产生的外电场能将原子的外层电子强制拉出而使载流子数目急剧增加时，反向电流突然增大，对应此时的电压称为反向击穿电压。二极管被反向击穿后就失去了单向导电性，管子在正、反向电压下都导通，管子通过较大电流就会因过热而损坏。因此，使用时一定要注意避免发生反向击穿现象。

3. 半导体二极管的主要参数

1）最大整流电流 I_{DM}

最大整流电流 I_{DM} 是指管子长期工作时，允许流过二极管的最大正向平均电流。如果使用中超出此值，会引起 PN 结过热而损坏。对于大功率二极管，为了降低结温、提高管子的负载能力，要求管子安装在规定散热面积的散热器上使用。

2）反向工作峰值电压 U_{RWM}

反向工作峰值电压 U_{RWM} 是保证二极管不被反向击穿而规定的反向工作峰值电压；一般为反向击穿电压的 1/3 ~ 1/2。例如，2CP10 硅二极管的击穿电压为 50 V，该二极管工作时所能承受的反向峰值电压应取小于 16 V，才不致反向击穿。

3）反向峰值电流 I_{RM}

它是二极管加上反向峰值电压时的反向饱和电流。I_{RM} 愈小，单向导电性愈好。

另外，二极管还有其他参数，可参阅手册，根据使用环境和场合合理选用。

第二节　晶体三极管

晶体三极管，又名半导体三极管，简称晶体管或三极管。三极管由两个 PN 结构成，由于两个 PN 结之间的相互影响，三极管表现出单个 PN 结不具备的功能——电流放大作用，因而使 PN 结的应用发生了质的飞跃。本节围绕晶体管的电流放大作用这一核心问题来讨论它的结构、工作原理、特性曲线及主要参数。

一、晶体三极管的基本结构和类型

三极管的种类很多。按功率大小分为大功率管和小功率管，按电路中的工作频率分为高频管和低频管，按半导体材料不同分为硅管和锗管等，但从外形来看，各种三极管都有三个电极。图11-7是几种常见三极管的外形，其中 3AD6 功率管的底壳就是其集电极。

根据三极管结构的不同，无论是硅管还是锗管，都有 PNP 和 NPN 两种类型。

在一块半导体基片上（硅或锗），用特殊的半导体工艺生成两个 PN 结。两个 PN 结将基片分为三个区域：发射区、基区和集电区。每一区引出一个电极，分别为发射极（E）、基极（B）、集电极（C）。发射区与基区交界处的 PN 结称为发射结，集电区与基区交界处的

PN 结称为集电结。

图 11-8 是两类三极管的结构示意图及相应的图形符号，其中发射极箭头所示的方向表示发射极电流的方向。

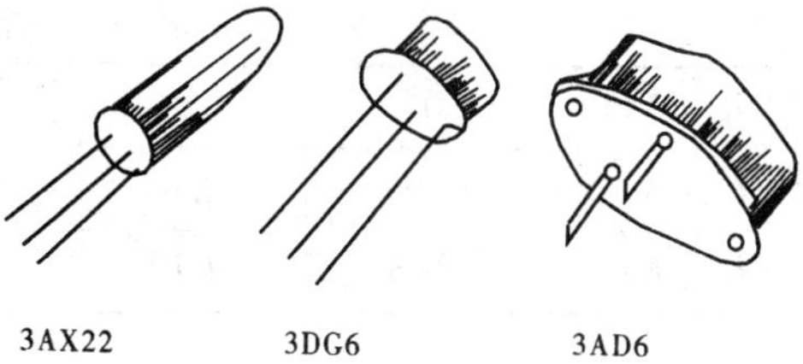

图 11-7 几种常见三极管外形

由图 11-8 可见，三极管犹如两个反向串联的 PN 结，如果孤立地看待这两个反向的 PN 结，或将两个普通二极管串联起来，是不可能有电流放大作用的。具有电流放大作用的三极管，在内部结构上有其特殊性，这就是：①发射区掺杂浓度远高于基区的掺杂浓度；②发射区和基区虽属同一性质的杂质半导体，但发射区掺杂浓度要高于集电区；③联系发射结和集电结的基区非常薄，约为几微米。这些结构上的特点是三极管具有电流放大作用的内在依据。

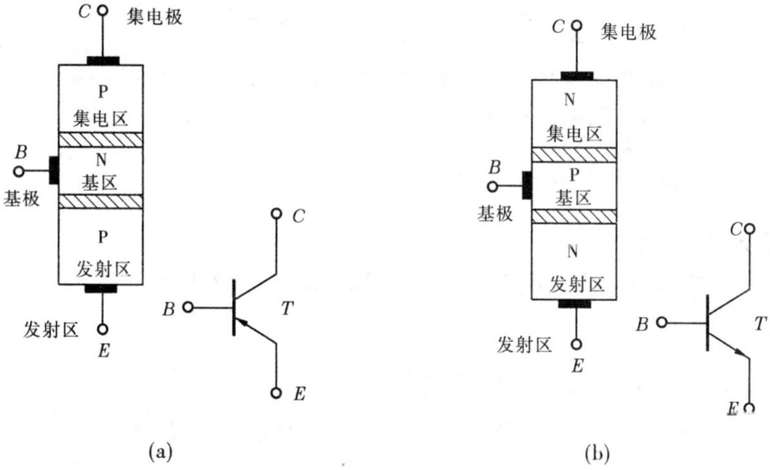

图 11-8 两类三极管的结构示意及图形符号

二、晶体管的电流放大作用

上面曾提到晶体管具有电流放大作用的内在依据，而只有同时具备电路结构的正确联接和元件参数的合理选择的外部条件时，晶体管才可能在放大状态下工作，才呈现出电流放大特性。所谓外部条件就是晶体管的发射结正偏（加上正向电压），集电结反偏（加上反向电压）。

将三极管按图 11-9 联成实验电路，图中晶体管是 NPN 型，基极电源 E_B 和集电极电源 E_C 的极性要正确，基极电阻 R_B 和集电极电阻 R_C 的参数值应正确选择。实验时，改变 R_B 的大小使基极电流 I_B 随之改变，然后测量 I_B、I_C、I_E 数值。实验结果列于表 11-1 中。

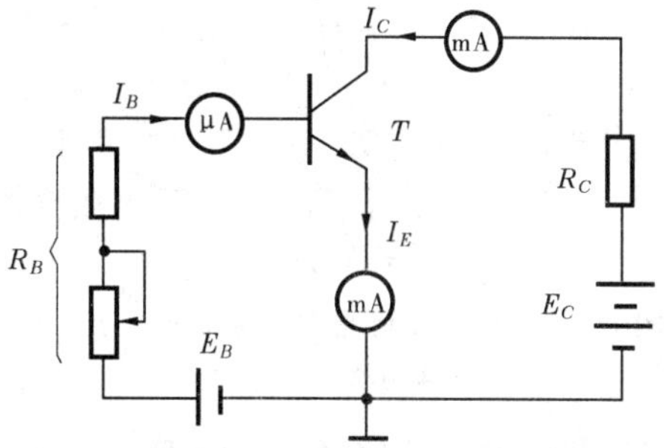

图 11-9 NPN 型共发射极放大实验电路

从表中实验数据可得以下结论：

表 11-1 晶体管电流测试数据

$I_B(\mu A)$	0	20	40	60	80	100
$I_C(mA)$	0.005	0.99	2.08	3.17	4.26	5.40
$I_E(mA)$	0.005	1.01	2.12	3.23	4.34	5.50

(1) $I_E = I_C + I_B$，三电流之间的关系符合基尔霍夫电流定律。

(2) $I_E \approx I_C \gg I_B$，由实验数据可求出第三列和第四列的 I_C 与 I_B 的比值，分别为

$$\frac{I_C}{I_B} = \frac{2.08}{0.04} = 52 \quad \frac{I_C}{I_B} = \frac{3.17}{0.06} = 52.8$$

(3) I_B 的微小变化会引起 I_C 较大的变化。仍由第三列和第四列实验数据可得

$$\frac{\Delta I_C}{\Delta I_B} = \frac{3.17-2.08}{0.06-0.04} = \frac{1.09}{0.02} = 54.5$$

计算结果表明，微小的基极电流变化，可以控制比之大数十倍乃至数百倍的集电极电流的变化，这就是晶体管的电流放大作用。

三、晶体管的特性及主要参数

（一）输入特性曲线

输入特性曲线表示输出电压 U_{CE} 为参变量时，输入回路中电流 I_B 与电压 U_{BE} 间的关系，即

$$I_B = f(U_{BE})\big|_{U_{CE}=\text{常数}}$$

图 11-10 是 NPN 型硅管共射极输入特性曲线，由特性曲线可见：

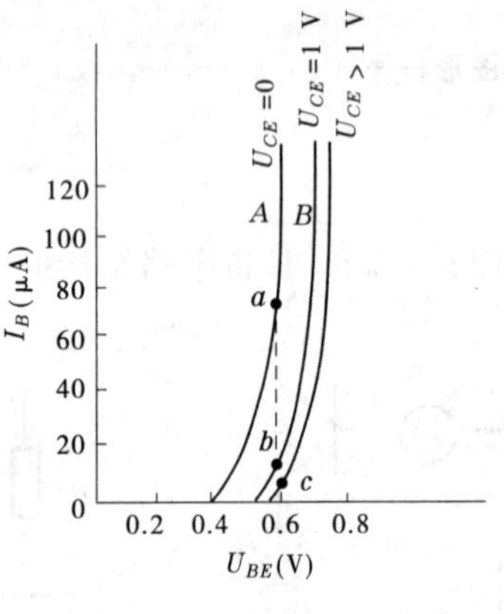

图 11-10 NPN 型硅管共射极输入特性曲线

(1) 晶体管的输入特性也有一个死区，在死区内 U_{BE} 虽然大于零，但 I_B 几乎仍为零。当 U_{BE} 大于某值后 I_B 才随 U_{BE} 增加而明显增大。和二极管一样，硅晶体管的死区电压约为 0.5 V，发射结导通电压为 0.6 ~ 0.7 V；锗晶体管的死区电压约为 0.2 V，导通电压为 0.2 ~ 0.3 V。

(2) 曲线 A 和 B 为 $U_{CE}=0$ 和 $U_{CE}=1$ V 时的输入特性。当 $U_{CE}=0$ 时，集电结还未反向偏置。管子工作在放大区，集电极收集基区扩散过来的电子，因而在同一 U_{BE} 值的情况下，流向基极的 I_B 减小，输入特性随 U_{CE} 的增大而向右移了。

(3) 当 $U_{CE}>1$ V 以后，输入特性几乎与 $U_{CE}=1$ V 时的特性重合。所以通常只画 $U_{CE}=1$ V 的一条曲线。

（二）输出特性曲线

输出特性曲线是指当基极电流 I_B 为常数时，输出电路（集电极电路）中集电极电流 I_C 与集电极和发射极之间的电压 U_{CE} 的关系曲线 $I_C = f(U_{CE})$。在不同的 I_B 下，可得出不同

的曲线，所以晶体管的输出特性曲线是一组曲线，如图 11-11 所示。

当基极电流 I_B 一定时，从发射区扩散到基区的电子数大致是一定的。在 U_{CE} 超过一定的数值（约 1 V）以后，这些电子的绝大部分被拉入集电区而形成电流，以致当 U_{CE} 继续增高时，集电极电流也不再有明显的增加，具有恒流特性。

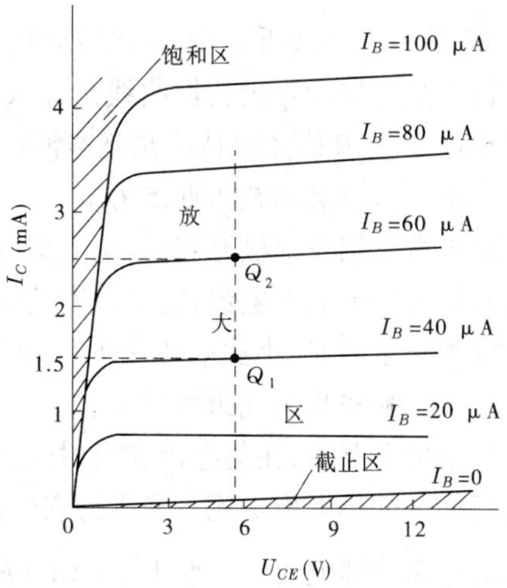

图 11-11　3DG6 晶体管的输出特性曲线

当基极电流 I_B 增大时，相应的集电极电流 I_C 也增大，曲线上移，而且 I_C 比 I_B 增加多得多，这就是晶体管的电流放大作用。

通常把晶体管的输出特性曲线分为三个工作区，如图 11-11 所示。

1. 放大区

输出特性曲线的近于水平部分是放大区。在放大区，$I_C = \bar{\beta} I_B$。放大区也称为线性区，因为 I_C 和 I_B 成正比关系。如前所述，晶体管工作于放大状态时，发射结处于正向偏置，集电结处于反向偏置，即对 NPN 型管而言，应使 $U_{BE} > 0$，$U_{BC} < 0$。

2. 截止区

$I_B = 0$ 的曲线以下的区域称为截止区。当 $I_B = 0$ 时，$I_C = I_{CEO}$。对 NPN 型硅管而言，当 $U_{BE} < 0.5$ V 时，即已开始截止，但为了截止可靠，常使 $U_{BE} \leqslant 0$。截止时集电结和发射器处于反向偏置。

3. 饱和区

$U_{CE} < U_{BE}$ 时，集电结处于正向偏置，晶体管工作于饱和状态。在饱和区，I_B 的变化对 I_C 的影响较小，两者不成正比，放大区的 $\bar{\beta}$ 不能适用于饱和区。饱和时，发射结也处于正向偏置。

（三）主要参数

晶体管的特性除用特性曲线表示外，还可用一些数据来说明，这些数据就是晶体管的参数。晶体管的参数也是设计电路、选用晶体管的依据。主要参数有下面几个。

1. 电流放大倍数 $\bar{\beta}$、β

当晶体管接成共发射极电路时，在静态（无输入信号）时集电极电流 I_C（输出电流）与基极电流 I_B（输入电流）的比值称为共发射极静态电流（直流）放大系数，其计算式为

$$\bar{\beta} = \frac{I_C}{I_B} \tag{11-1}$$

当晶体管工作在动态（有输入信号）时，基极电流的变化量为 ΔI_B，它引起集电极电流的变化量为 ΔI_C。ΔI_C 与 ΔI_B 的比值称为动态电流（交流）放大系数，其计算式为

$$\beta = \frac{\Delta I_C}{\Delta I_B} \tag{11-2}$$

由此可知，$\bar{\beta}$ 和 β 的含义是不同的。但在特性曲线近于平行等距并且 I_{CEO} 较小的情况下，两者数值较为接近。今后在估算时，常用 $\bar{\beta} \approx \beta$ 这个近似关系。

由于晶体管的输出特性曲线是非线性的，只有在特性曲线近于水平的部分，I_C 随 I_B 成正比地变化，β 值才可认为是基本恒定的。

2. 集—基极反向截止电流 I_{CBO}

此电流是当发射极开路时，由于集电结处于反向偏置，集电区和基区中的少数载流子的漂移运动所形成的电流，它受温度的影响大。在室温下，小功率的锗管的此电流值约为几微安到几十微安，小功率硅管在 1 μA 以下。对晶体管来说，此电流值越小越好。

3. 集—射极反向截止电流 I_{CEO}

当基极开路时，在集电极和发射极之间加一定反向电压，即集电结处于反偏和发射结处于正偏时的集电极电流。又因为它好像是从集电极直接穿透晶体管而到达发射极的，所以又称为穿透电流。一般 $I_{CEO}=(1+\bar{\beta})I_{CBO}$，小功率锗管的此电流值约为几十微安至几百微安，硅管的此电流值约在几微安以下。

4. 极限参数

极限参数是晶体管正常工作时，电流、电压和功率的极限值，使用时不能超过任一极限值，以防管子性能变坏或损坏。常用的极限参数有以下几个。

1）集电极最大允许电流 I_{CM}

集电极最大允许电流是指在参数的变化不超过规定允许值时的集电极最大电流。一般为 β 值下降到正常数值的 2/3 时的集电极电流，也称为集电极最大允许电流 I_{CM}。

2）集电极—发射极反向击穿电压 $U_{(BR)CEO}$

集电极—发射极反向击穿电压是指基极开路时，集电极与发射极之间的最大允许电压。为保证晶体管的安全与电路的可靠工作，一般应取电源电压 E_C 为

$$E_C \leqslant \left(\frac{1}{2} \sim \frac{2}{3}\right) U_{(BR)CEO} \tag{11-3}$$

3）集电极最大允许耗散功率 P_{CM}

当晶体管因受热而引起的参数变化不超过允许值时，集电极所消耗的最大功率称为集电极最大允许耗散功率 P_{CM}。在使用中加在晶体管上的电压 U_{CE} 和通过集电极的电流 I_C 的乘积不能超过 P_{CM} 值。

第三节　共射极单管放大电路

以晶体管为核心组成的各种放大电路，用来放大微弱的电信号，在生产、生活的各个领域，应用十分广泛。例如，在现代生产过程中，常常需要将一些与设备运行有关的非电量，如温度、压力、位移、流量、光照等通过传感器转换成微弱的电信号，经放大器放大后，去驱动各种执行器件，如继电器、显示仪表、控制电机等，以实现自动检测、自动控制。又如收音机、电视机就是用来不失真地放大天线接收到的微弱信号，再去推动扬声器和显象管工作的。

放大电路有许多类型，按放大信号的强弱分，有电压放大电路和功率放大电路；按放大电路的接线方式分，最常用的是共发射极放大电路和共集电极放大电路；按放大对象的性质不同可分为直流放大电路和交流放大电路；根据被放大电信号频率的不同又可分为高频、中频及低频放大电路。本节讨论的共射极单管放大电路，其信号频率一般为 20 ~ 200 kHz，属低频范围。

一、共射极放大电路的组成

组成晶体管放大电路的基本要求是电路中的晶体管应处于放大工作状态，即其发射结应加正向电压，集电结加反向电压。同时要求电路既能放大输入信号，又应使输出的信号不产生失真。

图 11-12 是一个以 NPN 型晶体管为核心的基本共发射极单管放大电路。

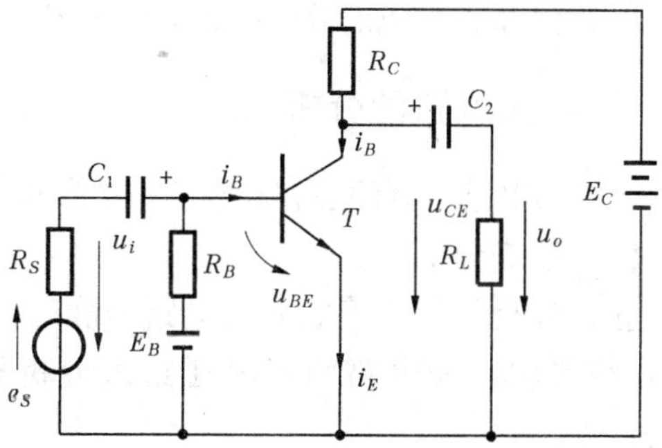

图 11-12　共射极单管放大电路

图中 e_S 是待放大的交流信号，加在晶体管的基极和发射极之间。从晶体管的集电极和发射极之间取出的 u_o，是被放大了的交流输出信号电压。对交流信号电压来说，其输入和输出都共用了发射极，所以叫做共发射极放大电路。图示电路中各个元件的作用如下：

（1）晶体管 T。晶体管 T 是放大电路中的放大元件，利用其电流放大作用，在集电极电路获得放大了的电流，该电流受输入信号的控制。即能量较小的输入信号通过晶体管的控制作用，去控制直流电源 E_C 所供给的能量，以在输出端获得一个能量较大的信号。

（2）集电极电源 E_C。该直流电源除为输出信号提供能量外，还保证集电结处于反向偏置，以使晶体管起到放大作用，其数值一般为几伏至几十伏。

（3）集电极负载电阻 R_C。R_C 简称集电极电阻，它主要是将集电极电流的变化变换为电压的变化，以实现电压放大。其阻值一般为几千欧至几十千欧。

（4）基极电源和基极电阻 R_B。它们的作用是使发射结处于正向偏置，并提供大小适当的基极电流 I_B，以使放大电路获得合适的静态工作点。R_B 的阻值一般为几十千欧至几百千欧。

（5）耦合电容 C_1 和 C_2。它们一方面起隔直作用，C_1 用来隔断放大电路与信号源之间的直流通路，而 C_2 则用来隔断放大电路与负载之间的直流通路，使三者之间无直流联系，互不影响；另一方面又起到交流耦合作用，保证交流信号畅通无阻地经过放大电路，沟通信号源、放大电路和负载三者之间的交流通路。通常要求耦合电容上的交流压降小到可以忽略不计，即对交流信号可视做短路；因此电容值要取得较大，对交流信号其容抗近似为零。C_1 和 C_2 的电容值一般为几微法到几十微法，用极性电容器，联接时要注意其极性正确。

图 11-12 的电路中，用了两个直流电源。实际中 E_B 可以省去，再把 R_B 改接一下，只

由 E_C 供电，如图 11-13 所示。这样，发射结仍是正向偏置，仍可以产生合适的基极电流。

在放大电路中，通常把公共端接“地”，设其电位为零，作为电路中其他各点电位的参考点。同时为了简化电路的画法，习惯上常不画电源 E_C 的符号，而只在联接其正极的一端标出它对“地”的电压值和极性，如图11-13所示。

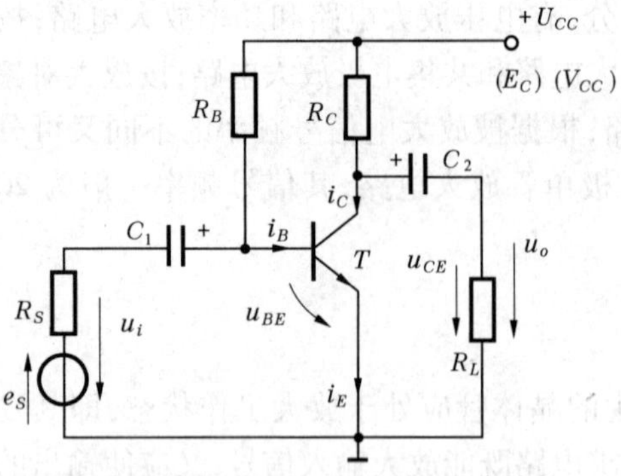

图 11-13　简化的共射极放大电路

用 PNP 型管构成的放大电路只要将 E_C 和 C_1、C_2 的极性反接一下就行了。

二、放大电路的分析

对放大电路可分静态和动态两种情况来分析。

（一）静态分析

静态分析就是要确定放大电路的静态值（直流值）I_B、I_C、U_{BE}、U_{CE}。静态值既然是直流，故可用放大电路的直流通路来分析计算，图 11-14 所示即为放大电路的直流通路。

一个放大电路放大质量的好坏，与其静态值的关系甚大。静态值一般常用图解法来确定，并能直观地分析和了解静态值的变化对放大电路工作的影响。

晶体管是一种非线性元件，即其集电极电流与集电极—发射极电压之间不是直线关系，其伏安特性曲线就是它的输出特性曲线（见图 11-11）。在直流通路中，晶体管与集电极负载电阻 R_C 串联后接于电源 U_{CC}，我们可列出

$$U_{CE} = U_{CC} - I_C R_C \tag{11-4}$$

或

$$I_C = -\frac{1}{R_C}U_{CE} + \frac{U_{CC}}{R_C} \tag{11-5}$$

这是一个直线方程，它所描绘的直线如图 11-15 中斜线所示。其斜率为 $\tan\alpha = -\frac{1}{R_C}$，在横轴上的截距为 U_{CC}，在纵轴上的截距为$\frac{U_{CC}}{R_C}$。由于该直线是由直流通路得出的，且与集电极负载电阻 R_C 有关，故称为直流负载线。直流负载线与晶体管的某条（由 I_B 确定）输出特性曲线的交点 Q，称为放大电路的静态工作点，由它确定放大电路的电压和电流的静态值。

由图 11-15 可见，基极电流 I_B 的大小不同，静态工作点在负载线上的位置也就不同。根据对晶体管工作状态的要求不同，要有一个相应不同的合适的工作点，可通过改变 I_B 的大小来获得。通常我们称 I_B 为偏置电流，简称偏流。产生偏流的电路称为偏置电路，在图 11-14 中，偏置电路的路径为 $U_{CC}\rightarrow R_B\rightarrow$发射结→地。其中，$R_B$ 称为偏置电阻。通常是通过改变偏置电阻的阻值来调整偏流的大小的。

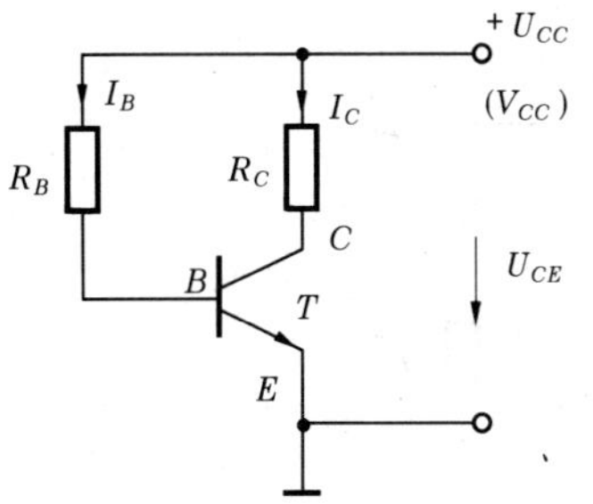

图 11-14　交流放大电路的直流通路

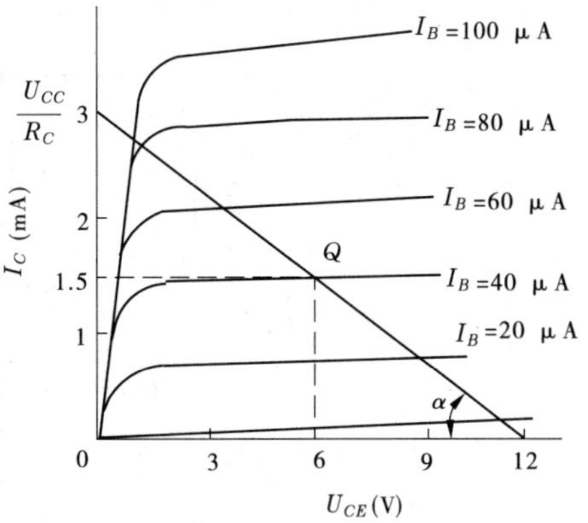

图 11-15　用图解法确定放大电路的静态工作点

【例 11-1】　在图 11-13 所示的放大电路中，已知，$R_C=4\ \text{k}\Omega$，$R_B=300\ \text{k}\Omega$，$U_{CC}=12\ \text{V}$。晶体管的输出特性曲线组如图 11-15 所示。要求：

(1)作出直流负载线；

(2)求出静态值。

解：(1)根据图示电路的直流通路，可得：

当 $I_C=0$ 时，有

$$U_{CE}=U_{CC}=12\ \text{V}$$

当 $U_{CC}=0$ 时，有

$$I_C=\frac{U_{CC}}{R_C}=\frac{12}{4}=3\ (\text{mA})$$

将两点连起来，就得到了直流负载线。

(2)

$$I_B\sim\frac{U_{CC}}{R_B}=\frac{12}{300}=0.04\ (\text{mA})=40\ \mu\text{A}$$

由此可得出静态工作点　$Q=\begin{cases}I_B=40\ \mu\text{A}\\ I_C=1.5\ \text{mA}\\ U_{CC}=6\ \text{V}\end{cases}$

用图解法求静态工作点的一般步骤为：给出晶体管的输出特性曲线组→作出直流负载线→由直流通路求出偏流 I_B→得出合适的静态工作点→找出静态值。

(二)动态分析

动态是指放大电路有输入信号时的工作状态。动态分析则是要确定放大电路的电压放大倍数 $\dot{A}_u$、输入电阻 r_i 和输出电阻 r_o 等。

1. 电路中的电压和电流

设图 11-16 所示电路中

$$u_1=U_{1m}\sin\omega t$$

由于输入耦合电容 C_1 选得足够大，其静态时的充电电压 $U_{C1}=U_{BE}$，而对于交流信号 u_1 则 C_1 相当于短路。这时晶体管发射结的电压为

$$u_{BE} = U_{C1} + u_1 = U_{BE} + u_1 = U_{BE} + U_{1m}\sin\omega t \tag{11-6}$$

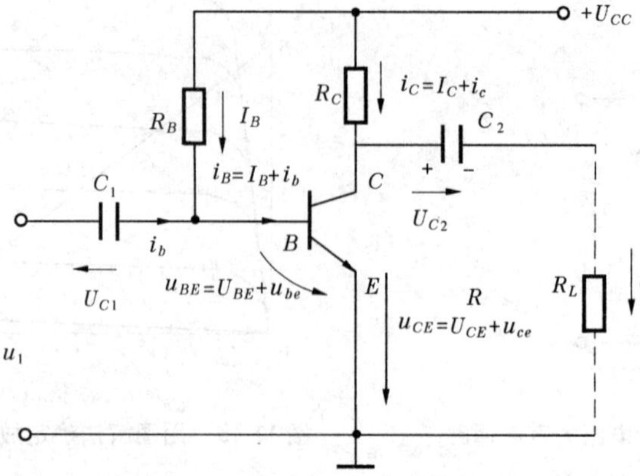

图 11-16　动态时电路中的电压和电流

在 u_{BE} 的作用下，晶体管的基极电流也将包括直流电流 I_B 和交流电流 i_b 两部分，即

$$i_B = I_B + i_b = I_B + I_{bm}\sin\omega t \tag{11-7}$$

根据晶体管电流放大原理，集电极电流为

$$i_C = I_C + i_c = I_C + I_{cm}\sin\omega t \tag{11-8}$$

式中

$$I_C = \bar{\beta} I_B,\quad i_c = \beta I_b$$

电流 i_c 流过集电极电阻 R_C，将产生电压降。晶体管集电极—发射极间的电压为

$$\begin{aligned} u_{CE} &= U_{CC} - i_C R_C \\ &= U_{CC} - (I_C + i_c)R_C \\ &= U_{CC} - I_C R_C - i_c R_C \\ &= U_{CE} - i_c R_C \end{aligned} \tag{11-9}$$

式中，$-i_c R_C$ 是 u_{CE} 的交流分量，记作 u_{CC}，负号表示其相位与 i_c 的相位相反。因此有

$$\begin{aligned} u_{CE} &= U_{CE} - i_c R_C \\ &= U_{CE} + u_{CC} \\ &= U_{CE} + U_{CEM}\sin(\omega t + \pi) \end{aligned} \tag{11-10}$$

由于输出耦合电容 C_2 的隔直通交作用，输出电压 u_C 不包含直流分量，即

$$u_o = U_{CEM}\sin(\omega t + \pi) \tag{11-11}$$

再分析晶体管的输入回路。在输入信号很小的情况下，静态工作点附近的工作段可认为是一直线，我们定义

$$r_{be} = \frac{\Delta U_{BE}}{\Delta I_B} = \frac{\Delta u_{be}}{i_b} \tag{11-12}$$

式中，u_{be} 和 i_b 是交流量；r_{be} 为晶体管的输入电阻，它是对交流而言的一个动态电阻，在小信号情况下是一个常数。r_{be} 的阻值与静态工作点 Q 的位置有关。对于低频小功率晶体管，r_{be} 常用下面的公式来估算

$$r_{be} = 300(\Omega) + (\beta + 1)\frac{26(\text{mV})}{I_E(\text{mA})} \tag{11-13}$$

式中

$$\beta = \frac{\Delta I_C}{\Delta I_B} = \frac{i_c}{i_b} \tag{11-14}$$

是晶体管的电流放大系数,在小信号条件下是一个常数。

三极管的输入特性和输出特性是非线性的,为了计算方便,在小信号放大电路中,可近似地将其输入电阻 r_{be}视为线性的,其输出视为一恒流源,据此我们可以作出晶体管的微变等效电路,如图 11-17 所示。

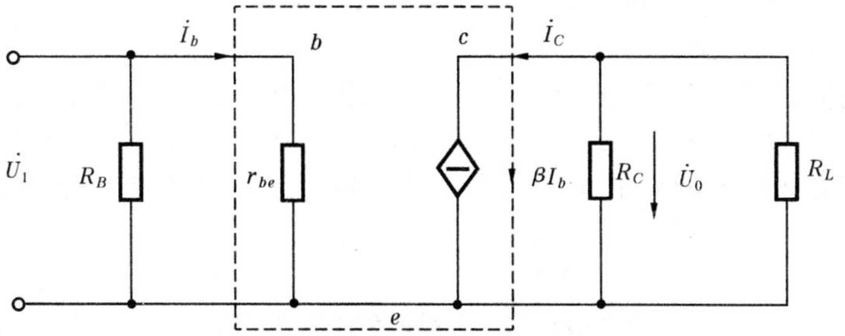

图 11-17　共发射极放大电路的微变等效电路

微变等效电路的输入电路对于信号源来说相当于一个负载;其输出电路对于后面的负载来说,则是一个信号源。放大电路的输入电阻是从放大电路的输入端看进去的等效电阻,定义为输入电压的有效值与输入电流有效值的比值,即

$$r_i = \frac{\dot{U}_1}{\dot{I}_1} = R_B \mathbin{/\!/} r_{be} \approx r_{be} \tag{11-15}$$

2. 放大倍数

放大电路的输出电阻是从放大电路的输出端看进去的等效电阻,用 r_o 表示。r_o 可以在信号源短路的条件下求得,一般为几千欧,有

$$r_o = R_C \tag{11-16}$$

输入电阻和输出电阻 r_o 都是动态电阻,其大小是衡量放大电路性能的重要指标。放大电路的电压放大倍数 $\dot{A}_u$ 为

$$\dot{A}_u = -\beta \frac{R_C}{r_{be}} \tag{11-17}$$

三、静态工作点的稳定

由于静态工作点由直流负载线与晶体管输出特性曲线的交点确定,当电源电压 U_{CC}和集电极电阻 R_C 的大小确定后,静态工作点的位置取决于偏置电流 I_B 的大小。图 11-18所示放大电路中的偏置电流由下式来决定

$$I_B = \frac{U_{CC} - U_{BE}}{R_{B1}} \approx \frac{U_{CC}}{R_{B1}} \tag{11-18}$$

当 R_B 一经选定后,I_B 也就固定不变了,故其电路称为固定偏置电路。固定偏置电路

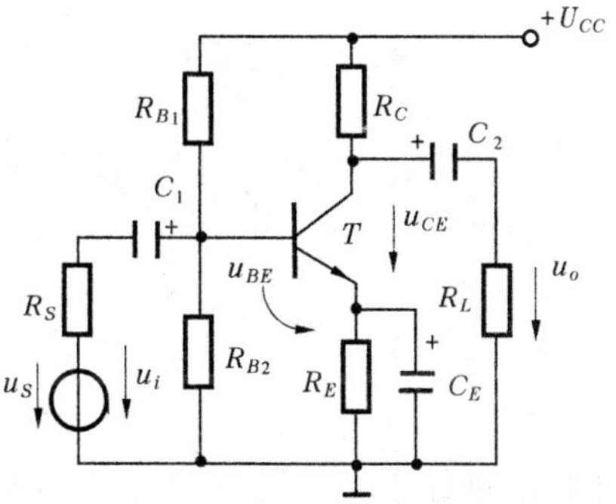

图 11-18　分压式电流负反馈偏置电路

虽然简单和容易调整，但在外部因素（如温度、晶体管老化及电源波动等）的影响下，将引起静态工作点的变动，严重时放大电路将不能正常工作。其中影响最大的就是温度的变化。

当温度升高时，导致集电极电流的增大，输出特性曲线将向上移动，静态工作点也随之上升。当静态工作点上升至饱和区时，放大电路就不能正常工作了。

为了使放大电路的工作点基本稳定，不受环境温度的影响，一般可在基极偏置电路时采取一些补偿措施，并选用热稳定性好的硅管。

图 11-18 所示电路是利用电流负反馈的作用，把将要升高的集电极电流降下来，从而使工作点保持稳定的一个实例。

其静态工作点的稳定原理是：当温度升高引起集电极电流增大时，则 I_E 增大，R_E 两端的电压也随之增大。但由于 $U_B = U_{BE} + U_E$，且为一个常数，则 U_E 的增大必然使 U_{BE}减小，于是导致了基极电流的减小，从而抑制了集电极电流 I_C 的增加，达到了稳定静态工作点的目的。

第四节　功率放大器

放大电路一般都由电压放大和功率放大两部分组成。电压放大是前级，主要用来不失真地放大信号电压的幅度，常采用电压放大倍数较高的共发射极放大电路。功率放大是末级，它既要输出较大的信号电压，又要有电流放大作用，以保证所需的输出信号功率去推动执行元件（如扬声器、继电器、显示仪表等）工作。这种以输出功率为主要目的的放大电路称为功率放大电路。

一、OCL 功率放大电路

图 11-19 所示为最基本的 OCL 功率放大电路。图中 T_1 为 NPN 型晶体管，T_2 为 PNP 型晶体管，两管的基极及发射极分别联接在一起，信号从基极输入，从发射极直接耦合输出。

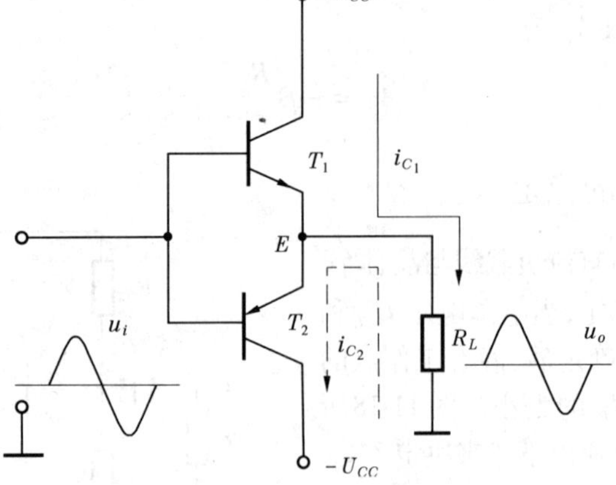

图 11-19　OCL 功率放大电路

工作原理如下：

电路静态时，输入电压为零，由于管子对称，射极电位为零，两管的基极电流均等于零，集电极电流约为零。这时，负载电阻上的电流也为零，无功率输出。动态时，$u_i \neq 0$，在 u_i 的正半周，晶体管 T_1 导通，T_2 截止，电流 i_{C1} 由 $+U_{CC} \to T_1 \to R_L \to$ 地，从 T_1 射极输出给负载，输出电压 u_o 为正半波；在 u_i 的负半周，晶体管 T_2 导通，T_1 截止，电流 i_{C2} 由地 $\to R_L \to T_2 \to -U_{CC}$，从 T_2 射极输出给负载，输出电压 u_o 为负半波。这样，在 u_i 的作用下，两只晶体管交替工作，互补对称，在负载电阻 R_L 上的输出电压就是一个完整的正弦波。

这种电路的优点是静态时功率损耗近似为零，效率高；缺点是波形存在失真。

二、集成功率放大器

近些年来，随着半导体电子技术的迅速发展，集成功率放大器的应用日趋广泛，其内部电路及外部接线与前面讲的 OCL 功率放大电路相似，但体积小、重量轻、性能好及可靠性高，因此使用方便。

目前，国内外生产的放大集成电路产品型号很多，现列出几种国内最常见的典型单片音频功放电路的型号及特点，如表 11-2 所示。

图 11-20(a)是 D2002 型集成功率放大器的外形图，外接少量元件就可组成图 11-20(b)所示的低频功率放大电路。

表 11-2　几种集成音频功率放大电路

型　号	电源电压(V)	负载阻抗(Ω)	输出功率(W)	备注
D4100	6	4	0.65	最高电源电压 9 V
D4102	9	4	1.3	最高电源电压 13 V
D4112	9	4	1.7	最高电源电压 13 V，有开环噪声抑制特性
		3.2	2.1	
D810	16	4	6.3	工作电压范围为 6 ~ 20 V
D2002	8 ~ 18	4	5	最高电源电压 13 V，有开环噪声抑制特性
	8 ~ 18	2	9	

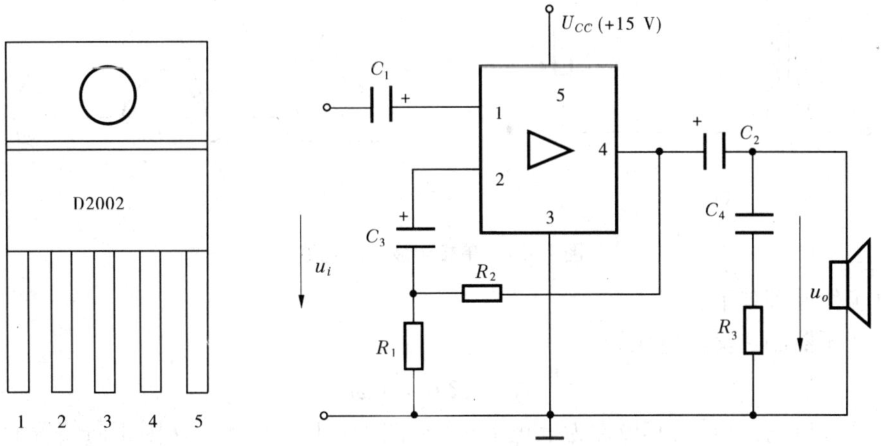

(a)D2002外形图　　(b)放大电路图

图 11-20　D2002 集成低频功率放大电路

D2002 的外形采用单列直插式 5 脚塑料封装，使用时应紧固在散热片上。输入信号 u_i 经耦合电容 C_1 送到输入端 1。放大后的信号由输出端 4 经耦合电容 C_2 送到负载(4 Ω 的扬声器)。电源端 5 接 U_{CC}(+15 V)，R_1、R_3 和电源端 3 接地。组成负反馈电路可改善电路性能，提高放大电路工作的稳定性。组成高通滤波电路，防止产生高频自激振荡，改善放大电路的频率特性。C_4、R_3 组成电路的不失真输出功率为 5 W，广泛应用于立体声收音机及录放机等设备中。

第五节　半导体整流电路

目前，电网供给用户的电能都是频率为 50 Hz 的交流电。但在电能应用中，有许多设备如电解、电镀、直流电动机、电子仪器设备等都需要直流电源供电。除小功率便携式电子设备可用电池供电外，目前大多数设备均采用半导体整流电源。它包括整流、滤波、稳压等几个环节。

一、单相半波整流

图 11-21 所示为单相半波整流电路图，它由整流变压器 T_r、半导体二极管 D 及负载电阻 R_L 组成。

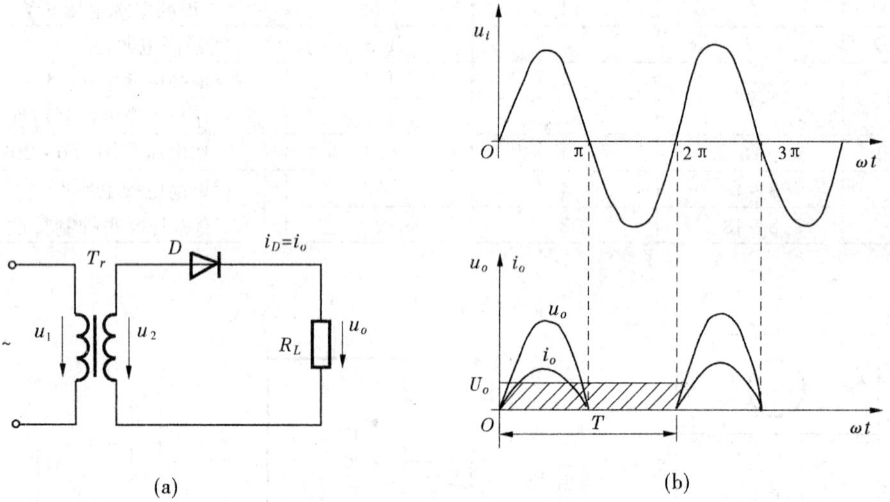

图 11-21　单相半波整流电路

其工作原理如下：

设变压器副边交流电压为

$$u_2 = \sqrt{2}U_2 \sin \omega t$$

在此电压的正半周，其极性为上正下负(见图 11-21)，二极管 D 因正向偏置而导通。如忽略二极管的导通压降，负载电阻两端的电压 u_o 即为电源电压 u_2，从而产生负载电流 i_o 流过 R_L。在此电压的负半周，极性为上负下正，二极管 D 因反向偏置而截止，负载电阻 R_L 两端的电压及其电流都等于零。可见在输入交流电压的一个周期中，由于二极管的整流作用，输出电压 u_o、输出电流 i_o 都是方向不变，大小随时间变化的脉动电量，都只有半个波，故称为半波整流。其波形如图 11-21(b)所示。

单相半波整流电压的平均值为

$$U_o = \frac{1}{2\pi}\int_0^{2\pi} u_o \mathrm{d}(\omega t) = \frac{1}{2\pi}\int_0^{2\pi} \sqrt{2}U_2 \sin \omega t \mathrm{d}t = \frac{\sqrt{2}}{\pi}U_2 \approx 0.45U_2$$

二、单相桥式整流

单相桥式全波整流电路是一种应用广泛的整流电路，由四个二极管接成电桥的形式，其电路如图 11-22(a)所示。

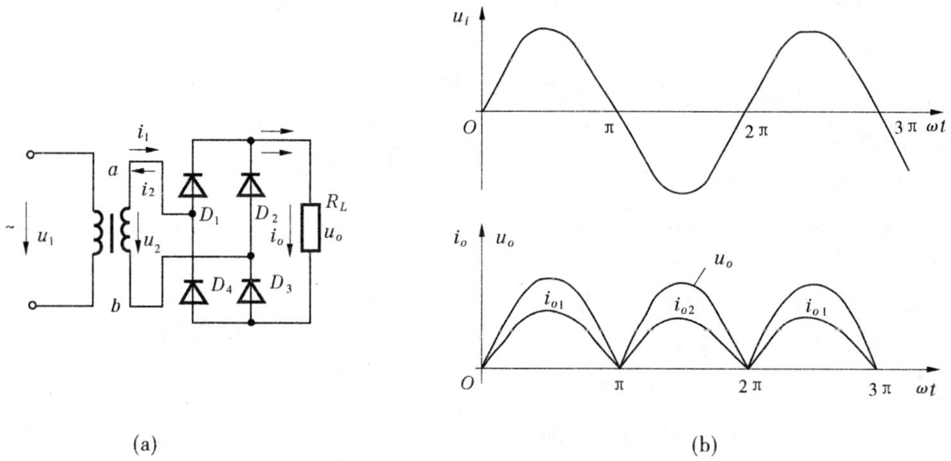

图 11-22　单相桥式全波整流电路

其工作原理如下：

图中电网交流电压经变压器变换成所要求的电压，其表达式为

$$u_2 = \sqrt{2}U_2 \sin \omega t$$

在 u_2 的正半周，其极性为上正下负，即 a 点电位高于 b 点电位。此时整流二极管 D_1 和 D_3 导通，D_2 和 D_4 截止，整流桥中电流 i_1 的通路是 $a_+ \to D_1 \to R_L \to D_3 \to b$。在 u_2 的负半周，其极性为上负下正，即 b 点电位高于 a 点电位。此时 D_1 和 D_3 截止，D_2 和 D_4 导通。电流 i_2 的通路是 $b_+ \to D_2 \to R_L \to D_4 \to a$。由此可知，在交流电压 u_2 的正半周和负半周，电流 i_1、i_2 以同一方向流过负载电阻 R_L，故两半周中负载上整流电压 u_o 的极性也相同，为上正下负。整流桥中四只二极管分为两组，轮流导通和截止并不断重复，这样在负载 R_L 上便得到了单方向脉动的全波整流电压 u_o 和整流电流 i_o，其波形如图 11-22(b)所示。

显然单相全波整流电压的平均值 U_o 比半波整电压平均值增加一倍，即

$$U_o = 2 \times 0.45U_2 = 0.9U_2$$

第六节　滤波电路

整流电路输出的单向脉动电压含有交流分量，不能适应各种要求直流电压平稳的电子设备、电气装置正常工作的需要。解决的办法是在整流电路之后再加接滤波电路，以改

善直流电压的脉动程度。

由于电容具有隔直通交的作用，而电感则有直流电阻很小、交流电阻大的特点。我们将电容、电感和电阻适当地组合起来，便可得到各种形式的滤波电路。下面着重介绍电容滤波电路的工作原理，也简要地分析其他几种常用滤波电路的特点。

一、电容滤波电路

在整流电路负载电阻的两端并联一个容量较大的电容器，即构成电容滤波电路，如图 11-23(a)所示。

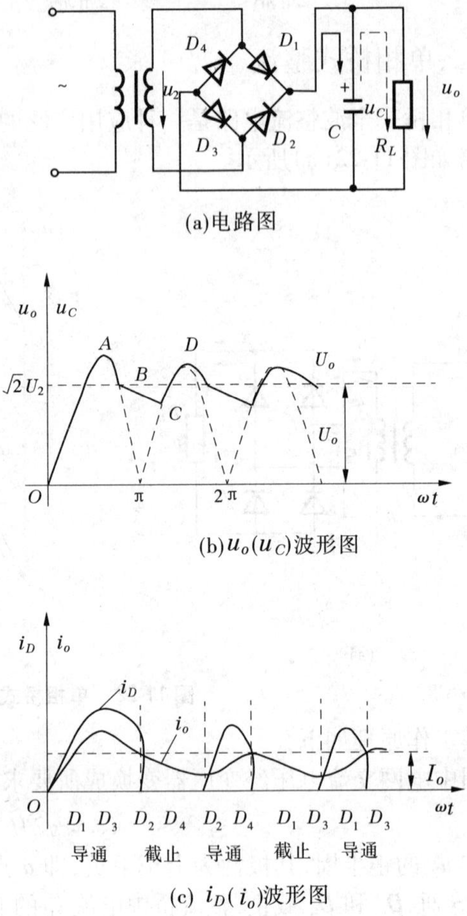

图 11-23 电容滤波电路

(一)滤波原理

设 $\omega t=0$ 时，电源电压 u_2 的初相为零，电容上的初始电压等于零。电路与电源接通，在 u_2 正半周开始后，整流管 D_1、D_3 导通，电源给负载 R_L 供电的同时也给电容器 C 充电，如图11-23(a)中实线所示。如忽略整流管的正向压降，则负载两端电压 u_o、电容器两端电压 u_C 及变压器副绕组输出电压 u_2 三者完全相等，$u_o(u_C)$将跟着 u_2 按正弦规律上升到 u_2 的最大值 $\sqrt{2}U_2$，即图 11-23(b)中的 OA 段，在 A 点达到最大值。在 A 点以后，u_2 开始下降，电容器 C 也开始对负载电阻 R_L 放电，如图 11-23(b)中虚线所示，$u_2(u_C)$也相应地下降。但在 AB 段，u_2 按正弦规律下降，由于电容放电电流较小，D_1、D_3 二极管仍然受正向电压作用而继续导通，$u_o(u_C)$也被迫跟着 u_2 一起按正弦规律下降。到 B 点后，u_2 的下降速率加快，$u_2<u_C$，整流二极管截止，负载电流完全由电容器放电来维持，即 $i_o=-i_C$，$i_D=0$，这时 $u_o(u_C)$按指数规律下降，其下降速率由放电时间常数 $\tau(\tau=R_LC)$来决定，如图 11-23(b)中 BC 段所示。当电容放电到图 11-23(b)中 C 点时，u_C 与 $|u_2|$ 相等，此后 u_2 的负半周使二极管 D_2 和 D_4 导通，电容 C 又被充电，如 CD 段所示。如此周期性地重复上述过程，负载 R_L 上便可得到较为平直的输出电压 u_o。

流过二极管的电流 i_D 及输出电流 i_o 的波形如图 11-23(c)所示。因二极管只在较短的时间内导通，故 i_D 是周期性的脉动电流。输出电流 $i_o=u_o/R_L$，其波形随 u_o 而变。图中 I_o 是 i_o 的平均值。

(二)电路特点

(1)电路简单。

(2)整流输出电压的波形比较平直。

(3)输出的平均电压 U_2 较高,且随负载 R_L 的大小而变化。当负载电阻 R_L 的阻值很大时,放电时间常数($\tau=R_LC$)大,电容放电慢,故 u_C 的波形更为平直,U_o 也随之增大。若电路空载,即 $R_L=\infty$,电容被充电到电源电压幅值 $\sqrt{2}U_2$ 后,不能放电,故 $U_o=u_C=\sqrt{2}U_2$。若 R_L 的阻值减小,负载电流增大。此时放电时间常数($\tau=R_LC$)减小,电容放电快,因而输出电压 u_C 的波形变差,其平均值 U_o 降低。因此,电容滤波电路一般只适用于输出电压较高,负载电流较小,即负载 R_L 较大的场合。

(4)晶体管导通时间较短,冲击电流增大。由图 11-23(c)可知,二极管导通时间较短,i_D 是周期性的脉动电流。因一个周期内电容器的充电电荷应等于放电电荷,故 i_D 的平均值应等于负载电流的平均值 I_o,因而 i_D 的幅值必然较大。特别是在接通电源的瞬间,因电容电压初值为零,充电电流很大,会对整流二极管产生冲击作用,容易使管子损坏。故在选用二极管时应有一定的电流余量,通常还可在滤波电容前串接一个 0.02 ~ 0.1 Ω 的小电阻 R_L 来限制冲击电流,保护二极管。

二、其他类型的滤波电路

(一)电感滤波电路

在整流电路与负载之间串接一个铁芯电感线圈 L,即为电感滤波电路,如图 11-24 所示。

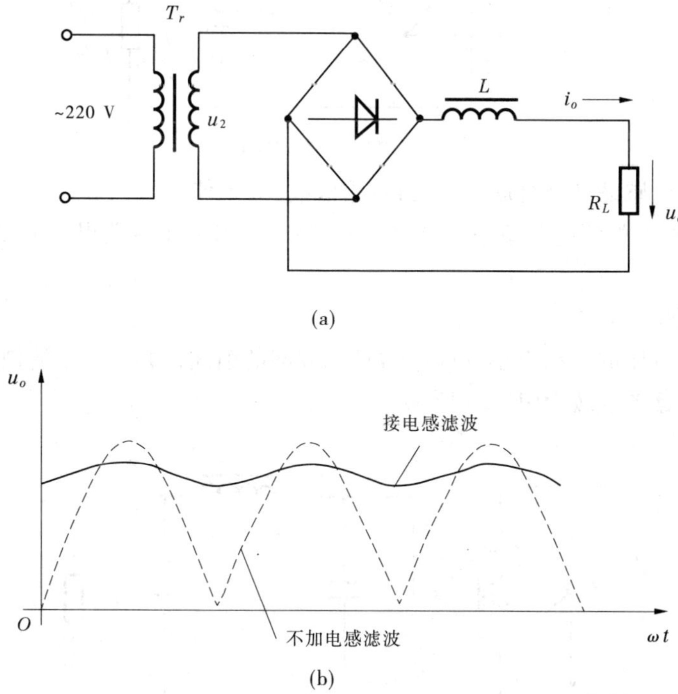

图 11-24 电感滤波电路

电感滤波的作用是:当负载电流变化时,电感线圈中将产生自感电动势,它将阻止电流的变化，同时进行磁场能量的存储与释放，当负载电流 i_o 增大时，L 阻碍其增大，即将一部分电能变成磁能信号存起来，当 i_o 减小时，L 上信号存的磁能变成电能送出来，阻止 i_o 减小，使输出电压和电流的脉动程度减小，波形较平直。如忽略电感线圈的电阻，则图 11-24中负载电阻 R_L 上电压、电流的平均值应为

$$U_o = 0.9U_2$$

$$I_o = \frac{U_o}{R_L} = 0.9\frac{U_2}{R_L}$$

实际上，整流电路和电感线圈中都有不大的直流电阻，当有电流通过时会产生电压降，故 U_o 将随 I_o 的增加而略有下降。

电感线圈的电感 L 为几亨到几十亨，一般说来 L 越大，滤波效果越好。但 L 越大，线圈的体积及重量均增加，而且也不经济。电感滤波适用于负载电流较大，负载电阻 R_L 较小，对输出电压脉动程度要求不太高的场合，例如可控硅电路。

（二）电感电容滤波电路

为了减小输出电压的脉动程度，在滤波电容之前串接一个铁芯电感线圈 L，这样就组成了电感电容滤波器，如图 11-25 所示。

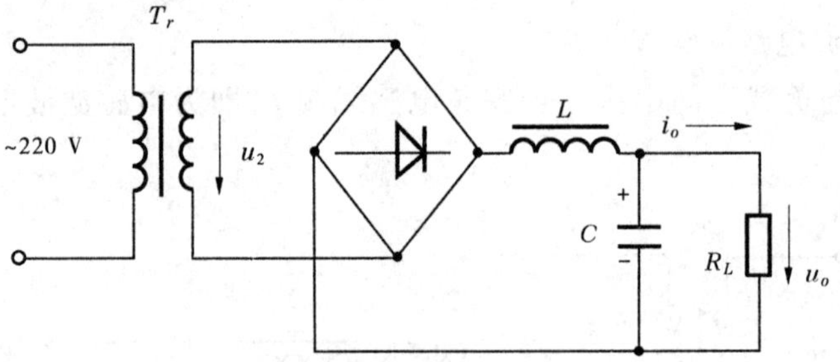

图 11-25　电感电容滤波电路

将电容滤波和电感滤波结合起来，经过双重滤波，效果佳。

具有 LC 滤波器的整流电路适用于电流较大、要求输出电压脉动很小的场合，用于高频时更为适合。

（三）π 形 *LC* 滤波器

如果要求输出电压的脉动更小，可以在 LC 滤波器的前面再并联一个滤波电容 C_1，这样便构成 π 形 LC 滤波器，如图 11-26 所示。

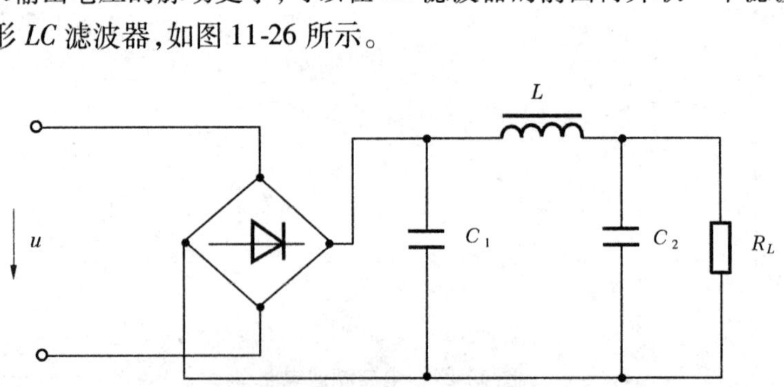

图 11-26　π 形 *LC* 滤波电路

π 形 LC 滤波器的滤波效果比 LC 滤波器更好，但整流二极管冲击电流较大。

由于电感线圈的体积大而笨重，成本又高，所以有时候用电阻去代替 π 形 LC 滤波器中的电感线圈，这样便构成了 π 形 RC 滤波器，如图 11-27 所示。电阻对于交、直流电流都具有同样的降压作用，但是当它和电容配合之后，就使脉动电压的交流分量较多地降落在电阻两端（因为电容 C_2 的交流阻抗甚小），而较少地降落在负载上，从而起了滤波作用。R 越大，C_2 越大，滤波效果越好。但 R 太大，将使直流压降增加，所以这种滤波电路主要适用于负载电流较小而又要求输出电压脉动很小的场合。

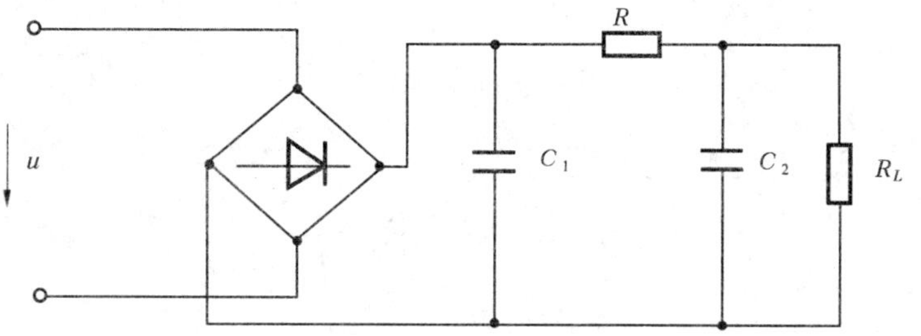

图 11-27　π 形 RC 滤波电路

第七节　硅稳压管及其稳压电路

前面所述的整流、滤波电路虽然能输出比较平直的直流电压，但还有可能产生波动。其主要原因是：交流电源电压常在一定范围内变动；此外，当负载电流变化时，整流滤波电路内阻上的压降也会改变，从而使输出电压也波动。电压的不稳定有时会产生测量和计算上的误差，引起控制装置工作的不稳定，甚至根本无法正常工作。特别是精密电子测量仪器、自动控制、计算装置及晶闸管的触发电路等都要求有很稳定的直流电源供电。为满足上述要求，在滤波电路和负载之间还应接入稳压电路，以保证输出电压的稳定。本节在介绍硅稳压管的特性及其主要参数的基础上，着重分析由硅稳压管组成的稳压电路的工作原理。

一、硅稳压管

硅稳压管是一种特殊的半导体硅二极管，又叫齐纳二极管，其外形和内部结构同前述整流用半导体二极管相似，二者的伏安特性也相似。图 11-28（a）是硅稳压管的外形图和表示符号，图 11-28（b）是其伏安特性。

与普通二极管比较，硅稳压管具有以下特点：

（1）由于制造工艺不同，其反向击穿电压一般比普通二极管低很多；

（2）反向击穿特性曲线很陡；

（3）工作在反向击穿状态。

普通二极管在制造时，散热条件是按正向导通时的功耗来考虑的。因此，当外加反向击穿电压时，反向电流会急剧上升，导致管子的 PN 结发热烧毁。而硅稳压二极管在制造时，散热条件是按反向击穿电流为允许值时的功耗考虑的，只要使用时接入一定的限制电

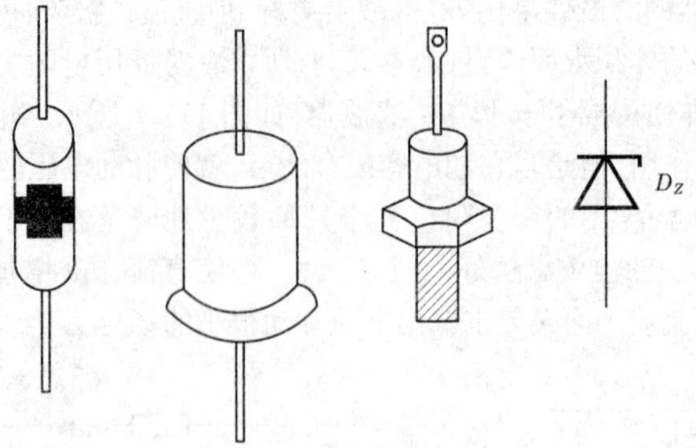

(a)外形图和符号

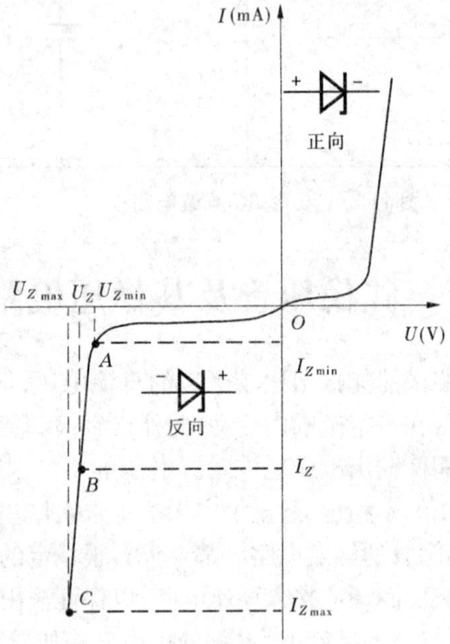

(b)伏安特性

图 11-28　硅稳压管

阻 R,就可以正常工作了。

由图 11-28(b)可以看出,当反向电压较小时,管子的反向电流也很小,如 OA 段所示。当反向电压增加到 $U_{Z\min}$,管子开始进入击穿区,当电压再增大时,反向电流急剧上升。在反向电流由 $I_{Z\min}$ 增加到 $I_{Z\max}$ 的一个较大的范围内变化时,稳压管两端的反向电压却变化很小(从 $U_{Z\min}$ 到 $U_{Z\max}$)如曲线 AC 段所示。利用这一特点就能起到稳定电压的作用。

稳压管的主要参数:

(1)稳定电压 U_Z。曲线 AC 段中点 B 所对应的反向电压 U_Z 也称为稳定电压 U_Z,它是稳压管正常工作时的电压。由于半导体生产的离散性,手册中的 U_Z 是给出了一个电压范围值的。例如,型号为 2CW18 的稳压管,其稳压值为 10 ~ 12 V。这种型号的某个管子的具体稳压值是这个范围内的某一个确定的数值。

(2)稳定电流 i_Z。稳定电流是指工作电压等于 U_Z 时的工作电流,即管子工作于曲线

B 点所对应的稳定电流。

(3)最大稳定电流 $I_{Z\max}$。其是指稳压管的最大允许工作电流,在使用时实际电流不得超过此值。

(4)耗散功率 P_{Zm}。反向电流通过稳压二极管的 PN 结时,会产生一定的功率损耗使 PN 结的结温升高。P_{Zm}是稳压管正常工作时能够耗散的最大功率,它等于稳压管的最大工作电流与相应的工作电压的乘积,即 $P_{Zm}=U_Z I_{Z\max}$。如果稳压管工作时消耗的功率超过了这个数值,管子将会损坏。常用的小功率稳压管的 P_{Zm}一般为几百毫瓦到几瓦。

二、硅稳压管稳压电路

图 11-29 中虚线框内所示即为稳压管稳压电路,由稳压管 D_Z 和稳压电阻 R 组成。D_Z 反向接入电路,先与负载电阻 R_L 并联再与 R 串联。

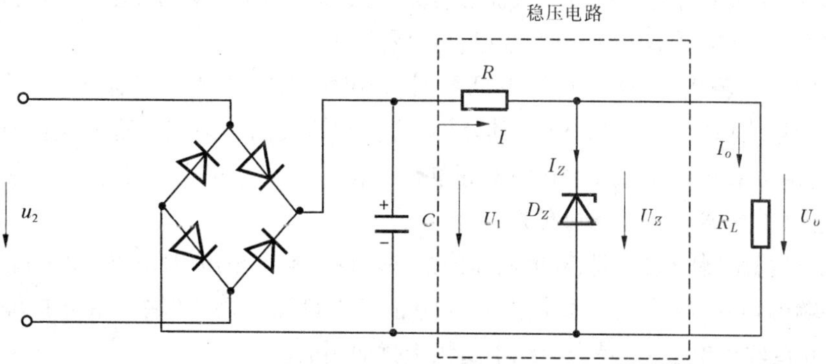

图 11-29 稳压管稳压电路

稳压电路接在滤波电路与负载之间。整流滤波后的输出电流 I 经 R 分别流过 D_Z 和 R_L,即 $I=I_Z+I_o$。电压 U_1 经 R 加到 D_Z 和 R_L 上,即 $U_1=IR+U_o$。图中,R 是稳压电阻,可限流,使流过 D_Z 的电流 I_Z 不超过允许值,故又称为限流电阻;利用其两端电压的升降可使负载输出电压 U_o 趋向稳定,故也称为调整电阻。

现在分析在下述两种情况下的稳压过程。

(一)负载不变而电源电压波动

如果电源电压升高,整流滤波电路的输出电压 U_1 及负载输出电压 $U_o(U_Z)$ 也随之升高。U_Z 稍有增大,I_Z 将大幅度增加,流过 R 的电流及 R 上的压降也会增加。而 $U_o=U_1-IR$,因 U_1 及 IR 都增大,从而使 U_o 能基本上保持不变,其稳压过程可描述为

$$U_Z\uparrow\rightarrow U_1\uparrow\rightarrow U_o\uparrow\rightarrow I_Z\uparrow\rightarrow I\uparrow\rightarrow IR\uparrow\rightarrow U_o\downarrow\rightarrow U_o=U_1-IR$$

如果电源电压下降,其稳压过程相反,U_o 仍基本上保持稳定不变。

(二)电源电压不变而负载电流 I_o 变化

如果 I_o 增大,电源内阻及电阻 R 上的压降增大,U_1 及 $U_o(U_Z)$ 均下降。当 U_Z 稍有减小,I_Z 就显著下降,从而使 U_o 基本上保持不变,其稳压过程可描述为

$$I_o\uparrow\rightarrow U_1\downarrow\rightarrow U_o\downarrow\rightarrow I_Z\downarrow\rightarrow I\downarrow\rightarrow IR\downarrow\rightarrow U_o\downarrow\rightarrow U_0=U_1-IR$$

如果 I_o 下降,其稳压过程相反,U_o 仍基本上保持稳定不变。

选择稳压管时一般取：

$$\begin{cases} U_Z = U_o \\ I_{Z\max} = (1.5 \sim 3) I_{o\max} \\ U_1 = (2 \sim 3) U_o \end{cases} \tag{11-20}$$

这种稳压电路因稳压管与负载 R_L 并联，故称为并联型稳压电路。它的特点是：结构简单、经济，但稳定精度较低，负载输出电压 U_o 由稳压管压降 U_Z 决定，不能任意调节。此外，其允许的最大负荷电流也较小，只能应用于输出电压固定且对稳定度要求不高的小功率电子设备中。如要求有较高的稳定精度和较大的输出电流，可采用串联式晶体管稳压电路。

三、单片集成串联型集成稳压电源

由于集成稳压电源芯片内设有过流、过热及短路保护电路，使用安全、可靠，加之接线简单、维护方便、价格低廉等优点，当前已被广泛应用。

W7800 系列（输出正电源）和 W7900 系列（输出负电源）集成稳压器只有三个引出端子，故称三端集成稳压器；图 11-30 为其外形、管脚和接线图。集成串联型线性直流稳压电源内部电路由采样、基准、放大和调整等单元组成。为了使用安全，还包括一些过流、过热等保护电路。具体电路可查阅有关书籍。

三端是指稳压器的输入端、输出端和公共端。输入端接整流电路的输出端；输出端接负载；公共端即输入、输出的共联接点。为防止产生自激振荡，在输入端并接输入电容 C_i，输出端并接输出电容 C_o 是为了减小高频干扰而用的。

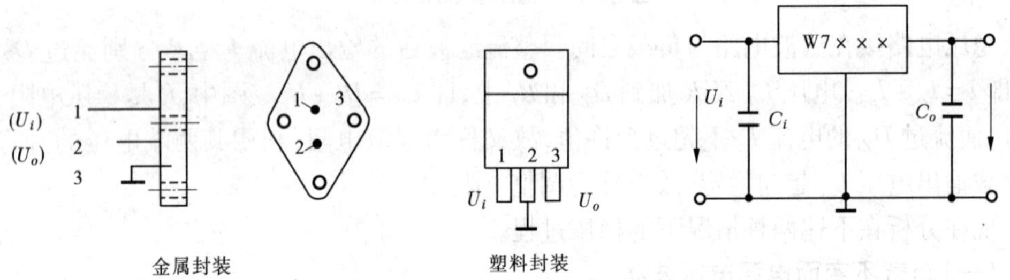

(a)外形及管脚　　(b)接地图

图 11-30　W7800 系列集成稳压器

W7800 系列的输出电压有 5 V、6 V、9 V、12 V、15 V、18 V 和 24 V 七个档次，型号的最后两位数字表示输出电压值，W7809 表示输出电压为 9 V。该系列稳压电源最大输出电流为 1.5 A。同类产品还有 W78M00，相对应的有 W7900、W79M00、W79L00 等产品，它们为三端固定负电源集成稳压器。稳压电源的性能指标可在有关手册中查到。

本章小结

一、在纯净半导体硅或锗的晶体中掺入微量的五价元素，可得到 N 型半导体，其中自由电子是多数载流子；如掺入微量的三价元素，则得到 P 型半导体，其中空穴是多数载流子。用特殊工艺将 P 型和 N 型半导体结合起来，在其交界面上就形成 PN 结。PN 结具有单向导电性，是各种半导体器件的基础结构。半导体二极管实质上就是一个 PN 结，具有单向导电性，可用伏安特性来描述。

二、整流是将交流电变成单方向脉动的直流电。利用二极管的单向导电性可以组成各种整流电路。小功率整流电路中广泛应用单相桥式整流电路。选用整流二极管应满足的主要参数是最大整流电流 I_{DM}和反向工作峰值电压 U_{RWM}。

三、滤波就是滤掉输出电压中的交流成分。在整流电路的输出侧接入滤波电路，可以减小输出电压的脉动程度，使波形平直。常用的滤波电路有电容滤波、电感滤波、电感电容滤波和 π 形 *LC* 滤波。电容滤波的输出电压较高，但负载能力较差，只适用于负载电流较小的场合；电感滤波的输出电压较低，但带载能力强，常用于负载电流较大的场合；如要求输出电压波形平稳、滤波效果好，可采用 π 形 *LC* 滤波电路。

四、稳压电路的作用是保持输出的直流电压稳定。硅稳压管与电阻 *R* 组成最简单的稳压电路，它是以稳压管的稳压特性和稳压电阻 *R* 的调节、限流作用相配合来实现稳压的。这种稳压的特点是电路简单、经济，但稳压值不可调，稳压精度不高，输出电流较小，因此只适用于输出电流不大（几毫安至几十毫安）、输出电压固定、稳定性能要求不高的场合。

五、晶体管有 PNP 和 NPN 两种基本管型，它们都有三个区、三个电极和两个 PN 结。晶体管工作在放大状态时，其发射结正偏，集电结反偏，基极电流的微小变化量 ΔI_B 能引起大得多的集电极电流变化量 ΔI_C，其比值叫做晶体管的电流放大系数，用 β 表示，即

$$\beta - \frac{\Delta I_C}{\Delta I_B}$$

六、放大电路在放大交流信号时，电路中交、直流共存。直流分量由偏置电路决定，常用图解法求得。动态分析常用微变等效电路法来进行。有用的交流信号叠加在直流上才能有效而不失真地放大。

七、功率放大电路的主要任务是获得最大不失真的输出功率和较高的工作效率。它工作在大信号极限工作状态，常用图解法进行分析。目前使用的功率放大电路有 OCL（双电源）和 OTL（单电源）等类型。

思考题与习题

11-1 试述 PN 结的形成过程及其特性。

11-2 简单地把一块 P 型半导体和一块 N 型半导体接触在一起能否形成 PN 结？为什么？

11-3 二极管的伏安特性曲线有何特点？硅二极管和锗二极管的特性曲线有何不同？

11-4 为什么二极管的反向电流很小并具有饱和特性，而当温度升高时却又显著增大？

11-5　怎样使用万用表来判别二极管的正、负极及其性能好坏？

11-6　在图 11-21 所示单相半波整流电路中，如果将二极管 D 反接，u_o 将有何变化？画出其波形图。

11-7　分析单相桥式整流电路中有下列情况之一发生时，将会有什么问题？

(1) 有一个二极管被击穿短路；

(2) 有一个二极管因一端虚焊而断路；

(3) 有一个二极管正、负极性接反。

11-8　单相半波整流电路接有滤波电容时，二极管承受的最大反向电压是多少？

11-9　稳压二极管的伏安特性曲线有何特点？

11-10　在图 11-29 所示的稳压电路中，电阻 R 起什么作用？若 $R=0$，电路能否稳压？

11-11　晶体管的发射极和集电极是否可以调换使用，为什么？

11-12　晶体管是由两个 PN 结反向组合而成的，具有电流放大作用。如果两个二极管背靠背地联接起来，是否有放大作用？

11-13　何谓静态工作点？为何要设置静态工作点？对静态工作点的位置有何要求？

11-14　共射极放大电路的电压放大倍数 $\dot{A}_u$ 与哪些参数有关？是否与 β 成正比？

11-15　静态工作点不稳定的原因是什么？对放大电路的工作有何影响？

11-16　如果有两只硅稳压管，一只稳定电压值为 5.5 V，另一只为 7.5 V，它们的正向压降为 0.7 V。试问将这两只稳压管串联可以得到几个可能的稳压值。

11-17　电路如图 11-31 所示。

(1) 简述该电路稳定静态工作点的物理过程；

(2) 求其静态工作点。

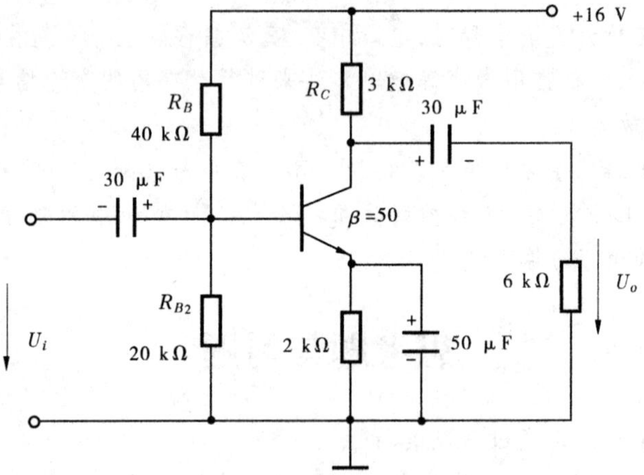

图 11-31　题 11-17 图

第十二章　集成数字逻辑电路

前面一章我们讨论的是模拟电子技术，其中的电信号是随时间连续变化的模拟信号。本章所讨论的是数字电路，其中的电信号是不连续变化的脉冲信号。数字电路和模拟电路都是电子技术的重要基础。

本章首先介绍数字电路的基本概念、门电路与触发器的逻辑功能及分析和设计数字电路的基本数学工具——逻辑代数，然后讨论几种常用的基本数字电路如加法器、译码、显示器及计数器。

第一节　数字电子技术概述

一、数字电子技术与模拟电子技术的区别

电子电路按其功能、性质的不同，可分为模拟电路与数字电路两大类。其中模拟电路可用来实现模拟信号的产生、放大、处理和运用，其主要单元电路是放大器。而所谓模拟信号是指其幅度随时间连续变化的电信号，如图 12-1(a)所示。

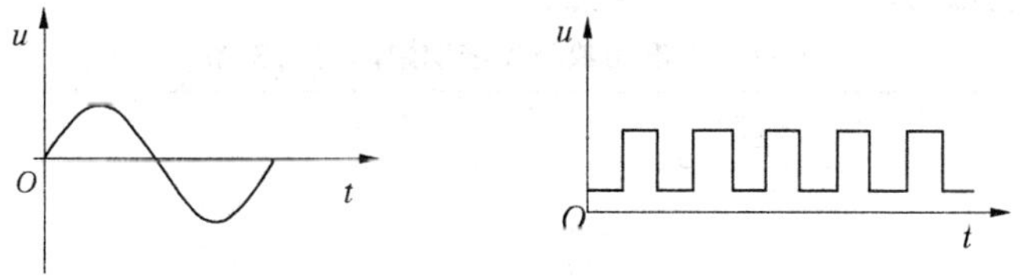

(a)相似信号　　(b)数字信号

图 12 1　模拟信号与数字信号

数字电路是用来存储、传递和处理数字信号的电子电路。所谓数字信号是表示数字量的信号，一般来说数字信号是在两个稳定状态之间做阶跃式变化的信号，有电位型和脉冲型两种表示形式，如图 12-1(b)所示。数字电路的主要逻辑单元是逻辑门电路和触发器。

所谓逻辑是指事物的前因(条件)和后果(结果)之间所遵循的规律。数字电路不仅能完成数值运算，还可以进行逻辑运算和判断，在控制系统中是不可缺少的，因此数字电路又称做数字逻辑电路。

数字信号只有 0 和 1 两种状态，不易混淆，便于处理和储存，故电路抗干扰能力强，有极高的可靠性和稳定性。目前，它已广泛应用于信息检测、处理、存储、过程控制，如电子计算机、数字式仪表、数控设备、数字通信等许多技术领域。随着我国集成电路技术的进一步发展和完善，数字电路的应用必将得到更迅速的发展和普及。

二、数制与码制

(一)数制

日常生活中,我们习惯于十进制数,它一共有 0、1、2、…、9 十个不同的数字符号,在计数时采用逢十进一及借一当十的规则。因此,十进制数的基数是 10,十进制也称以 10 为基数的计算体制。任意正的十进制数 N 可表示为

$$N = a_{n-1} \times 10^{n-1} + a_{n-2} \times 10^{n-2} + \cdots + a_2 \times 10^2 + a_1 \times 10^1 + a_0$$

$$= \sum_{i=0}^{n-1} a_i \times 10^i \qquad (12\text{-}1)$$

式中,a_i 为基数 10 的 i 次幂的系数,它可为 0 ~ 9 中任一个数;10^{n-1}、10^{n-2}、…、10^2、10^1、10^0 叫相应位的权,也就是相应位的 1 所代表的实际值。

例如 $N = 6\ 638$,则第一个 6 代表 $6 \times 10^3 = 6\ 000$,第二个 6 代表 $6 \times 10^2 = 600$,……

$$6\ 638 = 6 \times 10^3 + 6 \times 10^2 + 3 \times 10^1 + 8 \times 10^0$$

除以 10 为基数外,还可以取其他基数的计数制,如数字电路中最常采用的二进制计数。

二进制数是用 0 和 1 两个数码表示数的,其计数规律是"逢二进一","借一当二"。它以 2 为基数。例如

$$10011_{(2)} = 1 \times 2^4 + 0 \times 2^3 + 0 \times 2^2 + 1 \times 2^1 + 1 \times 2^0 = 16 + 2 + 1 = 19_{(10)}$$

二进制数与十进制数的对应关系如表 12-1 所示。四位二进制数可表示 $2^4 = 16$ 个十进制数,n 位二进制数可表示 2^n 个十进制数。

表 12-1　十进制数与二进制数的对应关系

十进制	二进制	十进制	二进制
0	0	8	1000
1	1	9	1001
2	10	10	1010
3	11	11	1011
4	100	12	1100
5	101	13	1101
6	110	14	1110
7	111	15	1111

数字电路采用二进制数进行运算,主要原因是它具有以下优点:

(1)二进制数的表示很容易用具有两个不同稳定状态的电子元件来实现,工作可靠、抗干扰能力强。

(2)二进制数运算简单。由于它只有两个数码,加、减、乘、除四则运算的规则较十进制简单得多。如加法有四条规则:

$$0 + 0 = 0 \quad 0 + 1 = 1$$

$$1 + 0 = 1 \quad 1 + 1 = 10$$

乘法也有四条规则：

$$0\times0=0\quad 0\times1=0$$

$$1\times0=0\quad 1\times1=1$$

而除法是乘法的逆运算，是移位相减。减法运算可用加法进行，如 $A-B=A+(-B)$。因此，在计算机中只要用加法器和移位电路就可完成四则运算。

（二）码制

计算机中数的处理和运算是按二进制进行的，但输入到计算机中去的以及由计算机输出的，都是人们所习惯的十进制数，因而就存在一个如何用一定位数的二进制数来表示一个十进制数的问题。这种用二进制数编码表示的十进制数称二—十进制编码，简称BCD 编码。BCD 编码的形式是多种多样的，我们只介绍常用的 8421BCD 编码。

8421BCD 码是将十进制数的每个数字符号用四位二进制数表示，每位都有固定的权，按从左到右的顺序，各位的权分别是 $2^3(8)$、$2^2(4)$、$2^1(2)$、$2^0(1)$，这与普通二进制中对权的规定是一样的。因此，8421BCD 码对十进制数 0 ~ 9 十个数字符号的表示与普通二进制中表示完全一样。表 12-2 给出了十进制数、二进制数和 8421BCD 码的对照表。

要注意的是，8421BCD 码中不允许出现 1010 ~ 1111 这六个代码，它们称做“伪码”，8421BCD 码与十进制数之间的转换可直接按位（或按组）转换。例如将十进制数 39 转换成 8421BCD 码，将 39 中各位数 3、9 分别转换成 8421BCD 码，然后按高位到低位依次由左到右排列，可得(0011 1001)8421BCD 码。

表 12-2　8421 码的表示

十进制数	二进制数	8421BCD 码
0	0000	0000
1	0001	0001
2	0010	0010
3	0011	0011
4	0100	0100
5	0101	0101
6	0110	0110
7	0111	0111
8	1000	1000
9	1001	1001

第二节　集成逻辑门电路

一、几个基本概念

要描述一个逻辑问题，往往要交待问题产生的条件和结果，如果这些条件都可以用逻辑变量来定义,那么表示条件的逻辑变量就是输入变量;表示结果的逻辑变量就是输出变量。可用逻辑表达式来描述输入变量和输出变量之间的逻辑关系,这种逻辑表达式又称做逻辑函数。逻辑电路就是能实现逻辑关系的电路。逻辑代数(布尔代数)是研究数字电路的一个数学工具。

最基本的逻辑关系有三种:与逻辑、或逻辑、非逻辑,实现这些关系的基本逻辑门电路分别称为与门、或门、非门。用这些基本门电路还可以组成各种复合门电路。

门电路可以用二极管、晶体管和电阻等分立元件组成,称为分立元件门电路。目前使用最广泛的是集成门电路。本节先用分立元件门电路介绍基本逻辑门的工作原理和逻辑功能,然后介绍集成门电路的特性、参数和应用。

二、基本逻辑门电路

(一)与门电路

1. 与逻辑关系

当决定一件事情的各个条件全部具备之后,这件事情才会发生,否则这个事情就不发生,这样的逻辑关系称为与逻辑关系。图 12-2 所示电路中,两个开关 A 和 B 串联控制一个电灯。只有当开关 A 和 B 都闭合时,电灯 F 才会亮;而 A 和 B 只要有一个断开,电灯 F 就不亮。所以,灯亮的条件是开关 A 与 B 都闭合,这就是与逻辑关系。

2. 二极管与门电路

使用二极管实现与逻辑关系的电路,称为二极管与门电路,简称二极管与门,如图 12-3(a)所示。与门电路可用逻辑符号来代表,如图 12-3(b)所示为二极管与门的逻辑符号。

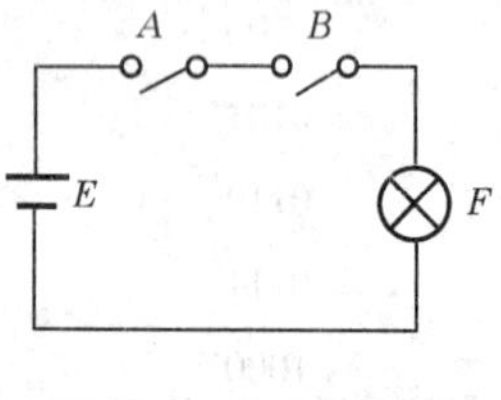

图 12-2　与逻辑电路

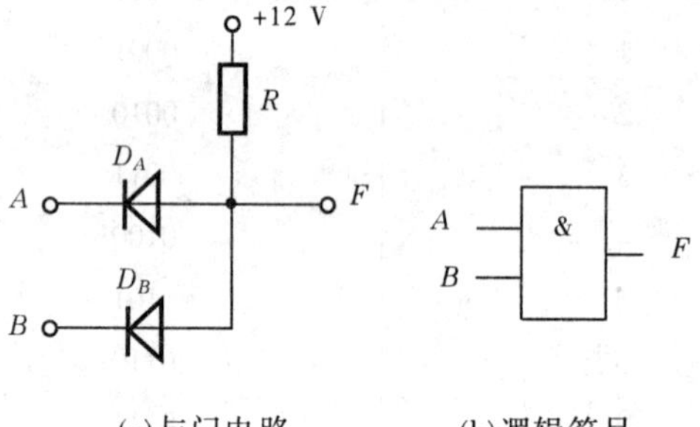

(a)与门电路　　(b)逻辑符号

图 12-3　二极管与门电路和逻辑符号

在数字电路中,人们习惯于用电平来描述电位的高低。由于温度的变化、电源电压的波动以及元件特性变化等因素的影响,实际的高电平和低电平都不是一个固定的数值,而是表示一定的电位范围。例如 T4000 系列集成门电路,电源电压典型值是 5 V,输出高电平典型值为 3.4 V,最小值为 2.5 V,即其输出高电平值≥2.5 V;输出低电平典型值为 0.25 V,最大值为 0.4 V,故其输出低电平值≤0.4 V。在使用中,不应超过规定的范围,否则将破坏电路的逻辑功能,而且还造成器件性能下降,甚至损坏。

电平的高低是相对的,常用符号 1 和 0 来表示。如用 1 表示高电平,0 表示低电平,则称为正逻辑;如用0表示高电平,1表示低电平,则称为负逻辑。表12-3所示为用正逻辑表示的与逻辑真值表(以表格形式列出的逻辑关系称为真值表)。

表12-3　与逻辑真值表

A	*B*	*F*
0	0	0
0	1	0
1	0	0
1	1	1

与逻辑关系还可用逻辑运算表达式(简称逻辑表达式)来表示

$$F = A \cdot B = A \times B \tag{12-2}$$

这种逻辑关系称为逻辑乘,为便于记忆,可概括为:全1出1,有0出0。注意:这里说的1和0是表示两种相反的逻辑状态,而不是代表数值。

二极管与门电路除能完成一定的逻辑功能外,还可作为控制元件(开关),控制信息的流通。

(二)或门电路

1. 或逻辑关系

当决定一件事情的几个条件中,有一个或一个以上的条件具备,这件事就发生。这种因果关系称为或逻辑关系。图12-4所示电路即为一个或逻辑电路,只要开关*A*和*B*中至少有一个闭合,电灯*F*就会亮。

2. 二极管或门电路

使用二极管实现或逻辑关系的电路,称为二极管或门电路,简称二极管或门,如图12-5(a)所示,图中*A*、*B*是输入,*F*是输出。图12-5(b)是或门的逻辑符号。

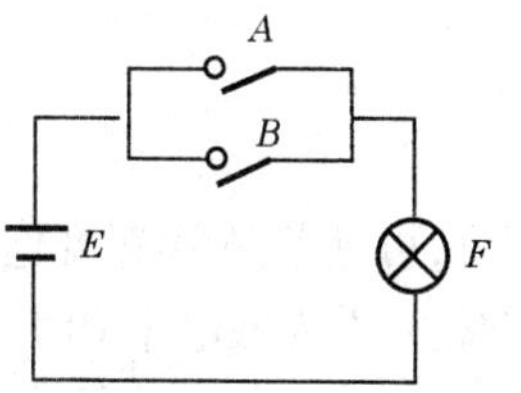

图12-4　或逻辑电路

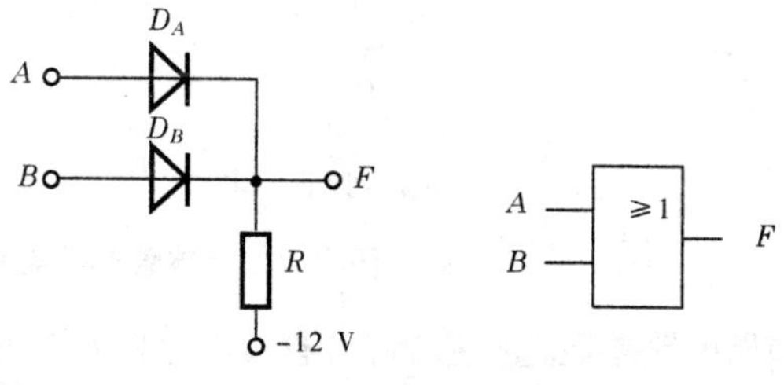

(a)或门电路　(b)逻辑符号

图12-5　二极管或门电路和逻辑符号

表12-4所示为用正逻辑表示的或门逻辑真值表。

或逻辑关系也可用逻辑表达式来表示

$$F = A + B \tag{12-3}$$

这种逻辑关系称为逻辑加,为便于记忆,可概括为:有1出1,全0出0。

表 12-4　或门逻辑真值表

A	B	F
0	0	0
0	1	1
1	0	1
1	1	1

(三)非门电路

1. 非逻辑关系

某事件的发生取决于某个条件的否定:即该条件成立,这件事不发生;该条件不成立,这件事反而会发生,这样的逻辑关系称为非逻辑关系。

图 12-6 所示是非逻辑关系的实例电路。当开关 A 闭合(条件具备时),电灯 F 不亮;而当开关 A 断开时,电灯 F 亮。故灯亮同开关闭合是非逻辑关系。

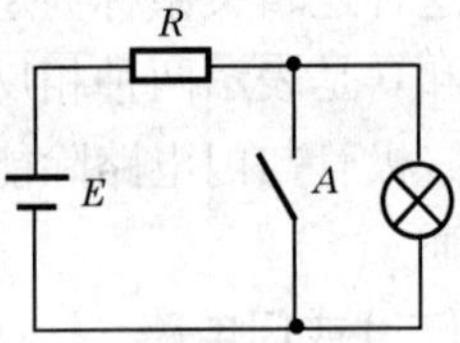

图 12-6　非逻辑电路

2. 非门电路

实现非逻辑关系的电路叫非门电路,简称非门。图 12-7(a)是晶体管非门电路图,图 12-7(b)是其逻辑符号。晶体管非门只有一个输入 A 和一个输出 F。

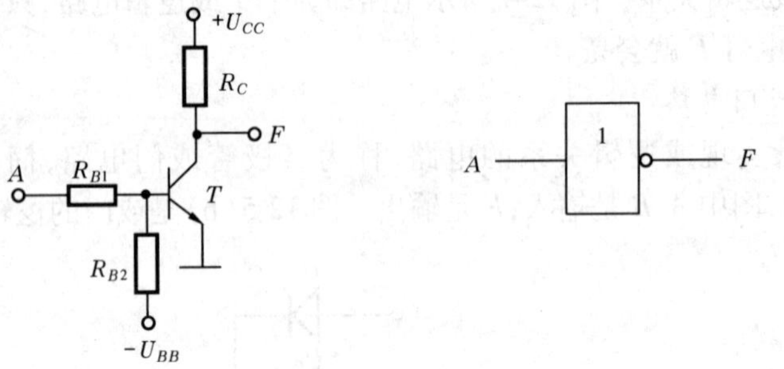

(a)晶体管非门电路　　(b)逻辑符号

图 12-7　晶体管非门电路和逻辑符号

如果电路参数选择适当,当输入 A 为高电平 1 时($V_A=3$ V),可使晶体管深度饱和,这时 $V_F=U_{CES}\approx0$,集电极电位变低,F 输出为低电平 0。反之,当输入 A 为低电平 0($V_A=0$)时,$-U_{BB}$ 经 R_{B1}、R_{B2} 分压可使晶体管基极电位为负,发射结反偏,保证晶体管可靠截止,这时 $I_C\approx0$,$V_F=U_{CC}-I_CR_C\approx U_{CC}$ 集电极输出端为高电平 1。因此,在非门电路中,晶体管 T 是饱和、截止状态,即开关状态。其输出信号与输入信号相位相反,故非门又称为反相器。表 12-5 是非门的逻辑真值表,其逻辑式为

$$F=\overline{A} \tag{12-4}$$

其逻辑关系可概括为:有 1 出 0,有 0 出 1。

表 12-5　非门逻辑真值表

A	F
0	1
1	0

三、逻辑代数的基本定律和公式

(一)逻辑代数的基本定律

根据逻辑“与”、“或”、“非”三种基本运算规则,以及它们在运算中的优先顺序依次为“括号内”、“与”、“或”、“非”可以推导出逻辑代数运算的一些基本定律。表 12-6 列出了逻辑代数的 8 个基本定律。

表 12-6　逻辑代数 8 个基本定律

与普通代数相似的定律	交换律	$A \cdot B = B \cdot A$	$A + B = B + A$
	结合律	$A \cdot (B \cdot C) = (A \cdot B) \cdot C$	$A + (B + C) = (A + B) + C$
	分配律	$A \cdot (B + C) = A \cdot B + A \cdot C$	$A + BC = (A + B) \cdot (A + C)$
有关变量和常量关系定律	0,1 律	$A \cdot 1 = A; A \cdot 0 = 0$	$A + 1 = 1; A + 0 = A$
	互补律	$A \cdot \overline{A} = 0$	$A + \overline{A} = 1$
逻辑代数的特殊定律	重叠律	$A \cdot A = A$	$A + A = A$
	否定律	$\overline{\overline{A}} = A$	$\overline{\overline{A}} = A$
	狄·摩根定律	$\overline{A \cdot B} = \overline{A} + \overline{B}$	$\overline{A + B} = \overline{A} \cdot \overline{B}$

(二)逻辑代数中的常用公式

公式 1:$AB + A\overline{B} = A$

证明　$AB + A\overline{B} = A \cdot (B + \overline{B}) = A \cdot 1 = A$

公式 2:$A + AB = A$

证明　$A + AB = A \cdot 1 + A \cdot B = A(1 + B) = A \cdot 1 = A$

公式 3:$A + \overline{A}B = A + B$

证明　$A + \overline{A}B = A + AB + \overline{A}B = A + (A + \overline{A})B = A + B$

公式 4:$AB + \overline{A}C + BC = AB + \overline{A}C$

证明　$AB + \overline{A}C + BC = AB + \overline{A}C + (A + \overline{A})BC = AB + \overline{A}C + ABC + \overline{A}BC = AB + \overline{A}C$

四、几种常用的门电路

上面我们讨论了最基本的逻辑门:与门、或门、非门。实际上常用的门电路还有与非门、或非门、与或非门、异或门、同或门等。

(一)常用门电路符号及逻辑表达式

常用门电路符号及逻辑表达式见表 12-7。

表 12-7　常用门电路符号及逻辑表达式

名称	逻辑功能	新标准符号	惯用符号	国外符号	逻辑表达式
与门	与运算	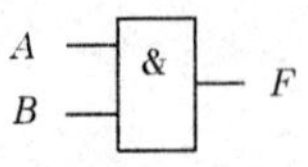	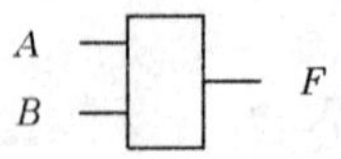	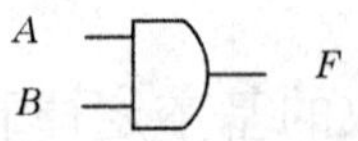	$F=A\cdot B$
或门	或运算	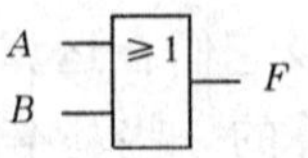	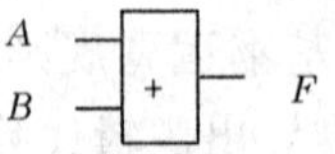	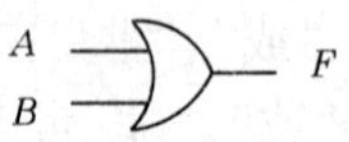	$F=A+B$
非门	非运算	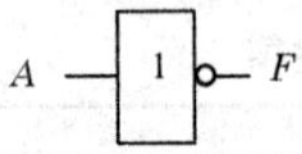	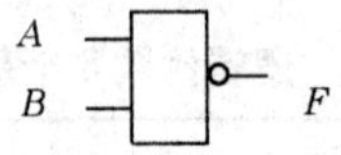	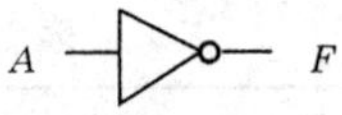	$F=\overline{A}$
与非门	与非运算	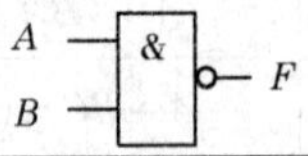	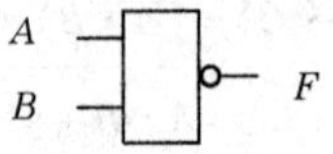	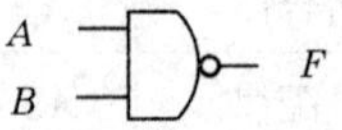	$F=\overline{A\cdot B}$
或非门	或非运算	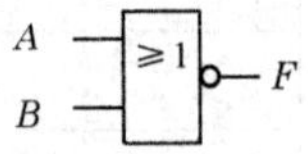	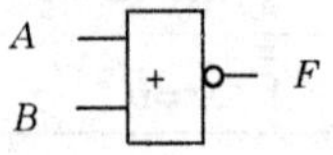	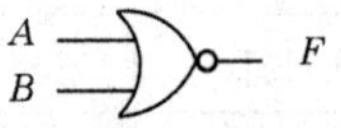	$F=\overline{A+B}$
与或非门	与或非运算	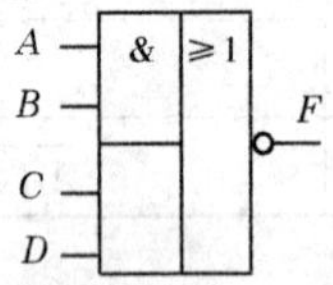	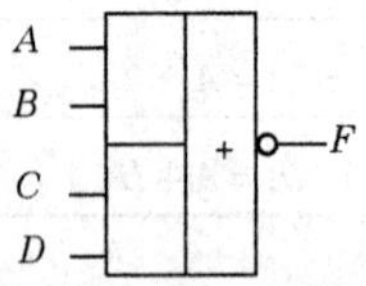	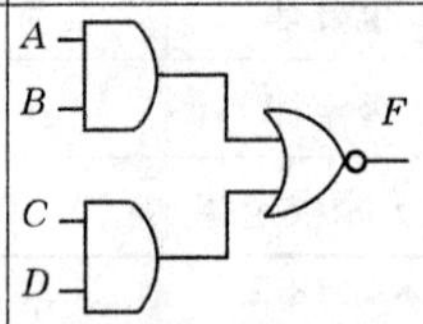	$F=\overline{AB+CD}$
异或门	异或运算	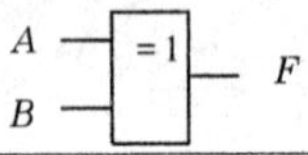	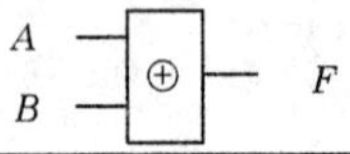	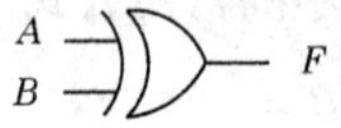	$F=A\oplus B$ $=A\overline{B}+\overline{A}B$
同或门	同或运算	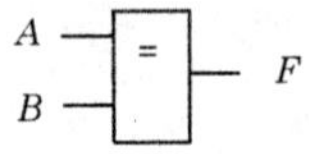	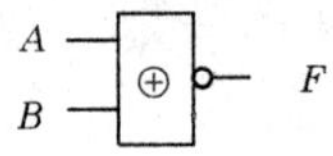	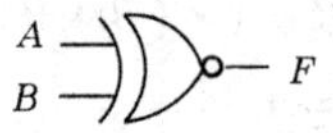	$F=A\odot B$ $=\overline{A\oplus B}$ $=AB+\overline{A}\,\overline{B}$

(二)几种常用逻辑门的真值表

为了使初学者更清楚地了解常见门电路的逻辑功能,下面列出了与非逻辑(见表 12-8)、或非逻辑(见表 12-9)、异或逻辑(见表 12-10)、同或逻辑(见表 12-11)的真值表。

五、TTL 门电路

TTL 是晶体管—晶体管逻辑电路的简称,其输入级和输出级都以晶体管为核心。TTL 电路发展的早,生产工艺成熟,产量大,品种齐全,价格较低,是目前中、小规模集成电路的主流产品。

表 12-8　与非逻辑真值表

A	B	F
0	0	1
0	1	1
1	0	1
1	1	0

表 12-9　或非逻辑真值表

A	B	F
0	0	1
0	1	1
1	0	0
1	1	0

表 12-10　异或逻辑真值表

A	B	F
0	0	0
0	1	1
1	0	1
1	1	0

表 12-11　同或逻辑真值表

A	B	F
0	0	1
0	1	0
1	0	0
1	1	1

TTL 门电路中以与非门电路应用最普遍。现介绍它的型号、规格、电压传输特性、主要参数及应用。

图 12-8 是 TTL 集成与非门的管脚排列图，它是双列直插式，一般有 14 个管脚。与非门的输入端可以是 2 个、3 个、4 个或 8 个。在一块集成电路内，可以封闭 1 个、2 个或更多个与非门。图 12-8(a)是 8 输入与非门；图 12-8(b)是双 4 输入与非门的管脚排列图。其第 14 脚接 +5 V 电源，第 7 脚接(*GND*)“地”，*N*(*NC*)为空脚。

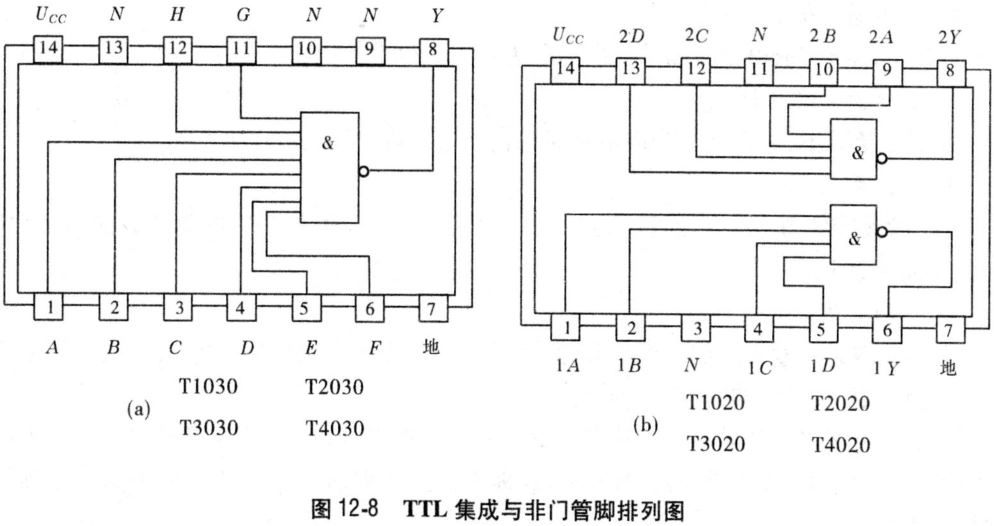

图 12-8　TTL 集成与非门管脚排列图

(一)电压传输特性

TTL 与非门的输出电压 U_o 与输入电压 U_i 的关系曲线称为电压传输特性,测试电路如图 12-9(a)所示。

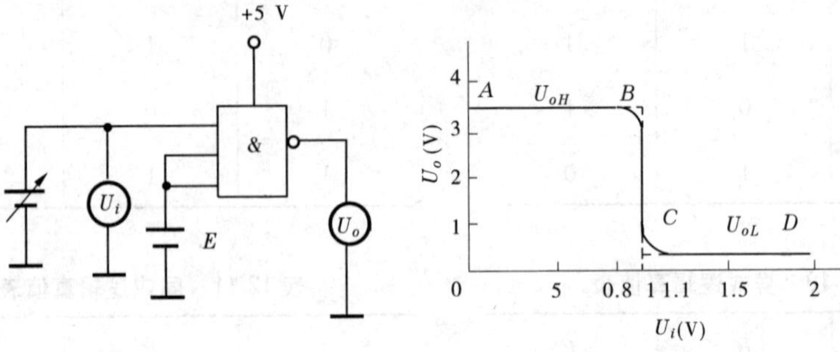

(a)测试电路　　　　(b)特性曲线

图 12-9　电压传输特性

将集成与非门某一个输入端接到可调电压源上,其余各输入端联在一起接固定高电平或悬空。调节可调电压源,使 U_i 由 0 逐渐升高,逐点测出对应的输出电压 U_o 值,即可得出图 12-9(b)所示 T4000 系列与非门的电压传输特性。

由图可知,当 U_i 由 0 增加到 0.8 V,是"0"态(低电平),与非门有 0 出 1,输出高电平电压 $U_{oH}=3.4$ V,即图中的 AB 段。当 U_i 继续增加,U_o 从 3.4 V 开始下降,如图中 BC 段。当 U_i 增加到 1.1 V 时,与非门全 1 出 0,输出低电平电压 $U_{oL}=0.25$ V,继续增大 U_i,U_o 保持 U_{oL}不变,即图中的 CD 段。图中的虚线是理想传输特性的跃变情况,这时所对应的 U_i 值,称为门槛电压或阈值电压,用 U_T 表示。T4000 系列与非门的 U_T 约为 1 V。

正常工作时,为保证门电路可靠工作,防止因外界干扰而引起门电路的逻辑状态改变,要求输入高电平电压≥2 V,输入低电平电压≤0.7 V。

(二)主要参数

1. 输出高电平电压 U_{oH}

当输入端接有低电平时的输出电压称为输出高电平电压。

2. 输出低电平电压 U_{oL}

在额定负载下,输入端全为高电平时的输出电压称为输出低电平电压。

3. 扇出系数 N_0

扇出系数指一个与非门能带同类门的最大数目,它表示与非门的带负载能力。TTL 与非门的 $N_0 \geq 8$。

4. 平均延迟时间 t_{pd}

在与非门某一输入端加一个矩形脉冲(其他输入端接高电平或悬空),其输出端输出一个反相的矩形脉冲,如图 12-10 所示。

由于门电路内部各晶体管的状态改变需要一定的时间,所以其输出对输入有一定的时间延迟。图中 t_{pd1} 称为导通延迟时间;t_{pd2} 称为截止延迟时间。与非门的平均传输延迟时间定义为

$$t_{pd} = (t_{pd1} + t_{pd2}) \div 2$$

t_{pd}为纳秒级,它是衡量电路工作速度的重要参数。t_{pd}越小,工作速度越高。

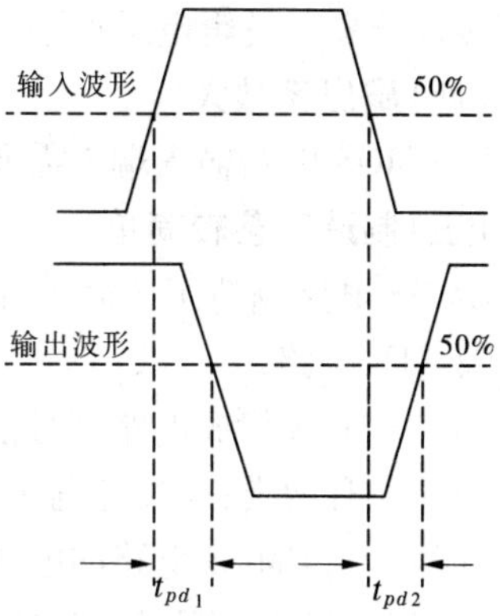

图 12-10 表明延迟时间的输入、输出电压的波形

国产 TTL 集成电路型号前面的字母为 CT 或 T,它有五个不同的系列,即 T1000、T2000、T3000、T4000 和 T000。T1000 为通用系列;T2000、T3000 为高速系列;T4000 为高速低功耗系列;T000 系列又分为中速和高速两个子系列,前者除某些电参数稍有不同外,性能基本上与 T1000 系列类同,后者与 T2000 系列类同。这些系列的主要差别反映在速度和平均功耗两个指标上,其他电参数与外引线排列基本上彼此类同。表 12-12是国产 TTL 电路各系列分类表。

T4000 系列的工作速度与 T1000 系列的工作速度相当,而功耗仅为 T1000 的 1/5。因此,在数字系统中,特别是在微型计算机中,普遍使用 T4000 系列。

表 12-12 国产 TTL 电路系列分类

参数	单位	T1000	T2000	T3000	T4000	T000	
						中速	高速
平均延迟时间 t_{pd}	ns	10	6	3	9.5	15	8
平均功耗/门 $\overline{P}$	mW	10	22	19	2	20	35
最高工作频率 f_{max}	MHz	35	50	125	45	30	40

六、MOS 逻辑门电路

由金属－氧化物－半导体三极管所组成的逻辑门电路简称为 MOS 逻辑门电路。MOS 工艺比较适宜于制造大规模集成电路,是逻辑电路中的一个重要系列。MOS 逻辑门电路有 PMOS、NMOS、CMOS 三种,其中 CMOS 集成电路是国内外近年来在 MOS 电路基础上发展起来的一种互补对称型电路,使用最为广泛。就 CMOS 的主要特点介绍如下。

(一)功耗极低

CMOS 电路工作时,几乎不吸取静态电流,其直流功率消耗近似为零。因其功耗极低,故易实现高集成度。它不仅在中、小规模集成电路中占有一定优势,在大规模和超大规模集成电路中也处于主导地位。特别适宜于制造各种便携式仪表,如电子钟表就普遍采用 CMOS 电路。

(二)电源电压范围宽

目前,国产 CMOS 集成电路的工作电源电压可在 3 ~ 18 V 内选用,其使用灵活、方便,易于和其他电路接口。

(三)逻辑电平振幅大、抗干扰能力强

CMOS 电路输出高电平电压 U_{oH}的数值接近于电源电压 U_{DD},输出低电平电压 U_{oL}的

数值接近于零。逻辑电平振幅大,抗干扰能力强。

(四)扇出系数大

因 CMOS 电路输入端不需要电流驱动,故扇出系数较大,$N_0 \geq 50$。

(五)制造工艺较简单

CMOS 电路制造工艺简单,但在工作速度、产品品种、价格及带负载能力等方面,目前尚不及 TTL 电路。

国产 CMOS 集成电路型号前面的字母是 CC 或 C,后面 4 位数字为系列和品种代号。其封闭外壳有两类:一类是扁平式,一类是双列直插式。在逻辑功能上,TTL 和 MOS 电路是相同的。当 CMOS 电路的电源电压 $U_{DD} = +5$ V 时,它还可以和低功耗的 TTL 电路直接兼容。表 12-13 是 TTL 集成电路与 CMOS 集成电路的性能比较表。

表 12-13 TTL 与 CMOS 电路性能比较

参数	TTL	CMOS
平均传输时间 t_{pd}(ns)	3~15	50
平均功耗/门 $\overline{P}$(mW)	2~35	0.01
输出高电平电压 U_{oH}(V)	≥2.4	等于电源电压
输出低电平电压 U_{oL}(V)	≤0.4	0
电源电压 (V)	5	3~18
扇出系数 N_0	≥8	50
抗干扰能力	较强	强

应用举例:

集成与非门电路是应用极广的基本逻辑单元,使用它可以组成检测、控制、振荡等各种逻辑功能的应用电路。下面以密码锁控制电路为例,说明其应用。

图 12-11 是一密码锁控制电路,由与非门 G_1(选用 T060 或 T1030 型,它有 8 个输入端,只用 5 个)和非门 G_2、G_5、G_6、G_7 及与门 G_3、G_4 组成,可用在保险柜或其他场合。开锁的条件是:①要拨对密码;②要将开锁控制开关 S 接通。

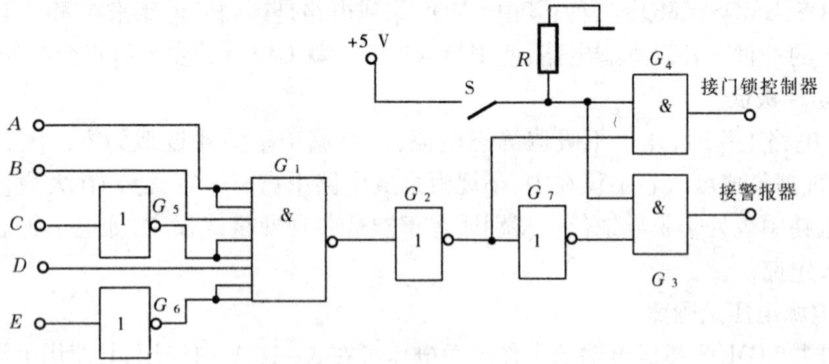

图 12-11 密码锁控制电路

上述两个条件具备,门锁控制器开锁信号为 1,而报警信号为 0,将锁打开;否则开锁信号为 0,而报警信号为 1 时,锁不能打开,同时接通警铃报警。读者可自行分析电路。

第三节　常用集成逻辑电路

一、加法器

数字电子计算机最基本的功能之一就是进行算术运算，加法器是数字电子计算机中最基本的运算单元。

加法器有半加器和全加器之分。在二进制加法运算中，要实现第一位（最低位）数的加法，必须有两个输入端（被加数和加数），两个输出端（和数及向高位的进位数）。这种加法逻辑电路称为半加器。要实现第二位以上各位数的加法，就必须有三个输入端（被加数、加数以及由低位来的进位数）、两个输出端（和数、向高位进位的数），这种加法逻辑电路称为全加器。

（一）半加器

所谓“半加”，就是只求本位的和，暂不管低位送来的进位数，其真值表见表 12-14。

表 12-14　半加器真值表

A	B	C	S
0	0	0	0
0	1	0	1
1	0	0	1
1	1	1	0

其中，A 和 B 是相加的两个数，S 是半加和数，C 是进位数。由逻辑状态表还可写出逻辑式

$$S = \overline{A}B + A\overline{B} = A \oplus B$$

$$C = AB$$

半加器的逻辑电路图及逻辑符号如图 12-12 所示。

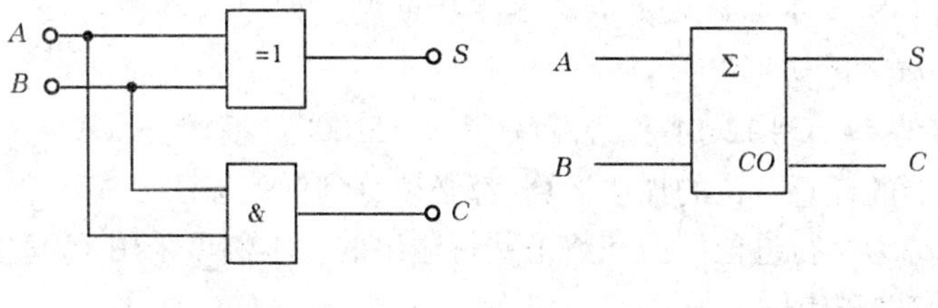

(a)逻辑电路　　(b)逻辑符号

图 12-12　半加器

（二）全加器

当多位数相加时，半加器可用于最低位求和，并给出进位数。第二位的相加有两个待加数 A_n、B_n，还有一个来自前面的进位数 C_{n-1}。这三个数相加，得出本位和数（全加和数）S_n 和进位数 C_n。这种就是“全加”，表 12-15 是全加器真值表。

表 12-15　全加器真值表

A_n	B_n	C_{n-1}	S_n	C_n
0	0	0	0	0
0	0	1	1	0
0	1	0	1	0
0	1	1	0	1
1	0	0	1	0
1	0	1	0	1
1	1	0	0	1
1	1	1	1	1

全加器可用两个半加器和一个或门组成，如图 12-13(a)所示。A_n 和 B_n 在第一个半加器中相加，得出结果再和 C_{n-1} 在第二个半加器中相加，即得出全加和 S_n。两个半加器的进位数通过或门输出作为本位的进位数 C_n。全加器也是一种组合逻辑电路，其图形符号如图 12-13(b)所示。

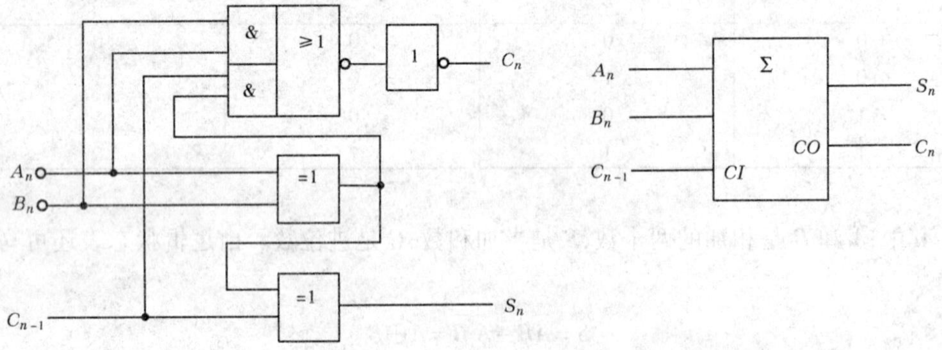

(a)逻辑电路　　　　(b)逻辑符号

图 12-13　全加器逻辑图及其图形符号

【例 12-1】　用 4 个全加器组成一个逻辑电路以实现两个四位的二进制数 $A-1101$ 和 $B-1011$ 的加法运算。

解：　逻辑电路如图 12-14 所示，和数是 $S-11000$。根据全加器的真值表自行分析。

这种全加器的任意一位的加法运算，都必须等到低位加法完成送来进位时才能进行。这种进位方式称为串行进位。但和数是并行输出的。本例可采用 T692 集成加法器实现，图 12-14 就是它的逻辑图。

二、译码器和数字显示

译码和编码的过程相反。编码是将某种信号或十进制的十个数码(输入)编成二进制代码(输出)。译码是将二进制代码(输入)按其编码时的原意译成对应的信号或十进制数码(输出)。

例如，二进制译码器要把输入的一组三位二进制代码译成对应的八个输出信号，其译

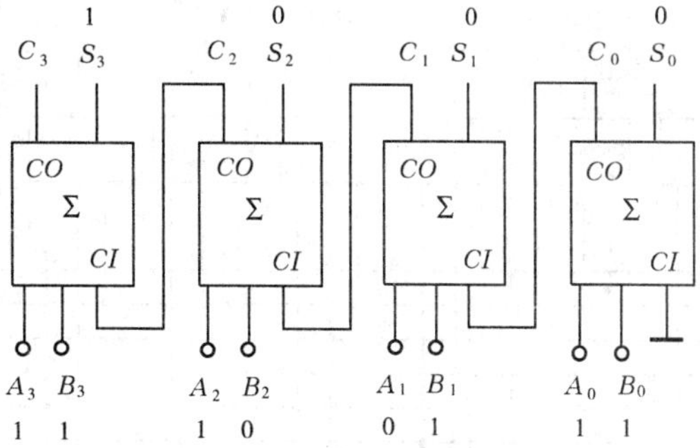

图 12-14　例 12-1 的逻辑图

码过程如下：

首先列出译码器的真值表。如果要求对应于输入代码的每一状态，八个输出信号只有一个为 1，其余为 0，则列出的状态表如表 12-16 所示。

表 12-16　三位二进制译码器的状态表

输入			输出							
C	B	A	Y_0	Y_1	Y_2	Y_3	Y_4	Y_5	Y_6	Y_7
0	0	0	1	0	0	0	0	0	0	0
0	0	1	0	1	0	0	0	0	0	0
0	1	0	0	0	1	0	0	0	0	0
0	1	1	0	0	0	1	0	0	0	0
1	0	0	0	0	0	0	1	0	0	0
1	0	1	0	0	0	0	0	1	0	0
1	1	0	0	0	0	0	0	0	1	0
1	1	1	0	0	0	0	0	0	0	1

其次由状态表写出逻辑式

$$Y_0 = \bar{C}\bar{B}\bar{A} \qquad Y_1 = \bar{C}\bar{B}A$$

$$Y_2 = \bar{C}B\bar{A} \qquad Y_3 = \bar{C}BA$$

$$Y_4 = C\bar{B}\bar{A} \qquad Y_5 = A\bar{B}A$$

$$Y_6 = CB\bar{A} \qquad Y_7 = CBA$$

最后由逻辑式画出逻辑图，如图 12-15 所示。

由图可见，当输入代码为 001 时，Y_1 为 1，其余输出为 0；当输入代码为 110 时，Y_6 为 1，其余输出为 0，这样就实现了把输入代码译成特定的输出信号。

在数字仪表、计算机和其他数字系统中常常要把测量数据和运算结果用十进制数显示出来。这就要用显示器。二—十进制显示译码器能够把“8421”二—十进制代码译成能用显示器件显示出来的十进制数。常用的显示器件有半导体数码管、液晶数码管和荧光数码管等。下面我们只介绍半导体数码管一种。

半导体数码管（或称 LED 数码管）的基本单元是 PN 结，目前较多采用磷砷化镓做成的 PN 结，当外加正向电压时，就能发出清晰的光线。单个二极管可以封闭成发光二极管，多个 PN 结可以按分段式封装成半导体数码管，其管脚排列如图 12-16 所示。发光二

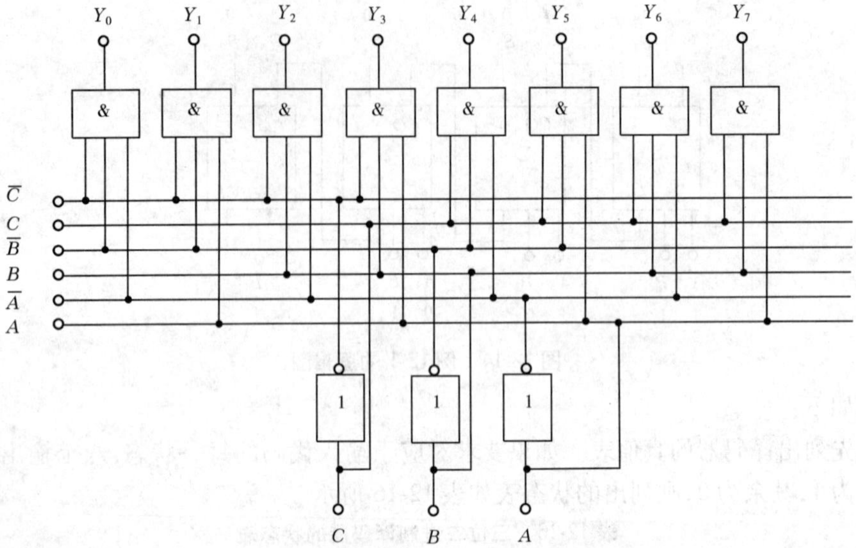

图 12-15　三位二进制译码器

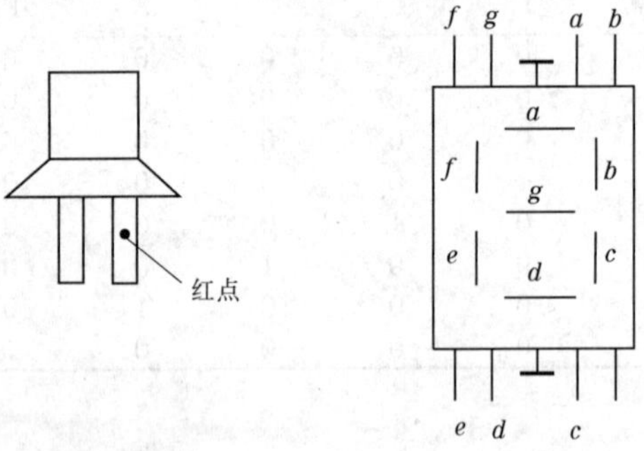

(a)发光二极管　(b)BS2002

图 12-16　半导体数码管

极管的工作电压为 1.5 ~3 V,工作电流为几毫安到十几毫安,寿命很长。

半导体数码管将十进制数码分成七段,每段为一发光二极管,其结构如图 12-16(b)所示。选择不同字段发光,可显示出不同的字形。例如,当 a、b、c、d、e、f、g 七段全亮时,显示出 8;b、c 段亮时,显示出 1。半导体数码管中七个发光二极管有共阴极和共阳极两种接法:一种为某一段接高电平时发光;另一种为接低电平时发光。在使用时,半导体数码管的每个管都要串联限流电阻(约 100 Ω)。

三、计数器

计数器是用来累计输入脉冲数目的基本数字电路,它可按多种方式分类。计数器可用不同的触发器组成,相应有不同的逻辑电路。在数字系统中,任何进制都是以二进制为基础的,因此二进制计数器是各种进制计数器的基础。二进制计数器分加法、减法和两者功能兼有的可逆计数器,我们在此只介绍二进制异步加法计数器。

在异步计数器中,各个触发器不是受同一个时钟脉冲控制的,而是有的触发器直接受输入计数脉冲控制;有的则是把其他触发器的输出作为自己的时钟脉冲。因此,触发器状态的反转有先有后,是异步的。

图 12-17 是由四个 JK 触发器组成的四位异步二进制加法计数器。触发器 J、K 端全部悬空,相当于接高电平 1,故具有计数的功能。图中右边第一个触发器 F_0 的 CP 端直接

由输入计数脉冲控制，其他各触发器($F_1 \sim F_3$)的 CP 端由右邻触发器输出端(Q 端)的进位信号控制。下面分析它的计数功能。

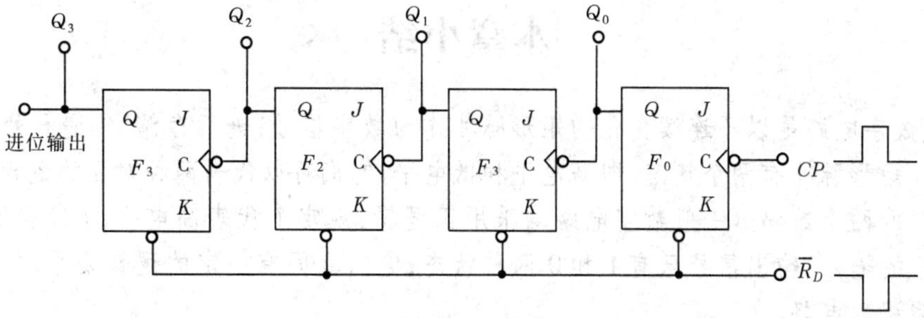

图 12-17　四位异步二进制加法计数器

计数脉冲输入前，先用负脉冲加到置 0 端 $\overline{R}_D$ 上，使各触发器置 0，然后加入计数脉冲。第一个计数脉冲下降沿来到触发器 F_0 的 CP 端时，Q_0 由 0 变 1，此时触发器 F_1 的 CP 端得到 Q_0 脉冲的上升沿，其输出端状态不变，触发器 F_2 和 F_3 的 CP 端信号无变化，故其输出端的状态也保持不变。第二个计数脉冲到来时，Q_0 由 1 变 0，F_1 的 CP 端得到 Q_0 脉冲的下降沿(进位信号)，使 Q_1 由 0 变 1，而 F_2 和 F_3 的输出状态不变。计数脉冲不断加入，各触发器的状态按规律不断变化，其工作波形如图 12-18 所示。表 12-17 为四位二进制加法计数器的状态表。

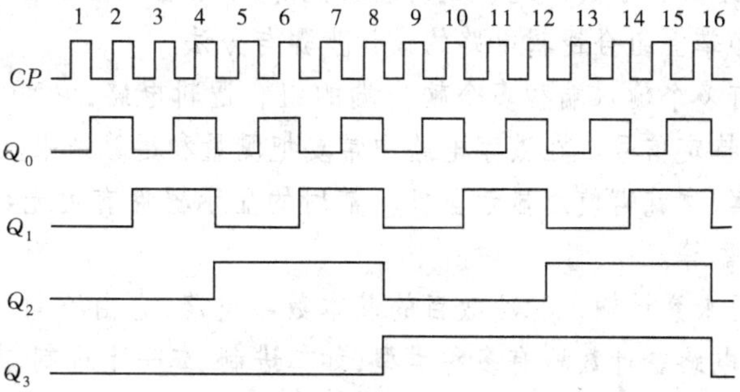

图 12-18　工作波形图

表 12-17　四位二进制加法计数器的状态表

计数脉冲	Q_3	Q_2	Q_1	Q_0	十进制数	计数脉冲	Q_3	Q_2	Q_1	Q_0	十进制数
0	0	0	0	0	0	9	1	0	0	1	9
1	0	0	0	1	1	10	1	0	1	0	10
2	0	0	1	0	2	11	1	0	1	1	11
3	0	0	1	1	3	12	1	1	0	0	12
4	0	1	0	0	4	13	1	1	0	1	13
5	0	1	0	1	5	14	1	1	1	0	14
6	0	1	1	0	6	15	1	1	1	1	15
7	0	1	1	1	7	16	0	0	0	0	16
8	1	0	0	0	8						

由表 12-17 可知，四位二进制加法计数器能计的最大十进制数为 $2^n-1=15$，同理 n 位二进制加法计数器能计的最大十进制数为 2^n-1。

本章小结

一、数字电路是以不连续变化的矩形脉冲作为数字信号，进行存储、传递和处理的电子电路。矩形脉冲有两个状态，即高电平和低电平，它们可以代表两种对立的逻辑状态或二进制数的两个数码。一般数字电路均采用正逻辑，规定 1 代表高电平，0 代表低电平。数字电路的输入、输出信号只有 1 和 0 两种状态，它们之间有一定的逻辑关系，故数字电路也称为逻辑电路。

二、逻辑门电路是数字电路的基本单元。基本逻辑门电路有与门、或门、非门等。应掌握它们的逻辑功能、真值表、逻辑表达式和逻辑符号。了解正逻辑与负逻辑的基本概念。

三、集成数字电路中应用最广的是 TTL 电路和 CMOS 电路。集成门电路中应用最多的是 TTL 与非门。应对其电压传输特性、主要参数和应用有一定了解。CMOS 集成电路是电压控制器件，其功耗低、集成度高、电源电压范围宽、抗干扰能力强，受到用户的普遍重视与欢迎。

四、加法器是数字电子计算机中最基本的运算单元，半加器、全加器都是典型的、普遍应用的组合逻辑电路。应了解二进制数的基本概念，半加器和全加器的电路组成、逻辑功能，并通过它了解和掌握组合逻辑电路的设计步骤与方法。

五、译码器是有多个输入端和多个输出端的组合逻辑电路，它可将输入代码"翻译"成表示代码含义的特定信号。在数字电路中常要把测量和运算结果直接用十进制数字显示出来，以便于观察，这就需使用显示器件。常用的显示器件有荧光数码管、液晶显示器及发光二极管显示器等。

六、计数器是用来累计输入脉冲数目的基本数字电路，它由不同的触发器组成，是应用最广的时序逻辑电路。计数器有多种类型，如二进制、二—十进制、加法、减法、同步、异步等。分析计数器的逻辑功能时，可按输入计数脉冲的顺序，逐个确定每个输入脉冲作用后计数器中各个触发器的反转状况，从而可确定对应于每个输入脉冲、计数器的相应输出状态，写出它的状态表。

思考题与习题

12-1　从工作信号和晶体管的工作状态来说明模拟电子电路和数字电子电路的区别。

12-2　逻辑运算中的 1 和 0 是否表示两个数字？逻辑加法运算和算术加法运算有何不同？

12-3　何谓正逻辑和负逻辑？

12-4　试述与、或、非门电路的逻辑符号和逻辑功能。

12-5 试述 TTL 与非门传输特性的特点和主要参数。比较 TTL 电路和 CMOS 电路的特点。

12-6 试述半加器和全加器的逻辑功能,写出其逻辑表达式,画出其逻辑电路图。

12-7 何谓译码? 译码器的作用是什么? 二进制译码器与显示译码器有何不同?

12-8 什么叫二—十进制编码和 8421 编码?

12-9 异步计数器有何特点?

第十三章　电工仪表及测量

本章主要介绍电工仪表及电工测量的基本知识和方法。要求了解常用电工仪表的构造，掌握常用电工仪表的工作原理，重点掌握电流与电压的测量、功率与电能的测量。

第一节　概　述

电工仪表不仅能用来测量各种电量（如电流、电压、功率等）和电路元件的参数（电阻、电感、电容等），还可用来测量非电量（温度、应变力等）。

电工仪表构造简单、准确可靠，能迅速地、连续地、远距离地进行测量。电工测量为我们掌握现代化生产技术提供了有利的条件，所以它在测量技术中占有重要地位。

电工仪表的种类繁多，其分类方法：按所测电量的性质，分为直流仪表与交流仪表；按测量方法，分为直读式仪表（直接指示出被测值）与比较式仪表（与标准比较后得出被测值）；按被测量的种类，分为安培表、伏特表等，如表 13-1 所列；按仪表准确度等级，分为 0.1、0.2、0.5、1.0、1.5、2.5 和 5.0 等七级（数字愈小的等级准确度愈高，开关板上装置的仪表通常为 1.5 级或 2.5 级）；按工作原理，分为磁电式、电磁式、电动式和感应式等。

在仪表的表盘上，通常还标有表 13-2 所列的某些符号。通过这些符号来表明该仪表的规格、性能和使用方法。

表 13-1　仪表按被测量的种类分类

被测量的种类	仪表名称	仪表符号
电流	安培表	(A)
	毫安表	(mA)
	微安表	(μA)
电压	伏特表	(V)
	毫伏表	(mV)
电功率	瓦特表	(W)
	千瓦表	(kW)
电能	千瓦时表（电度表）	kWh
频率	频率表	(Hz)
电阻	欧姆表	(Ω)
	兆欧表	(MΩ)

表 13-2　仪表上某些符号的意义

符　号	意　义	符　号	意　义
—	直流	∠60°	仪表倾斜 60°安放
～	交流	→	仪表水平安放
≂	交直流	(0.5)(0.2)	仪表为 0.5 级、0.2 级
≋（或3~）	三相交流		磁电式仪表
～50	50 Hz 的交流		电磁式仪表
⚡2 kV	仪表的耐压试验电压为 2 000 V	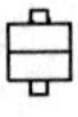	电动式仪表
↑	仪表垂直安放		附表整流器的磁电式仪表

在电工仪表中，直读式仪表构造简单、使用方便，所以这种仪表应用很广泛。

第二节　常用仪表的构造和原理

绝大多数的直读式仪表都是由测量机构和必要的附件组成的。

测量机构是仪表的基本部分，它由三个装置构成：一是使指针偏转的驱动装置；二是使指针停止的平衡装置；三是使指针减少振动的阻尼装置。

当驱动装置受到被测量的作用（如通电导体在磁场中受电磁力作用）时，产生驱动转矩，使指针偏转。

在大多数仪表中，平衡装置都是由螺旋形游丝（弹簧）构成的。指针偏转时扭紧游丝，由游丝产生与指针偏转方向相反的反抗转矩，而使指针停止在一定位置上。指针偏转角的大小是由驱动转矩决定的，所以指针的偏转角能反映出被测量的大小。

当仪表受到被测量的作用，或被测量发生变化时，仪表的可动部分由于惯性的作用，不能迅速地停止下来，这样会影响测量工作的进行。为此，采用了减小惯性作用的阻尼装置。

电工仪表是依靠电流的各种效应（磁效应、电动效应等）而工作的。下面分述常用的直读式仪表的基本构造和工作原理。

一、磁电式仪表

磁电式仪表的构造，如图 13-1(a)所示。在永久磁铁 1 的两极间，有一个固定的圆柱形铁芯 2 和一个绕在铝框上的可动线圈 3。可动线圈与一端固定在转轴 4 上的游丝（弹簧）5 相连（转轴与游丝间绝缘），电流通过游丝流入线圈。

磁电式仪表是根据载流导体在磁场中受到磁场力 F 的作用而运动的原理工作的，如图 13 1(b)所示。当可动线圈通过电流时，电流与磁场相互作用，便产生了驱动转矩 T。驱动转矩 T 与通过线圈的电流 I 成正比，即 $T \propto I$。

在驱动转矩的作用下，指针偏转，使游丝发生变形，产生一个反抗转矩 T_f。反抗转矩 T_f 与指针偏转角 α 成正比，即 $T_f \propto \alpha$。

驱动转矩与反抗转矩方向相反，当它们平衡时，指针停止转动。这时 $T = T_f$，即 $\alpha \propto I$，指针的偏转角与通过线圈中的电流成正比。

在这种仪表中，绕有线圈的铝框相当于一匝绕组，它在磁场中运动时，其中产生了感应电流。此电流与磁场相作用，产生了与线圈运动方向相反的转矩，使指针减少振动，起了阻尼作用。

磁电式仪表中，磁场由永久磁铁产生，所以驱动转矩的方向和电流的方向有关。因此，磁电式仪表只能用于直流电的测量。为了使用的方便，常在仪表的一个测量端子上标有“－”（或“＋”）号，测量时应根据标明的极性正确连接线路。

二、电磁式仪表

电磁式仪表的构造如图 13-2 所示。线圈 1 和铁片 2 固定在一起，铁片 3 和指针、转

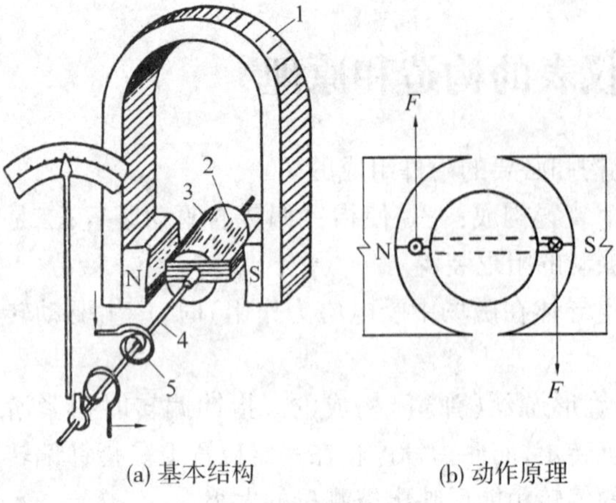

(a) 基本结构　　(b) 动作原理

1—永久磁铁；2—圆柱形铁芯；3—可动线圈；
4—转轴；5—游丝（弹簧）

图 13-1　磁电式仪表

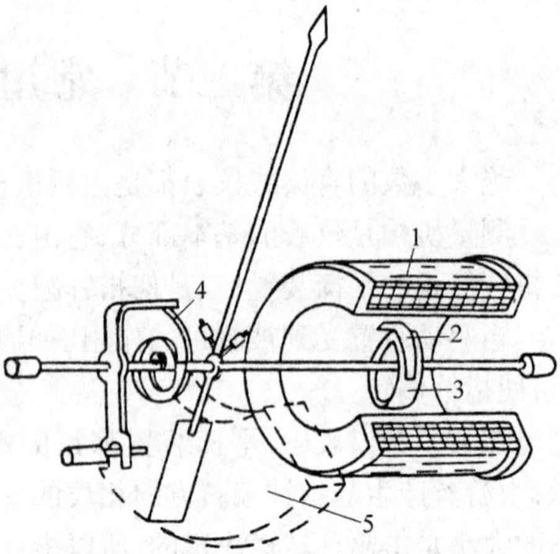

1—线圈；2，3—铁片；4—游丝；5—阻尼器

图 13-2　电磁式仪表的基本结构

轴连在一起，可以转动。游丝 4 是平衡装置。阻尼器 5 用于减小表针振动。

电磁式仪表是根据电流的磁场对铁磁物质作用的原理工作的。当固定线圈通过电流时，线圈产生的磁场使两个铁片同时被磁化。磁化了的两个铁片，在同一端极性相同，因而相互排斥，可动铁片受力产生驱动转矩。

线圈中通过的电流愈大，铁片磁化愈甚（若铁片不饱和），相互间的斥力也愈大。可以证明，驱动转矩与线圈中电流的平方成正比，即 $T \propto I^2$。

游丝产生的反抗转矩 T_f 仍与指针偏转角 α 成正比，即 $T_f \propto \alpha$（这时 $\alpha \propto I^2$，即指针的偏转角与通过线圈中的电流平方成正比）。当 T_f 与 T 平衡时，指针停止转动。

这种仪表中的阻尼装置是空气阻尼器。

由于电流产生的磁场和被磁化的两个铁片的极性都随电流方向的改变而同时改变，因此驱动转矩的方向不随电流的方向变化，故这种仪表既可用于直流电的测量，也可用于交流电的测量。由于铁片剩磁的影响，这种仪表一般用于交流电的测量。

三、电动式仪表

电动式仪表的构造如图 13-3 所示。在用较粗导线绕成的固定线圈的中间放置着一个装在转轴上的，用细导线绕成的可动线圈。可动线圈与一端固定在转轴

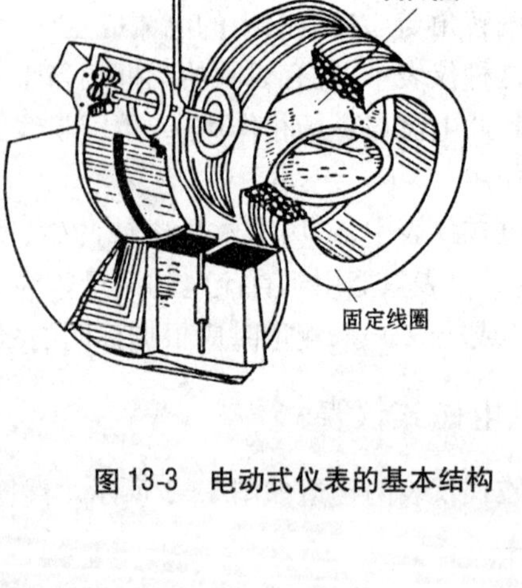

图 13-3　电动式仪表的基本结构

上的弹簧(游丝)相连,电流通过弹簧流入可动线圈。

电动式仪表是根据两个通电线圈相互作用的原理工作的,在两个线圈通电后,可动线圈在固定线圈产生的磁场中受力而产生驱动转矩。驱动转矩与两个线圈中的电流的乘积成正比,即 $T \propto I_1 I_2$。

若线圈中通以正弦交变电流 i_1 和 i_2,它们的有效值分别为 I_1 和 I_2,它们的相位差为 φ。可以证明,作用在可动线圈上的平均驱动转矩不仅与 I_1 和 I_2 的乘积成正比,而且与它们之间的相位差有关,即 $T \propto I_1 I_2 \cos\varphi$。

当弹簧产生的反抗转矩 $T_f \propto \alpha$ 与转动转矩达到平衡时,可动部分便停止转动。这时 $\alpha \propto I_1 I_2 \cos\varphi$,可见用电动式仪表测交流电时,其指针的偏转角与两个线圈中电流的有效值 I_1、I_2 和两个电流的相位差的余弦 $\cos\varphi$ 三者之乘积成正比。

电动式仪表可用在交流或直流电路中测量电流、电压及功率等。

比较磁电式、电磁式和电动式三种仪表的某些特点可知:磁电式仪表的磁场强,不易受外磁场影响。而且其刻度均匀、灵敏度和准确度高,但只能测量直流。电磁式仪表的可动部分没有电流通过,所以过载能力强,而且结构简单、价格低廉,但准确度不高,多用在工程上。电动式仪表没有铁芯,所以准确度较高,而且适用于交直流,但易受外界磁场的影响,这种仪表常用于实验中。

第三节　电流与电压的测量

一、电流的测量

测量电流的仪表称为电流表,根据仪表测量范围(量程)的不同,有安培表、毫安表和微安表之分。在电流为 200 A 以下的低电压电路中测量时,可把电流表直接与被测电路串联,让电路的电流通过仪表,如图 13-4 所示。仪表指针的偏转,就指出了电路的电流值。测量直流电时要注意电流表的极性,应该根据实际电流的方向来连接电流表,使电流由仪表的正端流入,由负端流出。

必须指出,电路中接入电流表时,电路的电阻将有所增加。为了不影响电路原来的工作情况,电流表的内阻必须做得很小。正因为电流表的内阻很小,所以使用时不能将电流表不经负载而与电源并联。电流表直接与电源并联,相当于将电源短路,很大的短路电流会将电流表立即毁坏。

为了扩大电流表的量程,在磁电式仪表中采用一个阻值很小的分流电阻 R(称为分流器)与测量机构关联,如图 13-5 所示,使实际流过测量机构的电流比被测电流小,以达到扩大量程的目的。在电磁式和电动式仪表中采用分段式线圈,利用各段线圈匝数的不同来改变量程。在测量高压电路的电流或测量很大的交变电流时,须采用电流互感器(见第四章第七节)与电流表配合测量。

二、电压的测量

测量电压的仪表称为电压表,根据仪表量程的不同有伏特表和毫伏表之分。

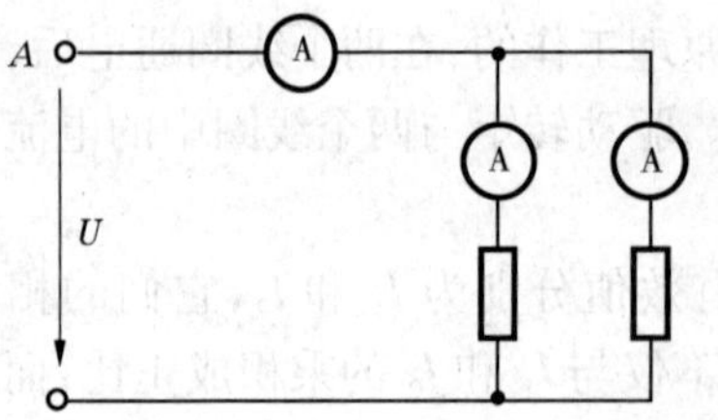

图 13-4　电流表在电路中的接法

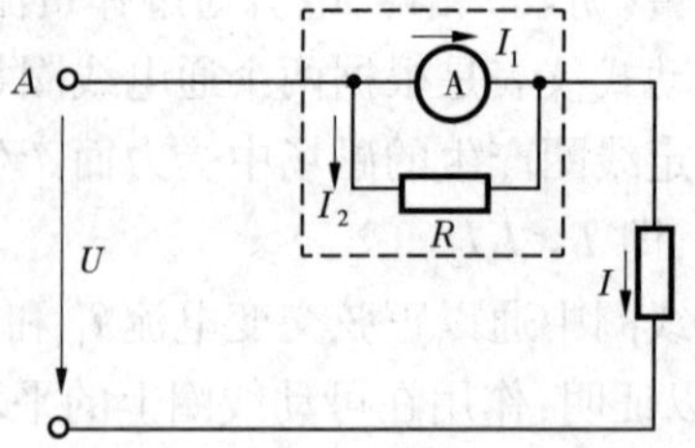

图 13-5　用分流器扩大电流表的量程

一般在电压为 600 V 以下的电路中测量时,可把电压表直接并联在被测电路的两端,如图 13-6 所示,使两点间的电压直接加在仪表上。如果测量的是直流电压,则还要注意仪表的极性,使仪表的正端接于高电位端。

根据欧姆定律可知,通过电压表的电流 I_V 为

$$I_V = \frac{U}{R_V} \tag{13-1}$$

式中　U——被测电压,V;

R_V——电压表的内阻,Ω。

电压表的内阻固定不变,所以电压愈高,电流愈大,指针的偏转角也就愈大。因此,电压表的指针就指示了被测的电压值。

必须指出,电路中接入电压表时,电压表中通过的电流必须非常小,才不致影响电路原来的工作情况。为此,必须使电压表的电阻很大。所以,电压表只能与被测电路并联。若与电路串联时,则相当于电路断路。

为了扩大电压表的量程,一般采用一个阻值很大的附加电阻 R(称为倍压器)与测量机构串联(见图 13-7),使实际作用在测量机构上的电压比被测电压小。在测量交流高压时,须采用电压互感器(见第四章第七节)与电压表配合测量。

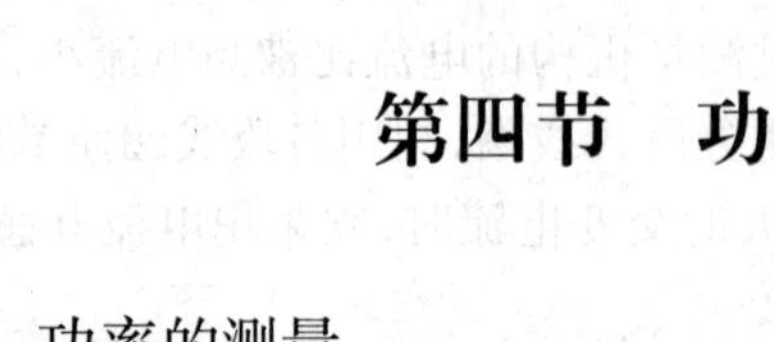

图 13-6　电压表在电路中的接法

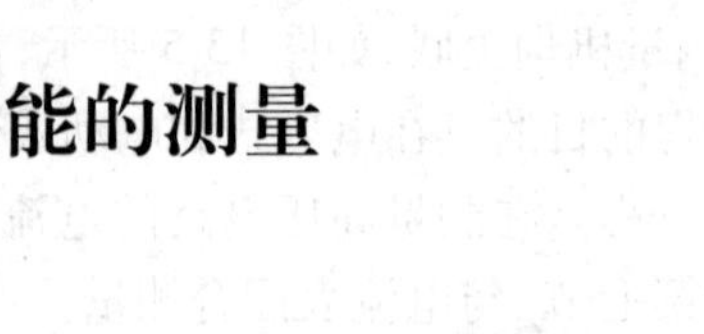

图 13-7　用倍压器扩大电压表的量程

第四节　功率与电能的测量

一、功率的测量

测量功率的仪表称为功率表,根据仪表量程的不同有瓦特表和千瓦表之分。

电路中的功率与电压和电流的乘积有关,因此用来测量功率的仪表必须具有两个线

圈:一个用来反映负载电压,与负载并联,称为并联线圈或电压线圈;另一个用来反映负载电流,与负载串联,称为串联线圈或电流线圈。这样,电动式仪表可以用来测量功率,通常用的就是电动式瓦特表。

(一)单相交流和直流功率的测量

图 13-8 是瓦特表(或功率表)的接线图。1 是固定线圈,它的匝数较少、导线较粗,与负载串联,作为电流线圈。2 是动线圈,它的匝数较多,导线较细,与负载并联,作为电压线圈。

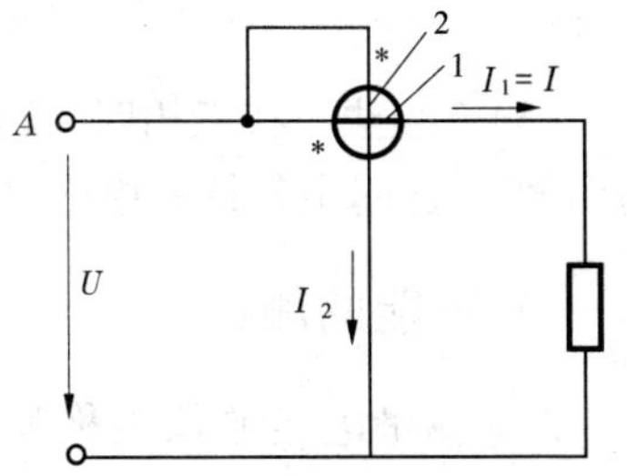

图 13-8　瓦特表的接线图

由于电动式仪表指针的偏转角度 $\alpha \propto I_1 I_2 \cos\varphi$,而 I_2 与电路电压 U 成正比,所以

$$\alpha \propto IU\cos\varphi \tag{13-2}$$

可见,在电动式功率表中,指针的偏转角与电路的功率成正比。因此,从指针的偏转角的大小就能得知电路中功率的大小。

为了使指针不致反转,电动式瓦特表的两个线圈中电流的方向需要有一定的配合。为此,电流和电压线圈的起端标有“ ± ”或“ * ”作为记号,在使用时把有同样记号的电流线圈端点和电压线圈端点接在被测电路的同一侧。

瓦特表的电压线圈和电流线圈各有其量程。改变电压量程的方法和电压表一样,即改变倍压器的电阻值。电流线圈常常是由两个相同的线圈组成的,当两个线圈并联时,电流量程要比串联时大一倍。

同理,电动式瓦特表也可测量直流功率。

(二)三相功率的测量

(1)一表法。如果三相负载是对称的,则只需用一只单相功率表测出一相功率 P_1,然后乘以 3 就得三相总功率,即 $P = 3P_1$。如图 13-9 所示,图 13-9(a)为三相对称负载 Y 形联接;图 13-9(b)为三相对称负载△形联接。

(2)两表法。在三相三线制电路中,不论负载是否对称,也不论负载是 Y 形联接或△形联接,都可以用两只单相功率表按图 13-10 所示的联接方法测量三相总功率 P。

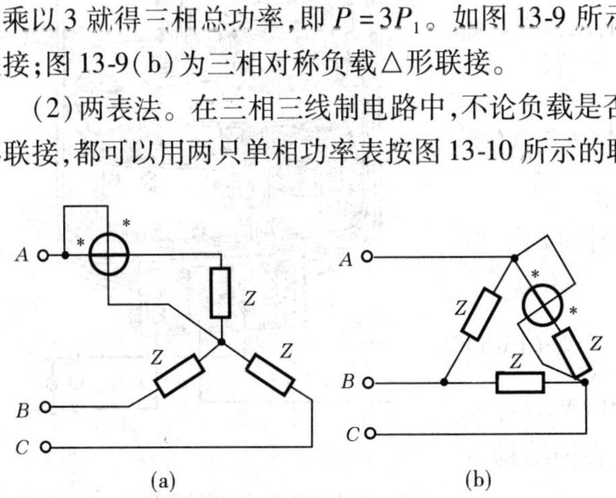

图 13-9　一表法测三相功率

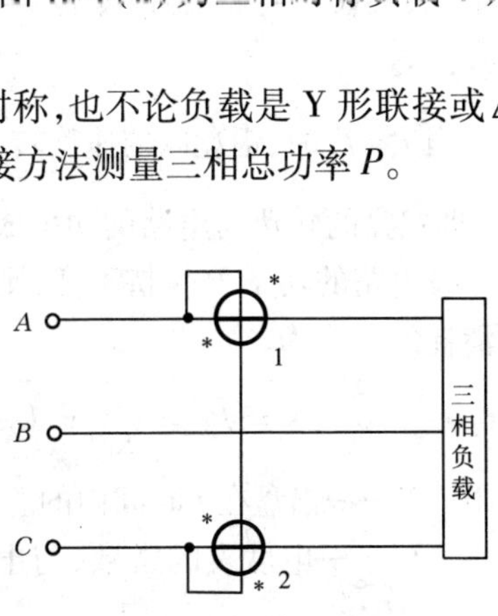

图 13-10　两表法测三相功率

按图 13-10 的方法接线时,可以证明,两只功率表读数 P_1 与 P_2 之和就是三相三线制电路的总功率 P,即

$$P = P_1 + P_2 \tag{13-3}$$

在用两表法测量三相功率时，若两只功率表的接线完全正确，但其中有一只功率表的指针反转，这说明电路的功率因数低于0.5。在这种情况下，应把反转的那只，如功率表2的电流线圈反接。这时，三相电路的总功率应为两表读数之差，即

$$P = P_1 - P_2 \qquad (13\text{-}4)$$

(3)三表法。在三相四线制电路中，负载不对称时，可以用三只单相瓦特表测出每相功率，然后加起来就是三相总功率，即 $P = P_1 + P_2 + P_3$。其接线如图13-11所示。

二、电能的测量

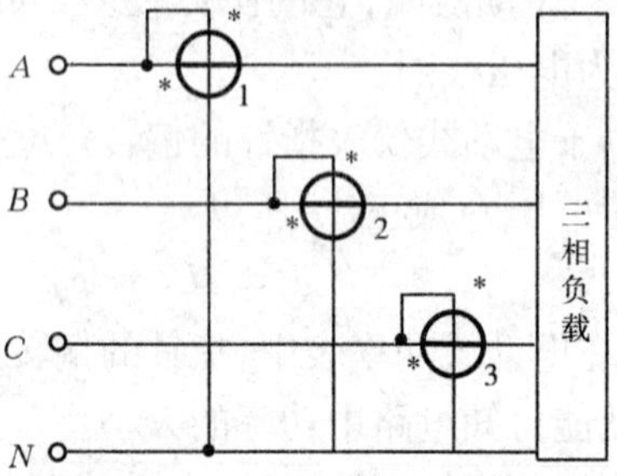

图13-11　三表法测三相功率

用来测量电能的仪表称为电度表，又称千瓦时表。目前对交流电能的测量都采用感应式电度表。

感应式电度表的结构原理如图13-12所示。它由两个固定的线圈1和2、一个可旋转铝盘3、一个永久磁铁4和一些计数机构等附件组成。它的接线原理与功率表相同，线圈1与电路串联作为电流线圈，线圈2与电路并联作为电压线圈。接入被测电路后，两线圈分别产生磁通 Φ_1 与 Φ_2，磁通在铝盘上分别感应出涡流 i_1 与 i_2。这样，i_1 与 Φ_2，i_2 与 Φ_1 相作用的结果在铝盘中产生驱动转矩 T。驱动转矩 T 与电路中的功率 P 成正比，即 $T = K_1 P$。

驱动转矩推动铝盘旋转，铝盘切割永久磁铁的磁场，又使处在永久磁铁磁场中的那一部分铝盘产生了感应电流。此感应电流与永久磁铁的磁场相互作用，产生了与铝盘旋转方向相反的反抗转矩 T_f，其大小与铝盘的转速 n 成正比，即 $T_f = K_2 n$。

当 $T = T_f$ 时，铝盘以匀速旋转，这时 $n = \frac{K_1}{K_2}P = KP$，即铝盘的转速与电路的功率成正比。

设电路的功率 P 保持不变，则在时间 t 内，电路消耗的电能为

$$A = Pt = \frac{n}{K}t = K'N \qquad (13\text{-}5)$$

式中　N——铝盘在 t 时间内的总转数，$N = nt$；

K'——电度表的常数，与电度表的结构有关，　$K' = \frac{1}{K}$。

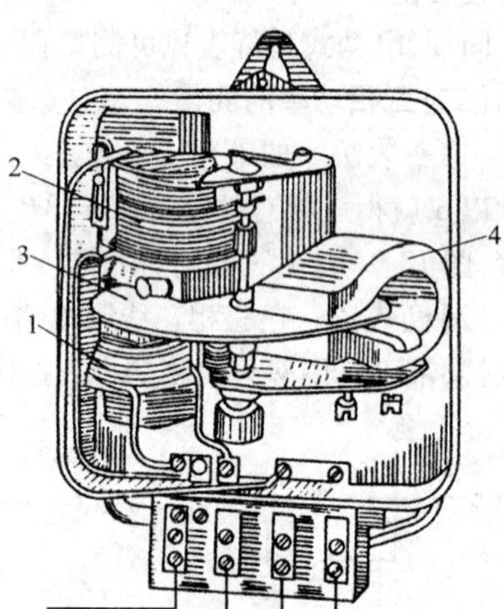

1、2—固定线圈；3—可旋转铝盘；4—永久磁铁

图13-12　单相电度表的结构原理图

式(13-5)说明，电路消耗的电能与电度表铝盘的转数成正比。把铝盘的转数利用计数机构记录下来，并用字码显示出来，这样我们就可以从电度表上的字码得出电路所消耗的电能的度数(kWh)。

测量三相四线制电路的电能可用三只单相电度表。但通常是使用相当于三只单相电度表的三元件电度表(三相四线电度表),图 13-13 表示它在三相四线制电路中的接法。

测量三相三线制电路的电能,可用两只单相电度表(接法与两瓦特表测三相三线电路中功率的接法相同)。但通常总是用相当于两只单相电度表的二元件电度表(三相三线电度表),图 13-14 表示它在三相三线制电路中的接法。

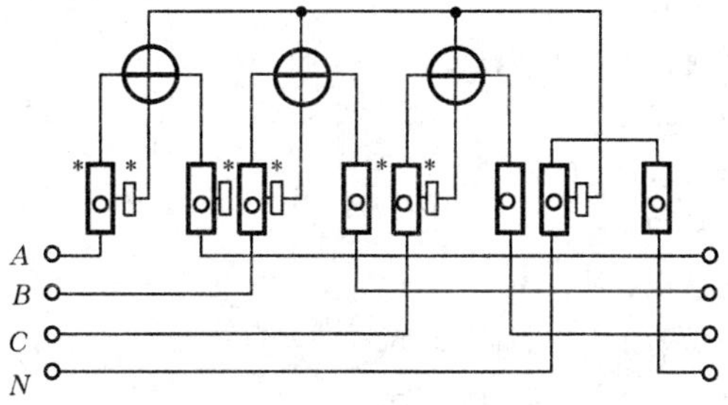

图 13-13　三元件电度表的接法

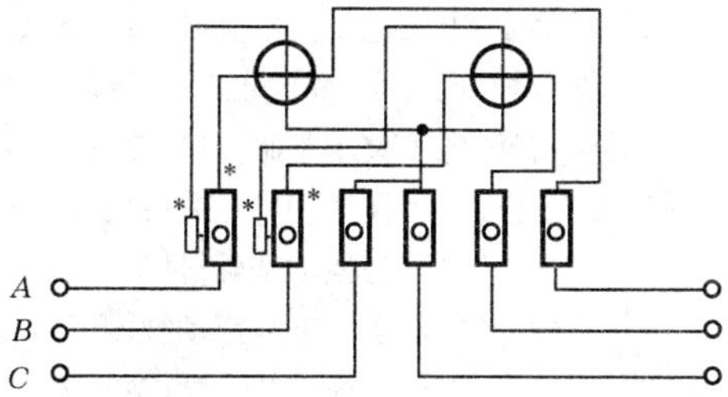

图 13-14　二元件电度表的接法

本章小结

一、对本章所介绍的常用直读式电工测量仪表,需要了解它们的基本构造及工作原理,熟悉一些常见的表盘上某些符号的意义。

二、应掌握电流表、电压表、功率表和电度表的使用接线方法。在接线时应特别注意,不能把电流表、功率表和电度表的电流线圈与电路并联,因为它们的内阻都很小。

思考题与习题

13-1　在直流式电工仪表中,驱动装置、平衡装置和阻尼装置各起什么作用?

13-2　磁电式仪表为什么不能测量交流?电磁式、电动式仪表为什么能交、直流两用?

13-3　在测量中误把电流表当做电压表使用,或误把电压表当做电流表使用,各会发生什么现象?后果如何?

13-4　某表头的最大量程为50 mA,内阻为 20 Ω,现在要用此表头测量 5 A 的电流,问需并联多大电阻的分流器?并绘出电路简图。

13-5　如用题13-4中表头来测量 150 V 电压,问需串联多大的附加电阻?试绘出电路简图。

13-6　利用单相电度表怎样测单相、三相三线制、三相四线制电路的电能量?画出测量时的接线图。

参 考 文 献

[1] 邱关源.电路[M].北京:高等教育出版社,2006.
[2] 杨静生.电工电子技术基础[M].大连:大连理工大学出版社,2006.
[3] 秦曾煌.电工学[M].北京:高等教育出版社,2001.
[4] 于占河.电工技术基础[M].北京:化学工业出版社,2007.
[5] 刘永波.电工技术[M].北京:机械工业出版社,2006.
[6] 顾绳谷.电机与拖动基础[M].北京:机械工业出版社,2007.
[7] 姚舜才.电机学与电力拖动技术[M].北京:国防工业出版社,2006.
[8] 郑立平.电机与拖动技术学[M].大连:大连理工大学出版社,2006.
[9] 牟道槐.发电厂变电站电气部分[M].重庆:重庆大学出版社,2006.
[10] 范锡普.发电厂电气部分[M].北京:中国电力出版社,2004.
[11] 王林川.发电厂电气部分[M].成都:西南交通大学出版社,2007.
[12] 刘介才.工厂供电[M].北京:机械工业出版社,2004.
[13] 王佩珠.电路与模拟电子技术[M].南京:南京大学出版社,2001.
[14] 皇甫正贤.数字集成电路基础[M].南京:南京大学出版社,2001.
[15] 张运波.工厂电气控制技术[M].北京:高等教育出版社,2006.
[16] 方承远.工厂电气控制技术[M].北京:机械工业出版社,2006.
[17] 康华光.电子技术基础(模拟部分)[M].北京:高等教育出版社,2006.
[18] 华孝敏.电工及电气设备[M].北京:中国水利水电出版社,2006.
[19] 唐定曾,唐海.建筑应用电工[M].北京:中国电力出版社,2000.
[20] 刘复欣.建筑供电与照明[M].北京:中国建筑工业出版社,2006.